BA KOMPAKT

Reihenherausgeber

Martin Kornmeier, Duale Hochschule Baden-Württemberg, Mannheim

Gründungsherausgeber

Martin Kornmeier, Duale Hochschule Baden-Württemberg, Mannheim
Willy Schneider, Duale Hochschule Baden-Württemberg, Mannheim

Weitere Bände siehe: www.springer.com/series/7570

Rainer Bergmann • Michael Bungert

Strategische Unternehmensführung

Perspektiven, Konzepte, Strategien

2., aktualisierte und erweiterte Auflage

Springer Gabler

Prof. Dr. Rainer Bergmann
Hochschule für Wirtschaft und Recht (HWR)
Berlin, Deutschland

Prof. Dr. Michael Bungert
DHBW Villingen-Schwenningen
Villingen-Schwenningen, Deutschland

ISSN 1864-0354
ISBN 978-3-642-31839-9
ISBN 978-3-642-31840-5 (eBook)
DOI 10.1007/978-3-642-31840-5

Die Deutsche Nationalbibliothek verzeichnet diese Publikation in der Deutschen Nationalbibliografie; detaillierte bibliografische Daten sind im Internet über http://dnb.d-nb.de abrufbar.

Springer Gabler

Lektorat: Stefanie Brich, Margit Schlomski

Gedruckt auf säurefreiem und chlorfrei gebleichtem Papier

Springer Gabler ist eine Marke von Springer DE. Springer DE ist Teil der Fachverlagsgruppe Springer Science+Business Media
www.springer-gabler.de

Vorwort

Das vorliegende Lehrbuch zur **Strategischen Unternehmensführung** ist speziell auf das Bachelor-Studium an Hochschulen zugeschnitten. Es deckt die im Curriculum zur Erlangung des Bachelor festgelegten Anforderungen (Lehrinhalte, Lernziele, Lernmethoden und Konzeption der Veranstaltungen) vollständig ab. Es richtet sich an Studierende und Dozenten an der Dualen Hochschule Baden-Württemberg, Fachhochschulen und Universitäten sowohl betriebswirtschaftlicher, technischer, als auch sozialwissenschaftlicher Studiengänge.

Die Studierenden finden eine kompakte anwendungs- und praxisorientierte Darstellung des prüfungsrelevanten Stoffes zur Unternehmensführung auf theoretisch fundierter Grundlage.

Ziel des Buches ist es, unternehmensstrategische Konzepte und Handlungsoptionen, die in der wissenschaftlichen Literatur und Unternehmenspraxis diskutiert werden, darzustellen und kritisch zu würdigen. Dabei versuchen wir, die Anordnung der strategischen Fragestellungen im Buch logisch und nachvollziehbar zu gestalten, um so eine stringente und konsistente Darstellung der Themengebiete zu gewährleisten. Zur Komplexitätsreduktion wird auf ein umfassendes Strukturschema – wie z. B. den St. Gallener Management Navigator – verzichtet.

Die Inhalte reichen von Klassifizierungsansätzen für Strategien von Unternehmen und wissenschaftlichen Ansätzen des Managements (Kapitel 1), dem Kontext der strategischen Unternehmensführung mit der Gestaltung von Unternehmensethik und Unternehmenskultur (Kapitel 2), der Definition des Geschäfts und der Marktsegmentierung (Kapitel 3) über ressourcenorientierte- und marktorientierte Unternehmensführung (Kapitel 4 bzw. 5) hin zu strategischen Planungstechniken (Kapitel 6), wert- und wachstumsorientierter Unternehmensführung (Kapitel 7) und dem Management des Wandels (Kapitel 8) sowie dem Informationsmanagement (Kapitel 9). Die Interaktion von außen- und innenorientierten Perspektiven der strategischen Unternehmensführung soll durch diese Anordnung verdeutlicht werden.

Die Darstellung im Buch beschränkt sich nicht nur auf die Beschreibung wesentlicher Inhalte, sondern ist durch zahlreiche Abbildungen, diverse Fallbeispiele zur Verdeutlichung der praktischen Relevanz der theoretischen Inhalte sowie Querverweise so beschaffen, dass die Zusammenhänge zwischen den Kapiteln und der Praxisbezug des Stoffes stets nachvollziehbar bleiben. Im Anschluss an jedes Kapitel finden sich Kontrollfragen, anhand derer der Lernerfolg schnell überprüft werden kann.

Auf der Website des Verlages (URL: www.springer.com/978-3-642-31839-9) stehen außerdem ein Foliensatz und Zusatzmaterialien für Hochschullehrer und Lehrbeauftragte zur Verfügung.

Vor dem Hintergrund des erklärten Ziels der Reihe BA KOMPAKT, ein kompaktes, einführendes Lehrbuch zu verfassen, mussten wir bestimmte Themenbereiche ausklammern, die häufig Gegenstand von wesentlich umfangreicheren Lehrbüchern zur strategischen Unternehmensführung sind. So werden bspw. Aspekte der Organisation und der Personalführung nur im unmittelbaren Kontext strategischer Fragestellungen dargestellt (Unternehmensethik, Management des Wandels). Das gleiche trifft zu auf einige so genannte moderne Managementkonzepte, wie bspw. Qualitätsmanagement, Wissensmanagement, Business Reengineering, Lean Management oder Employability Management. Wir weisen hierzu auf die in der Reihe BA KOMPAKT erschienenen Bände „Marketing", „Organisation und Projektmanagement", „Integrative Managementsysteme" sowie „Mitarbeiterführung" hin.

Wir danken Herrn Prof. Dr. Marcus Vögtle sowie Herrn Prof. Dr. Thomas Häring, beide Duale Hochschule Baden-Württemberg, Villingen-Schwenningen für zahlreiche wertvolle Hinweise bei dem Gegenlesen einzelner Kapitel. Herrn Dipl.-Wirt.-Ing. Andreas Honcamp und Frau Antonina Siebert gebührt ebenfalls herzlichen Dank für zahlreiche Denkanstöße.

In der 2. Auflage wurden noch mehr Praxisbeispiele herangezogen und die Integration der Erkenntnisse der Spieltheorie verbessert. Strategische Konzepte wurden weiter detailliert und intensiver kommentiert. Darüber hinaus wurden diverse Literaturangaben aktualisiert.

Berlin und Villingen-Schwenningen, im November 2012 Rainer Bergmann
Michael Bungert

Inhaltsverzeichnis

Abkürzungsverzeichnis

ARIMA	Autoregressive Moving Average
B2B	Business to Business
BCG	Boston-Consulting-Group-Portfolio
BSC	Balanced Scorecard
CAPM	Capital Asset Pricing Model
CBC	Choice Based Conjoint
CEO	Chief Executive Officer
CI	Competitive Intelligence
CRM	Customer Relationship Management
CSR	Corporate Social Responsibility
CVA	Cash Value Added
DCF	Discounted Cash Flow
DCGK	Deutscher Corporate Governance Kodex
DD	Due Diligence
ERIC	Earnings less Risk-free Interest Charge
ERP	Enterprise Resource Planning
EU	Europäische Union
EUS	Entscheidungsunterstützungssystem
EVA	Economic Value Added
F&E	Forschung und Entwicklung
FTC	Federal Trade Commission
GE	Geldeinheiten
GfK	Gesellschaft für Konsumforschung AG
GRIT	Graduated Reciprocity in Tension Reduction
HUMINT	Human Intelligence
IKT	Informations- und Kommunikations-Technologie
IPO	Initial Public Offering
IT	Informationstechnologie
KII	Key Intelligence Indicator
KMU	Klein und mittelständisches Unternehmen

LoI	Letter of Intent
M&A	Mergers and Acquisitions
MES	Minimum Efficient Scale
MIS	Management-Informationssystem
ML	Maximum Likelihood
MoU	Memorandum of Understanding
NOA	Net Operating Assets
NOPAT	Net Operating Profit After Taxes
OLAP	Online Analytical Processing
OLS	Ordinary Least Squares
P-A	Principal-Agent
PEST	Political, Economical, Social and Technological
PIMS	Profit Impact of Market Strategies
PMI	Post Merger Integration
PPS	Produktionsplanung und -steuerung
ROI	Return on Investment
ROCE	Return on Capital Employed
ROIC	Return on Investment Capital
SCP	Structure-Conduct-Performance-Paradigm
SGE	Strategische Geschäftseinheit
SGF	Strategisches Geschäftsfeld
SPACE	Strategic Position and Action Evaluation
SWOT	Strengths, Weaknesses, Opportunities, Threats
TOWS	Threats, Opportunities, Weaknesses, Strengths
TQM	Total Quality Management
UE	Unternehmensentwicklung
USD	US Dollar
UWG	Gesetz gegen den unlauteren Wettbewerb
VALS	Values and Lifestyles
VRIO	Value, Rareness, Imperfect Imitability, Organizational Specifity
VWL	Volkswirtschaftslehre
WACC	Weighted Average Cost of Capital

1 Einführung

Lernziele	Dieses Kapitel vermittelt,

- welche Ansätze zu einem begrifflichen Verständnis von Strategie und strategischer Unternehmensführung existieren,
- einen Überblick über die Probleme und Fragstellungen, denen sich das strategische Management als Wissenschaft gegenübersieht,
- die Betrachtungsperspektiven und wissenschaftlichen Ansätze des strategischen Managements,
- welche Ziele die Grundlage und Orientierung für strategische Entscheidungen bilden können, und wie man diese strategieorientiert strukturieren kann.

1.1 Wesen der Strategie und des strategischen Managements

Die etymologischen Wurzeln des Strategiebegriffs gehen auf die Verbindung der altgriechischen Begriffe „Stratos" (Heer) und „Agein" (Führen) zurück. „Strategos" bedeutete im antiken Griechenland zunächst General (als Rolle), später Führungsfähigkeit (i. S. v. Verwaltung, Führung, Macht) und Regierung. Mitte des 20. Jahrhunderts etabliert sich das strategische Denken durch die aufkommende Spieltheorie in den Wirtschaftswissenschaften; Igor Ansoff führte den Begriff in den 1960er Jahren in die Managementtheorie ein.

Das Verständnis und die Verwendung des Begriffs Strategie sind auch in den Wirtschaftswissenschaften nicht einheitlich und eindeutig, die Interpretation ist zudem abhängig vom begrifflichen Kontext. Die Ursache für die Vielfalt und begriffliche Unklarheit der Begriffe „Strategie" und „strategisches Management" sehen Welge/Al-Laham (2008, S. 15 f.) darin, dass

- das strategische Management eine relativ junge Wissenschaft ist, die Ansätze aus verschiedenen Wissenschaften einbezieht (s. Kap. 1.4),
- die als strategisch zu betrachtenden Phänomene in Unternehmen sehr vielfältig sind, bedingt durch die Betrachtung unterschiedlicher **Funktionsbereiche** (Produktion, Marketing, Finanzwirtschaft etc.), organisatorischer **Ebenen**

R. Bergmann, M. Bungert, *Strategische Unternehmensführung*,
DOI 10.1007/978-3-642-31840-5_1, © Springer-Verlag Berlin Heidelberg, 2012

(Funktions-, Geschäftsbereich) sowie **Personengruppen** und **deren Aktivitäten**, die im Rahmen des Strategieprozesses auszuführen sind.

Vertreter des klassischen Strategieansatzes verstehen Strategie als ein **rational geplantes Maßnahmenbündel** zur Erreichung langfristiger Ziele. Dabei müssen Unternehmen ihre Ziele definieren und durch bestimmte Aktivitäten und entsprechende Ressourcenzuweisung verfolgen. Die Zielerreichung ist dann abhängig von der Qualität der **Anpassung an die Umweltsituation**, die möglichst vorausschauend (proaktiv) erfolgen soll – neuere Managementansätze berücksichtigen hierbei auch die Möglichkeiten des Unternehmens zur Beeinflussung der Umwelt (vgl. Macharzina/Wolf 2010, S. 29).

Die strategische Orientierung der Unternehmensführung erhält ihre Relevanz mit der Entwicklung vieler Märkte zu Oligopolen und dem Aufkommen von **Wettbewerb** (bzw. dessen Antizipation) als zentraler Umweltdimension – die meisten der in diesem Buch dargestellten Strategiekonzepte sind wettbewerbsinduziert. Im Wettbewerbskontext bestimmt die Strategie die **externe** (Marktposition) und **interne Ausrichtung** (Organisationsstruktur und Ressourcenbasis) des Unternehmens (vgl. Hungenberg/Wulf 2011, S. 26 f.). Eine Strategie ist dann eine gestalterische Aufgabe der Unternehmensführung und trifft Aussagen zu folgenden Kernfragen (vgl. Welge/Al-Laham 2008, S. 5 ff.):

- Welche Visionen und Ziele soll das Unternehmen wie verfolgen?
- Was ist das Geschäft des Unternehmens. Auf welchen Geschäftsfeldern soll es tätig sein? Welche Produkte sollen angeboten werden?
- Mit welchen (ggf. langfristig angelegten) Strategien soll der Wettbewerb in diesem Geschäftsfeld bestritten werden?
- Welche sind die Fähigkeiten und die darauf aufbauenden Wettbewerbsvorteile, mit denen mögliche Strategien entwickelt und umgesetzt werden?
- Was muss getan werden, um die langfristigen Strategien und strategischen Maßnahmen operativ umzusetzen & zu kontrollieren?

In einem wirtschaftlichen Kontext strategisch zu handeln bedeutet also, Antworten auf diese Fragen in Form von Strategien zu finden. Darin ist die Perspektive enthalten, dass (beabsichtigte) Strategien **Planvorgaben** sind, die den Aufbau und den Erhalt einer **erfolgversprechenden Wettbewerbsposition** in Märkten bzw. Branchen und **dauerhafte Wettbewerbsvorteile** durch die Angebote und Ressourcen gewährleisten sollen (sog. *Erfolgspotenziale*; vgl. Grünig/Kühn, 2002, S. 11).
Die strategische Unternehmensführung existiert als wissenschaftliche Disziplin, da diese Fragen für Unternehmen und marktwirtschaftlich-kapitalistische Gesellschaften von Bedeutung sind (vgl. Müller-Stewens/Lechner 2005, S. 8). Das zentrale Ziel des

strategischen Managements als Wissenschaft besteht in der Beantwortung der Frage, weshalb einige Unternehmen in einer Branche erfolgreich sind und andere nicht (vgl. Welge/Al-Laham 2008, S. 6 f.) – dabei wird davon ausgegangen, dass strategisch geführte Unternehmen erfolgreicher sind als nicht-strategisch geführte Unternehmen.

1.2 Klassifizierungsansätze für Strategien von Unternehmen

Um das komplexe Phänomen „Unternehmensstrategie" besser zu verstehen, ist eine Klassifizierung von Strategien sinnvoll (vgl. Hungenberg/Wulf 2011, S. 108). Ansätze hierfür sind:

(a) Klassifizierung nach der Bezugsebene der Strategie

(1) Unternehmensstrategie (*Corporate Strategy*)

Hier werden strategische Fragen betrachtet, die auf der **Ebene des Gesamtunternehmens** relevant sind, insbesondere:

- Welche Geschäfte bzw. *Geschäftsmodelle* werden verfolgt (*Defining the Business,* Grad der *Integration* und *Diversifikation*; siehe Kap. 3 u. 7)?
- Wie wird der *Wandel im Unternehmen* intern (organisatorisch) und extern (z. B. durch Kooperationen) gestaltet (siehe Kap. 5 und 8)?
- Welche Konsequenzen ergeben sich aus der Struktur des *Portfolios* (Gesamteinheit aller Geschäftseinheiten) des Unternehmens (siehe Kap. 6)?
- Wie soll das Unternehmen wachsen (*Wachstumsstrategien*; siehe Kap. 7)?

(2) Geschäftsbereichsstrategie (*Business Strategy*)

Hierunter fallen markt- und wettbewerbsorientierte strategische Fragen einzelner **Geschäftsbereiche/-einheiten** (zu deren Entstehung s. Kap. 3), z. B.:

- Welche Kunden/-gruppen sollen durch welche Produkte angesprochen werden (*Marktsegmentierung*; siehe Kap. 3)?
- Wie sollen Produkte gestaltet werden, um Vorteile gegenüber dem Wettbewerber auszunutzen (*Wettbewerbsstrategie*; siehe Kap. 5)?
- Welche situationsbezogene Handlungsorientierung kann aus einer strategischen Planung ermittelt werden (*strategische Stoßrichtungen*; siehe Kap. 6)?

(3) Funktionalstrategie (*Functional Strategy*)

Hierunter fallen Strategien in den Bereichen **Beschaffung, Produktion, Marketing/Vertrieb, Personal- und Finanzwesen** (vgl. Dillerup/Stoi 2008, S. 127). Diese verfolgen die operative Umsetzung der Strategien aus (1) und (2) und sollten daher möglichst konsistent zu diesen gestaltet werden.

(b) Klassifizierung nach dem Kontext der Strategiegenerierung

(1) Strategische Stoßrichtungen (*Grand Strategy*)

Strategische Stoßrichtungen sind allgemein gehaltene **strategische Orientierungen**, die darauf abzielen, einen ganzen Komplex von strategischen Fragestellungen situationsadäquat und möglichst konsistent zu beantworten, bspw.:

- Aggressivität im Wettbewerb,
- Intensität der Investitionen in bspw. Wachstumsstrategien,
- Grad der Marktabdeckung.

Ein zentraler Aspekt von strategischen Stoßrichtungen ist die Anpassung an (bzw. Abgleich von) interne Potenziale sowie Markt- und Wettbewerbssituation auf Basis einer **informationsbasierten strategischen Analyse** bzw. Planung (*SWOT, Portfolio-Analysen, SPACE*, siehe Kap. 6).

(2) Basisstrategien

Basisstrategien geben (z. T. komplexe) Antworten auf typische, **grundsätzliche strategische Problemstellungen** von Unternehmen. Hierunter fallen:

- Wettbewerbsstrategien (siehe Kap. 5),
- Wachstumsstrategien (siehe Kap. 7),
- Marktsegmentierungs- und Marktabdeckungsstrategien (siehe Kap. 3).

Nach Mintzberg existieren neben diesen geplanten („intendierten") Strategien, die (nach Mintzberg) in der Unternehmenspraxis eher selten vorkommen, andere beobachtbare Strategietypen, die unbeabsichtigt bzw. zufällig entstehen (vgl. Welge/Al-Laham 2008, S. 20 f.). Diese sind:

(a) Strategie als List bzw. Masche („Ploy")

Hier besteht die Strategie aus überwiegend taktischen Maßnahmen, mit denen Konkurrenten überrascht und irregeleitet werden sollen (siehe Kap. 5.5).

(b) Strategie als Muster („Pattern" oder „emergente Strategien")

Die Strategie entwickelt sich häufig unbeabsichtigt bzw. zufällig aus typischen Aktivitäten heraus; das Handlungsmuster ist erst ex post erkennbar.

(c) Strategie als Positionierung („Position")

Strategie wird verstanden als Position des Unternehmens in der Umwelt. Eine wettbewerbliche Position kann sowohl geplant angestrebt als auch durch Zufall – z. B. Fehler der Wettbewerber – eingenommen werden.

(d) Strategie als Denkhaltung („Perspective")

Strategie stellt hier ein geteiltes Wahrnehmungs- und Einstellungsmuster des Managements dar, welches das strategische Verhalten des Unternehmens maßgeblich beeinflusst.

In der unternehmerischen Praxis sind Strategien häufig eine Kombination aus zufälligen/emergenten und geplanten Strategien, was auch auf die im nächsten Abschnitt behandelten Probleme des strategischen Managements zurückzuführen ist. Eine präskriptive Theorie eines strategischen Managements soll entsprechend die Fähigkeit von Managern schärfen, strategische Phänomene zu erkennen und einzuschätzen (vgl. Welge/Al-Laham 2008, S. 25 ff.).

1.3 Fundamentale Probleme des strategischen Managements

Anspruch und Problematik des strategischen Managements ergeben sich aus folgenden fundamentalen Herausforderungen der Praxis der Unternehmensführung, die einfache, einheitliche Lösungsmuster für die strategischen Fragen erschweren (vgl. im Folgenden Müller-Stewens/Lechner 2005, S. 15 ff.):

(a) Mangelnde Prognostizierbarkeit der Umwelt

Die Art und das Ausmaß der Veränderungen der Umwelt (wie bspw. neue Technologien, sich ändernde Kundenanforderungen, Eintritte neuer oder Produkteinführungen bestehender Wettbewerber, staatliche Eingriffe) sowie deren Auswirkungen auf das Unternehmen und die Branche sind schwer prognostizierbar. Die Geschwindigkeit dieser Veränderungen wird zudem in den betrachteten Branchen unterschiedlich sein. Noch problematischer und komplexer wird es, wenn die Umweltveränderungen in Kombination auftreten bzw. sich gegenseitig bedingen. Je weiter man in die Zukunft blicken möchte, desto unsicherer werden die Voraussagen – es ist für viele zukünftige Situationen (*Szenarien*) nicht einmal möglich, Wahrscheinlichkeiten oder plausible Risikograde zu ermitteln – trotzdem müssen diese häufig für strategische Entscheidungen bestimmt werden (zu Prognoseverfahren siehe Kap. 9).

(b) Vielfalt und Komplexität der Ereignisse

Die relevanten Aspekte der strategischen Führung werden immer komplexer und lassen sich dadurch immer schwerer zerlegen und in eine logische Ordnung bringen. Es kann angenommen werden, dass es für Manager praktisch unmöglich ist, das gesamte

Spektrum relevanter Einflussfaktoren zu berücksichtigen und eindeutig zu beurteilen, was durch die o. g. Dynamik der Umwelt und die Prognoseproblematik noch verschärft wird (vgl. Macharzina/Wolf 2010, S. 19). Es stellt sich die Frage, wie aus der Vielfalt der Ereignisse Wichtiges von Unwichtigem unterschieden werden kann. Ansätze zur Lösung dieser Probleme bilden eine zielgerichtete, kontinuierliche Informationsbeschaffung und -verarbeitung auf der Basis einer **Strukturierung des strategischen Denkens** (z. B. durch Planungstechniken, siehe Kap. 6 und 9).

(c) Widersprüchlichkeit und Mehrdeutigkeit von Situationen

Die verschiedenen Ereignisse im Unternehmen und der Unternehmensumwelt erscheinen oft nicht nur logisch widersprüchlich, dieselben Ereignisse werden von unterschiedlichen Managern häufig unterschiedlich (selektiv) wahrgenommen und subjektiv interpretiert, ohne dass hierbei eindeutig in richtig oder falsch unterschieden werden kann. Entsprechend sind Führungsprobleme typischerweise durch Mehrdeutigkeit und unterschiedlich strukturierbare Entscheidungssituationen gekennzeichnet. Da Problemdefinitionen, Ziele oder Wirkungszusammenhänge typischerweise nicht eindeutig sind, können Entscheidungen der Unternehmensführung deshalb auch als **Informationsinterpretationsprozesse** betrachtet werden (vgl. Macharzina/Wolf 2010, S. 29), die zu entsprechend unterschiedlichen und ggf. an individuellen Interessen orientierten Lösungsstrategien führen können. Auch die ins Managementdeutsch eingedrungenen Begriffe wie *Kernkompetenzen*, *Dezentralisierung*, oder *Lean Management* (etc.) lassen Raum für individuelle Begriffsverständnisse und (häufig eigenmächtige) Interpretationen.

Trotz dieser fundamentalen Probleme funktionieren die meisten Unternehmen, zumindest werden Entscheidungen getroffen und Handlungen ausgeführt. Ein Erklärungsansatz sind sog. **konzeptionelle Raster**, Weltsichten von Menschen oder Gruppen, die wahrgenommene Ereignisse ordnen, deuten, bewerten und darauf aufbauend handeln. In diesem Kontext können Organisationen auch als **Interpretationssysteme** verstanden werden, die aufgrund einer gemeinsamen *Unternehmenskultur* (s. Kap. 2) über kollektive Raster der Wirklichkeitskonstruktion (sog. *Dominant Logics*) verfügen (vgl. Müller-Stewens/Lechner 2005, S. 17; Macharzina/Wolf 2010, S. 111 ff.).

1.4 Wissenschaftliche Ansätze des strategischen Managements

Zur Beantwortung der zentralen Fragen des strategischen Managements (siehe Kap. 1.1) werden unterschiedliche wissenschaftliche Disziplinen herangezogen – so sind die **ökonomische Wettbewerbstheorie** (die *Industrial Organization* und die *Spieltheorie*), die **Finanzwissenschaften** (Portfolio-Theorie), die **Organisationstheorie** und verhaltensorientierte Theorien, verschiedene **Lehren der Kriegsführung** sowie die **Chaostheorie** und ökologische **Evolutionstheorie** als Erkenntnisgrundlagen des strategischen Managements anzusehen. Diese Vielfalt führt dazu, dass noch keine allgemein akzeptierte Lehrmeinung (*Paradigma*) zur strategischen Unternehmensführung existiert, sondern lediglich (z. T. konkurrierend) Betrachtungsperspektiven und Theorien, die den Blickwinkel auf das Phänomen „Strategische Unternehmensführung" bestimmen. Hierbei werden die rational-entscheidungsorientierte, die ökonomische, die systemtheoretische und die evolutionäre Perspektive unterschieden (vgl. im Folgenden Welge/Al-Laham 2008, S. 28).

1.4.1 Rational-entscheidungsorientierte Perspektive

Die in diesem Buch vorherrschende Sichtweise ist die rational-entscheidungsorientierte Perspektive des strategischen Managements. Der Fokus liegt auf der **Strategieformulierung bzw. -planung**, die Vorgaben für die Strategie-Implementierung (innerorganisatorische Umsetzung) macht. Der Prozess der Strategieformulierung umfasst die Definition strategischer Ziele und die strategische Analyse der Umwelt (Kunden, Wettbewerber, Makroumwelt) sowie des Unternehmens selbst (z. B. Unternehmenskultur und Erfolgspotenziale). Hierbei sollen Wettbewerbsvorteile und -nachteile sowie Gefahren und Gelegenheiten in der Unternehmensumwelt identifiziert werden. Eine Strategie ist dann das Resultat einer zielorientierten Anpassung des Unternehmens an seine Umwelt mittels der Verarbeitung strategisch relevanter Informationen.

Die daran anschließende Strategieimplementierung beinhaltet:

- die Anpassung der Strukturen (Aufbauorganisation: Spezialisierung und Koordination) des Unternehmens an die Strategie (sog. *Structure-follows-Strategy-These* nach Chandler 1962),
- die Gestaltung verhaltensbezogener Komponenten (Leistungsstandards, Motivations-, Anreiz- und Kontrollsysteme),
- die personelle und organisatorische Gestaltung der obersten Führungsebene (vgl. Welge/Al-Laham 2008, S. 36).

Mintzberg (1990, S. 180 f.) kritisiert diese Sichtweise der Strategie mit den Argumenten, dass

- Stärken und Schwächen vom Unternehmen selbst typischerweise nicht objektiv bestimmt werden können, zudem können sich Schwächen (z. B. durch Umweltveränderung) in Stärken umkehren,
- eine Wechselbeziehung zwischen Struktur (organisatorische Konsequenzen der Strategieimplementierung) und Strategie besteht, d.h. dass auch

die bestehende Struktur den Strukturformulierungsprozess beeinflussen kann,

- die Festlegung auf eine langfristig ausgerichtete Strategie die in einer dynamischen Umwelt erforderliche strategische Flexibilität verhindert,
- die Trennung von Strategieformulierung (durch das Top-Management) und Strategieimplementierung (Umsetzung durch die Mitarbeiter) den Erfolg des strategischen Managements verhindern.

Dieser Kritik steht eine Weiterentwicklung der Theorie der Strategieformulierung und -implementierung entgegen, die im Wesentlichen durch folgende Aspekte gekennzeichnet ist (vgl. Welge/Al-Laham 2008, S. 40 f.):

- Moderne Ansätze des strategischen Managements lösen sich von einer statischen Betrachtung der Stärken und Schwächen und fokussieren stärker auf organisatorische *Kernkompetenzen* (bzw. integrieren diese in eine Stärken-Schwächen-Analyse, siehe Kap. 4, 5 und 6).
- Die Zentrierung der Strategieformulierung im Top-Management wird durch dezentralere und partizipativere Ansätze abgelöst.
- Die Trennung zwischen Strategieformulierung und -implementierung wird durch die Berücksichtigung von Lern- und Veränderungsprozessen (*Change Management*, siehe Kap. 8), aber auch durch die Vereinfachung der Implementierung von Erfolgsfaktoren durch die *Balanced Scorecard* abgeschwächt.
- Der Problematik der Umweltveränderungen wird durch strategische Frühaufklärung und durch das *Konzept der schwachen Signale* (als Teil einer SWOT-Analyse) begegnet. Neuere strategische Denkrichtungen wie der *Hypercompetition-Ansatz* von D'Aveni integrieren die Dynamik der Veränderungen und postulieren eine flexiblere strategische Disposition (siehe Kap. 5 u. 6).

1.4.2 Ökonomische Perspektiven

1.4.2.1 Neue Industrieökonomik

Die ökonomische Perspektive des strategischen Managements erfährt aktuell eine Renaissance, wobei die Ansätze von Porter einen Brückenschlag zwischen der *Industrial Organization* (wettbewerbsorientierter Teil der VWL) und dem strategischen Management herstellen (s. Kap. 5). Die Theorie der Industrial Organization baut auf dem *Structure-Conduct-Performance-Paradigma* (SCP) nach Bain auf. In diesem Modell beeinflusst die wettbewerbliche Branchenstruktur (Structure) das Verhalten des Unternehmens (Conduct), was wiederum den Erfolg des Unternehmens (Performance) bestimmt. Die Verhaltensdimension des Ansatzes beinhaltet strategische Variablen wie Preise und Qualitäten der Produkte, Werbeaufwendungen sowie Produktionskapazitäten. Weitere Erkenntnisse, die auch in strategische Konzepte einflossen, sind

- die Bedeutung der Struktur der Branche und der Intensität des Wettbewerbs für die Strategieformulierung,
- die Erklärung für Rentabilitätsunterschiede von Branchen,
- die Prognose von Rentabilitäten und damit die Branchenattraktivität,
- die Bedeutung von Erfolgsfaktoren im Wettbewerb.

Weiterführende Ansätze der *Neuen Industrieökonomik*, z. B. Porter (1992, 2003) kommen zu einer weniger deterministischen Sicht des Structure-Conduct-Performance-Paradigmas: So kann auch das Verhalten der Unternehmen die Branchenstruktur verändern, z. B. durch den Aufbau von *Markteintrittsbarrieren* oder die Veränderung der Konzentrationsrate in einer Branche durch *horizontale Integration*. Auch die Performance kann durch die Machbarkeit von zukünftigen Strategien oder durch die Anpassung der Strategie an ein erzieltes Ergebnis Einfluss ausüben. Durch die Arbeiten von Porter wurde das SCP-Grundmodell um relevante Aspekte erweitert, so die Bedeutung des vertikalen Wettbewerbs und die Verfeinerung der Branchensicht durch *strategische Gruppen* von Unternehmen, die innerhalb einer Branche ähnliche Strategiemuster aufweisen (siehe Kap. 3 u. 5; vgl. Welge/Al-Laham 2008, S. 80 ff.).

1.4.2.2 Spieltheorie

Die Spieltheorie beschäftigt sich mit strategischem Entscheiden, darunter auch dem Wettbewerbs- und Kooperationsverhalten von Unternehmen. Wettbewerb bedeutet abstrakt, dass die Zielerreichung eines Spielers vom Verhalten (Wahl der Spielzüge/Strategien) des anderen Spielers abhängt, die sog. *strategische Interdependenz* (vgl. Dixit/Nalebuff 1997, S. 34). Bei der Wahl einer Strategie sind also die wahrscheinlichen Spielzüge der anderen Spieler zu berücksichtigen (wie im Schachspiel). Die Strategie selbst wird als **vollständiger Handlungsplan** verstanden, der alle gegenwärtigen und zukünftigen Handlungen der Spieler festlegt. Wählen beide Spieler ihre Strategien **rational**, d. h. nutzenmaximierend unter Berücksichtigung der rationalen Strategiewahl des anderen Spielers, entsteht die Lösung eines Spiels, das *Gleichgewicht*. Unterschieden werden in der Spieltheorie:

- **Kooperative und nicht-kooperative Spiele**

  Kooperative Spiele sind durch die Möglichkeit gekennzeichnet, Abmachungen zwischen Spielern exogen durchzusetzen, z. B. durch eine Kartellbehörde. Bei nicht-kooperativen Spielen können sich die Akteure zwar auf Strategien verständigen, die gegenseitige Einhaltung der Abmachungen kann aber nicht garantiert werden (siehe Kap. 5.6).

- **Spiele mit vollständiger und unvollständiger Information**

  Information beinhaltet in diesem Kontext das Wissen um die Struktur des Spiels, also über Eigenschaften der Spieler (verfügbare Strategien, Ziele und Verständnis von Rationalität) und der Spielsituation (Ergebnisse für jeden Spieler, wenn jeder Spieler eine bestimmte Strategie wählt).

Die Spieltheorie bzw. die in diesem Buch vorgestellten Spieltypen (*Nullsummenspiel*, Kap. 1.5.2 und *Gefangenendilemma*, Kap. 5.6) unterstützen ein generelles Verständnis für strategische Situationen und die Modellierung von Verhalten im Wettbewerb, geben jedoch keine einfach zu implementierenden Strategievorschläge (vgl. Simon 1992, S. 214 f., siehe auch *Grim Trigger*). Die Annahmen der Spieltheorie, Rationalität und vollständiger Information (jenseits subjektiver Wahrnehmungen/Emotionalität) in einer eindeutig strukturierten Handlungssituation sind in einer realen Marktsituation eher unrealistisch. Zudem berücksichtigt die klassische Spieltheorie durch die einmalige Festlegung einer eindeutigen Lösung eines Spiels (das *Gleichgewicht*) die typische Komplexität und Dynamik der realen Wettbewerbsinteraktion nicht ausreichend.

1.4.2.3 Neue Institutionenökonomik

Die *Neue Institutionenökonomik* verlagert die Perspektive stärker auf die **Organisationsstruktur** des Unternehmens (vgl. im Folgenden Welge/Al-Laham 2008, S. 43 ff.). Sie besteht aus mehreren verwandten bzw. sich überlappenden theoretischen Ansätzen, denen identische **Annahmen über die Grundsätze menschlichen Verhaltens** zugrundeliegen, insbesondere:

- **Individuelle Nutzenmaximierung**: Verfolgung der Maximierung einer definierten Nutzenfunktion.
- **Begrenzte Rationalität**: Diese wird dadurch hervorgerufen, dass Wissen und Informationsverarbeitungskapazität eines Akteurs begrenzt sind. Aus Sicht der Neoinstitutionenökonomie sind Institutionen (Unternehmen, Rechtssysteme u. a.) *Rationalitätssurrogate*, die aus der begrenzten Rationalität der Akteure entstehenden Schäden ggf. begrenzen können.
- **Opportunistisches Verhalten**: Zur Durchsetzung seiner Interessen nimmt ein Akteur auch eine Schädigung anderer Akteure in Kauf.

Die zentralen theoretischen Ansätze der Neuen Institutionenökonomik sind:

(a) Propery-Rights-Theorie

Property Rights sind Handlungs- und Verfügungsrechte über Güter. Es stellen sich Fragen über Spezifizierung, Verteilung und die motivationale Wirkung der Verteilung der Property Rights. Unterschieden werden:

- Rechte, die eine reine Nutzung des Guts betreffen (*usus*),
- Rechte, Form und Substanz des Guts zu verändern (*abusus*),
- Rechte, sich die aus der Nutzung eines Guts entstehenden Gewinne anzueignen (*usus fructus*),
- Rechte, das Gut an Dritte zu veräußern.

Berücksichtigt werden im Rahmen der Property Rights Theorie die bei der Bildung, Zuordnung, Übertragung und Durchsetzung von Property Rights entstehen Transaktionskosten sowie die Externen Effekte bei einer unvollständigen Übertragung der Property Rights auf ein Individuum.

(b) Transaktionskostentheorie

Die Transaktionskostentheorie behandelt die bei einer Transaktion von Verfügungsrechten anfallenden Kosten der Information und Kommunikation für Anbahnung, Vereinbarung, Abwicklung und Kontrolle. Probleme von Transaktionen treten auf, wenn begrenzt rationale, opportunistisch handelnde Subjekte mit Unsicherheit behaftete, spezifische Transaktionen eingehen und zudem asymmetrische Information zwischen den Transaktionspartnern besteht. Die Transaktionskostentheorie lenkt den Blickwinkel auf die Kosten von Strategiealternativen (vgl. Welge/Al-Laham 2008, S. 56 ff.) und ist (bspw.) für folgende strategische Fragestellungen von Bedeutung:

- Verhindert eine Vorwärtsintegration in Distributionskanäle Markteintritte?
- Welche Formen der Kooperation sind für ein bestimmtes strategisches Projekt sinnvoll?
- Unter welchen Bedingungen kann eine solche Strategie scheitern?

(c) Principal-Agent-Theorie

Principal-Agent-(P-A)-Beziehungen entstehen dadurch, dass ein Principal (Unternehmen) einem Agenten (Manager) Entscheidungs- und Ausführungskompetenzen zubilligt. **Informationsasymmetrien** zwischen Principal und Agent führen zu Überwachungs- und Kontrollkosten für den Principal, Garantiekosten für den Agenten sowie Wohlfahrtsverlusten. Zentraler Gegenstand der Theorie ist die Optimierung von

Vereinbarungen zur Steuerung und Kontrolle der P-A-Beziehung sowie zur Minimierung der Agency Costs. Die P-A-Theorie kann Erkenntnisse für Fragen liefern, die die Umsetzung von Strategien betreffen, z. B. Widerstände bei der Strategieimplementierung von Schrumpfungsstrategien (siehe *Management des Wandels*, Kap. 8) oder die Struktur von internationalen Kooperationsbeziehungen wie Joint Ventures.

1.4.2.4 Ressourcen- und kernkompetenzorientierte Ansätze

Die Grundannahme des ressourcenorientierten Ansatzes ist, dass die Wettbewerbsvorteile eines Unternehmens weniger durch die Positionierung auf den Märkten, sondern durch die **Qualität der internen Ressourcen und Kernkompetenzen** erklärt werden kann. Das Konzept der Kernkompetenzen eines Unternehmens ist ein zentrales Bindeglied zwischen dem klassischen Ressourcenansatz und Theorien des organisatorischen Lernens/Wissensmanagements (siehe Kap. 4). Strategische Ressourcen oder Kernkompetenzen sind als implizites, systemisch vernetztes Wissen zu verstehen, das bei den Organisationsmitgliedern verankert ist und das Ergebnis kollektiver Lernprozesse darstellt (vgl. Nolte/Bergmann 1998, S. 1 ff.). Dieses Wissen umfasst Kenntnisse über

- Märkte (und wie man sie ausbeutet),
- Technologien (und deren Bedeutung in den Märkten der Zukunft),
- Marken und deren Qualitätsimage.

Die am meisten mit der (langfristigen) wettbewerblichen Leistungsfähigkeit verbundenen intangiblen Aktiva sind jedoch die organisationalen *Fähigkeiten* zum **Lernen und zum Wandel**. Hamel/Prahalad (1990, S. 82) definieren Kernkompetenzen als „das kollektive Lernen in einer Organisation, insbesondere die Fähigkeit, diverse Produktionsverfahren und vielfältige Technologieströme zu integrieren". Die entstandenen Wissensstrukturen sind z. B. in der Technologie und den Angeboten, den Prozessen und den Managementpraktiken zu finden. Diese sind aber nur dann als Kernkompetenzen zu verstehen, wenn sie sich zu einem **systematischen Komplex von Wissen aggregieren**, der für andere Unternehmen schwer zu erkennen und kopieren ist.

Empirische Studien legen nahe, dass Zusammenhänge zwischen der Lern- und Wissensbasis des Unternehmens und der gewählten Strategie bestehen (vgl. Welge/Al-Laham 2008, S. 105 f.). Dadurch lenkt der Kernkompetenzansatz die Betrachtungsperspektive auf die Stärken und Schwächen eines Unternehmens (verstanden als Basis für komparative Wettbewerbsvorteile). Das Konzept der Kernkompetenzen ist beim gegenwärtigen Kenntnisstand aber erst in Ansätzen für eine verallgemeinerbare Theorie des strategischen Managements ausgearbeitet.

1.4.3 Systemtheoretische und evolutionäre Perspektive

Die grundlegende Auffassung dieser Ansätze ist es, dass Unternehmen und deren Interaktion mit der Umwelt zu komplex sind, um durch geplante Eingriffe in berechenbarer Weise in einen gewünschten Zustand überführt zu werden (vgl. Kieser/Woywode 1999, S. 253). Diese strategiehemmende Komplexität resultiert daraus, dass

- Gruppen innerhalb des Unternehmens divergente Interessen verfolgen,
- das Management über eine eingeschränkte Informationsbasis verfügt,
- Anpassungsbemühungen aufgrund der organisatorischen Trägheit nicht mit der Geschwindigkeit der Umweltveränderungen schritthalten können.

Die strategische Entwicklung von Unternehmen läuft stattdessen nach einem schrittweisen evolutionären Muster ab. Nach Welge/Al-Laham (2008, S. 83 ff.) werden zu diesem Ansatz zwei Hauptströmungen unterschieden:

- **Der Ansatz eines systemtheoretisch-evolutionären Managements**
  Hierbei wird strategisches Management als iterative, geplante Evolution verstanden – als Mittelweg zwischen einer rationalen Totalplanung und einem planlosen „muddling through". Das höchste vorstellbare Entwicklungsniveau stellt die „fortschrittsfähige Organisation" dar, was durch Handlungs- und Lernfähigkeit der Organisation sowie Empfänglichkeit für die Bedürfnisse der Stakeholder erreicht werden kann (siehe Kap. 2) (vgl. Kirsch 1997, S. 29 ff.).
- **Umweltdeterministische Ansätze (Population Ecology)**
  Diese unter dem Begriff *Population Ecology* zusammengefassten Ansätze gehen davon aus, dass die Umwelt – bspw. über den Wettbewerb – einen entscheidenden Einfluss auf die Evolution von Unternehmen ausübt. Die Analyse des Wandels setzt dabei nicht bei einzelnen Individuen (Unternehmen) an, sondern bei Populationen mit einem Basismuster (i. S. v. Spezies von Unternehmen, bspw. Banken). Evolutionäre Prozesse werden durch **Variationen oder Innovationen** ausgelöst und treten vor allem bei Neugründungen auf, die auf die Imitation erfolgreicher Unternehmen abzielen. Durch eine nicht-perfekte Imitation kommt es zu Variationen innerhalb einer Population. Die Umwelt selektiert die Unternehmen nach ihrer **Effizienz im Konkurrenzkampf**, wobei Elemente organisationalen Wissens, sog. *Comps*, selektiert werden. Eine weitere Annahme ist, dass sich Comps erfolgreicher Unternehmen schneller verbreiten (z. B. durch Abwerbung deren Mitarbeiter oder Produktdifferenzierung). Unternehmen streben nun (z. B. durch bürokratische Routinen) danach, die selektierten Varianten (z. B. Marken, Geschäftseinheiten) zu konservieren und an eigene Neugründungen (z. B. Spin-offs) weiterzugeben. Mechanismen der

Isolation (Mobilitäts-, Markteintrittsbarrieren) verhindern die Austauschbarkeit von Comps unterschiedlicher Populationen (während das *Benchmarking* einen solchen Austausch fördert). Die Population Ecology führt weitere Erklärungsansätze für die Entstehung von Wettbewerbsvorteilen auf, so z. B. die Startbedingungen der Unternehmen (durch Ressourcenausstattung, Trägheit, Kultur). Um die Effizienz und strategische Positionierung eines Unternehmens zu verstehen, muss man den gesamten **Prozess seiner Evolution rekonstruieren** und analysieren (vgl. Welge/Al-Laham 2008, S. 85 f.), was aber wiederum eine erhebliche Hürde für Imitatoren darstellt (siehe Kap. 4).

1.5 Ziele von Unternehmen als Orientierungsgrößen der Strategie

1.5.1 Wesen von Zielen und ihr Bezug zur Strategie

Ziele sind angestrebte zukünftige Zustände, die sich für Unternehmen aber zumeist nicht einfach und eindeutig bestimmen lassen. Ein Ansatz zur Konkretisierung von Zielen sind die Zieldimensionen **Zielinhalt**, das angestrebte **Ausmaß der Zielerreichung** und der **Zeitraum**, wie lange ein Ziel gültig ist (kurz-, mittel-, langfristig). Ziele und die konkrete Bestimmung ihrer Dimensionen haben im Strategiebildungsprozess die Funktion von **Entscheidungskriterien**, an denen sich die Auswahl und Gestaltung von möglichen strategischen Alternativen orientieren soll (vgl. Macharzina/Wolf 2010, S. 207 ff.). Zudem dienen Ziele – ex post – als Maßstab der Unternehmensleistung und der Wirksamkeit von ergriffenen Strategien (im Rahmen eines *Strategiecontrolling*). Unternehmensziele haben – zusammengefasst – eine **Auswahl- und Steuerungsfunktion für Strategien** (siehe Abb. 1.1).

Abb. 1.1: Ziele als Steuerungsgröße für Strategien und deren Implementierung

Quelle: Eigene Darstellung

1.5.2 Zielinhalte, Zielbeziehungen und die Strukturierung von Zielen

(a) Zielbeziehungen und Hierarchien finanzwirtschaftlicher Ziele

Unternehmen verfolgen typischerweise **mehrere Ziele gleichzeitig**, die in **komplementären** (sich ergänzenden), **indifferenten** oder **konfliktären** (sich widersprechenden) Beziehungen stehen (vgl. Hungenberg 2006, S. 55 f.). Aus einer komplementären Mittel-Zweck-Zielbeziehung ergeben sich **Kennzahlensysteme**, die einzelne Ziele in eine (deduktionslogische) hierarchische Ordnung mit **Ober-, Mittel- und Unterzielen** bringen (siehe Abb. 1.2) – die finanzwirtschaftlichen Ziele, Gesamt- oder Eigenkapitalrendite, bilden hierbei typischerweise die Oberziele (vgl. Macharzina/Wolf 2010, S. 216 f.).

Auch Zielgrößen auf der derselben Hierarchieebene sind häufig **nicht unabhängig voneinander**: Preis (p) und Absatzmenge (x_a) sind über die Preis-Absatz-Funktion (konkurrierend: negative Preiselastizität bei normalen Gütern, steigende Preise bei sinkender Angebotsmenge), die Stückkosten (c) und die Produktionsmenge (x_p) über Skalenerträge (*Economies of Scale*, s. Kap. 5) komplementär miteinander verbunden – was die Zielansteuerung tendenziell verkompliziert.

Eine einfache Strategiefindung durch Optimierungsrechnung wie im *Monopolfall* (Grenzerlös = Grenzkosten) ist unter Wettbewerbsbedingungen nicht möglich, da dann die *Kreuzpreiselastizität* eine zentrale Spielregel bei der Zielerreichung darstellt (und die ökonomische Theorie nur wenig praxisorientierte Lösungsansätze des Oligopolproblems anbietet, siehe hierzu Kap. 5.6). Da bei der Messung der aktuellen Gewinnsituation eines Unternehmens die Aktivitäten des Unternehmens in der Vergangenheit betrachtet werden, ist eine rein finanzorientierte Zielbildung und Zielerreichungsgradmessung generell unzureichend (vgl. Macharzina/Wolf 2010, S. 219).

Abb. 1.2: Finanzwirtschaftliche Ziele von Unternehmen als Hierarchie

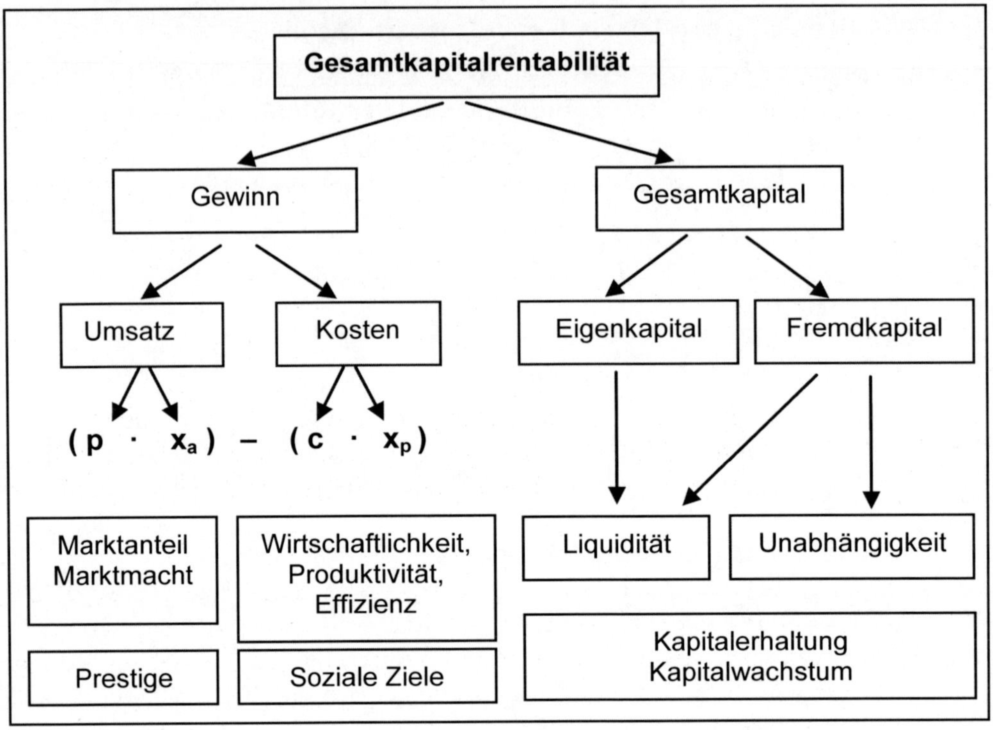

Quelle: Eigene Darstellung nach Macharzina/Wolf (2010, S. 217 ff.)

(b) Wachstums- und Marktanteilsziele

Neben den rein finanzwirtschaftlichen Zielen bestehen noch andere quantitative Ziele, die eine besondere strategische Bedeutung haben, nämlich das **Wachstum des Unternehmens** sowie der **Marktanteil**.

Das Wachstum des Unternehmens, ausgedrückt in Umsatz-, Absatz- oder Marktanteilsgrößen hat einen besonderen Stellenwert als Maßstab der Entwicklung und Wertsteigerung des Unternehmens (siehe Kap. 7). Zudem ist das Wachstum direkt mit dem Überlebensziel des Unternehmens verbunden: Wenn das Unternehmen nicht wächst, wird es in einer dynamischen Marktumwelt verschwinden, entweder weil es von wachsenden Wettbewerbern übernommen wurde oder weil es nicht mehr in der Lage war, die Mittel für die in vielen Branchen steigenden Kosten für Innovationen oder zumindest das Aufrechterhalten des technologischen Branchenniveaus zu generieren.

In den Wachstumskontext fällt auch der Marktanteil bzw. das Marktanteilswachstum. Der Marktanteil ist die wichtigste und allgemein übliche Messgröße für die quantitative Position eines Unternehmens in einer Branche, d. h. in Relation zu seinen Wettbewerbern. Mit dem Marktanteil bzw. dessen Entwicklung erfolgt die Erfolgsdarstellung relativ zur Marktentwicklung – so wird ein vorhandenes aber unterdurchschnittliches Wachstums aufgedeckt.

Der Marktanteil und dessen Entwicklung repräsentieren zudem das Ausmaß der (in Käufe umgesetzte) **Präferenz der Kunden** für das Angebot eines Unternehmens, also auch den Erfolg der Wettbewerbsstrategie und der Effektivität der Maßnahmen in Marketing/Vertrieb, sowie die Kostenposition des Unternehmens relativ zu den Wettbewerbern, wenn mengenbezogene Kostendegressionseffekte auftreten.

Der Marktanteil stellt eine Verbindung zwischen quantitativen Gewinn- und Wachstumszielen und qualitativen Zielen des Unternehmens her.

Exkurs: Marktanteil als Ziel aus Sicht der Spieltheorie

Aus Sicht der Spieltheorie (s. Kap. 1.4.2.2) ist ein Spiel um Marktanteile ein *Nullsummenspiel*, anhand dessen sich **die fundamentalen Mechanismen (und Probleme) des Wettbewerbs deutlich machen lassen** (s. Abb. 1.3): Bei einem Spiel mit der Strategievariable „Preis“ um Marktanteile gewinnt Unternehmen 1 Marktanteil (+X1) hinzu, wenn es Unternehmen 2 unterbietet, wodurch Unternehmen 2 genau diesen (volumenbezogenen) Marktanteil verliert (-X2) – daher der Begriff Nullsummenspiel. Kennen die Spieler die Preissetzungsmöglichkeiten ihrer Gegner mit der zugehörigen Auszahlungskonstellation, so ist es rational (d. h. marktanteilsverbessernd), bei einem hohen Preis des Wettbewerbers den eigenen Preis niedrig zu wählen; ebenso wenn der Wettbewerber den niedrigen Preis wählt (siehe die Pfeile in der Graphik, sog. Iterative Dominanz). Da ein niedriger Preis in dieser Spielsituation für beide Spieler immer vorteilhaft ist (strikt dominante Strategie), entsteht als Ergebnis des Spiels der Strategievektor (niedrig/niedrig). Dieses Ergebnis ist ein Nash-Gleichgewicht (*), d. h. kein Spieler kann sich durch einseitiges eigenes Abweichen von dem Gleichgewichtpreis verbessern. (Hinweis: Die Tatsache, dass beide Unternehmen im Gleichgewicht typischerweise weniger Umsatz und weniger Gewinn machen, spielt bei einer ausschließlichen Betrachtung des Marktanteils als Zielgröße keine Rolle).

Abb. 1.3: Nullsummenspiel mit Preisen um Marktanteile

Spieler 2 (spielt Zeile) **Spieler 1** (spielt Spalte)	***P = hoch₂*** (Kooperation)	***P = niedrig₂*** (Defektion)
P = hoch₁ (Kooperation)	**0_1 / 0_2**	**$-X_1$ / $+X_2$**
P = niedrig₁ (Defektion)	**$+X_1$ / $-X_2$**	**0_1 / 0_2** *

+/–X_i Marktanteilsgewinn/-verlust eines Spielers * Nash-Gleichgewicht

→ Der Pfeil verdeutlicht die Dominanz einer Auszahlung („besser als")

Quelle: Eigene Darstellung nach Fudenberg/Tirole (1992, S. 6)

Das Nash-Gleichgewicht liefert die formale Erklärung für den durch Wettbewerb ausgelösten **Preisdruck** in Oligopolen. Eine Konsequenz dieses Drucks wären ständig sinkende Preise ggf. bis auf das Niveau der Produktionskosten (sog. *Bertrand-Nash-Gleichgewicht*), was wiederum einen hohen Druck zur Kostensenkung in den betroffenen Unternehmen auslösen dürfte.

Unternehmen befinden sich aber nicht nur im Spiel um Preise in einem Nullsummenspiel: Da auch mit anderen Strategievariablen wie Qualität/Inno-vation, Grad der Marktsegmentierung/Produktdifferenzierung oder Werbeausgaben um Marktanteile gespielt werden kann, entstehen auch hierbei Nash-Gleichgewichte und – entsprechend – Wettbewerbsdruck. **Zusammen führen diese Nash-Gleichgewichte zu sinkenden Preisen, steigenden Kosten und damit sinkenden Gewinnen – eine zentrale strategische Problemstellung für Unternehmen**. Eine weitere Detaillierung von Ursachen des Wettbewerbsdrucks und Lösungsansätze finden sich in Kap. 5.

(c) Qualitative Ziele

Wie in Abb. 1.2 zu erkennen ist, haben Unternehmen auch quantitativ schwer zu operationalisierende Ziele, sog. qualitative Ziele. Dies sind insbesondere (interne/externe) **soziale** und **ökologische Ziele**, die im Kontext mit den Ansprüchen der Stakeholder bzw. der *Unternehmensethik* auftreten (siehe Kap. 2). Sie verursachen zwar vorläufig Kosten, können aber die Basis für eine besondere Position in den Köpfen (*Image*) der Kunden mit sich bringen.

Weitere qualitative Ziele auf Kundenebene sind die **Kundenzufriedenheit**, die dadurch entsteht, dass die z. B. durch Werbeaussagen geweckten Erwartungen des Kunden durch die Leistung erfüllt werden (*Konfirmation*). Zufriedenzufriedenheit ist eine Bedingung für **Kundenloyalität**, also für eine hohe Wahrscheinlichkeit der Wiederholung des Kaufs dieses Produkts durch den Kunden, die aber auch durch andere Formen der Bindung (z. B. *Markenwechselkosten,* siehe Kap. 5.1.2.1) erzeugt werden kann.

Eine fundamentale Erkenntnis aus dieser Betrachtung ist, dass sich **quantitative/finanzwirtschaftliche Ziele erst dann erfüllen, wenn vorgelagerte qualitative Ziele erreicht wurden**. Dieser Zusammenhang der typischen Unternehmensziele bildet eine Grundlage für die *Balanced Scorecard.*

1.5.3 Balanced Scorecard

Die *Balanced Scorecard* (BSC, nach Kaplan/Norton 1997) ist ein Modell zur Entwicklung von Zielsystemen, die der Wirkungsstruktur und zeitlichen Verzögerung zwischen ökonomischer Aktivität und ökonomischem Erfolg Rechnung trägt und damit die Probleme rein finanzwirtschaftlich ausgerichteter Kennzahlensysteme überwindet (vgl. Macharzina/Wolf 2010, S. 221).

Abb. 1.4: Die Zielperspektiven der Balanced Scorecard

Stufe 4: Die Finanzperspektive Stellt die Situation und den Erfolg des Unternehmens aus finanzwirtschaftlicher Sicht dar und gibt darüber Aufschluss, ob die Strategie das Finanzergebnis verbessert. Betrachtet werden Rentabilitäts- (ROI, ROCE, EVA) und Liquiditätsziele.
Stufe 3: Die Kundenperspektive Finanzwirtschaftliche Kennzahlen resultieren aus den Zahlungen von Kunden. Für das Ausmaß dieser Zahlungen sind der Marktanteil, die Kundenrentabilität, aber auch qualitative Ziele wie Präferenz und Preisbereitschaft, Kundenzufriedenheit und -loyalität sowie die Rate der Neukundengewinnung entscheidend.
Stufe 2: Die interne Prozessperspektive Die interne Perspektive betrachtet die Anforderungen an die Prozesse und deren Ausmaß zur Erreichung der Ziele der Kundenperspektive. Betrachtet werden z. B. Entwicklungszeiten, Ausschussquoten und die Kosten pro Kundenreklamation
Stufe 1: Mitarbeiter- bzw. Lern- und Veränderungsperspektive Im Wettbewerb um die besten Prozesse durch kontinuierliche Verbesserung und Innovationstätigkeit müssen die Mitarbeiter lernfähig und innovativ sein. Angestrebt werden u. a. eine hohe Mitarbeiterzufriedenheit und -produktivität.

Quelle: Vgl. Macharzina/Wolf (2010, S. 221 f.); Vanini (2009, S. 818 ff.)

Zudem vermittelt die Balanced Scorecard einen umfassenden Überblick über das Unternehmen und dessen Geschäftsmodell, indem es die **Struktur der Wertschöpfung** aus vier durch Ursache-Wirkungs-Beziehungen verbundenen, hierarchisch angeordneten Perspektiven betrachtet (siehe Abb. 1.3)(vgl. Kaplan/Norton 1997, S. 143). So kann z. B. ein besserer Kundenservice (Prozess) zu höherer Kundenzufriedenheit und diese zu mehr Absatz führen.

Bei der Umsetzung der Balanced Scorecard werden die Zielgrößen auf den einzelnen Ebenen unternehmens- und branchenspezifisch definiert und operationalisiert (d. h. ein Messsystem wird in Form von aufeinander aufbauenden Kennzahlen vorgegeben). Die konkrete Auswahl und Struktur der Kenngrößen einer Balanced Scorecard in einem Unternehmen sollte sich insbesondere an dessen definierter *Wettbewerbsstrategie* orientieren (siehe Kap. 5.4.).

Durch diese Struktur ist die Balanced Scorecard aus Sicht des strategischen Managements auch ein Instrument/Managementtool zur

- Einführung des **Denkens in Erfolgsfaktoren** im ganzen Unternehmen. Dabei werden aber ggf. qualitative Erfolgsfaktoren, die nicht durch Kennzahlen abgebildet werden können, nicht berücksichtigt,
- **Implementierung von Strategien** i. S. einer Ausrichtung des Unternehmens auf die Erfolgsvoraussetzungen der Strategie,
- **Kontrolle des Erfolgs von Strategien** auf mehreren definierten und quantifizierten Erfolgsebenen (*Strategiecontrolling*).

Die Balanced Scorecard gehört zu den am meisten verwendeten und diskutierten Managementtools bzw. Controlling-Instrumenten (vgl. Vanini 2009, S. 815). Aus den Erfahrungen mit der Anwendung von BSCs in Unternehmen leiten Norton/Kaplan (2001, S. 147 ff.) **fünf Prinzipien eines strategiefokussierten Unternehmens** ab. Strategiefokussierte Unternehmen

- übersetzen die Strategie in die Struktur einer Balanced Scorecard,
- verknüpfen Geschäftseinheiten, Zentral- und Servicebereiche sowie externe Partner und Lieferanten über abgeleitete Scorecards miteinander,
- brechen die Ziele übergeordneter Balanced Scorecards bis auf die Ebene der Mitarbeiter herunter und verbinden die enthaltenen Zielsetzungen mit (z. B. finanziellen) Anreizen,
- errichten eine Strategiebudgetierung, die zum Aufbau strategischer Fähigkeiten und zum Umsetzen der definierten Wachstumsstrategien (Innovation, Eintritt in neue Märkte) genutzt wird,
- nutzen Balanced-Scorecard-Programme zur Mobilisierung der Beschäftigten für strukturelle und kulturelle Veränderungen im Unternehmen.

Die Balanced Scorecard ist damit für das strategische Management ein wichtiges **Strukturierungs-, Implementierungs- und Kontrollinstrument**. Die Balanced Scorecard unterstützt zudem das Verständnis, welche Prozesse im Unternehmen rentabel sind und weshalb, was eine Voraussetzung für die strategische Führung eines Unternehmens darstellt (vgl. Jarillo 2005, S. 319).

Bezüglich der theoretischen Konzeption der Balanced Scorecard und ihrer Umsetzung in der Unternehmenspraxis sind folgende Aspekte ggf. problematisch (vgl. Vanini 2009, S. 822):

- Die Bestimmung der vier Perspektiven ist unklar bzw. hat keine theoretische Begründung (Ursache-Wirkungs-Beziehungen oft nur intuitiv).
- Zielkonflikte erschweren die Ableitung widerspruchsfreier Ursache-Wirkungs-Beziehungen.
- Qualitative Erfolgsfaktoren, die nicht durch Kennzahlen messbar sind, bleiben unberücksichtigt.
- Der Erfolgsbeitrag nicht-finanzieller Faktoren ist nicht bestätigt.
- Unterschiedliche zeitliche Wirkungen, Rückkopplungen und Vernetzungen von strategischen Zielen werden nicht berücksichtigt.
- Aufgrund unklarer Verhaltenswirkung ist nicht klar, inwieweit die Zielerreichung mit dem Anreizsystem verknüpft werden sollte.
- Zu viele Ziele und Kennzahlen können zu einer Informationsüberlastung der Mitarbeiter führen. Eine BSC sollte insgesamt nicht mehr als 25 Kennzahlen umfassen.
- Häufig findet bei längerer Anwendung keine Überprüfung der Annahmen und Ziele der BSC (z. B. auf Basis der gewonnenen Daten) statt.

1.6 Kontrollfragen zu Kapitel 1

Welche der folgenden Aussagen sind vollständig richtig (r) und welche Aussagen sind falsch (f)?

1. Strategien sind Planvorgaben, die den Aufbau und den Erhalt erfolgversprechender Wettbewerbspositionen in Märkten gewährleisten sollen.
2. Strategiefindung bedeutet auch, Antworten auf fundamentale strategische Fragestellungen, wie die Bestimmung von Geschäftsfeldern, zu geben.
3. Als Wissenschaft versucht das strategische Management herauszufinden, weshalb einige Unternehmen größer sind und andere nicht.
4. Nach der Bezugsebene der Strategie können Unternehmens-, Geschäftsbereichs- und Funktionalstrategien unterschieden werden.

5. Nach dem Kontext der Strategiegenerierung können strategische Stoßrichtungen und Basisstrategien unterschieden werden.
6. Nach Mintzberg ist die Planung von Strategien unproblematisch, da Unternehmen ihre eigene Situation immer objektiv einschätzen können.
7. Eine mangelnde Prognostizierbarkeit der Umweltdynamik, die Vielfalt der relevanten Ereignisse und die Mehrdeutigkeit von Situationen sind Grundprobleme des strategischen Managements.
8. Aus der rational-entscheidungsorientierten Perspektive sind Analysen von Umwelt und Unternehmen Teil des Prozesses der Strategieformulierung.
9. Strategieimplementierung bedeutet u. a. die Anpassung der Strukturen des Unternehmens an die Strategie; dies ist aufgrund der Planung der Strategien auf der obersten Hierarchieebene ggf. problematisch.
10. Durch eine Betrachtung organisatorischer Kernkompetenzen wird die statische Sicht der Stärken und Schwächen des Unternehmens erweitert.
11. Gemäß dem Structure-Conduct-Performance-Paradigma beeinflusst die wettbewerbliche Branchenstruktur das Verhalten des Unternehmens (Conduct), was den Erfolg des Unternehmens (Performance) bestimmt.
12. Strategische Interdependenz bedeutet, dass die Zielerreichung eines Spielers von dem Verhalten des anderen Spielers unabhängig ist.
13. Die Spieltheorie unterscheidet in kooperative und nicht-kooperative Spiele.
14. Individuelle Nutzenmaximierung, begrenzte Rationalität und optimales Verhalten sind Grundannahmen der neuen Institutionenökonomik.
15. Transaktionskostentheorie betrachtet Kosten von Strategiealternativen.
16. Kernkompetenzorientierte Ansätze nehmen an, dass die Wettbewerbsposition durch die Qualität der internen Ressourcen erklärt werden kann.
17. Ziele sind ein Bewertungsmaßstab für die Wirksamkeit von Strategien.
18. Konkurrierende Ziele ergänzen sich und können in eine hierarchische Ordnung gebracht werden, wie z. B. Absatz, Umsatz und Gewinn.
19. Preiselastizität und Skalenerträge sind zentrale strategische Spielregeln.
20. Quantitative Ziele wie Gewinn können langfristig nur durch das Erreichen qualitativer Ziele wie Kundenzufriedenheit realisiert werden.
21. Balanced Scorecards sind individuelle Zielsysteme von Unternehmen, welche die Implementierung und Kontrolle von Strategien unterstützen.
22. Die BSC besteht aus 4 Zielperspektiven: der Finanz-, der Wettbewerber-, der internationalen Perspektive und der Mitarbeiterperspektive.

2 Kontext der Unternehmensführung und seine Gestaltung

Lernziele **Dieses Kapitel vermittelt,**

- die jeweiligen Inhalte der normativen, strategischen und operativen Ebene der Unternehmensführung,
- welche Anspruchsgruppen (Stakeholder) die strategische Unternehmensführung beeinflussen,
- welchen Stellenwert Unternehmensethik in der Unternehmensführung einnimmt und wie diese ausgestaltet werden kann,
- was Unternehmenskultur ist, wie sie entsteht und wie sie gestaltet werden kann.

Das Kapitel 2 behandelt die grundlegenden Entscheidungen der strategischen Unternehmensführung, die nicht durch übergeordnete Unternehmensentscheidungen begründet sind, sondern von den Trägern des Unternehmens als normativer Rahmen der Unternehmensführung vorgegeben werden. Es handelt sich dabei vor allem um grundlegende Festlegungen bzw. Überzeugungen und gelebte Werte über die Ziele eines Unternehmens, die Unternehmensverfassung, die Unternehmensethik und die Unternehmenskultur.

2.1 Funktionen und Ebenen der Unternehmensführung

Die Unternehmensführung (oder auch Managementlehre) rückt mit der Professionalisierung der Leitung von Unternehmen im Zuge der Industrialisierung zu Ende des 19. Jahrhunderts in den Fokus der Wissenschaft. Die Institution Unternehmensführung verdankt dabei ihre Existenz im Wesentlichen der Vorteilhaftigkeit der Arbeitsteilung, der durch sie hervorgebrachten Effizienzvorteile und des erforderlichen Aufwands für die Koordination der arbeitsteiligen Organisationseinheiten im Hinblick auf die übergeordneten Unternehmensziele. Ein stark ausdifferenziertes Unternehmen bedarf bei zunehmender Größe mittelständischer und großer Unternehmen, der fortschreitenden Differenzierung der Produkte und Dienstleistungen und der regionalen Streuung der Unternehmensaktivitäten einer Funktion, die in Kleinun-

R. Bergmann, M. Bungert, *Strategische Unternehmensführung*,
DOI 10.1007/978-3-642-31840-5_2, © Springer-Verlag Berlin Heidelberg, 2012

ternehmen zuvor nur eher wenig Beachtung gefunden hat: die Funktion der Unternehmensführung mittels der Planung, Steuerung und Kontrolle der Unternehmensaktivitäten.

Die Unternehmensführung lässt sich grundsätzlich in drei grundlegende Betrachtungsebenen unterteilen: die normative, die strategische und die operative Ebene (vgl. Abbildung 2.1).

Zielsetzung der **normativen Ebene der Unternehmensführung** ist das Erlangen von Legitimität der Existenz und des Verhaltens des Unternehmens gegenüber externen und internen Kräften. Die normative Ebene beinhaltet die Festlegung von Ziel und Zweck sowie grundlegender Werte des Unternehmens. Die normative Unternehmensführung prägt den Gestaltungsrahmen, der einem Unternehmen Identität verleiht, und bestimmt die grundlegenden Ziele des Unternehmens. Zentrale Aufgabe der Unternehmensführung im normativen Kontext ist es, das Selbstverständnis des Unternehmens zu definieren, das in der Vision, der Mission und den grundlegenden Unternehmenszielen widerspiegelt. Die Entwicklung der Unternehmensverfassung und der gestalterische Einfluss auf die Unternehmenskultur sind weitere normative Führungsaufgaben, mit denen das Selbstverständnis des jeweiligen Unternehmens abgesichert werden soll (vgl. Hungenberg/Wulf 2011, S. 26).

Abb. 2.1: Die drei Ebenen der Unternehmensführung

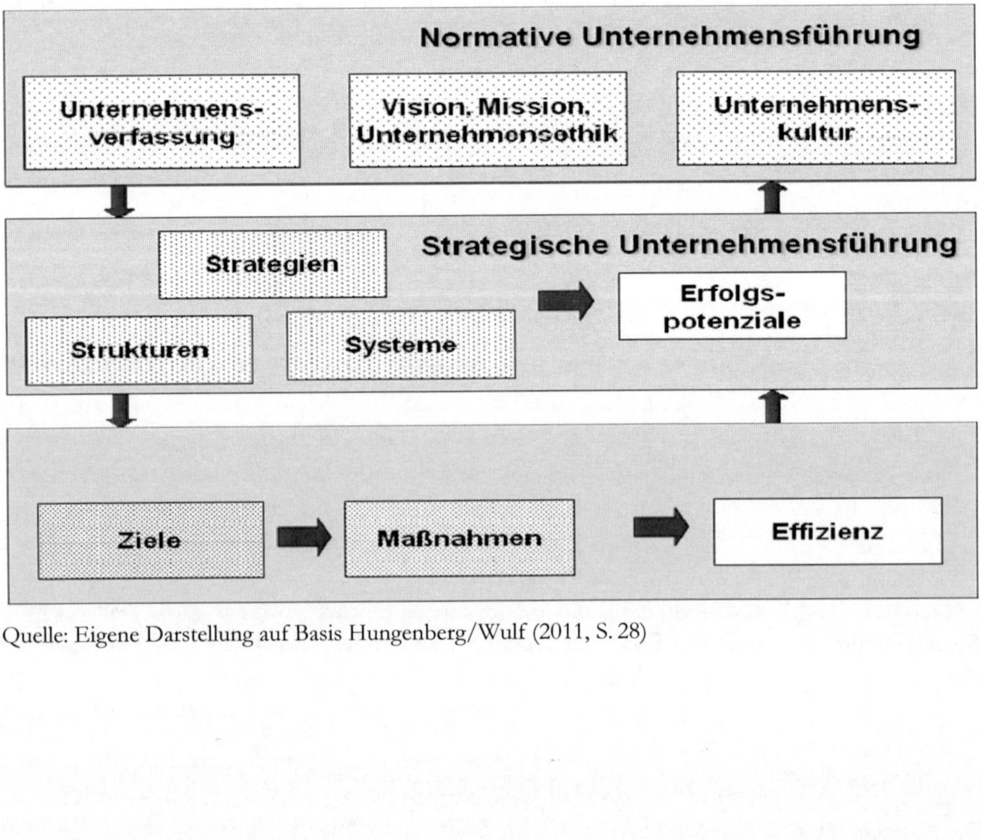

Quelle: Eigene Darstellung auf Basis Hungenberg/Wulf (2011, S. 28)

Die **strategische Unternehmensführung** soll die Voraussetzungen dafür schaffen, dass die (normativen) Ansprüche an die Entwicklung des Unternehmens langfristig erfüllt werden können. Zielsetzung der strategischen Ebene ist ökonomische, soziale und ökologische Effizienz. Wesentlicher Inhalt der strategischen Unternehmensführung besteht innerhalb der normativen Vorgaben im Aufbau, der Pflege und der Weiterentwicklung von Erfolgspotenzialen (siehe hierzu den Abschnitt zur marktorientierten Unternehmensführung). Hierzu werden Strategien formuliert, ausgewählt und durch Strukturen und Systemen umgesetzt. Das Ergebnis bildet die externe (Marktposition) und die interne Ausrichtung (Ressourcenbasis) des Unternehmens. Die strategische Unternehmensführung schafft damit den langfristig orientierten Handlungsrahmen, an dem sich operative Aktivitäten orientieren können (vgl. Hungenberg/Wulf 2011, S. 27). Ein wichtiges Element der strategischen Ebene der Unternehmensführung bildet die Strukturierung der Erfolgspotenziale mittels der Organisation eines Unternehmens. Sie bestimmt, wie Gesamtaufgaben des Unternehmens sinnvoll in einzelne Teilaufgaben zerlegt sowie Aufgaben, Kompetenzen und Verantwortung auf die verschiedenen Führungsebenen und Mitarbeiter im Unternehmen verteilt und koordiniert werden kann. Die Organisationsgestaltung gehört daher zu den zentralen Aufgaben der Unternehmensführung, da durch effiziente Strukturen und Prozesse elementare Voraussetzungen für die erfolgreiche Umsetzung der Strategien geschaffen werden (vgl. hierzu im Detail Bergmann/Garrecht 2008).

Die **operative Ebene der Unternehmensführung** vollzieht sich innerhalb des Handlungsrahmens, der durch die strategische Unternehmensführung determiniert ist, und betrifft die optimale Ausschöpfung der generierten Erfolgspotenziale. Sie definiert und koordiniert die laufenden Aktivitäten in den verschiedenen Funktions- und Marktbereichen und sorgt für die kurzfristige Umsetzung der Strategien durch konkrete Aufträge und Maßnahmen im Rahmen des sog. Tagesgeschäfts.

Für die Schaffung dauerhafter Erfolgspotenziale ist die konsequente Vernetzung und Abstimmung dieser drei Ebenen erforderlich. Die drei Ebenen wurden von der **Sankt Galler Managementschule** im Konzept Integriertes Management wesentlich ausdifferenziert (vgl. Abbildung 2.2).

Die wesentlichen Funktionen der Unternehmensführung im Führungskreislauf von Planung, Steuerung, Umsetzung und Kontrolle bestehen in der Gestaltung, Lenkung und Entwicklung des Unternehmens (vgl. Bleicher 1994, S. 32, Dillerup/Stoi 2008, S. 44):

Abb. 2.2: Das Konzept Integriertes Management

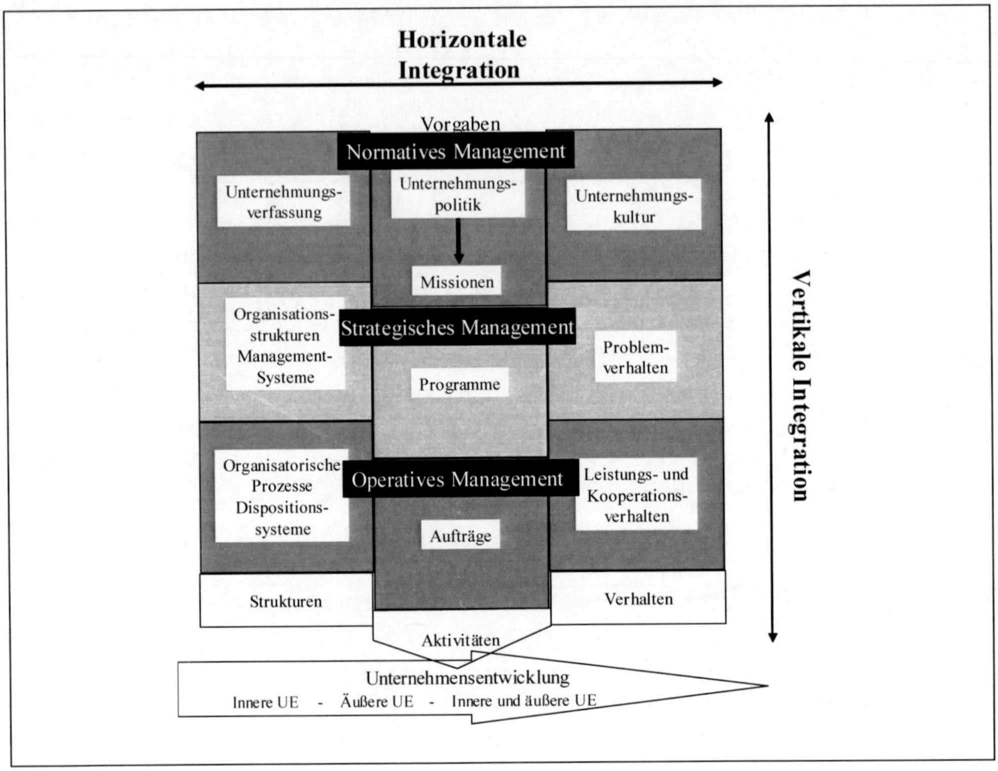

Quelle: Bleicher (1991, S. 5)

- **Gestaltung** von Führungskreisläufen, um Lenkung und damit Handlungsfähigkeit sicherzustellen,
- **Lenkung** des Unternehmens in bestehenden Führungskreisläufen, um es auf die Ziele auszurichten. Hier werden die auf das Unternehmen einwirkenden Störungen im Vorfeld berücksichtigt und auch das Ergebnis des Systems kontrolliert,
- **Entwicklung** des Unternehmens, um sein Überleben zu sichern und es gestaltbar und anpassbar zu halten.

2.2 Anspruchsgruppen der Unternehmensführung (Stakeholderansatz)

Ein Unternehmen ist nicht eine ausschließlich nach dem erwerbswirtschaftlichen Prinzip ausgerichtete Organisation mit Ziel der sog. „Gewinnmaximierung". Ein

Unternehmen ist auch ein offenes System, welches mit seiner Umwelt in vielfältigen Beziehungen interagiert. Stakeholder sind Bezugs- bzw. Anspruchsgruppen, die mit einem Unternehmen in Beziehung stehen und einen materiellen oder immateriellen Anspruch (*Stake*) an das Unternehmen formulieren bzw. Beiträge zur Befriedigung ihrer Interessen vom Unternehmen erwarten, weil sie dem Unternehmen Ressourcen zur Verfügung stellen (vgl. Freeman 1984, Dyllick 1989, siehe Abb. 2.3). Diese Ressourcen können bspw. Kapital, Human- und Naturressourcen, Informationen, Know-how oder Vertrauen (Akzeptanz, Vorgesetzten-Mitarbeiter-Verhältnis) sein. Diese Anspruchsgruppen nehmen direkt oder indirekt Einfluss auf die Strukturen und Aktivitäten des Unternehmens, insbesondere auf die Ziele, die vom Unternehmen verfolgt werden sollen.

Abb. 2.3: Anspruchsgruppen der Unternehmensführung

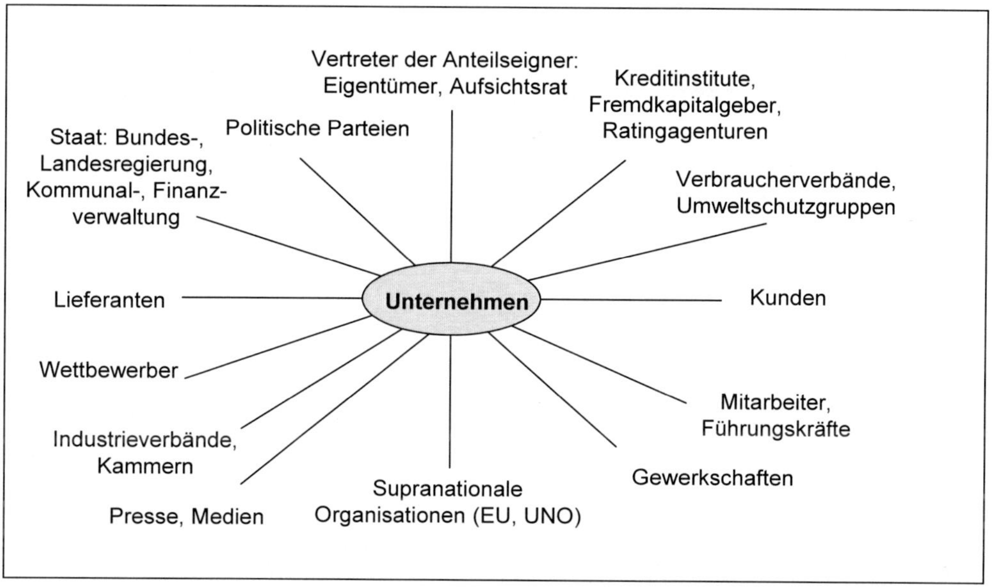

Quelle: Freeman (1984, S. 25), Becker/Fallgatter (2005, S. 29), modifiziert

Die Ansprüche der einzelnen Stakeholder können in unterschiedlicher Beziehung zueinander stehen (*identisch*, *indifferent*, *komplementär* oder *konfliktär*). Die Tabelle in Abbildung 2.4 stellt auszugsweise Beiträge und Ansprüche aus der Vielfalt der Anspruchsgruppen gegenüber.

Es haben sich in der wissenschaftlichen Diskussion zwei Richtungen herausgebildet, die beschreiben, welche Anspruchsgruppen bei der Formulierung der grundlegenden Unternehmensziele besonders zu berücksichtigen sind. Die Vertreter der einen Richtung verfolgen den sog. **Stakeholder-Ansatz**, demzufolge sich Unternehmensziele an den Interessen aller Anspruchsgruppen orientieren sollen. Die Position beruht auf der Überlegung, dass alle Anspruchsgruppen für Existenz und Handeln

Abb. 2.4: Beiträge und Anforderungen beispielhafter Stakeholder an das Unternehmen

Anspruchs-gruppe	Beiträge der Anspruchsgruppe	Ansprüche an das Unternehmen
Eigentümer (Eigenkapitalgeber)	stellen dem Unternehmen dauerhaft Kapital zur Verfügung, das für die Finanzierung des betrieblichen Transformationsprozesses notwendig ist	erwarten eine Mehrung ihres Vermögens über Ausschüttungen (bspw. in Form von Dividenden) und Steigerung des Unternehmenswertes
Fremdkapitalgeber	überlassen zeitlich befristet Kapital (Fremdkapital)	marktgerechte Zinszahlungen während der Laufzeit und eine fristgerechte Rückzahlung
Kunden	Kaufpreis für Produkte und Dienstleistungen, Markentreue	Stiftung von Kundennutzen durch attraktives Preis-/Leistungsverhältnis Lieferfähigkeit; guter Service, ökologische Qualität
Mitarbeiter und Manager (leitende Angestellte)	Arbeitsleistung, Know-how (Humanressourcen), Vertrauen	Angemessene Vergütung, attraktive Arbeitsbedingungen: sinnvolle Tätigkeit, Schutz vor Kündigung, zwischenmenschliche Kontakte, Personalentwicklung
Zulieferer	Betriebsmittel, Betriebsstoffe, Werkstoffe und Dienstleistungen in der benötigten Menge, Qualität und Lieferfrist	vereinbarungsgemäße Bezahlung, günstige Konditionen und langfristige Geschäftsbeziehungen
Konkurrenten	Einhalten fairer Wettbewerbsregeln, Kooperation auf branchenpolitischer Ebene	Einhalten fairer Wettbewerbsregeln, Kooperation auf branchenpolitischer Ebene
Staat	Schaffen von rechtlichen und infrastrukturellen Grundlagen, Sicherheit für wirtschaftliches Handeln	Zahlung von Steuern, Einhaltung der Rechtsnormen, Teilnahme an der politischen Willensbildung
Gesellschaft (gesellschaftliche Gruppen)	Umwelt (natürliche und kulturelle Grundlagen)	Soziale Sicherheit, Beiträge zum sozialen Frieden (Schaffen und Erhalt von Beschäftigung), Schutz der natürlichen Grundlagen.

Quelle: Vgl. Schmalen/Pechtl (2006, S. 11 f.), Hungenberg/Wulf (2011, S. 53)

eines Unternehmens erforderlich und daher auch berechtigt sind, die Ziele des Unternehmens zu beeinflussen.

Die Vertreter der zweiten Position räumen demgegenüber den Interessen der Anspruchsgruppe der Eigentümer die absolute Priorität sein (sog. **Shareholder-Ansatz**). Begründet wird dies insbesondere damit, dass sich in einer Marktwirtschaft die Legitimation zur Vorgabe von Unternehmenszielen allein aus dem Eigentum am Unternehmen ableitet. Das oberste Unternehmensziel ist dann die Schaffung und Maximierung des Shareholder Value, der den Wert darstellt, den das Unternehmen für seine Eigentümer besitzt.

Abb. 2.5: Stakeholder- und Shareholder-Ansatz im Vergleich

	Stakeholder Ansatz	Shareholder Ansatz
Hintergrund	Das Unternehmen existiert, um Ansprüche aller Interessengruppen umzusetzen.	Das Unternehmen existiert, um das Vermögen seiner Eigentümer zu mehren.
Erfolgsmaßstab	Maximierung der Differenz zwischen den Anreizen und Beiträgen aller Gruppen.	Maximierung der zukünftigen diskontierten Zahlungen an die Eigentümer.
Beurteilung	Nicht operational, da auf interpersonalen Nutzenvergleichen aufbauend; pluralistisch.	Operational, da auf Markt- und Ressourceneffizienz ausgerichtet; monistisch
Unternehmensziel	„Stakeholder Value“	„Shareholder Value“

Quelle: Hungenberg/Wulf (2011, S. 56)

Welcher dieser Richtungen zu folgen ist, ist eine normative, auch ethisch zu begründende, Überlegung. In den westlichen Industrieländern wird überwiegend den Eigentümerinteressen Vorrang gegeben, da die Eigentümer die einzige Gruppe sind, die Anspruch auf einen nur unsicheren Beitrag (den Gewinn) aus der Unternehmenstätigkeit hat – zumal das Unternehmen – und damit auch jede Beziehung zwischen dem Unternehmen und einer anderen Anspruchsgruppe – erst dadurch zustande kommt, dass es Eigentümer gibt, die bereit sind, ein Unternehmen zu gründen und im Ergebnis das unternehmerische Risiko zu tragen. Ein Handlungsspielraum für Stakeholder wird aus dieser Sicht erst durch eine Shareholder-Orientierung geschaffen – es handelt sich daher auch nicht prinzipiell um gegensätzliche, sondern eher komplementäre Positionen. Eine Erhöhung des Shareholder Value sollte grundsätzlich auch im Interesse der übrigen Anspruchsgruppen sein, da ein Unternehmen langfristig nur dann überleben kann, wenn es die Ansprüche der Eigentümer und zugleich auch die Interessen von Mitarbeitern, Kunden, Lieferanten, Gesellschaft berücksichtigt (vgl. Becker/Fallgatter 2005, S. 4).

Eine Orientierung an einer Vielzahl von oder gar aller Ziele, wie es der Stakeholder-Ansatz in der Reinform fordert, ist in der Praxis kaum zu operationalisieren und daher kaum möglich. Eine wesentliche Implikation des Stakeholder-Ansatzes ist es dennoch, dass es auf Dauer keine Überbetonung der Interessen einer einzelnen Stakeholder-Gruppe durch das Unternehmen geben darf. Langfristig kann ein Unternehmen nur dann existieren – und auch Wert für seine Eigentümer schaffen – wenn sich keine der anderen Interessengruppen (insbesondere Kunden, Mitarbeiter und Lieferanten) vom Unternehmen abwendet (vgl. Hungenberg/Wulf 2011, S. 59). Es ist vielmehr ein Ausgleich (*Gleichgewicht*) mit den einzelnen Anspruchsgruppen anzustreben, denn die Beziehungen des Unternehmens mit seiner Umwelt sind nicht nur ökonomischer Art, sondern auch sozialer (Zufriedenheit der Mitarbeiter), kommunikativer (Public Relations) oder ökologischer Art (bspw. unternehmensethisches Verhalten bei der Herstellung und Entsorgung von Produkten oder Dienstleistungen).

2.3 Unternehmensverfassung

2.3.1 Merkmale und Zweck der Unternehmensverfassung

Während der Stakeholder-Ansatz eine Vielzahl von Bezugsgruppen und deren Einfluss auf das Handeln der Unternehmensführung berücksichtigt, ist die *Unternehmensverfassung* grundsätzlich zunächst an den Kapitalinteressen ausgerichtet (vgl. im Folgenden auch Schreyögg/Koch 2010, S. 38, Hungenberg/Wulf 2011, S. 69, Dillerup/Stoi 2008, S. 96 ff.). Eine Verfassung ist die grundlegende Ordnung eines sozialen Systems, z. B. eines Staats, aber auch von nicht-staatlichen Institutionen wie Unternehmen. Die Unternehmensverfassung beeinflusst das Handeln der Eigentümer und Führungskräfte eines Unternehmens sehr grundlegend und ist daher für Unternehmensentwicklung von großer Bedeutung (vgl. Hungenberg/Wulf 2011, S. 69).

Unter der Unternehmensverfassung wird ein *System rechtswirksamer Regelungen* verstanden, das sich auf das Unternehmen als rechtlich-wirtschaftliche Einheit richtet und den Handlungsrahmen für die Unternehmensführung bildet. Die Unternehmensverfassung regelt in ihrer rechtlichen Komponente wesentliche Entscheidungsprozesse der Unternehmen als Institutionen. Dies betrifft u. a. die Rechtsformwahl und die Aufteilung der Aufgaben, Kompetenzen und Verantwortung zwischen Eigentümern und ggf. angestellter Unternehmensführung, die i. d. R. in Form bestimmter Organe institutionalisiert sind. Die Unternehmensverfassung bildet Ausgangspunkt und Objekt der Rahmenplanung (vgl. Becker/Fallgatter 2005, S. 115). In der Unternehmensverfassung werden auch zentrale Normen festgelegt, welche die innere Ordnung und die Außenbeziehungen des Unternehmens regeln. Zu diesen Normen zählen einerseits Regelungen zum Bestand des Unternehmens (bspw. zum Unternehmensgegenstand) sowie zu den Möglichkeiten seiner Veränderung und Auflösung. Darüber hinaus enthält eine Verfassung, die bei Unternehmen i. d. R. im Gesellschaftsvertrag oder in der Satzung kodifiziert ist, Festlegungen zu den Rechten und Pflichten der beteiligten Interessengruppen. Dies betrifft insbesondere die herausragende Rolle der Eigentümer und die von ihnen institutionalisierten Überwachungsorgane (bspw. Aufsichtsrat oder Beirat) und der Unternehmensleitung (bspw. in Form der Geschäftsführung oder des Vorstands). Diese Festlegungen der Unternehmensverfassung dienen dazu, eine normative Rahmenordnung zu schaffen, welche die Zuständigkeitsbereiche der jeweiligen Träger des Unternehmens und das Zusammenwirken mit den übrigen Beteiligten im Unternehmen grundlegend regelt.

Durch die Unternehmensverfassung werden vom Gesetzgeber und den Eigentümern klare Regelungen für Unternehmensleitung und deren Überwachung/Kontrolle geschaffen, die eine wesentliche Basis für nachgeordnete Entscheidungen bilden. Dabei wird detailliert, wie die Eigentümer an der Leitung und Kontrolle des Unternehmens zu beteiligen sind. Gesetzlich vorgeschrieben (z. B. im Rahmen des Aktien- oder GmbH-Gesetzes) ist bspw., welche Organe ein Unternehmen einzurichten hat (bspw. Gesellschafter-/Hauptversammlung, Aufsichtsrat/Beirat, Geschäftsführung/Vorstand, Executive Board) und welche Einflussmöglichkeiten die Eigentümer auf diese Organe jeweils haben. In Deutschland werden auch den Arbeitnehmern und leitenden Angestellten und ihren Vertretern (Gewerkschaften) im Zuge der sog. unternehmerischen und betrieblichen Mitbestimmung Einflussmöglichkeiten gewährt. Nachfolgend werden zunächst die wesentlichen gesetzlichen Bestimmungen zum Einfluss von Eigentümern und Arbeitnehmern in Deutschland (sog. *Two-tier-System*) dargestellt, um diese den wichtigen Regelungen im angloamerikanischen Kontext (sog. *One-tier-System*) gegenüberzustellen.

2.3.2 Duale Unternehmensverfassung

Im Zuge der Industrialisierung entwickelte sich Mitte des 19. Jahrhunderts eine zunehmende Trennung von Eigentum an Unternehmen und der Verfügungsgewalt über das Eigentum durch leitende Angestellte. Durch das Allgemeine Deutsche Handelsgesetzbuch wurde im Jahr 1861 eine Trennung von Leitung und Kontrolle in Gestalt des Aufsichtsrats kodifiziert. Mit der Novellierung des Aktiengesetzes im Jahr 1937 erfolgte schließlich die – bis heute in Deutschland bei Aktiengesellschaften vorgeschriebene – Trennung der Organe in Hauptversammlung, Vorstand und Aufsichtsrat.

Abb. 2.6: Dualistische Unternehmensverfassung Deutschland

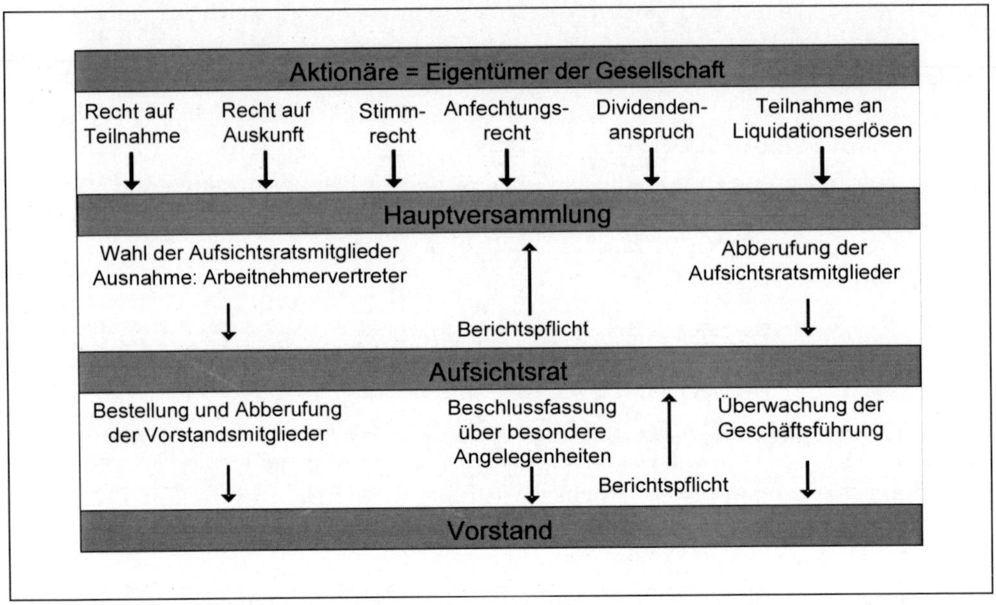

Quelle: Dillerup/Stoi (2008, S. 103)

Die Abbildung 2.6 visualisiert die wesentlichen Rechte und Pflichten dieser drei Organe im Rahmen der Unternehmensverfassung. Die Kodifizierung erfolgt in Deutschland zunächst im Handelsgesetzbuch für alle Gesellschaften (inkl. Personengesellschaften wie Offene Handelsgesellschaft und Kommanditgesellschaft) sowie mit spezifischen Regelungen für Kapitalgesellschaften im Wesentlichen im Aktiengesetz, im Gesetz über die Gesellschaft mit beschränkter Haftung sowie in Bezug auf die Mitbestimmung der Anteilseigner im Aufsichtsrat im Drittelparitätsgesetz und im Mitbestimmungsgesetz.

In den letzten Jahren hat es in Deutschland eine weitere Ausdifferenzierung der o. g. gesetzlichen Regelungen mit dem Ziel einer höheren Transparenz und besseren *Corporate Governance* durch diverse Artikelgesetze gegeben. Im Einzelnen sind dies insbesondere:

- das Gesetz zur Kontrolle und Transparenz im Unternehmensbereich (KonTraG),
- eine Verschärfung der Bilanzierungsregelungen im Handelsgesetzbuch,
- das *Transparenz- und Publizitätsgesetz* (TransPuG), das stark auf eine bessere und i. d. R. damit verbundene, auch häufigere Kontrolle der Geschäftsführungsorgane durch das Aufsichtsorgan zielt, sowie
- das Bilanzkontrollgesetz (BilKoG).

2.3.3 Board-/Verwaltungsrat-Unternehmensverfassung

Im Vergleich zur dualistischen deutschen Unternehmensverfassung ist das angloamerikanische System einstufig (als sog. *One-tier-System*) i. d. R. auf die Organe *Shareholders' Meeting* (vergleichbar der Gesellschafter- oder Hauptversammlung) und dem *Board of Directors* (Verwaltungsrat) beschränkt.
Die Aufgaben des Shareholders' Meeting umfassen die Bestellung und Abberufung der Mitglieder des Board of Directors, die Erstellung und Änderung des Gründungsvertrags (Charter), welcher zusammen mit der Geschäftsordnung und den Regeln zur Unternehmensverfassung sowie die Beschlussfassung über besondere Angelegenheiten wie z. B. Kauf oder Verkauf von Beteiligungen im Rahmen von Mergers & Acquisitions, die Veräußerung wesentlicher Teile des Gesellschaftsvermögens oder Fusion oder Unternehmensauflösung, bspw. im Rahmen von Fusionen. Bei den Mitgliedern des Board of Directors wird differenziert nach geschäftsführenden Mitgliedern (Managing Directors) und nicht-geschäftsführenden Mitgliedern (Outside Directors). Die Abbildung 2.7 gibt einen exemplarischen Überblick über die Board-Verfassung US-amerikanischer Aktiengesellschaften.

Abb. 2.7: Board-Verfassung US-amerikanischer Aktiengesellschaften

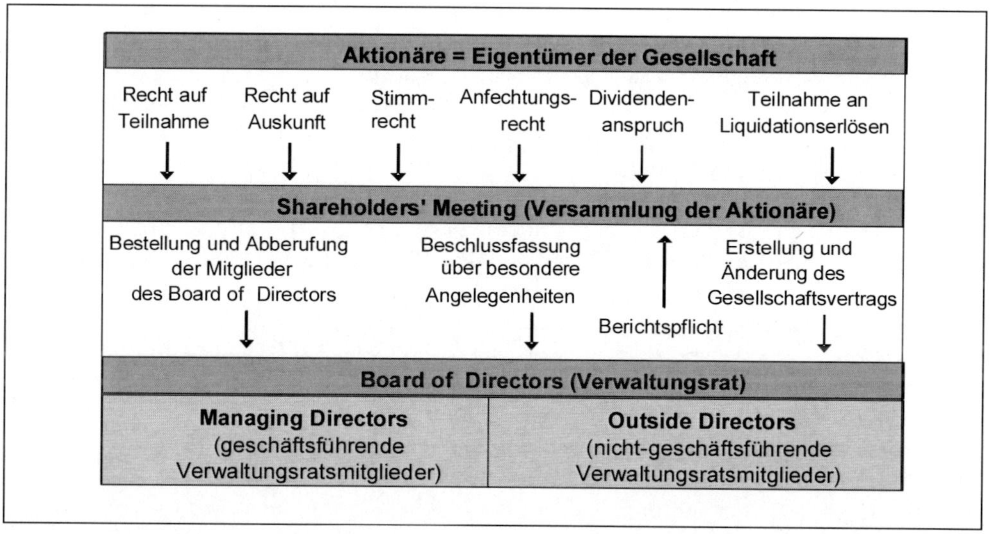

Quelle: Dillerup/Stoi (2008, S. 101)

2.3.4 Corporate Governance

Corporate Governance beschreibt die Grundsätze einer „guten“ Unternehmensführung als Ordnungsrahmen zur Leitung und Überwachung eines Unternehmens.

Wesentliche Ziele von Corporate Governance sind die Kommunikation zwischen den Organen des Unternehmens und den übrigen Stakeholdern (insbesondere Aktionäre), die Dokumentation der durchgeführten Geschäftsführungs- bzw. Überwachungstätigkeiten durch die jeweiligen Organe, die Transparenz und Nachvollziehbarkeit dieser Maßnahmen und die stetige Verbesserung der Qualität der Corporate Governance.

Die Elemente der Corporate Governance sind

- die Unternehmensverfassung (vgl. voriges Kapitel),
- Anreiz- und Motivationsstrukturen (sowohl für angestellte Manager als auch Mitglieder des Aufsichtsrats als Vertreter der Anteilseigner),
- Kodizes (bspw. Deutscher Corporate Governance Kodex),
- Regelungen zur Publizität und Inhalt von Unternehmensinformationen an die Stakeholder.

Anfang der 2000er Jahre wurde in Deutschland durch eine von der Bundesregierung eingesetzte Kommission der sog. *Deutsche Corporate Governance Kodex* verabschiedet.

Hintergrund **Deutscher Corporate Governance Kodex (DCGK)**

Der Deutsche Corporate Governance Kodex ist ein von einer Regierungskommission der Bundesrepublik Deutschland erarbeitetes Regelwerk, das Vorschläge enthält, was eine gute Corporate Governance ausmacht. Der erstmals 2002 publizierte DCGK soll dazu beitragen, die in Deutschland geltenden Regeln für Unternehmensleitung und -überwachung für alle Stakeholder transparent zu machen. Damit soll das Vertrauen in die Unternehmensführung deutscher Gesellschaften gesteigert werden. Der Kodex berücksichtigt die in der Vergangenheit – vor allem von internationalen Investoren – geäußerten Kritikpunkte an der deutschen Unternehmensverfassung, bspw. mangelhafte Ausrichtung auf Aktionärsinteressen (vgl. Shareholder-Value-Ansatz), mangelnde Transparenz deutscher Unternehmensführung oder mangelnde Unabhängigkeit deutscher Aufsichtsräte. Ziel ist es, auch eine Vereinheitlichung und Standardisierung der Maßnahmen, die zur Erfüllung einer guten Corporate Governance gehören, zu erreichen.

Wesentliche Empfehlungen betreffen die Zusammenarbeit von Vorstand und Aufsichtsrat, die besonders gefördert werden soll. So hat der Vorstand den Aufsichtsrat regelmäßig, zeitnah und umfassend über alle für das Unternehmen relevanten Fragen der Planung, der Geschäftsentwicklung, der Risikolage und des Risikomanagements zu informieren. Weitere Empfehlungen betreffen die Aufgaben, Zuständigkeiten, Vergütung und Ansätze zur Lösung von Interessenskonflikten von Vorstand und Aufsichtsrat. Zur Verbesserung der Transparenz hat die Gesellschaft Aktionäre und die Öffentlichkeit ständig zu informieren, z. B. sobald ein Aktionär einen bestimmten Prozentsatz der Anteile hält. Ebenfalls empfiehlt der Kodex eine vollständige Offenlegung von Verflechtungen zwischen Unternehmen und

Wirtschaftsprüfern, welche die Jahresabschlussprüfung durchführen, um potenzielle Interessenskonflikte aufzuzeigen.

Im Gegensatz zu Gesetzen besteht für die Empfehlungen des DCGK keine Anwendungspflicht, ihre Befolgung ist freiwillig. Gemäß § 161 AktG müssen Vorstand und Aufsichtsrat einer börsennotierten Gesellschaft jährlich eine Erklärung abgeben, inwieweit sie den DCGK befolgen (sog. *Entsprechenserklärung*). Die Unternehmen werden nicht gesetzgeberisch gezwungen, sich an den DCGK zu halten, vielmehr soll durch den Druck des Kapitalmarkts die Einhaltung des Kodex überwacht und ggf. sanktioniert werden.

Der DCGK im Internet: http://www.corporate-governance-code.de

2.4 Unternehmensethik

2.4.1 Ausgangsperspektive zu ethischem Verhalten: Funktionalismus vs. Instrumentalismus

Der Unternehmensführung wurde sowohl zu Beginn der Industrialisierung (sog. *Manchester-Kapitalismus*) als auch aktuell im Zuge der verstärkten Globalisierung der Unternehmensaktivitäten ein zu starker Fokus auf Gewinn- und Kostenorientierung vorgeworfen, unter Vernachlässigung ethischer Fragestellungen (sog. gesellschaftlicher Verantwortung des Unternehmers). In diesem Zusammenhang stellt sich die Grundfrage, inwiefern es überhaupt eines ethisch-moralischen Überbaus oder einer Unternehmensethik als weiterer Eckpfeiler für die Führung erwerbswirtschaftlich orientierter Organisationen wie Unternehmen bedarf.

„Die *Wirtschaftsethik* (bzw. Unternehmensethik) befasst sich mit der Frage, welche moralischen Normen und Ideale unter den Bedingungen der modernen Wirtschaft … (von den Unternehmen) zur Geltung gebracht werden können." (Homann/Blome-Drees 1992, S. 14). Grundsätzlich kann zwischen zwei Positionen unterschieden werden: dem sog. **Funktionalismus**, der besagt, dass eine Beschäftigung mit Unternehmensethik nicht notwendig sei. „Die Beschäftigung mit Unternehmensethik ist überflüssig … Betriebswirtschaftslehre [deren Aufgabe darin besteht aufzuzeigen, wie „der Kapitalwert des Unternehmens zu maximieren" ist] ist Unternehmensethik." (Albach 2005, S. 809). Ein Vertreter des ökonomischen Liberalismus, der amerikanische Nobelpreisträger Milton Friedman bringt die Auffassung mit dem Satz: „The social responsibility of business is to increase its profits" auf den Punkt (Friedman 1970, S. 32), indem er den Grundkonflikt zugunsten des Gewinnprinzips auflöst. Ähnlich konstatiert im deutschsprachigen Raum Dieter Schneider: „Nur wer Überschüsse erzielt hat, kann sie guten Zwecken zuführen" (Schneider 1990, S. 870). Demnach ist die Geschäftstätigkeit von allen rentabilitätsfremden Gesichtspunkten frei zu halten, da sie die Funktionsgrundlagen der Marktwirtschaft beeinträchtigt. Manager haben dabei als „Agenten" Verantwortung gegenüber den

Kapitalgebern. Eine diffuse Aufgabenbestimmung „soziale Verantwortung" würde demnach Möglichkeiten des Missbrauchs eröffnen und den effizienten Koordinationsmechanismus des Marktes untergraben. Demgegenüber bietet der Gewinn (bspw. in Form des Shareholder Value) ein Kriterium der Kontrolle der (erwünschten) Leistung der Unternehmensführung. Für die Lösung sozialer oder ökologischer Probleme hat im Funktionalismus der Staat die Verantwortung, die er wahrnehmen soll, ohne die Funktionsfähigkeit des Marktes zu beeinträchtigen. Der Grundkonflikt zwischen Moral und Gewinnstreben wird von den Funktionalisten vor allem durch die Annahme der Funktionsfähigkeit von Märkten „wegdefiniert". Kritisch zu sehen ist insbesondere die Überschätzung staatlicher Steuerungs- und Kontrollmechanismen.

Dem Funktionalismus steht der **Instrumentalismus** gegenüber, wonach Ethik ein notwendiges Instrument erfolgreichen Managements ist („Ethik zahlt sich langfristig aus"). Gewinn ist in diesem Verständnis nicht die letzte Maßgabe des unternehmerischen Handelns, sondern vielmehr ein Gesichtspunkt neben anderen. Im übertragenen Sinne kommt es „unternehmensethisch nicht vorrangig auf die Größe des „Gewinnkuchens" an, sondern auf die ethische Qualität der Rezeptur, mit der er gebacken wird." (Thielemann 2008, S. 6).

Funktionalismus und Instrumentalismus bilden zusammen die **Ökonomismus-Perspektive** in der Unternehmensethik. Die Kritik der vermeintlich „wertfreien" ökonomischen Sachlogik und ihrer normativen Überhöhung zum Ökonomismus mündet in einer *integrativen Unternehmensethik*, wonach Gewinne nur auf legitime und ethisch verantwortbare Weise erzielt werden sollen und Geschäftsintegrität die Basis für den Unternehmenserfolg bildet.

Nach Peter Ulrich sind die drei Erscheinungsformen des Ökonomismus:

- die Verselbstständigung der ökonomischen Rationalität,
- die Verabsolutierung des Kosten-/Nutzen-Denkens,
- die normative Überhöhung der Logik des Marktes.

Ökonomistische Argumentationsmuster sind bspw. „Der Markt zwingt uns…" (Sachzwangthese) oder „… aber es dient letztlich dem Wohl aller" (Gemeinwohlthese)." Das Nachdenken über alternatives unternehmerisches Handeln wird mit der Sachzwangthese des Ökonomismus verhindert (vgl. Ulrich 2001). Insbesondere die an krassen Einzelfällen (siehe Abb. 2.8) in der Öffentlichkeit geäußerte Kritik der unzureichenden **Handlungsethik** einzelner Unternehmen, dringt bis in die operative Ebene der Unternehmensführung vor, wenn die Frage auftaucht, ob und wie eine bestimmte unternehmerische Entscheidung ethisch zu rechtfertigen ist.

Abb. 2.8: Beispiele für den Konflikt zwischen Gewinnstreben und Ethik

• Duldung von Kinderarbeit in ausländischen Werken oder bei Zulieferanten • ‚Knebelung' von Lieferanten durch Ausnutzung der eigenen wirtschaftlichen Stärke • Umweltverschmutzung durch Emissionen • Korruption zur Erlangung von Aufträgen (insb. bei Staat, Behörden • Bilanzverschleierung • Kartellrechtsverstöße • Insider-Trading; „Geldwäsche"	• Stellenabbau in einem Land und anschließend bspw. Neuansiedlung in einem anderen Land mit wesentlich niedrigerem Lohnniveau • Mobbing/‚Hinausekeln' von Mitarbeitern • Bespitzelung von Mitarbeitern • Vernachlässigung von Sicherheitsstandards • Verlagerung des Unternehmenssitzes ins Ausland • Unlautere/täuschende Werbung

Quelle: Eigene Darstellung

2.4.2 Vernunftethik und Diskursethik

Das konzeptionelle Problem besteht in der Einbeziehung ethischer Aspekte in die Unternehmensführung, da es keinen allgemein akzeptierten Wertekanon gibt. Werte können stark variieren; nicht nur abhängig von den handelnden Personen, den Umgangsformen und Gepflogenheiten in bestimmten Branchen (siehe Kap. 2.5 zur *Unternehmenskultur*). Sie sind z. T. auch landeskulturell unterschiedlich stark ausgeprägt, bspw. was Zahlungen an Entscheidungsträger des Staates oder eines potenziellen Auftraggebers angeht, wenn sich Unternehmen um Aufträge bemühen.

Das Wirtschaftlichkeitsprinzip beruht auf dem Rationalprinzip und folgt damit der sog. **Vernunftethik**. Das Wirtschaftlichkeitsprinzip spricht der Unternehmensführung aber nicht automatisch eine Handlungsethik zu. Grundsätzlich kann keine Ethik von einem einzelnen Unternehmen verlangen, langfristig gegen seine eigenen Interessen zu verstoßen: Das Streben nach Gewinn ist damit per se ethisch nicht anzugreifen.

Ein wichtiger Problemkreis betrifft bei unternehmerischen Entscheidungen die Einhaltung der gesetzlichen Regelungen (*Legalität* unternehmerischen Handelns). Ein nutzenmaximierender *Homo oeconomicus* könnte zu der Überlegung gelangen: Übersteigt – auch auf lange Sicht – der erwartete Vorteil die Kosten, so könnte es rational sein, bspw. einen Kartellgesetzverstoß zu begehen. Insbesondere bei fehlender Sanktionierung des Fehlverhaltens und einem Machtgefälle könnte dies opportun erschienen. Dies wäre jedoch unethisches Verhalten. Bei Verteilungsproblemen um knappe Ressourcen (bspw. Marktanteile in stagnierenden Märkten, Emissionen in die

Erdatmosphäre, sonstige Umweltbeeinträchtigungen im Zuge der Erschließung von Standorten o. ä.) stellt sich ebenfalls die Frage der unternehmerischen Ethik insbesondere dann, wenn solches Handeln pro forma (noch) legal ist.

Die Verteilungsprobleme können möglicherweise zu unfairen oder sogar illegalen Ergebnissen führen, wenn ein Marktteilnehmer eine größere Macht besitzt oder einen Informationsvorsprung zu seinen Gunsten ausnutzt (opportunistisches Verhalten), bspw. bei Informationen über Unternehmensinterna bei börsennotierten Unternehmen. Der unternehmerische Transformationsprozess in der Produktion von Rohstoffen zu Fertigprodukten verbraucht ebenfalls eine Vielzahl von Umweltressourcen, die nachfolgenden Generationen nicht mehr zur Verfügung stehen (Luft, Bodenschätze u. ä.).

Unternehmensführung und allgemeine Moralvorstellungen wären bei Verteilungsproblemen dann nicht im Konflikt, wenn beide zu den gleichen Entscheidungen führen. Manche harte unternehmerische Entscheidungen erfordern eine langfristige Perspektive für ihre Beurteilung: Innovationen, die in der Gegenwart den Verlust von Stellen für Mitarbeiter zur Folge haben, können in der Zukunft (die verbliebenen) Stellen durch eine höhere Wettbewerbsfähigkeit des Unternehmens sichern (vgl. Schmalen/Pechtl 2006, S. 12 f.).

Die Gesellschaftliche Verantwortung der Unternehmensführung, auch *Corporate Social Responsibility* (CSR) genannt, knüpft an die oben skizzierte Diskussion über die Defizite des Marktsystems und akzeptiert jenseits von Markt- und Preismechanismus die zusätzliche Berücksichtigung bestimmter Anspruchsgruppen (vgl. Stakeholderansatz). Als ein Lösungsansatz dient häufig ein *Moralkodex*, ähnlich dem Kodex für Corporate Governance, wonach durch die Unternehmensführung Kunden-, Mitarbeiter- und Kapitalgeberinteressen sowie Interessen weiterer Anspruchsgruppen – unter Berücksichtigung der Gewinnerwartungen (Gewinnmaximierung unter Restriktionen) – in Einklang zu bringen sind; so wie dies bspw. im sog. *Davoser Manifest* als erstes und prominentestes Beispiel erfolgte. Eine Schwäche dieses Ansatzes besteht aber „in seiner monologischen Ordnung, also in der Vorstellung, Manager könnten von sich aus – ohne sich mit den Betroffenen auseinander zu setzen – wissen, was für die Betroffenen ‚gut' ist und aus dieser isolierten Position heraus einen fairen Interessenausgleich befördern" (Schreyögg/Koch 2010, S. 56). Sofern eine gleichberechtigte Einbeziehung der Betroffenen erfolgt, erhält diese dialogische Verständigung eine sozial-ethische Dimension für solche Handlungssituationen, in denen das Gewinnstreben zu einem ethisch problematischen unternehmerischen Handeln führt oder führen kann. Das Gewinnstreben ist ein grundsätzlich akzeptiertes Instrument, um die vielschichtigen Steuerungsprobleme nationaler Volkswirtschaften und der Weltwirtschaft im Zuge der Dezentralisation an die einzelnen Wirtschaftssubjekte zu übertragen. Das Gewinnprinzip ist jedoch zunächst nur formaler Natur, da es allein auf die Gelddimension abgestellt ist, da mit ihm grundsätzlich jedes

Handeln vereinbar wäre, das zwar der Gewinnerzielungsabsicht dient, jedoch ethisch ggf. nicht gerechtfertigt sein könnte.

Im Ansatz von Steinmann und Löhr geht es um eine **Diskursethik**, in der Normen im Unternehmen durch dialogische Verständigungsprozesse begründet werden (vgl. Steinmann/Löhr 1994, S. 76 ff.). Eine Handlung ist danach ethisch vertretbar, wenn sie in einem offenen Diskurs im Unternehmen und mit den Stakeholdern zustande gekommen ist. Daher benötigen Unternehmen auch eine Unternehmensverfassung, die diesen Dialog auf der **Mesoebene** garantieren kann.

Die Aufgabe des Staates auf der **Makroebene**, insbesondere in der Ordnung der sozialen Marktwirtschaft in Deutschland, war es schon nach Ludwig Erhard (deutscher Wirtschaftsminister und Bundeskanzler) „die unternehmerische Initiative in die wirtschaftspolitisch und sozial richtigen Bahnen lenken, ohne die Freiheit der Märkte und damit die Voraussetzung für die Initiative des Einzelnen zu zerstören." Aufgabe einer Ordnungsethik des Staates oder supranationaler Organisationen ist es demnach, auf der einen Seite den Unternehmen in ihren Entscheidungen weitestgehenden Handlungsspielraum zu lassen, auf der anderen Seite jedoch den schwächeren Akteuren auf den Märkten vor allzu großer Übervorteilung durch ein Macht- oder Informationsungleichgewicht zu schützen. Dies betrifft im Einzelnen bspw. das Wettbewerbsverhalten (Konkurrentenschutz), den Arbeitnehmerschutz, den Verbraucherschutz und die Funktionsweise der sozialen Sicherungssysteme (insbes. Kranken-, Arbeitslosen- und Rentenversicherungssysteme).

Neben dem Staat können aber auch andere Stakeholder, wie die Konsumenten in Gestalt der Verbraucherverbände oder die Medien Einfluss und ggf. „Druck" auf – aus ihrer Sicht – unethisch sich verhaltende Unternehmen ausüben.

Fallbeispiel | **Brent Spar**

Ein Beispiel für öffentlichen Druck bildet die Kontroverse um die „Brent Spar", einen schwimmenden Öltank in der Nordsee, oftmals irrtümlich als Förderplattform bezeichnet. Die Brent Spar diente als Zwischenlager für Rohöl, an der Tankschiffe anlegten, um das Öl zu Raffinerien an Land zu transportieren. Shell beabsichtigt im Jahr 1995, die Brent Spar im Nordostatlantik zu versenken. Aktivisten von Greenpeace besetzen die Brent Spar am 30. April 1995, um die Versenkung zu verhindern.

Die Besetzung findet ein breites Echo in den Medien und der Bevölkerung, insbesondere in Nord- und Westeuropa. Bundesumweltministerin Angela Merkel spricht sich gegen eine Versenkung aus. Es gibt Boykottaufrufe: Der Protest gegen Shell schlägt immer höhere Wellen. Politiker aller Parteien, Verbände und Einzelpersonen unterstützen den Boykottaufruf der Nordelbischen Kirche. Zum Abschluss des Evangelischen Kirchentages in Hamburg ruft der Kirchentagspräsident zum Shell-Boykott auf. Nach einer Emnid-Umfrage vom 01. Juni 1995 wären drei

Viertel der Bundesbürger zu einem Shell-Boykott bereit. Am 14. Juni 1995 gesteht die deutsche Shell spürbare Absatzverluste ein. Shell-Tankstellenpächter beklagen Umsatzrückgänge von bis zu 50 %. Weitere Bundesminister sprechen sich am 15. Juni 1995 gegen die geplante Versenkung aus. Alle stützen sich auf übereinstimmende Greenpeace- und Shell-Angaben, nach denen die Brent Spar rund 100 Tonnen mit Schwermetallen versetzte Ölschlämme und rund 30 Tonnen schwachradioaktive Salzablagerungen enthielt. Am 18. Juni 1995 veröffentlicht Greenpeace Deutschland eine Schätzung, in der Brent Spar könnten noch 5500 Tonnen Öl vorhanden sein. Diese Zahl erweist sich später als falsch.

Nach 52 Tagen des Protestes gibt Shell am 20. Juni 1995 seinen Plan auf, die Brent Spar zu versenken und beschließt, sie an Land zu entsorgen. Ein Sprecher der deutschen Shell erklärt, es habe einen „riesigen Proteststurm gegeben, nach dem man nicht zur Tagesordnung übergehen kann“. Shell reagiert auf die Krise mit einer Gegenkampagne unter dem Motto „Wir werden uns ändern“.

Nebensächlich ist dabei, dass die von Greenpeace zunächst behaupteten Verunreinigungen nicht in dem Maße vorlagen, wie zunächst verbreitet wurde: Greenpeace räumt am 4. September 1995 ein, dass die Schätzung über die Menge giftiger Ölrückstände im Tank fehlerhaft war und entschuldigt sich schriftlich bei Shell. Statt der zunächst genannten 5.500 Tonnen belief sich die Menge der Ölrückstände auf nur ca. 75 bis 100 Tonnen. Wesentlich wichtiger ist die negative Berichterstattung in den Medien, die Shell europaweit auf sich zog, weil die Öffentlichkeit die Versenkung der Ölplattform in der Nordsee als nicht hinnehmbare Praxis empfand, und dem Unternehmen durch einen Konsumentenboykott erhebliche Umsatz- und damit auch Gewinneinbußen drohten.

Quellen: Beschorner (2003, S. 21), Redelfs (2005, S. 37), Rumpf (2004, S. 523 ff.)

Im Ergebnis wird von der Unternehmensführung die Einhaltung zweier unternehmerischer Maximen postuliert. Einerseits das Gewinnstreben mit dem Ziel einer angemessenen Verzinsung des eingesetzten Kapitals und auf der anderen Seite das Prinzip der gesellschaftlichen Verantwortung im Sinne einer Interessen ausgleichenden Rolle der Unternehmensführung gegenüber den Anspruchsgruppen der Unternehmensführung. In der Konsequenz würde dies die Aufgabe der seit Adam Smith verbreiteten Vorstellung bedeuten, dass das Gewinnstreben des Einzelnen im freien Markt- und Preissystem allein schon im Ergebnis zu einem gesamtgesellschaftlichen Ausgleich führt: „[J]eder Mensch … hat in der Tat nur seinen eigenen Vorteil und nicht den der Nation im Auge. [Der Einzelne] wird in diesen wie auch in vielen anderen Fällen von einer unsichtbaren Hand geleitet, dass er einen Zweck befördern muß, den er sich in keiner Weise vorgesetzt hatte.“ (Smith 1776/2005, S. 455 und 458).

Die von Steinmann entwickelte **diskursive Unternehmensethik** plädiert für die verantwortungsvolle Nutzung von Handlungsspielräumen unter den gegebenen

Funktionsbedingungen eines Unternehmens in der Marktwirtschaft. Kritischer Maßstab soll dabei der ideale Dialog mit der Bereitschaft sein, alle Vororientierungen unvoreingenommen in Frage stellen zu können sowie der Verzicht auf den Einsatz von Macht zur Durchsetzung von Partikularinteressen, Verzicht auf Unwahrheiten und Überredungskünste (Aufrichtigkeit) oder rhetorischer Hinweis auf angebliche Sachzwänge.

2.4.3 Praxis der Unternehmensethik

In der **praktischen Umsetzung** der instrumentellen Sichtweise der Unternehmensethik hat die Idee der *Corporate Citizenship* in den letzten Jahren zunehmend an Bedeutung gewonnen (vgl. Wieland/Conradi 2002). Sie wird – ähnlich wie bereits beim Umweltschutz – als Teil der Unternehmensstrategie in der Form eingesetzt, dass es Teil des unternehmerischen Gewinnstrebens wird, bspw. in Form von Diversity-Management-Aktivitäten, Kultur- und Umweltsponsoring, Unterstützung von gesellschaftlichen Minderheiten u. ä. Hierdurch soll auch das gesellschaftliche Ansehen des Unternehmens und letztlich die Reputation als Marktteilnehmer erhöht werden, um damit auch höhere Verkaufszahlen für Produkte und Dienstleistungen zu generieren. Fraglich bleibt in diesem Zusammenhang, ob sich das gesellschaftlich-soziale Engagement auch de facto als rentabilitätssteigernd erweisen wird (vgl. Schreyögg/Koch 2010, S. 55 f.).

Die Aufgaben einer Unternehmensethik können dabei wie folgt systematisiert werden:

Abb. 2.9: Aufgaben einer Unternehmensethik

	Aufgaben
Rahmenordnung	Ergänzungsfunktion zur Schließung von Defiziten in der Rahmenordnung (z. B. Gesetze, internationale Abkommen, Compliance-Regeln, Einkaufsrichtlinien)
Reflexion I	Kritische Reflexion des Wie unternehmerischer Handlungen („Sind die Mittel und Wege zur Erzielung von Gewinn ethisch gerechtfertigt?").
Reflexion II	Identifikation und kritische Reflexion der gelebten Normen und Werte im Reflexion II Unternehmen; Einbettung ethischer Reflexion in ökonomische Kalkulation
Leitprinzipien	Suche nach und kritische Reflexion von allgemeinen Leitprinzipien für das unternehmerische Handeln (formale Prinzipien und materiale Normen)
Dialog	Initialisierung, Systematisierung und Verbesserung des Stakeholder-Dialogs
Umsetzung	Entwicklung, Umsetzung und dauerhafte Weiterentwicklung konkreter Maßnahmen zur Institutionalisierung ethischer Reflexion

Quelle: Gilbert (2006, S. 7)

Grundvoraussetzungen für die Implementierung von Unternehmensethik sind eine klar definierte Unternehmensstrategie, das Top Management Commitment (i. S. einer inneren Verpflichtung), eine effektive Personalpolitik, effektive Risikomanagement-Systeme, wirksame Kontrollen und Prüfverfahren, Krisenreaktionspläne, Stakeholder-Dialoge und die Verankerung einer Werteorientierung in der Unternehmenskultur (vgl. Gilbert 2006, S. 8).

Unternehmensethik wird häufig institutionalisiert in Form von Kodizes, Leitbildern, die auf der Systemebene ethisch erwünschte Handlungserwartungen aufbauen. Insbesondere viele Großunternehmen haben unternehmensethische Leitlinien in ihre Unternehmensleitbilder oder -grundsätze aufgenommen. Sie wird damit auch expliziter Bestandteil der Unternehmenskultur auf der Ebene der Artefakte (vgl. Kap. „Unternehmenskultur"). Wichtig ist hierbei, dass diese Grundsätze von allen – oder zumindest einer Vielzahl der – Mitarbeiter auf allen Hierarchieebenen verinnerlicht werden und somit zum selbstverständlichen Bestandteil des täglichen Handelns werden und in praxi auch befolgt werden, damit es nicht zu einem

Widerspruch zwischen ethischem Anspruch und tatsächlichem unternehmerischen Handeln kommt.

Zur Institutionalisierung einer gelebten Unternehmensethik gehören neben Ethikkommissionen, Corporate-Responsibility-Abteilungen, Verhaltenskodizes (Codes of Conduct), Compliance- und Incentive-Programmen auch praktische Ethik-Trainings für alle Mitarbeiter, interne Diskussionsplattformen, ebenso wie Ombudsmänner bis hin zu sog. Ethik-Hotlines für Hinweisgeber für unethisches Verhalten.

2.4.4 Fallstudie zur Unternehmensethik: Die Schnell & Gut AG

Fallstudie **Die Schnell & Gut AG**

Die Schnell & Gut AG (S&G), ist ein börsennotiertes Dienstleistungsunternehmen, das deutschlandweit Niederlassungen unterhält. In den letzten Monaten ist die S&G einem immer stärker gewordenen Wettbewerb ausgesetzt. Gleichzeitig steigen die Anforderungen der Kunden an die Qualität und Service der Dienstleistungen der S&G. Die hohen Aufwendungen für dringend anstehende Innovationen und die gegenwärtigen Lohn- und Gehaltszahlungen bringen die S&G in ernsthafte Zahlungsschwierigkeiten. Bei den Mitarbeitern macht sich die Furcht vor einem Stellenabbau und vor Entlassungen breit.

Aus informellen Quellen verbreitet sich das Gerücht, dass der Vorstand den Mitarbeitern folgenden Handel anbieten will: das aktuelle Lohn- und Gehaltsniveau wird für unbestimmte Zeit auf 90 % des derzeitigen Niveaus fest geschrieben. Nur durch diese Maßnahme, vermittelt der Vorstand, könne die Krise ohne die Entlassung von mindestens 3.000 Mitarbeitern gemeistert werden. Außerdem müssten nur die fünf Niederlassungen in den ländlichen Gebieten geschlossen werden, wovon lediglich 600 Mitarbeitende betroffen wären.

Eva Eifrig, eine junge Nachwuchsmanagerin mit ehrgeizigen Karrierezielen soll dem Vorstand bei der Durchsetzung dieses Paktes helfen. Als Anreiz bekommt sie dafür die Leitung einer der größten und umsatzstärksten Niederlassungen angeboten. Ihre Hauptaufgabe besteht darin, die fünf ländlichen Niederlassungen so schnell und lautlos wie möglich zu schließen. Frau Eifrig ist sich aber sicher, dass diese Niederlassungen nicht allein an der schlechten Lage der S&G AG schuld sind. Sie glaubt, dass der Vorstand vor allem den Aktienkurs kurzfristig steigern will. Außerdem empfindet sie die Streichung von Stellen in den ohnehin strukturschwachen ländlichen Gegenden als sozial nicht verantwortlich.

Fragen zur Fallstudie:

1. In welchem Dilemma befinden sich jeweils der Vorstand, die Mitarbeiter und Eva Eifrig?
2. Welche Werte stehen jeweils hinter dem Dilemma von Vorstand, Mitarbeitern, Eva Eifrig?
3. Was könnte Eva Eifrig tun? Stellen Sie mehrere Handlungsmöglichkeiten gegenüber. Begründen Sie den von Ihnen präferierten Vorschlag.

Quelle: Schmidt/Beschorner (2006, S. 177 ff.), leicht modifiziert

2.5 Unternehmenskultur

2.5.1 Begriff und Bedeutung von Unternehmenskultur

Die Unternehmenskultur umfasst die Verhaltensdimension der normativen Ebene der Unternehmensführung. Anders als die Unternehmensverfassung, deren im Rahmen von Gesetzen oder Gesellschaftsvertrag kodifizierten Regeln die Werte und Normen der Unternehmensträger explizit zum Ausdruck bringen, spiegelt die Unternehmenskultur diese Werte und Normen zum überwiegenden Teil nur implizit – über das beobachtbare, aber zu interpretierende Verhalten der Unternehmensmitglieder – wider (vgl. Hungenberg/Wulf 2011, S. 88). Der Kulturbegriff ist der **Anthropologie** und **Ethnologie** entliehen und bezeichnet die Grundüberzeugungen, Wertorientierungen und Verhaltensweisen, Symbole usw., die einer Volksgruppe und den Individuen ihre Identität verleihen und sie von anderen Gruppen unterscheidet. Kultur ist grundsätzlich menschgeschaffen, überindividuell, erlernbar, in Form von Symbolen übermittelbar, verhaltenssteuernd, nach innerer Konsistenz strebend, gewährleistet die Anpassung an die Umwelt und ist schließlich selbst anpassungsfähig (vgl. Keller 1982, S. 114 ff.). Dieser Kulturbegriff wurde auf die Institution Unternehmen übertragen. Die Unternehmenskultur wird als die Summe der gelebten Normen, Werte und der sie widerspiegelnden Handlungen und Artefakte eines Unternehmens verstanden; ihr wurde seit den 1980er Jahren eine bedeutende Rolle in der Unternehmensführung beigemessen.

Die verhaltensleitende Funktion der Unternehmenskultur für Mitarbeiter betrifft dabei sowohl die Formulierung als auch die Umsetzung von Strategien. Sie besitzt daher einen bedeutenden Einfluss auf die Unternehmensentwicklung (vgl. Becker/Fallgatter 2005, S. 115) und wird im Rahmen der Unternehmensorganisation (Organisationskultur) als nicht-strukturelles Koordinationsinstrument gesehen (vgl. Bergmann/Garrecht 2008, S. 43 ff.).

Abb. 2.10: Historisch-terminologische Betrachtung von Unternehmenskultur

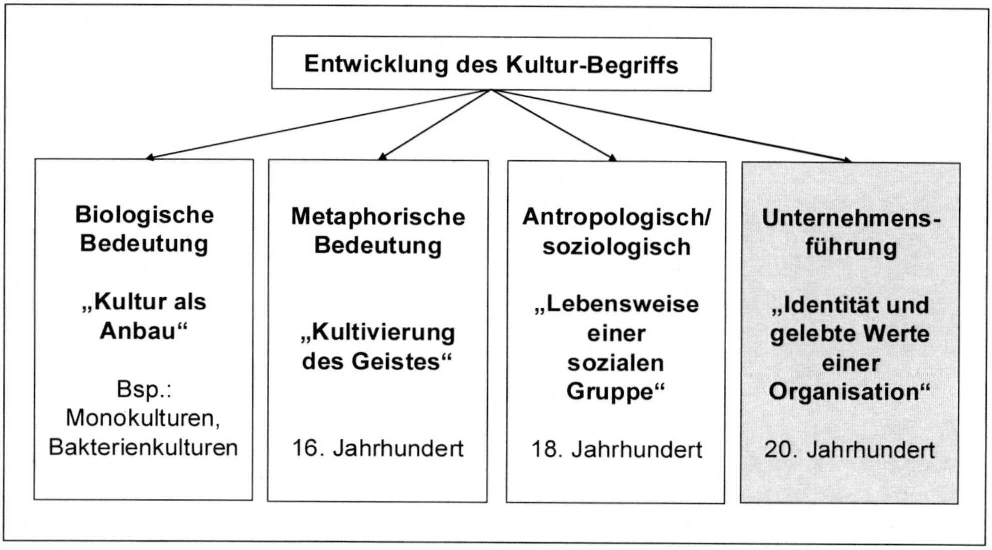

Quelle: Herbek, S. 46 (2000), modifiziert und ergänzt

2.5.2 Ebenenmodell der Unternehmenskultur

Um eine Unternehmenskultur zu verstehen, müssen, ausgehend von den **Oberflächenphänomenen**, sukzessiv die kulturellen Ebenen bis zur **Tiefenstruktur** erschlossen werden (vgl. Abb. 2.11).
Die **Symbolebene (Ebene der sichtbaren materiellen und immateriellen Artefakte)**, wie bspw. Sprache, Rituale (Aufnahme neuer Mitarbeiter, jährlich wiederkehrende Veranstaltungen), Architektur und sicht- und hörbare Verhaltensmuster, z. B. Umgangston oder Kleidungsstil, sind zwar **sichtbar**, jedoch **interpretationsbedürftig**. Hierzu gehört auch das Erzählen von Geschichten und Mythen (z. B. über den Unternehmensgründer oder andere Ereignisse). Ein Externer erkennt die Symbole zwar äußerlich, versteht jedoch nicht ohne Weiteres ihre tiefer gehende Bedeutung für das Unternehmen.

Die **zweite** Ebene sind **Werte und Normen**. Sie umfasst Maximen, Ideologien, Verhaltensrichtlinien oder Verbote, die ansatzweise sichtbar, den Mitgliedern der Kultur selbst aber zumeist nicht bewusst sind. Konkret formen sie sich in Maximen, ungeschriebenen Verhaltensrichtlinien oder impliziten Ge- und Verboten (Dresscode, heimliche Spielregeln o. ä.). Sie wirken oft unmittelbar verhaltenssteuernd. Viele Unternehmen formulieren explizite (und damit auch für Unternehmensexterne erkennbare) sog. Managementphilosophien oder Unternehmensgrundsätze (s. a. Kap. 2.4 Unternehmensethik).

Abb. 2.11: Ebenen der Unternehmenskultur

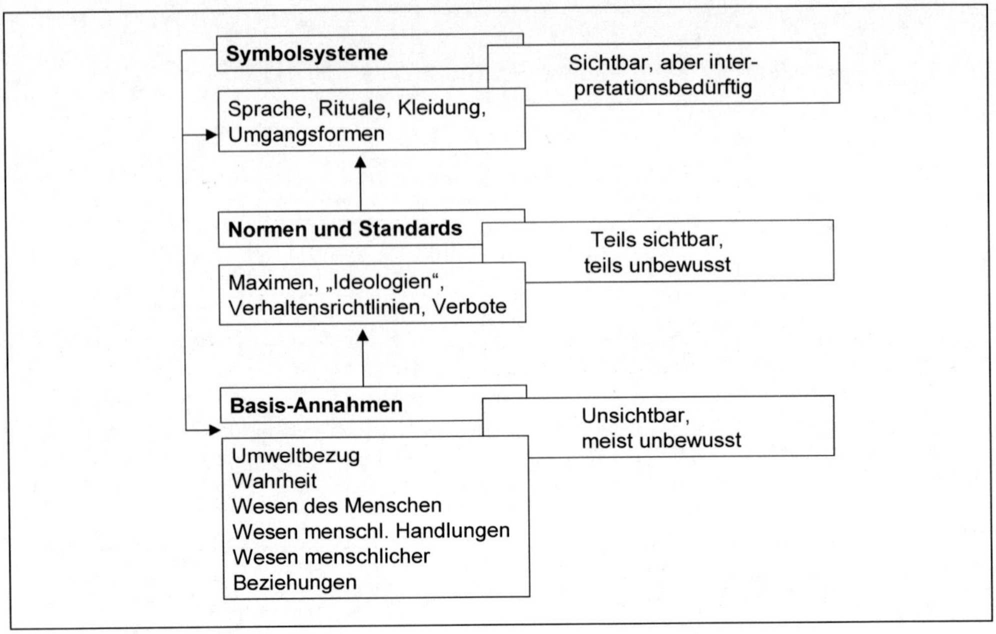

Quelle: Vgl. Schreyögg/ Koch (2010, S. 342)

Die **Ebene** der **Basisannahmen** ist unsichtbar und i. d. R. unbewusst. Sie enthält den Umweltbezug, Annahmen zur Natur von Wahrheit (objektiv/subjektiv) und Zeit, zur Natur des Menschen (prinzipiell gut/schlecht), zu menschlichen Handlungen und Beziehungen sowie zur Rolle des Individuums in einem sozialen System (Gruppe). Die Abbildung 2.12 fasst wesentliche Kernelemente von Unternehmenskultur zusammen:

Abb. 2.12: Kernelemente der Unternehmenskultur

Implizit	Gemeinsame Einstellungen und Verhaltensmuster sind implizit gegeben, werden nicht erdacht und reflektiert, sondern gelebt
Kollektiv	Unternehmenskultur bestimmt gemeinsame Orientierungen und vereinheitlichen damit bis zu einem gewissen Grad das Handlungsmuster aller Organisationsmitglieder
Interpretierend	Unternehmenskultur schafft gemeinsame Interpretation in einer komplexen Welt und bietet Sicherheit und Orientierung
Emotional	Unternehmenskultur prägt das emotionale Leben des Unternehmens, indem sie normiert, was als erwünscht und nicht erwünscht angesehen wird
Historisch	Unternehmenskultur ist das Ergebnis historischer Lernprozesse
Interaktiv	Unternehmenskultur wird in einem Sozialisierungsprozess weitergegeben

Quelle: Herbek (2000, S. 51), modifiziert

2.5.3 Stärke und Wirkungen von Unternehmenskultur

Je stärker eine Unternehmenskultur ist, um so eher wirkt sie **handlungsleitend** auf die Mitarbeiter. Faktoren zur Bestimmung der **Stärke** einer Unternehmenskultur sind bspw. **Prägnanz**, **Verbreitungsgrad** und **Verankerungstiefe** bei den Organisationsmitgliedern (vgl. Schreyögg/ Koch 2010, S. 350).

Fallbeispiel | **Stärke einer Unternehmenskultur: Würth-Gruppe**

Ein Beispiel für eine prägnante Unternehmenskultur bildet die Würth-Gruppe. Kerngeschäft des Unternehmens ist der Handel mit Befestigungs- und Montagematerial. Die Würth-Gruppe mit Unternehmenszentrale in Künzelsau (Baden-Württemberg) existiert seit 1945. Das Unternehmen hat sich vom Kleinunternehmen mit zwei Mitarbeitern zu einer weltweit operierenden Gruppe entwickelt (€ 7,5 Mrd. Umsatz im Jahr 2009, rund 58.000 Mitarbeiter und ca. 400 Tochterunternehmen in 84 Ländern).

In der Firmenphilosophie werden die Werte des Unternehmens als gelebte Unternehmenskultur beschrieben. Die Kultur wird dabei wesentlich durch den Gründer Reinhold Würth (geb. 1935) – trotz seines Ausscheidens aus der Unternehmensleitung – weiter verkörpert, der die Würth-Kultur in markante Sätze fasst („Wettbewerbsvorteile sind künftig fast ausschließlich im Bereich der Unternehmenskultur zu erreichen.") und diese durch Rundschreiben, persönliche Auftritte auf Veranstaltungen und Videos vermittelt.

Werte der Würth-Unternehmenskultur sind u. a.: die Haupttriebfeder Wachstum („Was weniger als 10 % wächst, ist krank"), die Kundenorientierung als Leitstern („Meine Leute sind nicht bei mir angestellt, sondern beim Kunden"), der Mensch im Mittelpunkt („Lust an der Leistung"), dezentrale Ergebnisverantwortung („Je größer die Erfolge, desto höher die Freiheitsgrade"), Führen heißt Machen („Wissen ist Schlaf, Realisieren ist Macht") sowie der kontinuierliche Verbesserungsprozess („Die Perfektion des Banalen") vor dem Hintergrund, dass Würth in einer reifen Branche tätig ist, die sich nicht durch radikale Innovationen auszeichnet.

Aus dem Leistungsprinzip und der dezentralen Ergebnisverantwortung leitet sich bspw. ein hoher Leistungsdruck ab, insbesondere für die ca. 50 % der Mitarbeiter, die im Vertrieb arbeiten. Die Leistung der Außendienstmitarbeiter wird durch ein variables Anreizsystems („Leistung muss sich lohnen") mit Umsatzprovisionen als entscheidendem Einkommensbestandteil („Erfolg ist freiwillig") honoriert. Dies wird bspw. durch unterschiedliche Firmenwagen (Kleinwagen, Mittelklasse, gehobene Mittelklasse) als sichtbares Status*symbol* oder durch Auszeichnungen („Ehrennadeln", „Verkäuferclubs") und Reisen als Anreize und Anerkennung für Top-Verkäufer verdeutlicht. Erfolg wird belohnt und gefeiert, die Nichterreichung wird sanktioniert – das mehrmonatige Verfehlen der vereinbarten Ziele für Verkäufer hat bspw. den „Klassenabstieg" in der Firmenwagenkategorie zur Folge.

Die Kultur zeichnet sich auch durch direkte Eingriffe in das Tagesgeschäft, vor allem bei Fehlentwicklungen ab. Zahlreiche Anekdoten ranken sich um Reinhold Würths Verhalten und sind Teil der Unternehmenskultur.

Quelle: Venohr (2006, S. 52–69 u. S. 176 f.)

Unternehmenskultur wird seit den 1980er Jahren als Erfolgsfaktor angesehen (vgl. Peters/Waterman 1995). Dennoch sind starke Kulturen nicht per se positiv zu beurteilen, da sie sowohl **funktionale** als auch **dysfunktionale** Wirkungen aufweisen können (vgl. Schreyögg/ Koch 2007, S. 353 ff.). Funktionale Effekte sind ein geringer formaler Regelungsbedarf, rasche Entscheidungsfindung und -umsetzung, ein geringerer Kontrollaufwand und das Entstehen von Motivation und Teamgeist bei den Mitarbeitern. Die dysfunktionalen Effekte sind bspw. die Tendenz zur Abschließung, ein Mangel an Flexibilität, das Entstehen von emotionalen Barrieren bis hin zu einer kollektiven Vermeidungsverhaltung.

2.5.4 Gestaltung von Unternehmenskultur

Eine Unternehmenskultur entsteht nicht plötzlich durch Vorstandsbeschlüsse oder durch Publikation von Imagebroschüren. Sie hat immer eine Entwicklungsgeschichte und ist das Ergebnis eines Lernprozesses im Umgang mit der internen Struktur und der externen Umwelt. Zug um Zug schälen sich bevorzugte Wege des Denkens und erfolgreiche Problemlösungsstrategien heraus, bis schließlich diese Orientierungsmuster selbstverständliche Voraussetzung und Bestandteile des Handelns sind. Die Unternehmenskultur vermittelt **Sinn und Orientierung** in einer komplexen Umwelt, indem sie Muster für die Interpretation und Handlungsprogramme bei auftretenden Problemen gibt („Dominant Logics") – dadurch entstehen auch für bestimmte Unternehmen typische Verhaltensmuster. Häufig ist es die Gründerpersönlichkeit, bspw. Bill Gates (Microsoft), Reinhard Mohn (Bertelsmann), Reinhold Würth (Würth-Gruppe) oder Anita Roddick (The Body Shop), welche die Unternehmenskultur – auch über das Ausscheiden aus dem Unternehmen hinaus – wesentlich prägt.

Unternehmenskultur erweist sich durch ihren sinnstiftenden Charakter als flexibles Koordinationsinstrument in Ergänzung zu organisationsstrukturellen Abstimmungen. Sie kann aber auch aufgrund o. g. dysfunktionaler Effekte die **Anpassungsfähigkeit** eines Unternehmens **beeinträchtigen** und einer grundsätzlichen **Neuorientierung im Wege stehen.**

Unternehmenskulturelle Phänomene sind hauptsächlich impliziter Natur, die sich nur zum Teil in Form der sich im Zeitablauf bildenden Artefakte materialisieren. Die Gestaltung und Veränderung von Unternehmenskultur kann sich daher nicht allein auf eine Veränderung der Artefakte-Ebene (bspw. neues Unternehmensleitbild, Logo, Kleidung) beschränken. „Zum einen verändert die Führungskraft vielleicht das oberflächlich sichtbare Verhalten der Mitarbeiter und die Ebene der Artefakte (dies ist bspw. der Fall, wenn ein Vorstandsmitglied anordnet, dass alle Mitarbeiter, die zur Innovation bereit sind, ihre Uhren ab sofort an der rechten Hand tragen sollen, um diese Bereitschaft zu signalisieren), die Werte und Basisannahmen bleiben häufig aber resistent gegenüber solchen schnellen Änderungen." (Kieser et al. 1997, S. 32). Über ein mechanistisches Verständnis hinaus bedarf die Gestaltung der Unternehmenskultur – bspw. eines ehemaligen Staatsunternehmens, das bislang als Monopolist rein auf nationalen Märkten tätig war, zu einem im Wettbewerb stehenden kundenorientierten Dienstleistungsunternehmen mit internationaler Kunden- und Anteilseignerstruktur – eines die Ebene der Normen, Werte und Basisannahmen betreffenden tiefgreifenden kulturellen Wandels. Für einen solchen Wandel 2. Ordnung ist ein umfassendes **Management des Wandels** (Kap. 8) erforderlich.

2.5.5 Fallstudie zur Unternehmenskultur: The Body Shop

Fallstudie	**The Body Shop**

„Ich hasse die Kosmetikindustrie. Es ist eine Monsterindustrie, die unerreichbare Träume verkauft. Sie lügt und betrügt. Sie beutet Frauen aus. Es ist – wie es Elizabeth Arden einmal nannte: ‚Das gemeinste Geschäft der Welt' ". Mit diesen Worten charakterisiert die Unternehmerin Anita Roddick ihre Branche.

Anita wird 1942 als Kind italienischer Einwanderer in England geboren. Ihre Eltern führen ein Café in der Nähe von Brighton. Sie arbeitet als Lehrerin. 1970 heiratet sie Gordon Roddick. Als sich ihr Ehemann gerade auf eine längere Südamerikareise begibt, sucht Anita ihrerseits nach Beschäftigung. Sie gründet 1976 in Brighton den ersten Body Shop mit einer Reihe von Kosmetikprodukten. Die Idee ist so revolutionär wie einfach: Produkte ausschließlich aus natürlichen Bestandteilen, die ohne Tierversuche hergestellt sowie umweltfreundlich verpackt werden. „Ich war mit Anfang 20 zwei Jahre lang in der Welt unterwegs … Ich war in Polynesien, in Australien, auf Mauritius, in Afrika… Meistens lebte ich in irgendwelchen Dörfern, ohne Geld und ohne Seife. Also habe ich mich so gewaschen, wie diese Leute sich wuschen. In Marokko stampfte man einen Schlamm zu Pulver und benutzte ihn als Trockenshampoo. In der Südsee haben sie Kokosnüsse gekocht und das Öl für die Gesichtspflege verwendet."

Da sie mit 4.000 Pfund nur bescheidene Startmöglichkeiten hat, sucht sie sowohl bei der Verpackung als auch beim Herstellungsprozess nach möglichst günstigen Lösungen. Roddick verwendet ehemalige Urinfläschchen mit handbeschrifteten Etiketten als Verpackung. Sie stellt die 20 angebotenen Produkte größtenteils in der eigenen Küche her. Die Idee hat Erfolg. Ein halbes Jahr später wird in Chicester ein zweiter Laden eröffnet. Für die weitere Expansion fehlt jedoch das Geld. Der Durchbruch kam, als ihr Mann Gordon die Idee hatte, aus dem Body Shop ein Franchiseunternehmen zu machen. „Das war die beste Idee, die wir je hatten. Wir konnten ohne eigenes finanzielles Risiko schnell wachsen." Als Pionierin des ethischen Einzelhandels erlebt sie einen geradezu kometenhaften Aufstieg.

Alles, was es in den überall gleich gestalteten grün-schwarzen Läden zu kaufen zeigt ein kreisförmiges Zeichen einer nach oben wachsenden Ranke – das Body-Shop-Logo. Dabei ist das „Öko-Image" der Ladeneinrichtung aus der Not geboren: „Wissen Sie, wo die dunkelgrüne Farbe des Body-Shop-Logos herstammt? Ich habe den Laden in dieser Farbe gestrichen, um die Wasserflecken an den Wänden zu überdecken."

„Unsere Produkte", sagt Anita Roddick, „spiegeln unsere Philosophie wider: Respekt vor anderen Kulturen, Respekt vor den alten Weisheiten, Respekt vor der Natur." „Wir wollen die Welt in der wir leben und arbeiten, nicht sinnlos ausbeuten. Das ist einer der fundamentalen Grundsätze unseres Unternehmens", heißt es in einer Unternehmenspublikation. Und weiter: „Wir bieten unseren Kunden einen Nachfüllservice an, damit unsere Verpackungen mehrmals benutzt werden können. Wir verzichten auf überflüssige Verpackung. Wir verwenden Recyclingpapier und umweltschonende Plastik. Wir suchen ständig nach neuen Möglichkeiten, die Umwelt zu entlasten." The Body Shop geht vom Bild eines mündigen und kritischen Konsumenten aus. Dieser möchte keine heile Welt verkauft bekommen, sondern ehrliche und sachliche Informationen.

Für Branchenkenner ist es deshalb geradezu ein Wunder, dass die Body-Shop-Kette groß geworden ist ohne Schönheitswerbung, ohne Glamour-Seiten in den Magazinen. Das Unternehmen betreibt keine Werbung im traditionellen Sinn, bspw. via Printmedien, Plakaten oder Fernsehen. „Ich hatte also diese Produkte in den Regalen und schrieb kleine Geschichten zu jedem: Wie ich es gefunden habe, wofür es ist, wohin ich dafür gereist bin. Das Geschichtenerzählen wurde Teil unsere Marketings.", so Anita Roddick im Rückblick 2006.

„Manchmal hört man Aussprüche wie: unsere Mitarbeiter sind unser größtes Kapital. Was für ein dummer Satz. Menschen nicht das Kapital eines Unternehmens, sie sind das Unternehmen", beschreibt die Haltung des Unternehmens gegenüber den Mitarbeitern. Die Unternehmerin lässt sich von allen Mitarbeitern Anita nennen. Wer auch immer in ihr Büro kommt, er wird bedacht mit einer Umarmung, einem Lachen, einer persönlichen Frage. Die Mitarbeiter verstehen sich als Teil einer großen Familie; sie arbeiten gern in der Familie und nutzen das System nicht aus. Niemand sagt ihnen, dass sie den Laden saubermachen sollen; sie machen es von alleine, weil sie einen schönen Laden haben wollen und stolz darauf sind, wenn die Kunden den Laden bewundern.

Neben dem sozialpolitischen Engagement ist das gesamte unternehmerische Handeln durch eine strikte ökologische Grundhaltung geprägt. „Unsere Kunden", sagt Anita Roddick, „schätzen unsere Ziele, unsere Philosophie und natürlich unsere Produkte." The Body Shop startet Unterschriftenaktionen für die Erhaltung des tropischen Regenwaldes, engagiert sich bei Greenpeace usw. Von Anfang an gehört es zu den Prinzipien des Unternehmens, neue Produkte nicht an Tieren auszutesten und sich aktiv gegen Tierversuche in der kosmetischen Industrie einzusetzen.

Roddick beginnt, ein Franchisesystem aufzuziehen. The Body Shop startet eine globale Expansion. Bereits 1978 wird der erste Body Shop auf dem europäischen Festland in Brüssel eröffnet. Wird 1989 in Düsseldorf noch die Eröffnung des 500. Body Shops gefeiert, so kann das Unternehmen im 1997 in Japan bereits den 1500. Shop weltweit eröffnen. 2007 besteht das Netz aus 2085 Geschäften, die in 54 Ländern Handel betreiben; ca. 70 % werden im Franchisesystem betrieben.

Für die einzelnen Länder oder Ländergruppen ist ein so genannter Head Franchisee zuständig. Als Bindeglied zwischen den Franchisenehmern und der Zentrale sind sie für die Lizenzvergabe und die Beurteilung potenzieller neuer Franchisenehmer zuständig. Die von ihnen betreuten Verkaufsläden werden dabei aber nicht „geführt", sondern eher „gecoacht". Bei negativen bzw. unter dem Durchschnitt liegenden Ergebnissen betreffend Geschäftsverlauf, Projekte, Sortimentsergänzungen, speziellen Kommunikationskampagnen etc. bemüht sich der Head Franchisee zwar um eine Lösung zusammen, seine Funktion bleibt jedoch diejenige eines Beraters und hat keine direktive Wirkung. Ein Instrument sind die allmorgendlichen Telefonate des Head Franchisee mit den betreuten Läden. Hier werden Umsatzzahlen ausgetauscht, Probleme und Aktuelles besprochen. Ein monatlicher Newsletter für die Läden dient als Diskussionsplattform innerhalb des Unternehmens.

Wer Franchisepartner werden will, muss sich einem strengen Auswahlprozess unterziehen. Kriterien für die Beurteilung der Bewerbung sind insbesondere die Identifikation mit der Unternehmensphilosophie, das Vorhandensein des notwendigen Eigenkapitals und die Existenz minimaler Englischkenntnisse. Die besten Chancen haben Kandidaten, die schon länger in einem Body Shop gearbeitet haben. „Wir wollen wissen, wer die Bewerber wirklich sind." Bewerber müssen seltsame Fragen beantworten: ‚Welche Lieblingsblume haben Sie? Was bringt Sie zum Weinen? Wie möchten Sie sterben?' Sie müssen einen Aufsatz über ihre Ziele und Vorstellungen verfassen; aber auch darüber, welche Musik sie mögen, welche Bücher sie lesen usw. Ökologisches Engagement gilt als unumgängliche Voraussetzung. Roddick: „Wir möchten keine Geschäftsleute, sondern Aktivisten." Zudem wird von jedem Bewerber verlangt, dass er während sechs Wochen in einer dem Head Franchisee gehörenden Filiale arbeitet.

Sofern es zu einer Lizenzvergabe kommt, werden zügig erste Personalentwicklungsleistungen seitens des Head Franchisee initiiert. Schriftliche Informationen, Videofilme, Schulungen in den Räumen des Head Franchisee oder im unternehmenseigenen Trainingszentrum und persönliche Gespräche helfen dem künftigen Ladenbesitzer, aber auch seinen weiteren Mitarbeitern, sich vorzubereiten.

The Body Shop ist seit 1984 an der Börse notiert. Gordon und Anita Roddick halten seitdem noch gemeinsam 28 % der Aktien. Im Geschäftsjahr 2005 erzielt das Unternehmen einen Umsatz von € 606 Mio. 2006 überrascht Roddick alle mit einem vorher undenkbaren Deal: Sie verkauft ihre Anteile an den französischen Kosmetikriesen L'Oréal. „Alte Feinde auf dem Schlachtfeld können gute Verbündete werden. Die Franzosen sagten zu mir: ihr habt recht mit eurer Kampagne gegen Tierversuche, ihr habt recht mit euren Kampagnen für Menschenrechte und fairen Handel." Und: „Ich habe eine Menge Geld – ich wollte es sinnvoll ausgeben. Aber ich kann es nicht ausgeben, wenn es in den Body-Shop-Anteilen steckt." Der Kaufpreis beträgt € 944 Mio., Roddicks Anteil daran allein € 190 Mio. Ihr Geld gibt sie zum großen Teil für sozialpolitische Projekte aus. „Wir haben eine Stiftung gegründet und gerade € 1,5 Mio. an Amnesty International gespendet." Der Verkauf wird kontrovers bewertet. So erweitert die Organisation Naturewatch daraufhin ihren Boykottaufruf gegen L'Oréal auch auf The Body Shop. Andere Gruppen hoffen dagegen, dass der Verzicht auf Tierversuche auch von L'Oréal übernommen wird. Nach der Übernahme bleibt Roddick weiterhin im Vorstand. Das Unternehmen bewahrt auch innerhalb der L'Oréal-Gruppe seine eigene Identität und seine Grundwerte. Die Unternehmenszentrale bleibt in Großbritannien und das Unternehmen wird innerhalb der L'Oréal-Gruppe eigenständig von dem bisherigen The Body Shop Management geführt. Geplant wird ein noch stärkerer Expansionskurs: Langfristig soll die Zahl der Läden und Länder, in denen The Body Shop vertreten ist, verdoppelt werden: 2010 sind es bereits 2800 Läden in 65 Ländern.

Die britische Königin ernennt Anita Roddick 2004 zur „Dame of the British Empire". Am 10. September 2007 stirbt Anita Roddick überraschend an einer Hirnblutung in Chicester, Sussex.

Fragen zur Fallstudie:

1. Welche Aspekte der „Body Shop“-Unternehmenskultur lassen sich in der Falldarstellung erkennen? Ordnen Sie diese in das Drei-Ebenen-Modell der Unternehmenskultur ein.
2. Mit welchen Instrumenten wird die „Body Shop“-Unternehmenskultur an neue Franchisenehmer weitergegeben?
3. Welche Probleme sind mit einer Kultur nach dem „Body Shop“-Typ verbunden?
4. Welchen Chancen und Risiken für „The Body Shop“ bestehen durch die Übernahme seitens L'Oréal?

Quellen: Roddick (2006), Roddick (2007), Ryf (1993, S. 92–103), Steinmann/Schreyögg (1993, S. 606 f.), Schmid/Daniel (2007, S. 118), The Body Shop International (2010).

2.6 Kontrollfragen zu Kapitel 2

1. Grenzen Sie die drei Ebenen der Unternehmensführung hinsichtlich Aufgabe, Inhalt, Hierarchieebene, Entscheidungsfreiheit und Tragweite voneinander ab.
2. Worin unterscheiden sich die institutionelle und die funktionale Sichtweise von Unternehmensführung?
3. Nennen Sie wesentliche Anspruchsgruppen der Unternehmensführung. Erläutern Sie deren wesentliche Beiträge und Ansprüche an die Unternehmensführung.
4. Stellen Sie wesentliche Gesichtspunkte von Shareholder- und Stakeholder-Orientierung gegenüber.
5. Welche wesentlichen Regelungen werden in der Unternehmensverfassung getroffen?
6. Welche wesentlichen Unterschiede bestehen zwischen dem Board-/Verwaltungsratsverfassung in den USA und der dualistischen Unternehmensverfassung in Deutschland?
7. Worin besteht der Unterschied zwischen Unternehmensverfassung und Corporate Governance?
8. Welche Probleme ergeben sich in Unternehmen durch die Trennung von Eigentum und Verfügungsgewalt?
9. Worin besteht der wesentliche Fortschritt durch die Einführung des Deutschen Corporate Governance Kodex (DCGK)? Welche Kritikpunkte lassen sich bei der praktischen Umsetzung anführen?
10. Welche Vorstellungen stehen hinter der Idee der gesellschaftlichen Verantwortung der Unternehmensführung?

11. Diskutieren Sie wesentliche Problemfelder einer Unternehmensethik vor dem Hintergrund der Globalisierung der Unternehmenstätigkeit.
12. Welche Bedeutung besitzt die Unternehmenskultur im Rahmen der drei Ebenen der Unternehmensführung?
13. Beschreiben Sie das Drei-Ebenen-Modell der Unternehmenskultur nach Edgar Schein.
14. Erläutern Sie die Dimensionen der Stärke einer Unternehmenskultur.
15. Stellen Sie den funktionalen Effekten einer sog. starken Unternehmenskultur die dysfunktionalen Effekte gegenüber.
16. Auf welche Art beeinflusst die Unternehmenskultur das Verhalten von Unternehmen bzw. den Mitarbeitern?
17. Diskutieren Sie Gestaltbarkeit der einzelnen Ebenen der Unternehmenskultur.

3 Definition des Geschäfts und Analyse der Märkte

Lernziele	**Dieses Kapitel vermittelt,**

- die Bedeutung einer marktorientierten Definition des Geschäfts,
- wie Unternehmen in strategische Geschäftseinheiten aufgeteilt werden,
- wie relevante Kundengruppen durch Marktsegmentierung identifiziert werden,
- wie Märkte abgegrenzt und quantitativ analysiert werden.

3.1 Definition des Geschäfts und unternehmerische Vision

Die **Definition des Geschäfts** – auch **Geschäftsmodellanalyse** oder unternehmerischer Grundauftrag genannt – ist einer der ersten Aufgaben der Unternehmensführung bei der Strategieentwicklung. Jedes Unternehmen möchte etwas Bestimmtes leisten bzw. einen bestimmten Zweck verfolgen, der zumeist bei dessen Gründung definiert wird. Die Formulierung der Definition des Geschäfts sollte folgenden **Anforderungen** genügen (vgl. im Folgenden Kotler et al. 2007, S. 90 ff.):

- Der Grundauftrag sollte die **Grundprinzipien der Unternehmenspolitik** betonen, die Maßstäbe für den Umgang mit Kunden, Lieferanten und Öffentlichkeit setzt. Willkür von Management und Mitarbeitern soll hierdurch verringert werden, so dass das Unternehmen in wichtigen Belangen konsistent handelt (*Corporate Behavior auf Basis der Unternehmenskultur,* s. Kap. 2).
- Im Grundauftrag sollte definiert sein, wo das Unternehmen den Wettbewerb aufnehmen will, d. h. welchen Umfang bezüglich Branchen, Produkten und Produktanwendungen, Kernkompetenzen, Marktsegmenten und geographischer Ausdehnung die Geschäftstätigkeit abdecken will.

Zum zweiten Aspekt ist zu bemerken, dass die Definition des Geschäfts häufig an den aktuell hergestellten Produkten festgemacht wird – dies ist jedoch **kurzsichtig** (vgl. Levitt 2008, S. 79 ff.). Es ist für Unternehmen vorteilhaft, sich nicht als Produzent von Gütern, sondern als Bedürfnisbefriediger bzw. Problemlöser für Kunden zu betrachten. Produkte und Technologien sind vergänglich, Bedürfnisse (Märkte) be-

R. Bergmann, M. Bungert, *Strategische Unternehmensführung,*
DOI 10.1007/978-3-642-31840-5_3,

stehen langfristig – entsprechend sollten Unternehmen ihr **Geschäft marktorientiert definieren** (siehe Abb. 3.1.).

Abb. 3.1: Produkt- vs. marktorientierte Definition des Geschäfts

Beispiele	Produktorientierte Definition	Marktorientierte Definition
Disney	Wir produzieren Comics, Puppen und Filme für Kinder jeden Alters	Wir unterhalten Kinder und Erwachsene gleichzeitig und mit Niveau und machen dadurch Menschen glücklich
Revlon	Wir produzieren und verkaufen Kosmetika	Wir ermöglichen Attraktivität, Selbstbewusstsein und Zugehörigkeit zu einer gesellschaftlichen Schicht
ARAG	Wir versichern in Rechtsangelegenheiten	Wir wollen, dass der Kunde seine Rechte durchsetzen kann und nicht ständig „den Kürzeren zieht“

Quelle: Eigene Darstellung nach Kotler (2007, S. 95)

Bei einer dynamischen Weiterentwicklung der Definition des Geschäfts, bei der auch der Kern einer **unternehmerischen Vision** gebildet wird, sollten folgende Aspekte berücksichtigt werden:

- Firmengeschichte (keine abrupte Lösung von der bisherigen Entwicklung),
- Präferenzen und Absichten des Managements,
- Marktumfeld und Situation in der Makroumwelt (siehe Kap. 9),
- Ressourcen und Kernkompetenzen (siehe Kap. 4 und 5),
- Bedürfnissen und Nutzen der Abnehmer (siehe Kap. 3 und 9).

Begriff **Unternehmerische Vision**

Die unternehmerische Vision ist eine umfassende Leitidee im Sinne eines Modells einer zukünftigen, besseren Realität – quasi ein langfristiges, auch emotional ansprechendes Metaziel für die Entwicklung eines Unternehmens. Die Vision gibt Strategien, Strukturen und der Unternehmenskultur eine Fokussierung und (interne) Legitimation. Erfolgversprechende Visionen sollten richtungweisend und anspornend sein, dabei aber auch realistisch-kompetent und verständlich formulierbar. Ein Beispiel war die Vision von Mercedes Chef Edzard Reuter Ende der 1980er Jahre, einen integrierten Technologiekonzern (Pkw, Raum- und Luftfahrt, Elektronik) mit vielfältigen Synergiebeziehungen zu errichten. Die Haltbarkeit von Visionen ist auch von der Dynamik der Umwelt geprägt – eine

Überalterung der Vision erkennt man typischerweise daran, dass die Ziele erreicht oder unrealistisch geworden sind.

Quelle: Vgl. Dillerup/Stoi (2008, S. 61 f.); Macharzina/Wolf (2010, S. 452 f.)

Der Niedergang namhafter deutscher Unternehmen der Uhren- (Junghans, Kienzle), Büromaschinen- (Olympia, Anker) und elektronischen Industrie (Saba, Telefunken) war u. a. auf eine mangelnde Neudefinition des Geschäfts und der Geschäftsfelder angesichts des technologischen Wandels und der Marktveränderungen zurückzuführen.

Es ist häufig schwierig, die Definition des Geschäfts treffend und prägnant zu formulieren, u. a. da die Definition sowohl **langfristig** (10 bis 20 Jahre, also der Höchstgrenze für die strategische Planung) als auch hinreichend **flexibel** angelegt sein soll. Eine Konkretisierung der Definition des Geschäfts wird im Rahmen der Bildung von strategischen Geschäftseinheiten vorgenommen.

3.2 Strategische Geschäftsfelder und Geschäftseinheiten

3.2.1 Geschäftseinheiten als Planungsgegenstand der Strategie

Die Definition von **Geschäftsfeldern** und **strategischen Geschäftseinheiten** ist eine weitere Aufgabe, die von der Unternehmensführung im Grundlagenbereich der Strategieentwicklung zu erfüllen ist (vgl. Kotler et al. 2007. S. 90). Strategisches Management ist für Unternehmen, die mit mehreren Produktgruppen auf mehreren Märkten operieren aufgrund der unterschiedlichen Situationen ein komplexes Problem (z. B. die Verteilung der begrenzten Ressourcen in der Weise, dass ein möglichst gutes Ergebnis erzielt wird). Ein fundamentaler Ansatz zur Lösung dieses Problems ist die an strategischen Überlegungen orientierte Unterteilung der Unternehmensaktivitäten in *strategische Geschäftseinheiten* (SGE). Eine Strategische Geschäftseinheit wird als **eigenständiges Aktivitätsfeld** des Unternehmens interpretiert, das Gegenstand strategischer Entscheidungen ist (z. B. Verfolgen von Wachstumsstrategien, Verkauf oder Konsolidierung), ihre Bildung ist daher **Voraussetzung für die strategische Planung auf Geschäftsbereichsebene**. Die Abgrenzung der SGE sollte folgenden Kriterien genügen (vgl. Welge/Al Laham 2008, S. 463 f.; Hungenberg 2006, S. 77):

- **Marktaufgabe/Leistung**: Die SGE orientiert sich an einem eindeutig definierten Kundenbedürfnis/-problem (siehe voriges Kapitel 3.1).
- **Eigener Kreis von Wettbewerbern**: Die SGE steht in einer spezifischen Konkurrenzsituation innerhalb einer Branche (bzw. strategischen Gruppe, siehe Kap. 3.4.1). Die spezifischen Wettbewerbsvorteile einer

strategischen Geschäftseinheit dienen als Basis eines eigenständigen Ergebnisbeitrags.

- **Eigenständigkeit**: Gegenüber anderen Unternehmensteilen sollte eine SGE relativ eigenständig bezüglich marktbezogener Entscheidungen sein (Qualität, Preise). Die Entscheidung über Produktionsverfahren, Aufbau und Liquidation sollte andere SGE nicht tangieren. Darunter fallen auch:
  - **Ressourcenautonomie**: Ressourcen werden der SGE weitgehend individuell zugewiesen und autonom verwendet.
  - **Eigene Ziele**: Die SGE soll selbständig Ziele verfolgen und eigenständig zur Steigerung des Erfolgspotenzials des Unternehmens beitragen. Es ist ggf. ein eigenständiger unternehmerischer Grundauftrag definierbar.

3.2.2 Bildung und Abgrenzung von strategischen Geschäftseinheiten

Die Bildung konkreter strategischer Geschäftseinheiten im Unternehmen äußert sich in einer realen organisatorischen Strukturierung (Geschäftsbereiche/Divisions, vgl. Welge/Al Laham 2008, S. 464). Diese orientiert sich an den Möglichkeiten zur Definition *strategischer Geschäftsfelder* (SGF), die als theoretisch existierende Abgrenzungsmöglichkeiten von Produkt-Märkten betrachtet werden. Der bekannteste Ansatz zur Identifikation von SGF stellt das *Schema von Abell* (1979, S. 392) dar, dessen Abgrenzungskriterien

- **Anwendungsfunktionen** (Kundenprobleme/-bedürfnisse),
- **alternative Technologien** (Ansätze zur Lösung der Kundenprobleme),
- **potenzielle Abnehmergruppen** (Kundensegmente/-gruppen)

ein Koordinatensystem bilden (siehe Abb. 3.2). Darin entstehen Würfel (eine bestimmte Technologie zur Lösung eines Kundenproblems für ein bestimmtes Marktsegment), die als einzelne, theoretisch existierende strategische Geschäftsfelder i. S. v. Produkt-Märkten betrachtet werden. (Darüber hinaus kann das Schema von Abell auch zur strukturiert-kreativen Identifikation neuer Geschäftsfelder oder neuer Produktkonzepte genutzt werden).

Abb. 3.2: Das Schema von Abell zur Bildung von SGF

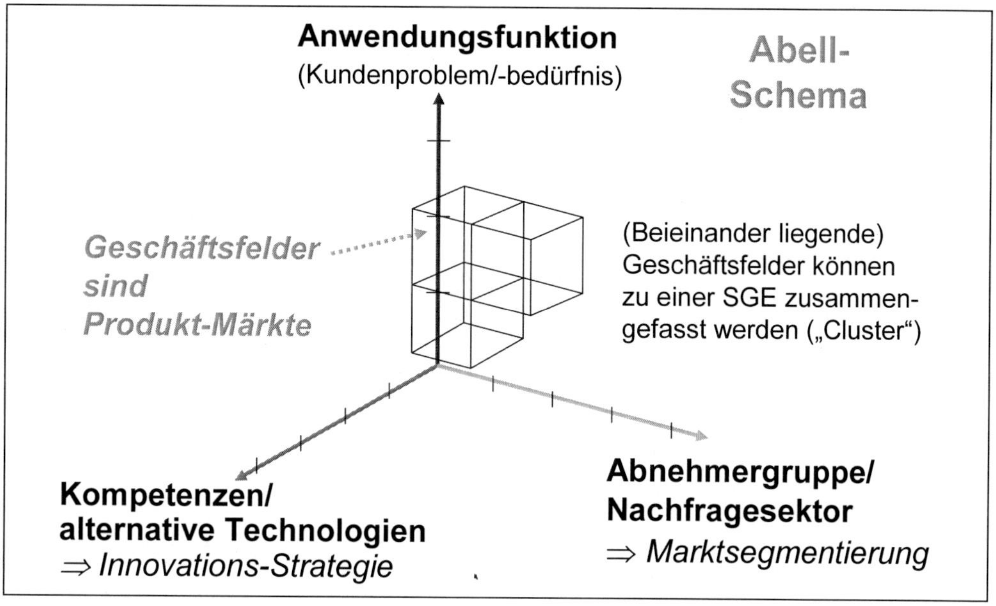

Quelle: Eigene Darstellung nach Kotler et al. (2007, S. 95)

Eine definierte strategische Geschäftseinheit entsteht dann durch die Auswahl einzelner oder die sinnvolle Verknüpfung mehrerer strategischer Geschäftsfelder (-Würfel), deren organisatorischer Verankerung und anschließender Besetzung und mit realen Produkt- bzw. Marketingkonzepten.

Die Ausprägung dieser Bildungsdimensionen beantwortet die zentrale Frage, **welche** strategischen Geschäftsfelder gebildet werden sollen. Die Frage, **wie viele** Geschäftsfelder abgegrenzt werden sollen, wird durch die gegenläufigen Einflüsse von **Diversität** und **Konnektivität** der Abgrenzungskriterien beantwortet (vgl. Welge/Al Laham 2008, S. 465 f.).

Eine hohe Diversität (Verschiedenartigkeit der Situationen) führt zur Notwendigkeit der Abgrenzung vieler, tendenziell kleiner SGF. Eine zu enge Abgrenzung kann aber dazu führen, dass Gruppen von Kunden oder Wettbewerbern aus der strategischen Betrachtung eines Marktes ausgegrenzt werden (vgl. Hungenberg 2006, S. 76). Konnektivität (Verbundenheit) bedeutet die Existenz von **Interdependenzen** zwischen strategischen Geschäftsfeldern, insbesondere hinsichtlich der Nutzung derselben finanziellen, sachlichen und personellen Ressourcen und Operationen auf denselben Absatz- und Beschaffungsmärkten. Eine hohe Konnektivität würde dazu führen, dass – unter dem Postulat der Eigenständigkeit – nur wenige und relativ große SGF gebildet werden können. Dies kann aber zu einer Zusammenfassung von Teilmärkten mit heterogenen strategischen Ausgangslagen bzw. Anforderungen führen, denen mit einer einheitlichen Strategie nicht adäquat entsprochen wird.

Abb. 3.3: Potenzielle Vorteile und Nachteile der SGE-Konzeption

Vorteile	Nachteile und Gefahren
Reduktion der Komplexität der Führung des Gesamtunternehmens.	Ignorieren der Interessen des Gesamtunternehmens (z. B. eine Steigerung der Einkaufsmacht aller SGEs).
Durch kleine, marktnahe SGE gewinnt das Unternehmen an Flexibilität und Innovationskraft.	Gefahr der nicht rechtzeitigen Anpassung von SGE-Definition und SGE-Strategie an die Dynamik der Umwelt.
Eigenständige Reaktion auf Umweltveränderungen, dazu muss SGE-intern eine eigenständige strategische Planung erfolgen.	Eine zu große Zahl von SGEs führt zu einer Überforderung der Unternehmensleitung und läuft dem Ideal der Komplexitätsreduzierung entgegen.
Förderung der Entwicklung einer strategischen Mentalität, indem strategische Aufgaben und Kompetenzen definiert und personell zugeordnet werden.	
Basis einer marktbezogenen Zurechnung/Prognose von Erfolg und Misserfolg zur gezielten Ressourcenallokation.	
Stärkere Ausrichtung an marktspezifischen Kundenbedürfnissen und Wettbewerbsverhältnissen.	

Quelle: Vgl. Welge/Al Laham (2008, S. 470 f.)

Zur Ergänzung der Definition des Geschäfts und dessen Präzisierung durch die Einrichtung strategischer Geschäftseinheiten müssen im Rahmen der **Geschäftsmodellanalyse** die Fragen beantwortet werden, welche **Prozesse einer Wertschöpfungskette** das Unternehmen durchführen möchte und wo das **Profit generierende Moment** der Aktivitäten liegt (ggf. in umgekehrter Reihenfolge, siehe Kasten unten).

Beispiel

Konzentration auf rentable Prozesse: Dolby Labs

Als Ray Dolby in den 1960er Jahren einen elektronischen Filter zur Rauschunterdrückung bei der Musikwiedergabe entwickelt hatte, stellte sich die Frage, ob Dolby selbst Tonbandgeräte herstellen oder die Technologie an andere Unternehmen weiterverkaufen sollte. Dolby entschied sich, nur die Technologie an andere Produzenten zu lizenzieren, und ist heute ein wesentlich kleineres, aber rentableres Unternehmen als Philips oder Sony. Hätte Dolby HiFi-Geräte produziert, hätte es seine überlegene Technologie dazu verwendet, einen möglicherweise nicht sehr rentablen Herstellungsprozess zu unterstützen, außerdem wären die Wettbewerber wohl gezwungen gewesen, eigene Rauschfiltersystem zu entwickeln. So hat sich Dolby auf einen rentablen Prozess innerhalb der Wertschöpfungskette konzentriert, der aktuell z. B. Raumklangprozessoren für Surroundreceiver umfasst.

Quelle: Vgl. Jarillo (2005, S. 98 f.)

3.3 Marktsegmentierung und verbundene Strategien

3.3.1 Ursachen und Grundlagen der Marktsegmentierung

Zwei zentrale Aspekte der Definition des Geschäfts (nach Abell, s. Abb. 3.2), die Anwendungsfunktion und die Kundengruppe, werden durch die Strategie der *Marktsegmentierung* behandelt. Unternehmen müssen berücksichtigen, dass die potenziellen Kunden in bestimmten Produkt-Märkten unterschiedliche

- **Bedürfnisstrukturen** aufweisen. Bedürfnisse sind gefühlte Mangelzustände, die auch durch Denken oder externe Stimuli ausgelöste werden. Die *Bedürfnispyramide von Maslow* hierarchisiert grundsätzliche Bedürfnisse, damit verbunden sind typische *Konsummotive* (vgl. Trommsdorff/Heine 2008, S. 1671 f.) und *produktkategoriespezifische Bedürfnisse*. Ein Produkt (z. B. ein Auto) kann Bedürfnisse auf mehreren Ebenen (Soziale Bedürfnisse, Selbstverwirklichung) befriedigen – die durch ein Produkt angesprochenen Bedürfnisstrukturen sind also häufig komplex.
- **Wünsche** haben. Ein Wunsch ist die konkrete Vorstellung eines Individuums, wie ein (komplexes) Bedürfnis befriedigt werden soll (z. B. Mobilität durch eine bestimmte Automarke; vgl. Kotler et al. 2007, S. 12). Individuelle Wünsche entstehen durch Kultur- und Bezugsgruppeneinflüsse sowie Lifestyle-, Nutzen- und Wertestrukturen der Kunden, die auf Produktangebote der Industrie und deren Bewerbung treffen.

Diese Verschiedenartigkeit führt zu unterschiedlichen Anforderungen der einzelnen Kunden an die Produkte bzw. zu unterschiedlicher Gewichtung der Produkteigenschaften, der sog. *Präferenzstruktur*. Gemäß der ökonomischen Theorie kaufen rational handelnde Kunden dasjenige Produkt, welches ihren (durch einen bestimmten Grad der erwarteten Bedürfnisbefriedigung) erzielbaren **Nutzen maximiert, d. h. ihren Präferenzen am besten entspricht**.

Die Bedürfnisstrukturen der Kunden stellen für Unternehmen komplexe Umweltstrukturen dar, die sie entweder (durch Kommunikation etc.) zu beeinflussen versuchen, oder denen sie sich **anpassen müssen**. Bei intensivem Wettbewerb um Kaufentscheidungen ist es für Anbieter von großer strategischer Bedeutung, Produkte anzubieten, welche die individuellen Kundenpräferenzen – gebildet durch komplexen Bedürfnissen und Wünsche – genauer ansprechen als die Produkte der Konkurrenten. Da Individualanfertigungen zu hohen Informationskosten und mangelnder Produktionseffizienz führen würden ist es sinnvoll, **Gruppen von Kunden mit homogenen Bedürfnisstrukturen/Präferenzen** zu identifizieren und sich auf diejenigen Gruppen zu konzentrieren, die am ehesten mit der vom Unternehmen angebotenen Leistung zum Kauf gebracht bzw. zufriedengestellt werden können. Diese Kunden-Zielgruppen werden als *Marktsegmente*, die Identifikation und Bearbeitung unterschiedlicher Marktsegmente mit auf diesen ausgerichteten Angeboten (*Produktdifferenzierung* bzw. differenzierter Marketing-Mix*)* als *Marktsegmentierung* bezeichnet. Als Konsequenz der in vielen Branchen hohen Wettbewerbsintensität gibt es kaum noch unsegmentierte Märkte; in vielen Märkten steigt das Ausmaß der Produktdifferenzierung (i. S. v. unterschiedlichen Produktlinien und -varianten) – auch die Marktsegmentierung ist ein dynamisches *Nullsummenspiel* (siehe Abb. 1.3). Neben Unternehmen, die viele Gruppen von Kunden simultan ansprechen existieren Anbieter, die sich erfolgreich auf Kunden mit einer speziellen Präferenzstruktur fokussiert haben.

Die **Strategie der Marktsegmentierung** unterteilt sich nach Kotler et al. (2007, S. 356) in drei sukzessive zu durchlaufende Schritte:

1. **Marktsegmentierung** (i. e. S.; *Segmenting*, Zielgruppenbildung): Unterteilung des Marktes in klar abgegrenzte Käufergruppen (siehe Kap. 3.3.2),
2. **Zielsegmentauswahl** (*Targeting*): Auswahl von Zielsegmenten durch eine Analyse der Segmentattraktivität (u. a., siehe Kap. 3.3.3),
3. **Positionierung** (*Positioning*): Entwicklung eines segmentspezifischen Angebots und Verankerung der zentralen Nutzenbotschaft in den Köpfen der Kunden (als **Umsetzung der Wettbewerbsstrategie**, siehe Kap. 5).

3.3.2 Vorgehen bei der Marktsegmentierung

Beim ersten Schritt, der Marktsegmentierung i. e. S., stellt sich die Frage nach der Ermittlung von konkreten Marktsegmenten. Ein zentraler Aspekt für den Erfolg der Segmentierung ist die **Auswahl der Kriterien zur Segmentbildung** – eine Entscheidung von strategischer Bedeutung, da durch eine treffende bzw. effektive Segmentierung Wettbewerbsvorteile erzielt werden können.

3.3.2.1 Bestimmung von Variablen zur Segmentierung

Zur Trennung und Identifikation von Segmenten werden unterschiedliche Einflussfaktoren auf das Kauf- und Verwendungsverhalten von Kunden betrachtet – die sog.

Segmentierungsvariablen. Diese Variablen lassen sich im Konsumgütermarkt in zwei Hauptgruppen einteilen (vgl. im Folgenden Freter 2008, S. 90 ff.; Kotler et al. 2007, S. 365 ff.; Meffert 2005, S. 186 ff.):

(1) Segmentierung nach allgemeinen Verbrauchermerkmalen

Die Segmentierung nach allgemeinen Verbrauchermerkmalen erfolgt unabhängig von einem bestimmten Produkt. Die Merkmale werden als **Ursachen bzw. Indikatoren für bestimmte** (evtl. psychologisch tiefer liegende) **Strukturen von Bedürfnissen und Wünschen** betrachtet. Folgende Merkmale werden als für eine Segmentierung geeignete Variablen betrachtet:

- **Geografische Segmentierungsvariablen**
  - *Makrogeografische Segmentierungsvariablen*

    Staaten/Kulturkreise, Bundesländer, Nielsen-Gebiete, Landkreise; Größe und Lage der Wohnorte (Stadt-/Landbevölkerung)
  - *Mikrogeografische Segmentierungsvariablen*

    Postleitzahlengebiete, Stadtviertel (in Verbindung mit demo- und psychografischen Merkmalen sog. *geodemografische Segmentierung*)
- **Demografische Segmentierungsvariablen**

  Alter, Lebens- bzw. Familienzyklus, Altersgeneration („Kohorte"), Geschlecht, nationale Herkunft, Beruf, Kaufkraft, soziale Schicht
- **Psychografische Segmentierungsvariablen**

  Persönlichkeit (nach Eigenschaften: Neurotizismus, Offenheit, Modeorientierung etc.) und *Lebensstil* (Muster der Lebensführung, siehe Kasten)

Die (meisten) allgemeinen Segmentierungsvariablen sind zwar einfach zu erheben (durch Methoden der Marktforschung), als Prädiktoren von individuellem Kaufverhalten aber relativ **unpräzise** bzw. problematisch: So gibt es 40-jährige, die noch keine Kinder haben, und solche, die schon Großeltern sind; Ähnliches gilt für das Einkommen (z. B. aufgrund von *hybridem Kaufverhalten*). Bei einer Segmentierung sollte man überlegen, ob ein allgemeines Verbrauchermerkmal hinreichend trennscharf für die Abschätzung des Verhaltens ist.

(2) Produktspezifische bzw. verhaltensbezogene Segmentierung

Bei der Segmentierung nach **produktbezogenen Verhaltensmerkmalen** werden als Segmentierungsvariablen herangezogen:

- **Nutzennachfrage (Benefit-Segmentierung)**

  Welcher Nutzen bzw. welche Bedürfnisse stehen bei dem Kunden bezüglich der betrachteten Produktkategorie im Vordergrund?

- **Einstellung zur Produktkategorie und den angebotenen Marken**
  (Skaliert: stark positiv bis stark negativ; siehe auch Einstellungsmessung)
- **Anlässe des Konsums**
  - produktspezifische Anlässe, z. B. Beruf oder Freizeit
  - gewöhnliche oder spezielle Anlässe (z. B. Heirat) im Leben
- **Stadium der Kaufbereitschaft (und des Informationsstands)**
  Produkt un-/bekannt, informiert, interessiert, Wunsch, Kaufabsicht
- **Produktartwahl und Verwenderstatus**
  Nicht-Verwender, ehemaliger, potenzieller, Erst-, Mehrfachverwender.
- **Verwendungsrate** (Verwendungsmengen-Segmente)
  Stark, mittel, schwach (heavy/light user)
- **Markentreue**
  Ungeteilt, geteilt, wechselhaft, nicht vorhanden
- **Reaktion auf Marketingvariablen** (produkt-/kategoriespezifisch)

Preissensibilität (z. B. Reaktion auf Sonderangebote), Preisklasse, Einkaufsstättenwahl, Mediennutzung (z. B. Konsumenten-Fachzeitschriften)

Auch bei produktbezogenen Segmentierungsvariablen sind direkte Beziehungen zum Kaufverhalten nicht eindeutig: Die Relevanz und Dominanz einzelner Bedürfnisse hängen von situativen Faktoren und motivationalen Konflikten bei Konsumenten ab, Ähnliches gilt für die Einstellung. Den produktbezogenen Verhaltensaspekten (Verwenderstatus, Preissensibilität) liegt aber die (berechtigte) Annahme zugrunde, dass das Verhalten in der Vergangenheit einen relevanten Bezug zum zukünftige Kaufverhalten aufweist (vgl. Freter 2008, S. 144 f.). Hierbei stellt sich die Frage, ob sich diese Variablen auch durch – ggf. einfacher in Marketingmaßnahmen umsetzbare – allgemeine psychografische Konsumentenmerkmale beschreiben und erklären lassen.

Die Segmentierung erhöht ihren Nutzen, wenn von jedem Segment eine genaue Beschreibung anhand mehrerer, für die Produktkategorie verhaltensrelevanter Variablen (Nutzenstrukturen, Demografika etc.) angefertigt wird. Dieses Vorgehen wird als *multiple Marktsegmentierung* bezeichnet. Auf dieser Basis sollte dann von jedem Kundensegment, für das sich das Unternehmen interessiert, ein detailliertes, produktkategorienbezogenes **Segmentprofil** erstellt werden (siehe den folgenden Kasten „Vorgehen bei der Segmentierung in der Praxis"). Dieses Segmentprofil dient als Orientierung für die Gestaltung der segmentspezifischen Positionierung, der weiteren Strategien und des Leistungsangebots bzw. des Marketing-Mix.

Methode

Vorgehen bei der Segmentierung in der Praxis

(1) Datenerhebung

Mit Verbrauchern werden qualitative Marktforschungsverfahren (z. B. explorative Interviews) durchgeführt, um Einblicke in die Vielfalt der Motivationen, Einstellungen und Verhaltensweisen bezüglich eines Produktes zu erhalten. Auf der Basis dieser *Consumer Insights* wird ein standardisierter Fragebogen erstellt, der bei einer großen Stichprobe von Personen statistisch auswertbare Daten bezüglich der Segmentierungsvariablen erzeugen soll. Ergänzend können Daten von *Panels, Datenbanken* und dem *Customer Relationship Management* (CRM) herangezogen werden.

(2) Datenanalyse und Gruppenbildung

Der erste Schritt bei der Analyse der durch die Erhebung gewonnenen Daten ist häufig die Anwendung einer Faktorenanalyse, um die abgefragten Variablen auf wesentliche Einflussfaktoren zu verdichten. Diese werden dann einer Clusteranalyse unterzogen, die unter den Befragten Gruppen/Segmenten ermittelt, welche in sich möglichst homogen und im Vergleich zu anderen möglichst heterogen sind.

(3) Profilerstellung und Gruppenbenennung

Die statistisch ermittelten Segmente werden hinsichtlich der typischen Merkmalsausprägungen beschrieben und anhand auffallender Wesenszüge benannt. Beispiele von Segmentbezeichnung (auf der Basis von *Lifestyles*) sind:

- **Sinus-Milieus**: Konservative, Performer, expeditives Milieu, etc.
- **VALS 2-Typen**: Innovators, Thinkers, Believers, Makers, etc.
- **Euro-Socio-Styles**: Träumer, Abenteurer, Kritische, Bodenständige, etc.

Quelle: Kotler et al. 2007, S. 364 ff.; Sinus-Sociovision 2012

3.3.2.2 Voraussetzungen für effektives Segmentieren

Es gibt viele Möglichkeiten (i. S. v. Variablen-Kombinationen), einen Gesamtmarkt in Segmente zu zerlegen, aber nicht alle sind **effektiv**: Aus der Segmentierung müssen sich realistische, verhaltenswirksame und auch profitable Marketingprogramme entwickeln lassen (Aspekt der **Machbarkeit**). Dies ist gegeben, wenn folgende **Anforderungen an die Segmentierungskriterien** erfüllt sind (vgl. Freter 2008, S. 90 f.; Kotler et al. 2007, S. 386):

- **Kaufverhaltensrelevanz**

  Die Segmentierungskriterien sollten Relevanz für das Kaufverhalten aufweisen, d. h. die Segmente sollten so gebildet werden, dass sie unterschiedliche Reaktionen auf Marketingvariablen aufweisen.

- **Erreichbarkeit**

  Ein Segment muss effektiv erreicht und bedient werden können – d. h. bestimmte Medien und Distributionskanäle nutzen.

- **Messbarkeit**

  Die Segmentierungsvariablen müssen mittels Marktforschung messbar bzw. bei einem Merkmalsträger eindeutig zu identifizieren sein.

- **Trennbarkeit**

  Die Segmente sollten mit den gewählten Variablen klar abgrenzbar sein.

- **Substanz**

  Ein Segment muss hinsichtlich seiner Größe und Wirtschaftlichkeit ausreichend groß sein. Die Größen der einzelnen definierten Segmente sollten so gewählt werden, dass sich ein spezifisches Marketingprogramm für jedes definierte Segment lohnt.

Ein zentraler Aspekt bei der Segmentierung ist die Profitabilität der Berücksichtigung der Unterschiede bei den Kunden durch das Produktprogramm (in Relation zu Angeboten ohne Segmentierung, vgl. Kotler et al. 2007, S. 357). Es sollte vermieden werden, Märkte **überzusegmentieren,** d. h. zu viele Marken oder Produktvarianten anzubieten, während in der Produktion höhere **Kosten für die Differenzierung der Produkte** anfallen; insbesondere:

- **Produktmodifikationskosten**: Zusätzlicher F&E-Aufwand, Kosten für Spezialwerkzeuge etc.,
- **Produktionskosten**: Geringere Skalenerträge, höhere Rüstkosten (aber: ggf. Kostensenkungseffekte durch Economies of Scope, siehe Kap. 5),
- **Verwaltungskosten**: Marktforschung, Planung der Geschäftseinheiten,
- **Lagerhaltungskosten**: Komplexere Lagerprozesse für differenzierte Produkte,
- **Absatzförderungskosten**: Unterschiedliche Kommunikationsmaßnahmen für die Produkte, ggf. geringere Mengenrabatte im Medieneinkauf.

Wenn identifizierte oder bereits bearbeitete Segmente bezüglich der betrachteten Produktkategorie ein homogenes Nachfrageverhalten aufweisen oder sich sogar gegenseitig kannibalisieren, sollten diese zu **Übersegmenten zusammengefasst** werden, was als *Counter-Segmentation* bezeichnet wird.

3.3.3 Segmentauswahl/Targeting und Marktabdeckungsstrategie

3.3.3.1 Targeting – Kriterien der Segmentauswahl

Liegen detaillierte Segmentbeschreibungen vor, stellt sich die Frage, für welche der Segmente das Unternehmen auf diese zugeschnittene Produkte oder ganze Marketingprogramme anbieten sollte. Als **Zielmärkte** (*Target*) interessant sind diejenigen Segmente/Teilmärkte (vgl. Kotler 2007, S. 387),

- welche möglichst **viele Kunden mit hoher Kaufkraft** und **-bereitschaft** umfassen (die **Segmentgröße** lässt sich ggf. aus den Anteilen der Segmente in der Stichprobe abschätzen, siehe Kasten „Methode", ansonsten analog zu den Marktgrößen in Kap. 3.4.2),
- die im Lauf der Zeit größer werden (**Segmentwachstum**),
- in denen die Kunden hinsichtlich der Segmentierungsvariablen möglichst **homogen** sind, und die sich im Lauf der Zeit wenig verändern (**Segment-Stabilität**),
- für die das Unternehmen über die erforderlichen personellen und kapazitätsbezogenen **Ressourcen** verfügt,
- in denen eine **nicht zu hohe Wettbewerbsintensität** Profite jenseits einer Normalverzinsung ermöglicht,
- in denen das Unternehmen mit seinen Kompetenzen gegen die Wettbewerber bestehen kann bzw. **Wettbewerbsvorteile** aufweist (s. Kap. 5 und 6).

Mittels einer Analyse unter Verwendung dieser Kriterien, die auch als **Segment-Portfolio** (analog zur *McKinsey-Matrix*, siehe Kap. 6) gestaltet werden kann, lassen sich attraktive und weniger attraktive Marktsegmente identifizieren. Es ist dann für Unternehmen nahe liegend, attraktivere Segmente zuerst zu bearbeiten, und in die weniger attraktiven ggf. später einzutreten (Marktentwicklung bei der *Ansoff-Matrix*, siehe Kap. 7). Die zur Segment-/ Marktbeurteilung herangezogenen Größen werden in Kap. 3.4 detailliert beschrieben.

3.3.3.2 Marktabdeckungsstrategie

Das Resultat des Targeting, die Reichweite der Segmentauswahl, ist eine eigene (Basis-)Strategie, die sogenannte *Marktabdeckungsstrategie* (in manchen Quellen auch als *Marktparzellierungsstrategie* bezeichnet; vgl. Becker 2001, S. 237 ff.; Schneider 2007, S. 63 f.). Bezüglich der Marktabdeckungsstrategie werden folgende Arten unterschieden:

(a) Undifferenzierte Marktabdeckung

Dem gesamten Markt wird ein einziges, nicht differenziertes Produkt angeboten. Das Unternehmen konzentriert sich auf die Gemeinsamkeiten in den Bedürfnissen der Kunden und konzipiert ein Angebot, das die größtmögliche Zahl der Kunden ansprechen soll. Ein Beispiel ist die Marke Coca-Cola, die bis in die 1980er Jahre nur ein Grundprodukt angeboten hatte. Undifferenzierte Marktabdeckung findet sich heute aber praktisch nicht mehr.

(b) Differenzierte Marktabdeckung

Das Unternehmen bearbeitet alle Marktsegmente und entwickelt für jedes Segment spezifische Angebote. Dadurch werden die Bedürfnisse der einzelnen Segmente besser angesprochen, allerdings steigen auch die Kosten (s. o.).

(c) Selektive Marktabdeckung

Es werden die Segmente bearbeitet, die zu den Zielsetzungen und Vorteilen des Unternehmens im Wettbewerb passen (s. o. *Targeting*). Dadurch werden die Ressourcen optimal eingesetzt und das Risiko des Unternehmens gestreut (*Diversifikation*). Spezielle Strategien in diesem Kontext sind die **Produktspezialisierung**, bei der ein Produkt (wenig modifiziert) an unterschiedliche Kundengruppen verkauft wird, sowie die **Marktspezialisierung**, bei der das Unternehmen zahlreiche Bedürfnisse einer speziellen Kundengruppe abdeckt.

(d) Fokussierte/konzentrierte Marktabdeckung (Nischenstrategie)

Mit konzentriertem Marketing baut ein Unternehmen in **einem Zielsegment** eine starke Position auf, die auf einer guten Kenntnis des Marktes (Kundenbedürfnisse) und einem entsprechend guten Image der Produkte basiert. Das größte Risiko bei dieser Art der Marktabdeckung ist, dass sich die Größe des Marktsegments im Lauf der Zeit verändert, ein Beispiel hierfür ist die Nachfrage nach Pelzmänteln (vgl. Kotler et al. 2007, S. 453 f., siehe auch Fokus/ Konzentration auf eine Nische bei der Wettbewerbsstrategie in Kap. 5).

3.4 Marktabgrenzung und quantitative Analyse von Märkten

Im Rahmen des Targeting, aber auch anderer strategischer Planungsaktivitäten muss das Unternehmen das Ausmaß der **Attraktivität von Zielsegmenten/-märkten** abschätzen können. Zum Erkennen der Chancen, die Märkte bieten, müssen das **aktuelle und potenzielle Volumen der Nachfrage** sowie die **Marktentwicklung** auf den Zielmärkten möglichst gut messbar gemacht und abgeschätzt werden. Diese quantitativen Marktgrößen bilden darüber hinaus die Grundlage für die Finanz- und Investitionsplanung (Kapazitäten), die Planung der Produktionsmengen sowie die Beschaffungs- und Personalplanung (vgl. Kotler et al. 2007, S. 194). Für eine Quantifizierung dieser Marktgrößen müssen (Teil-)Märkte möglichst genau **abgegrenzt** werden, was eine genauere Charakterisierung der Nachfrage(r) und Anbieter erfordert.

Die kumulierte Nachfrage (aller einzelnen Käufer) wird als die Gesamtnachfrage bezeichnet. Diese unterliegt ökonomischen Gesetzmäßigkeiten wie z. B. der Preis- und Kreuzpreiselastizität, welche für Unternehmen fundamentale **Spielregeln im Markt** darstellen (vgl. Bucklig et al. 1998, S. 99 ff.). Die Abgrenzung der Nachfrage(r) erfolgt (zumindest unternehmensindividuell) durch die Segmentierung, hierdurch wird aber lediglich das Marktpotenzial (i. S. v. Segmentpotenzial) grob abschätzbar. Zur quantitativen Ermittlung des konkreten Marktvolumens und des darauf aufbauenden Marktwachstums müssen die Wettbewerber in einem Markt (bzw. Segment) identifiziert werden.

3.4.1 Marktabgrenzung und Identifikation der Wettbewerber

Die Festlegung von Zielsegmenten ist zumeist mit dem Auftreten von Wettbewerbern in diesen Segmenten verbunden. Die Gesamtheit aller Anbieter in einem definierten Markt wird als *Branche* bezeichnet. Die Identifikation der Wettbewerber in einer Branche dient – neben der Marktsegmentierung – als Basis zur Identifikation des sog. *relevanten Marktes*, der die Bezugsbasis für eine quantitative Betrachtung von Marktgrößen bildet. In der Literatur werden mehrere **theoretische Ansätze zur Identifikation der Wettbewerber** genannt (vgl. im Folgenden Hungenberg 2006, S. 98 ff.; Dillerup/Stoi 2008, S. 187 f.; siehe auch das Modell der Wettbewerbskräfte in Kap. 5):

(a) Produktalternativen aus Sicht der Kunden

Wettbewerber sind diejenigen Marken/Produkte, welche der Kunde als Alternativen zur Befriedigung eines bestimmten Wunsches/Bedürfnisses betrachtet (*Substitut*). Analytisch festzustellen wären diese Alternativen z. B. durch eine *Multidimensionale Skalierung* (vgl. Backhaus et al. 2008, S. 535 ff.); ergänzend könnte z. B. mit einem *Panel* beobachtet werden, zwischen welchen Produkten/Marken die Kunden beim Kauf (mit hinreichend hoher Wiederkaufwahrscheinlichkeit) wechseln.

(b) Kreuzpreiselastizität

Der Begriff *Kreuzpreiselastizität* beschreibt, wie stark sich die Nachfrage nach einem Produkt eines Unternehmens ändert, wenn ein anderes Unternehmen den Preis für seine Produkte ändert. Genauer: die prozentuale Mengenänderung bei Unternehmen *i* geteilt durch die prozentuale Preisänderung von Unternehmen *j* (in einem infinitesimal kleinen Bereich). Ist diese positiv, d. h. die Absatzmenge nimmt ab, wenn das andere Unternehmen den Preis senkt, so sind die Produkt *Substitute*, d. h. Wettbewerber. Klar definierte Grenzen, ab wann ein Produkt als Substitut bzw. Wettbewerber eines anderen Produktes anzusehen ist, gibt es nicht. Es werden lediglich nahe (BMW

3er und Audi A4) und entfernte (BMW 3er und Personennahverkehr der Bahn) Substitute nach der Intensität der Kreuzpreiselastizität unterschieden. In der Praxis kann die Kreuzpreiselastizität durch experimentelle Testverfahren der Marktforschung (*Store-Test, Minitestmarkt, Panels*) oder bestimmte Formen der Conjoint-Analyse *(Choice Based Conjoint, Wargaming)* gemessen werden.

Ergänzend kann die *Kreuzwerbeelastizität* zur Identifikation der Wettbewerber herangezogen werden: Die Produkte sind Substitute, wenn ein Unternehmen das Werbebudget erhöht und das andere Unternehmen daraufhin (und nur aus diesem Grund) einen Absatzrückgang zu verzeichnen hat.

(c) Branchen und das Konzept der strategischen Gruppen

Branchen bilden den Ansatz für eine angebotsorientierte Abgrenzung des relevanten Marktes („Branchenkonzept"). Die Abgrenzung der Branchen auf der Basis der verwendeten Technologie bzw. der technischen Funktion ist aber für eine Quantifizierung der Marktgrößen zu ungenau. Ein Ansatz zur präziseren Bestimmung der Wettbewerber ist das Konzept der *Strategischen Gruppen* (vgl. Porter 1992, S. 173 ff.). Eine strategische Gruppe ist eine Anzahl von Unternehmen, die ähnliche Strategieprofile besitzen, also (u. a.) eine vergleichbare Segmentierungs- bzw. Marktabdeckungsstrategie (ausgedrückt z. B. durch eine breite oder schmale Produktpalette) sowie eine ähnliche Wettbewerbsstrategie (ausgedrückt insbesondere durch konsequent hoch- oder niedrigpreisige Angebote; siehe Kap. 5) verfolgen. Ein Beispiel hierfür sind die Anbieter für Oberklasse-Automobile Audi, BMW und Mercedes in Deutschland. Typischerweise existieren in einer Branche (wie z. B. in der Automobilindustrie) mehrere strategische Gruppen.

Die beschriebenen Ansätze zur Identifikation der Wettbewerber sind **nicht unabhängig** voneinander: Produkte der Unternehmen einer strategischen Gruppe werden von den Kunden häufig als ähnlich bzw. Substitute betrachtet, was eine höhere Kreuzpreiselastizität zur Folge hat. Eine eindeutige Abgrenzung und damit Quantifizierung des Marktes bleibt aufgrund der mangelnden Trennschärfe der Kreuzpreiselastizität; der mangelnden Eindeutigkeit der Zuordnung zu einer strategischen Gruppe sowie der Dynamik der Nachfrage und des Angebots (Markteintritte) ein Grundproblem der Strategieplanung.

3.4.2 Marktgrößen zur quantitativen Analyse von Märkten

3.4.2.1 Marktgröße und Marktvolumen

(a) Dimensionierung der Bezugsgrößen für den Markt

Die Möglichkeiten zur Definition der Marktgröße sind vielfältig, dies resultiert aus der Vielzahl der **Bezugsebenen** (mit wiederum mehreren Aufgliederungsmöglichkeiten), die für den Begriff „Markt" in der Unternehmenspraxis existieren. Die wichtigsten Bezugsebenen sind die **Produktebene** (Artikel, Produktform, -linie, Unternehmens-, Branchensortiment, Gesamtnachfrage), die **räumliche Ebene** (Kundenstandort, Bezirk, Landesregion, Land, Welt) und die **zeitliche Ebene** (kurz-, mittel-, langfristig). Durch eine solche Einteilung ergeben sich bereits 90 (6x5x3) Bezugsgrößen für den Marktbegriff.

(b) Marktgröße und laufende Nachfrage

Die **Marktgröße** (*Marktvolumen*) ist die **Gesamtnachfrage nach einer definierten Produktkategorie**, also das mengen- oder wertmäßige Volumen dieser Kategorie, das von den Kunden (bzw. einer Kundengruppe/Segment) in einem bestimmten geografischen Gebiet innerhalb eines bestimmten Zeitraums gekauft wird. Diese Marktgröße wird auf der Ebene der Artikel/Produktform z. B. mittels Verbraucher- oder Handelspanel ermittelt. Die Gesamtnachfrage nach der Produktkategorie ist dabei vor allem von der **konjunkturellen Lage** und den **Marketingaufwendungen der Branche** im betrachteten Zeitraum abhängig (vgl. Kotler 2007, S. 194 ff.).

Alternativ könnten die Absätze aller Unternehmen, welche eine technisch vergleichbare Art der Bedürfnisbefriedigung anbieten (Branche), als Marktgröße betrachtet werden. Das Marktvolumen ist dann die **Summe der Absatzvolumina** der einzelnen Anbieter. Diese Marktdaten werden, häufig aufgeschlüsselt nach Submärkten (bspw. Bier: Weizen-, Alt-, Exportbier), von Branchenverbänden gesammelt und veröffentlicht (vgl. Aaker 1995, S. 88).

3.4.2.2 Potenzieller Markt und Marktpotenzial

In einer dynamischen Betrachtung der Marktgröße sind die Begriffe **Marktwachstum** und **Marktpotenzial** von Bedeutung. Der **potenzielle Markt** ist die Gesamtheit aller Verbraucher, die ein Interesse an einem Produkt haben. Dieser potenzielle Markt wird durch die Kaufkraft (bzw. das Preisniveau) sowie den Zugang zum Angebot (z. B. weil das Produkt im betrachteten geografischen Gebiet nicht in allen Varianten angeboten wird) eingeschränkt und durch neue Nutzungsmöglichkeiten, eine Erhöhung der Konsumhäufigkeit oder neue Nutzergruppen ggf. erweitert (vgl. Aaker 1995, S. 89). Der Teil dieses Marktes, für den ein Unternehmen tatsächlich Angebote erstellen möchte, bezeichnet man als Zielmarkt bzw. -segment (s. Targeting; zu einer weiteren Unterteilungen des potenziellen Marktes siehe z. B. Kotler 2007, S. 195 ff.).

Das **Marktpotenzial (i. e. S.)** ist die Obergrenze der Gesamtnachfrage, wenn sich die Marketingaufwendungen der Branche auf einem maximalen Niveau befinden (bei gegebenem konjunkturellem Umfeld; Kotler 2007, S. 198). Meffert (2005, S. 171) spricht hierbei von der Aufnahmefähigkeit des Marktes für eine bestimmte Produktgattung. Das Marktpotenzial bestimmt sich also nach der Anzahl der Verbraucher mit Interesse am Produkt, den Marketingaufwendungen der Branche und dem konjunkturellen Umfeld.

Das **ausschöpfbare Gesamtmarktpotenzial** entspricht dem höchstmöglichen Absatz oder Umsatz, den alle Unternehmen einer Branche bei einem gegebenen branchenweiten Niveau an Marketingaufwendungen und gegebenen Umfeldbedingungen erreichen können. Bei gesättigten Märkten entspricht dieses dem Marktvolumen. Ein einfacher Ansatz zur Schätzung des Marktpotenzials ist (zu weiteren Ansätzen siehe Kotler et al. 2007, S. 200 ff.):

$$Q = n \cdot q \cdot p \tag{3.1}$$

wobei

Q = Ausschöpfbares Potenzial des Gesamtmarkts,

n = Anzahl Käufer in der Produktkategorie (abh. von der Bevölkerungsentwicklung),

q = ∅ gekaufte Menge/Käufer (abh. von den Marketingaufwendungen und der Konjunktur),

p = Durchschnittspreis pro Mengeneinheit (abh. von den Marketingaufwendungen).

3.4.2.3 Marktwachstum

Die Genauigkeit der Vorhersage des zukünftigen Marktvolumens kann erhebliche Auswirkungen auf den Erfolg haben (strategische Fehlplanungen, überhöhte oder Fehlbestände). In vielen Märkten ist die (zukünftige) Entwicklung des Marktvolumens, das **Marktwachstum**, auch aufgrund des typischerweise ungleichmäßigen historischen Verlaufs jedoch nicht einfach zu bestimmen. Zur möglichst präzisen Abschätzung des zukünftigen Marktwachstums wird ein mehrstufiges Verfahren aus **Umfeldprognose, Branchen- und Unternehmensprognose** sowie einer **Analyse der Phasen der Marktentwicklung** verwendet (vgl. Kotler et al. 2007, S. 207 ff.; Hüttner 1982, S. 26 ff.).

(1) Umfeldprognose

Die Umfeldprognose umfasst eine Abschätzung von

- **allgemeinen ökonomischen Faktoren** wie Inflation, Arbeitslosigkeit, Sparquote, Zinsniveau, Investitionen, Außenhandelbilanz etc. (als *Lead-Indikatoren*, siehe Kap. 9). Darauf basiert eine **Prognose des Bruttoinlandsprodukts**, das gemeinsam mit anderen Umweltfaktoren zur Erklärung eines Teils des Branchenumsatzes herangezogen wird.
- **nicht-ökonomischen** Entwicklungen in der Makoumwelt mit Auswirkung auf den Markt (Technologieänderung, soziokultureller Wandel; s. Kap. 9.3.4).

Umfeldprognosen werden in großen Unternehmen oft von den Expertenteams der Planungsabteilungen durchgeführt, kleinere Unternehmen beziehen Umfeldprognosen häufig von Marktforschern, speziellen Vorhersagespezialisten oder Futurologen. Die verwendeten Methoden hierbei sind (s. Kap. 9):

- Expertenmeinung/**Delphi-Methode**, ggf. mit **multiplen Szenarios**,
- **Trendextrapolation** mit Zeitreihendaten aus der Vergangenheit,
- **Trendkorrelation** mittels der Verknüpfung verschiedener Zeitreihen,
- **dynamische Modelle** mit mathematischen Funktionssystemen,
- **Interdependenz-Analysen** mit Abschätzung der Effekte von Ereignissen,
- **Prognose von Risikofällen** durch Schätzung der Wahrscheinlichkeit von Ereignissen mit großer Bedeutung für den Markt (durch z. B. Banken).

(2) Markt-/Branchen- und Unternehmensprognose

Ein weiterer zentraler Aspekt für eine Vorhersage der Marktentwicklung ist das Verständnis der **Wirkung der branchenspezifischen Kräfte**, welche die Marktdynamik antreiben (vgl. Aaker 1995, S. 90), wie u. a.

- Kosten für Maschinen, Rohstoffen und die Preise für die Endprodukte,
- die Entwicklung von Industriestandards,
- die Akzeptanz der Technologie in Ausbildungsstätten u. ä.,
- das Aufkommen von Substitutionstechnologie.

Zur Abschätzung des Marktwachstums und des zukünftigen Absatzvolumens der Unternehmen der Branche kommen folgende Methoden zum Einsatz:

(a) Qualitativ: Befragung zu Einschätzungen, Meinungen, Absichten

- **Ermittlung der Käuferabsichten** bei größeren Anschaffungen durch das IFO-Institut, Infratest oder GfK sowohl für Konsum- als auch für Investitionsgüter. Die Antworten werden dann zu einer Maßzahl (Index) des **Konsum- bzw. Investitionsklimas** (für Industriegüter) verknüpft und in regelmäßigen Abständen veröffentlicht.
- **Schätzungen des Vertriebspersonals**, wie viel jeder der bearbeiteten Kunden im betrachteten Zukunftszeitraum abnehmen wird. Dadurch wird auch eine Gliederung der Schätzung nach Regionen, Produkt- oder Kundengruppen möglich. Diese Schätzungen sollten aber mit Vorsicht behandelt werden, da dem Vertriebspersonal u. a. makroökonomische Prognosen nicht vorliegen oder eine generell zu optimistische Grundstimmung vorherrscht.
- Einschätzungen von Branchenexperten aus Handelsbetrieben, Zulieferern, Industrieverbänden etc. Bei der Erstellung dieser Art von Prognosen kommen **Gruppendiskussionsverfahren**, das **Pooling individueller Experten-Schätzwerte** durch einen Analysten oder das **Delphi-Verfahren** zum Einsatz (siehe Kap. 9).

(b) Quantitativ: Mathematisch-statistische Verfahren

Folgende statistischen Verfahren werden zur Marktprognose verwendet:

- **Zeitreihenanalyse** und **ARIMA-Modelle**,
- **gleitender Durchschnitt** und **exponentielle Glättung**,
- **statistische Nachfrageanalyse** (mit z. B. Preis, Marketingaufwendungen, Einkommen, Bevölkerungsentwicklung als erklärenden Variablen).

Bei den o. g. Verfahren wird davon ausgegangen, dass die zugrunde liegenden Verhältnisse bzw. kausalen Strukturen in der Zukunft so bleiben wie in der Vergangenheit (siehe Kap. 9). Um sich abzeichnende technologische oder konjunkturelle Umbrüche zu integrieren, müssen die beschriebenen Methoden der Abschätzung des Marktwachstums verknüpft werden.

(3) Analyse der Phasen der Marktentwicklung

Die Marktentwicklung kann durch eine Reihe von Phasen in einem **Marktlebenszyklus** (analog dem Produktlebenszyklus: *Entstehung, Wachstum, Reife, Sättigung, Degeneration*) dargestellt werden. **Deskriptive Ansätze** betrachten Wachstum als Funktion der Zeit (logistische Modelle, Bass- und Gompertz-Modell), **erweiterte Modelle** betrachten zudem u. a. die Homogenität der Kunden und die Veränderbarkeit von Sättigungsgrenzen (vgl. Mertens/Falk 2005, S. 185 ff.). Der Verlauf des Marktwachstums wird anfänglich durch **Diffusionsprozesse** (Verbreitung einer Neuerung in einem sozialen System) auf der Basis der **individuellen Adoption** (Annahme der Neuerung durch ein Individuum mit der Ableitung von phasenspezifischen Kundengruppen: *Innovatoren, frühe Adoptoren, frühe/späte Mehrheit, Nachzügler*) bestimmt.

Von besonderem Interesse sind die Übergangsphasen von der Phase des Marktwachstums in die Sättigungsphase und von dieser in die Schrumpfungsphase, die oft von einem Wandel in den Erfolgsfaktoren begleitet werden. Neben historischen Absatzdaten können folgende Indikatoren den Beginn einer neuen Phase des Marktlebenszyklus andeuten (vgl. Aaker 1995, S. 92):

- Preisdruck durch Überkapazitäten und mangelnde Produktdifferenzierung,
- Weiterentwicklung des Produkt- und Marktwissens der Kunden,
- Abnahme der Kunden, die das Produkt zum ersten Mal kaufen,
- Mangel an Wachstumsquellen (neue Anwendungen, neue Segmente),
- Desinteresse der Kunden an Neuprodukten oder neuen Anwendungen.

Ein **wachsender Markt** bedeutet typischerweise mehr Absatz und Umsatz sowie geringeren Preisdruck (siehe Kap. 5). Ein schrumpfender Markt ist aber nicht notwendigerweise unattraktiv, durch Marktaustritte verschwinden Wettbewerber und damit Kapazitäten, wodurch das Unternehmen die Möglichkeit erhält, eine dominante Rolle in den weiterhin interessanten Segmenten/Submärkten zu spielen (siehe *McKinsey-Portfolio* in Kap. 6; vgl. Aaker 1995, S. 90).

3.5 Kontrollfragen zu Kapitel 3

Welche der folgenden Aussagen sind vollständig richtig (r) und welche Aussagen sind falsch (f)?

1. Die Definition des Geschäfts sollte sich vor allem an den aktuell hergestellten Produkten orientieren und durch die Bildung von SGE verfeinert werden.
2. Eine SGE basiert auf der Identifikation von Geschäftsfeldern.
3. Kunden unterscheiden sich kaum in ihren Bedürfnissen und Wünschen.
4. Bedürfnisse und Wünsche und damit das Kaufverhalten können auch durch Werte, Lebensstil und das Lebensalter der Kunden beeinflusst werden.
5. Demografische Segmentierungsvariablen können das Kaufverhalten der einzelnen Kunden sehr präzise voraussagen.
6. Man sollte bei der Bildung von Segmenten maximal zwei Variablen verwenden.
7. Messbarkeit und Erreichbarkeit der Segmente sind die Konsequenz der Anwendung geeigneter Segmentierungsvariablen.
8. Die Segmentierung soll Produktions- und Lagerkosten senken.

9. Im Rahmen der Positionierung werden Segmente anhand der Segmentgröße und des Segmentwachstums ausgewählt.
10. Eine Marktabdeckungsstrategie hat mit der Größe der Segmente zu tun.
11. Bei der selektiven Marktabdeckung konzentriert sich das Unternehmen auf die Segmente, bei denen es wettbewerbsfähig ist.
12. Bei der Produktspezialisierung deckt das Unternehmen zahlreiche Bedürfnisse einer speziellen Kundengruppe ab.
13. Die Unternehmen in einer strategischen Gruppe haben typischerweise ähnliche Wettbewerbsstrategien.
14. Die Preiselastizität ist ein Ansatz zur Identifikation der Wettbewerber.
15. Das Marktvolumen kann z. B. durch Handelspanels ermittelt werden.
16. Das Marktpotenzial ist die Obergrenze der Nachfrage, wenn die Marketingaufwendungen der Branche auf maximalem Niveau sind.
17. Die Anzahl der Käufer in einem Markt ist unabhängig von der Konjunktur.
18. Marktwachstum und -volumen sind wichtige Daten für die strategische Planung.
19. Die Umfeldprognose umfasst ökonomische und nicht-ökonomische Faktoren.
20. Marktprognosen können auch auf der Basis von Meinungen durchgeführt werden.
21. Zur statistischen Ermittlung von Trends bei der Marktentwicklung müssen vergleichbare Daten über die Absatzvolumina vergangener Perioden vorliegen.
22. Zur Beurteilung der Marktentwicklung muss auch die Wirkung branchenspezifischer Einflusskräfte auf die Marktdynamik verstanden werden.
23. Die Entwicklung von Märkten kann durch Diffusion- und Adaptionsmodelle dargestellt und untersucht werden.

4 Ressourcenorientierte Unternehmensführung

Lernziele	**Dieses Kapitel vermittelt,**

- welche Instrumente zur Unternehmensanalyse zur Verfügung stehen,
- die Kennzeichen von Ressourcen und Kernkompetenzen,
- die Kriterien für die Nachhaltigkeit eines Wettbewerbsvorteils,
- die Ableitung von kompetenzbasierten Strategien,
- die fünf Phasen im Kernkompetenz Management-Zyklus,
- Analyseinstrumente zur Identifikation von Kernkompetenzen,
- Handlungsoptionen zur Nutzung von Kernkompetenzen.

Vor einer der Analyse des Produkt-Markt-Bereichs zu Strategiegewinnung sind auch die für die Erstellung und marktliche Verwertung von Produkten und Dienstleistungen benötigten **Ressourcen** zu betrachten. Dies erfordert die hinter den Produkten und Technologien stehenden Ressourcen und Fähigkeiten (Kompetenzen) zu analysieren. Die Begriffe „Ressourcen und Fähigkeiten" sollen betonen, dass neben den materiellen Ressourcen (Sach- und Finanzkapital) insbesondere immaterielle Ressourcen (bspw. Fähigkeiten und Fertigkeiten der Mitarbeiter, Markenstärke/-image, Reputation des Unternehmens, Beziehungen zu Kunden und anderen Stakeholdern) eine herausragende Bedeutung bei der strategischen Analyse und Planung besitzen. Aus der ressourcenorientierten Diskussion entwickelte sich der Ansatz der Kernkompetenzen (vgl. Baum et al. 2007, S. 245). Die wichtigsten Elemente des ressourcenorientierten Ansatzes werden nachfolgend dargestellt; zuvor wird einleitend auf die Unternehmensanalyse mittels Wertschöpfungsketten eingegangen.

4.1 Unternehmensanalyse anhand der Wertschöpfungskette

Ziel der Unternehmensanalyse ist es, ein möglichst objektives Bild der gegenwärtigen und zukünftigen **Stärken und Schwächen** des Unternehmens aufzuzeigen (als Basis einer Stärken-Schwächen-Analyse in Kap. 5). Zwei wichtige Instrumente der Unternehmensanalyse sind das **Wertketten-Konzept** von Porter und das ursprünglich von

R. Bergmann, M. Bungert, *Strategische Unternehmensführung*,
DOI 10.1007/978-3-642-31840-5_4, © Springer-Verlag Berlin Heidelberg, 2012

der Beratungsgesellschaft McKinsey entwickelte **Geschäftssystem**, das im Gegensatz zur Wertkette auch die Leistungsseite berücksichtigt; dies erfordert, den Beitrag der einzelnen Stufen des Geschäftssystems zur Erfüllung des Kundennutzens zu bestimmen (vgl. Baum et al. 2007, S. 69).

Das von Porter (vgl. Porter 2000) in die Strategiediskussion eingebrachte Wertketten-Konzept kann zur **Analyse von Unternehmen** und deren Wettbewerbsvorteile herangezogen werden (vgl. im Folgenden Macharzina/Wolf 2010, S. 305 ff.; Welge/Al-Laham 2008, S. 362 ff.). Ausgehend vom Gesamtwert des Produktes oder der Dienstleistung in Form des Preises, den der Kunde bereit ist zu zahlen, stellt Porters Konzept das Unternehmen als eine Kette von wertsteigernden Aktivitäten (*Wertschöpfungskette*) dar. **Wettbewerbsvorteile** erwachsen dabei aus den einzelnen wertschöpfungsbezogenen Aktivitätsbereichen des Unternehmens. Das bedeutet, dass alle zur Leistungserstellung notwendigen Aktivitäten des Unternehmens (*Wertschöpfungsaktivitäten*) auf ihren Wertbeitrag zu untersuchen und ggf. auszugliedern sind.

Die Wertkette bildet das Unternehmen als Verknüpfung von primären und sekundären Teilaktivitäten ab. Aus der Zusammenstellung der Aktivitäten kann das **Geschäftsmodell** eines Unternehmens detaillierter analysiert und gestaltet werden (s. Kap. 3). Ein Wettbewerbsvorteil besteht bspw. dann, wenn das Unternehmen eine Wertschöpfungsaktivität entweder zu geringeren Kosten als Wettbewerber ausführen oder aber so gestalten kann, dass diese (z. B. durch Produktdifferenzierung) zu einem höheren Kundennutzen führt. **Wertschöpfung** bedeutet in diesem Zusammenhang den um die Vorleistungen verminderten Gesamtwert, den ein Unternehmen für die Kunden schafft.

Die Wertkette besteht aus **primären Aktivitäten** (Eingangs-Logistik, Operationen mit der eigentlichen Leistungserstellung der Produkte oder Dienstleistungen, Ausgangslogistik, Werbung und Verkauf, Service) und **sekundären, unterstützenden Aktivitäten** (Unternehmensinfrastruktur, Personalwirtschaft, Technologische Entwicklung, Beschaffung). Zwischen den Wertschöpfungsaktivitäten bestehen zahlreiche interne und externe Interdependenzen (bspw. Erleichterung der Produktion durch die Beschaffung von qualitativ hochwertigen Rohstoffen). Externe Interdependenzen betreffen Wechselwirkungen zwischen der eigenen Wertschöpfungskette und der Wertschöpfungskette von vor- oder nachgelagerten Wertschöpfungspartnern (Lieferanten, Handel, Endkunden). Nach Porter hängt der Unternehmenserfolg insbesondere von der Art der Verknüpfung der Wertschöpfungsaktivitäten ab. Ausgangspunkt der Analyse ist aber nicht allein das Unternehmen, sondern die Einbettung seiner Wertschöpfungskette in die wertschöpfende Struktur der Branche (s. a. das Konzept der fünf Wettbewerbskräfte, Kap. 5.1).

Abb. 4.1: Wertschöpfungskette nach Porter

Quelle: Porter (2000, S. 66 f.), leicht modifiziert

Verbindungen zwischen den unterschiedlichen Aktivitäten stellen sicher, dass die Wertkette nicht nur eine Ansammlung von Einzelaktivitäten darstellt.

Die Wertkette kann mit folgenden Vorgehensschritten untersucht werden:

- Definition der Wertkette,
- Abgrenzung von Wertkette und Organisationsstruktur,
- grobe Ermittlung von Schwerpunkten,
- Analyse der Verflechtungen,
- Analyse von Kostenschwerpunkten,
- Analyse von Differenzierungsschwerpunkten.

Mittels einer Gliederung der Prozesse in stark wertschöpfende und dadurch strategisch wichtige Aktivitäten kann das Unternehmen unter strategischen Gesichtspunkten analysiert werden. Die Wertkette kann dadurch auch einen Beitrag zu einer geordneten und strukturierten Übersicht über die Stärken und Schwächen eines Unternehmens oder einzelner strategischer Geschäftseinheiten mit der Konzentration auf Wettbewerbsvorteile liefern. Durch diese Eigenanalyse und durch den Vergleich mit den Wettbewerbern können Gestaltungsmöglichkeiten zur Erlangung von Wettbewerbsvorteilen, bspw. durch eine Rekonfiguration der Ressourcenbasis, aufgezeigt werden (siehe ausführlich in Kapitel 5).

Das Wertschöpfungskettenkonzept ist durch die Berücksichtigung der für den Kunden wichtigen Leistungsmerkmale im Vergleich zum Wettbewerb kein geschlossenes Modell ähnlich einer Produktionsfunktion, sondern vielmehr ein offenes Modell der Unternehmensanalyse.

Die Wertkette ist eines der sowohl in Theorie als auch Praxis am stärksten verbreiteten Analyseinstrumente, da es für Unternehmen in allen Bereichen der Wirtschaft (Produktion, Dienstleistung, Handel etc.) eingesetzt werden kann, von der Untersuchung einzelner Produkte abstrahiert und sich auf die Untersuchung von strukturellen und prozessualen Ursachen von Wettbewerbsvorteilen innerhalb des Gesamtunternehmens oder eines Geschäftsbereichs konzentriert.

Kritisch ist anzumerken, dass die Struktur betrieblicher Aktivitäten in der Wertkette viele Fragen offen lässt. Da sich die Wertaktivitäten eines Unternehmens i. d. R. nicht mit der Organisationsstruktur oder den Kostenstellen und -kategorien des internen Rechnungswesens decken, sind die Definition der Wertkette und die Beschaffung von Informationen mit einem hohen Aufwand verbunden, insbesondere wenn wertschöpfungsbezogene Informationen von Wettbewerbern, Lieferanten und Abnehmern erhoben werden sollen. Auch fließen sekundäre Aktivitäten heute verstärkt in primäre Aktivitäten ein (z. B. durch das Konzept „make-or-buy“) ein.

In Verbindung mit dem ressourcenorientierten Ansatz der Unternehmensführung (vgl. Kapitel 4.2 ff.) und in Verbindung mit der Wettbewerbsanalyse (vgl. Kapitel 5.2 und 5.3) liefert die Wertkette Handlungsempfehlungen zur Formulierung von Strategien.

4.2 Ressourcenanalyse

4.2.1 Resource-Conduct-Performance-Paradigma des ressourcenorientierten Ansatzes

Im Zuge der Veränderung und Redimensionierung von Unternehmen (s. a. Kap. 8) wird vielfach das Schlagwort der „Konzentration auf die Kernkompetenzen“ verwendet. Der **Kernkompetenz-Ansatz**, der Anfang der 1990er Jahre große Verbreitung erlangte, basiert im Wesentlichen auf dem ressourcenorientierten Ansatz der Unternehmensführung. Wie bereits in Kapitel 1 kurz ausgeführt, ist die Grundannahme des ressourcenorientierten Ansatzes, dass die Wettbewerbsvorteile eines Unternehmens weniger durch die Positionierung auf den Märkten (*Outside-in-Perspektive*), sondern durch die Nachhaltigkeit der unternehmerischen Ressourcen und auf ihnen aufbauenden Kernkompetenzen erklärt werden können. Im Gegensatz zum marktorientierten Ansatz (siehe Kap. 5) macht der Kernkompetenz-Ansatz die Ressourcen des Unternehmens zum Ausgangspunkt für strategische Überlegungen (*Inside-out-Perspektive*; vgl. Wernerfelt 1984, S. 171). Die Schwerpunkte der Strategiediskussion in den 1980er und frühen 1990er Jahren lagen auf den Beziehungen des Unternehmens zu seiner externen Umwelt, das sog. Structure-Conduct-Performance Paradigma. Bekannte Beispiele sind die PIMS-Studien (vgl. Kap. 5.3.1) sowie die Analysen der Industriestruktur und Wettbewerbspositionierung von Porter (vgl. Abschnitt 5.1.2). Im Kernkompetenz-Ansatz wird diese in ein „Resource-Conduct-Performance"-Paradigma abgewandelt (vgl. Rühli 1994, S. 42). Hiernach beeinflussen einzigartige Ressourcen den Unternehmenserfolg und dieser wiederum die Branchenstruktur.

Abb. 4.2: Resource-Conduit-Performance-Paradigma

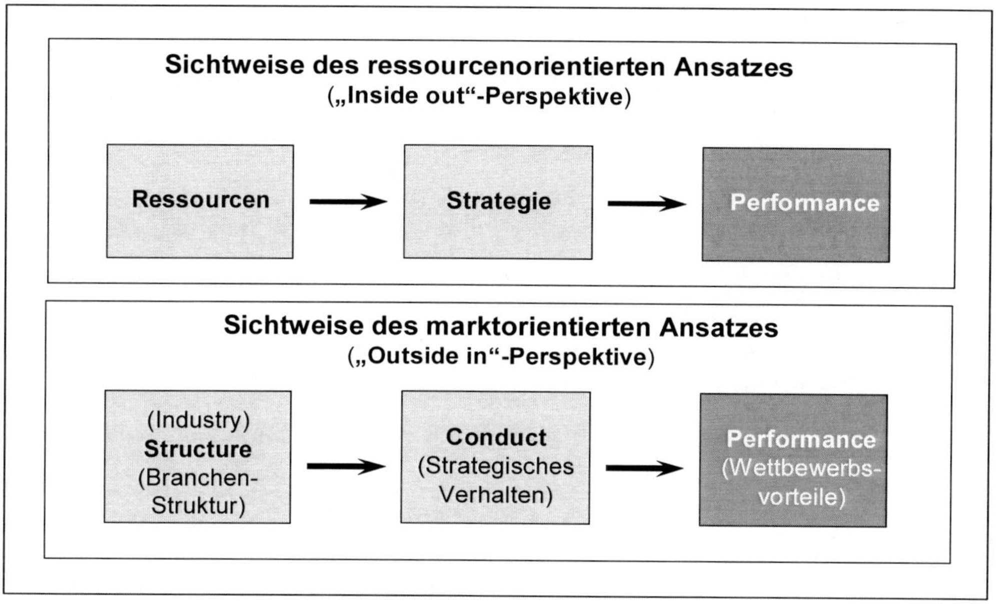

Quelle: In Anlehnung an Rühli (1994, S. 34), leicht modifiziert

4.2.2 Klassifikation von Ressourcen

Das Unternehmen wird aus der ressourcenorientierten Perspektive als ein **Bündel von Ressourcen** aufgefasst, wobei deren Spezialisierung bei den einzelnen Unternehmen unterschiedlich stark ausgeprägt ist (Vgl. Barney 1986), was zu einer Heterogenität der Unternehmen einer Branche führt. Das Unternehmensergebnis wird wesentlich durch Art, Umfang und Eigenschaften der unternehmensspezifischen Ressourcen und Fähigkeiten determiniert. Wettbewerbliche Chancen entstehen in diesem Modell durch die Unvollkommenheit von Faktormärkten, da Ressourcen nur begrenzt transferierbar sind. Strategisch bedeutende Ziele sind dann die **Identifizierung**, der **Aufbau**, der **Schutz**, die **Nutzung** und die **Weiterentwicklung** der (spezifischen) Ressourcen und Fähigkeiten, so dass das Unternehmen nachhaltige Wettbewerbsvorteile erzielen kann.

Der ressourcenorientierte Ansatz setzt an einem spezifischeren und differenzierteren Verständnis des Begriffs Ressource an als z. B. die klassische ökonomische Theorie nach Ricardo mit den Produktionsfaktoren Arbeit, Kapital und Boden oder die Elementarfaktoren in der Produktionstheorie (menschliche Arbeitsleistungen, Werkstoffe, Betriebsmittel) von Gutenberg an (vgl. Gutenberg 1958, S. 27). „Unter Ressourcen wird die Gesamtheit der Faktoren verstanden, die dem Unternehmen zur Verfügung stehen." (Nolte/Bergmann 1998, S. 12). Ressourcen sind also zunächst die kleinste Analyseeinheit in Unternehmen. Durch die Bündelung mit anderen Ressourcen insbesondere durch die Prozessorganisation werden sie – über viele Zwischenschritte – letztlich zu Endprodukten verknüpft. Dabei wird als Ressource erachtet, was ein Unternehmen *hat*, wohingegen sich Kompetenzen, Fähigkeiten und Routinen auf das beziehen, was ein Unternehmen *kann* (vgl. Hinterhuber/Friedrich, 1997, S. 994) – auch wenn sich eine genaue Abgrenzung in der Unternehmenspraxis häufig als schwierig erweisen kann.

Ressourcen lassen sich grundsätzlich wie folgt klassifizieren:

- **physische Ressourcen** (bspw. Produktionsanlagen, Betriebs- und Geschäftsausstattung, Roh-, Hilfs- und Betriebsstoffe),
- **finanzielle Ressourcen** (bspw. liquide Mittel und potenzielle Liquidität, Zugang zu Kapitelmärkten),
- **IT- und Informationsressourcen** (bspw. Hardware, Software, Netze etc.; siehe Kap. 9),
- **intangible Ressourcen** (bspw. Patente, Markenimages/-stärke, Fertigkeiten und Fähigkeiten der Mitarbeiter, Managementsysteme, Produktionsverfahren, Unternehmenskultur, Beziehungspflege zu Kunden, Lieferanten, Behörden, Kreditinstituten und anderen Stakeholdern).

Die Mitarbeiter sind selbst keine Ressourcen des Unternehmens, sondern die **Träger der Ressourcen**, da sie dem Unternehmen selbst nicht zur Verfügung stehen, sehr wohl aber ihre individuellen Fähigkeiten und Fertigkeiten bspw. im Rahmen von Direktions- und Weisungsrechten (Vgl. Bühner 2004, S. 65). Intangible Ressourcen spielen eine entscheidende wettbewerbsrelevante Rolle, da sie **schwerer zu imitieren** sind als materielle Ressourcen. Sie nutzen sich bei häufigem Gebrauch nicht ab; im Gegenteil: Je mehr sie eingesetzt und verwendet werden können, desto besser können sie weiterentwickelt werden. Intangible Ressourcen sind nicht nur zur Erstellung von innovativen Produkten und Dienstleistungen zur Differenzierung vom Wettbewerb notwendig; bei ihnen sind die Kriterien für die Nachhaltigkeit eines Wettbewerbsvorteils am ehesten erfüllt. (vgl. Kapitel 4.2.3). Der Begriff Ressource stellt selbst keine wesentliche Neuerung in der Strategiediskussion dar. Vielmehr hat die spezifische Orientierung an ihnen, insbesondere an den intangiblen Ressourcen, die sie zum Ausgangspunkt strategischer Überlegungen (z. B. in der Balanced Scorecard, siehe Kap. 1) machen, einen innovativen Charakter. Ausgehend von der Grundannahme, dass Unterschiede zwischen Unternehmen und damit deren Wettbewerbsvorteile durch die unternehmerischen Ressourcen begründet sind, besitzt jedes Unternehmen eine unternehmensindividuelle Ressourcenausstattung, die historisch gewachsen und einem permanenten Wandel unterliegt (s. a. Kapitel 8). Wettbewerbskritische Ressourcen ermöglichen es, bestimmte Aktivitäten besser oder preiswerter zu erbringen als Wettbewerber, so dass Wettbewerbsvorteile und darauf aufbauende Wettbewerbsstrategien nicht alleine auf der Marktstellung, sondern auch aufgrund einer nachhaltigen Ressourcenausstattung basieren können (vgl. Müller-Stewens/Lechner 2005, S. 357). Voraussetzung für nachhaltige Ressourcen ist dabei die Existenz unvollkommener Märkte, welche den Zugang zu diesen Ressourcen und ihren Transfer von einem zum anderen Unternehmen – zumindest für einen bestimmten Zeitraum – beschränken.

4.2.3 Kriterien für die Nachhaltigkeit eines Wettbewerbsvorteils

Die Ressourcenanalyse identifiziert, klassifiziert und evaluiert Ressourcen im Hinblick darauf, ob sie einen Wettbewerbsvorteil ermöglichen. Für die Prüfung, ob eine Ressource erfolgskritisch ist – und damit in Abgrenzung von sonstigen (peripheren) Kompetenzen eine Kernkompetenz darstellen kann –, hält der ressourcenorientierte Ansatz diverse Kriterien für die Nachhaltigkeit eines Wettbewerbsvorteils bereit (s. Abbildung 4.3).

Nachhaltigkeit liegt vor, wenn der Effekt der Ressourcenausstattung eines Unternehmens nicht – im Planungshorizont dieses Unternehmens – von einem Wettbewerber oder einem potenziellen Wettbewerber erreicht werden kann (vgl. Reed/DeFillippi 1990, S. 98; Barney 1991, S. 102).
Wenn zum Beispiel eine Ressource leicht **transferierbar** ist (bspw. eine einzelne Produktionsanlage), kann der auf ihr beruhende Wettbewerbsvorteil nicht als **nachhaltig** bezeichnet werden. D. h., mit der Produktion von Gütern auf dieser Maschine kann durchaus *ein* Wettbewerbsvorteil erreicht werden, dieser ist jedoch kein **nachhaltiger Wettbewerbsvorteil**, da die Maschine (auch) relativ leicht imitiert werden kann, oder, falls es sich nicht um eine Spezialmaschine handelt, auch relativ leicht ersetzt werden kann.

Ressourcen stiften dann nachhaltigen Wert, wenn ihre Nachahmung durch Wettbewerber ausgeschlossen werden kann. Wenn jedoch Ressourcenbündel durch die Interaktion materieller und immaterieller Faktoren dergestalt koordiniert werden, dass sie relativ komplex sind, wird es umso schwieriger, dass diese von Wettbewerbern **imitiert** werden können.

Abb. 4.3: Kriterien für die Nachhaltigkeit eines Wettbewerbsvorteils im Überblick

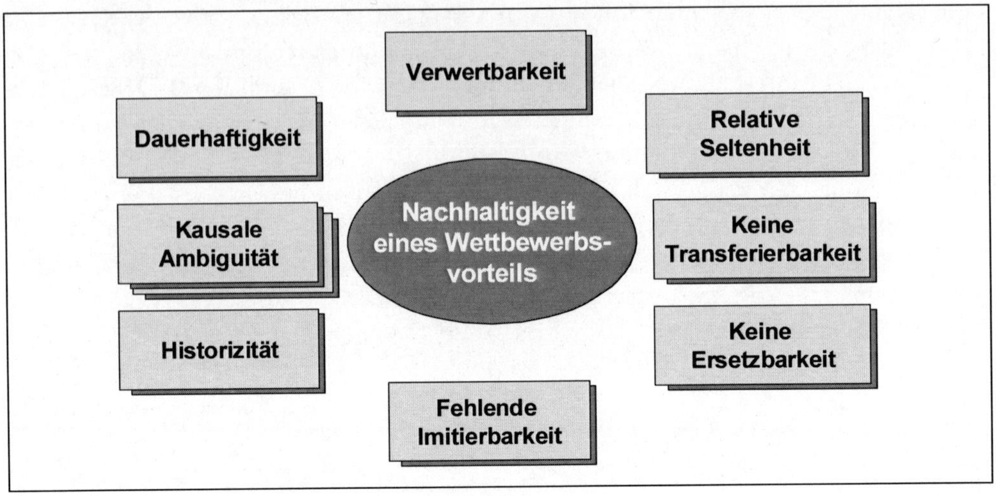

Quelle: Eigene Darstellung auf Basis von Nolte/Bergmann (1998, S. 16 ff.)

Die Ressourcen eines Unternehmens dürfen auch nicht durch **Ressourcensubstitute** eines Wettbewerbers ersetzbar sein. Gelingt es bspw. einer Fluggesellschaft, die von den Kunden wahrgenommene Qualität des Ressourcenbündels „Bordservice" durch Substitute (z. B. „Sitzabstand") auf das Niveau des derzeitigen Marktführers anzuheben, so werden dessen Erfolgspotenziale voraussichtlich schnell an Wert verlieren, da der durch einen vom Kunden wahrgenommene Zusatznutzen bei den angebotenen Dienstleistungen verloren geht (vgl. Lienemann/Reis 1996, S. 258).

Die Nachhaltigkeit der Ressourcenausstattung lässt sich i. d. R. im Rahmen der Ressourcenanalyse nur unternehmensindividuell feststellen.

Die Struktur der Wettbewerbsvorteile in einer Branche ist dabei nicht statisch über eine lange Zeit festgeschrieben, sondern dynamisch: Unternehmen müssen heute Wettbewerbsvorteile immer schneller entwickeln (vgl. auch den Megatrend „Beschleunigung" in Kapitel 7.1). Innovationen durchziehen die Wertschöpfungskette, und Unternehmen müssen ggf. rasch von einer (eben von anderen Unternehmen imitierten) Wettbewerbsposition zur nächsten (einzigartigen) wechseln, um im Wettbewerb dauerhaft bestehen zu können (vgl. D'Aveni 2008, S. 80).

Abb. 4.4: Kriterien für die Nachhaltigkeit eines Wettbewerbsvorteils im Detail

Kriterium	Beschreibung
Dauerhaftigkeit (zeitlicher Aspekt)	Die Rate, in die Ressourcenbasis ihren Wert verliert oder obsolet wird, wobei die Dauerhaftigkeit umso ausgeprägter ist, je geringer diese Rate ist.
Verwertbarkeit	Bedeutet eine Erhöhung der Wettbewerbsposition und damit der Effizienz des Unternehmens, da die Ressourcen für den Kunden zur Befriedigung seiner Bedürfnisse einen Nutzen schaffen, für den er bereit ist, an das Unternehmen einen Preis zu bezahlen.
Relative Seltenheit	Bedeutet, dass nicht alle Wettbewerber über diese Ressourcen verfügen.
Keine Transferierbarkeit	Bedeutet, dass andere Unternehmen die Ressourcen nicht zu vergleichbaren Bedingungen erwerben können.
Fehlende Imitierbarkeit	Bedeutet, dass die Ressourcen einen Unternehmens nicht durch ein anderes Unternehmen ohne Weiteres kopiert werden kann.
Kausale Ambiguität	Bedeutet, dass der wettbewerbsvorteilstiftende Charakter der Ressourcen nicht eindeutig auf seine Ursachen zurückgeführt werden kann (Intransparenz).
• Tacitness	Bezeichnet die Unmöglichkeit, zugrundeliegende Ressourcen und Prozesse zu durchschauen.
• Komplexität	Bezeichnet die Vielschichtigkeit und Vernetztheit von Ressourcen bzw. Ressourcenbündeln.
• Spezifität	Anpassung der Ressourcenbasis an die Bedürfnisse der unternehmensspezifischen Transaktionspartner.
Historizität	Prägung der Ressourcenbasis vom bisherigen Entwicklungspfad des Unternehmens.

Quelle: Eigene Darstellung, vgl. m. w. N. Nolte/Bergmann (1998, S. 16 ff.), modifiziert

Die strategischen Empfehlungen des ressourcenorientierten Ansatzes richten sich vor allem auf die Ausgestaltung und nachhaltige Nutzung der Ressourcenbasis sowie auf deren zukunftsgerichtete Entwicklung. Der ressourcenorientierte Ansatz nimmt damit eine dynamische, auf Veränderung ausgerichtete Perspektive ein und bezieht implizit Aspekte organisationalen Lernens mit ein (vgl. Bergmann/Garrecht 2008, S. 168 f.).

Der **Unternehmensanalyse** kommt in diesem Strategieverständnis daher eine sehr hohe Bedeutung zu. Als Ansatzpunkt zur Identifizierung der strategisch relevanten Ressourcen kann auch die Wertschöpfungskette dienen (siehe Kapitel 4.1).

4.3 Von Ressourcen zu Kernkompetenzen: Kernkompetenzanalyse

4.3.1 Kompetenzanalyse

Mit dem Kompetenzportfolio wird eine Klassifikation unterschiedlicher Ressourcenbündel unternommen. Dimensionen sind der **relative Kundennutzen**, der aus den gegenwärtigen und zukünftigen Kundenanforderungen abgeleitet wird, und die **Verteidigbarkeit des Wettbewerbsvorteils**. Je stärker die o. g. Nachhaltigkeitskriterien erfüllt sind, umso stärker ist diese Verteidigbarkeit ausgeprägt. Diese Betrachtung erfordert eine Analyse der Wertschöpfungskette.

In der **Fähigkeitenmatrix** können folgende Kompetenzarten differenziert werden (vgl. Nolte 1999, S. 151, Krüger/Homp 1997, S. 105; s. a. Stärken-Schwächen-Analyse in Kap. 5):

- **Standardfähigkeiten** haben aus Kundensicht keine herausragende Bedeutung und werden von den Wettbewerbern gleich gut oder ggf. besser beherrscht. Standardfähigkeiten bilden die Voraussetzung zum Wettbewerb. Sie können zugekauft oder auch an Dritte ausgelagert werden (*Outsourcing*). Einen nachhaltig verteidigbaren Wettbewerbsvorteil besitzen sie aus ressourcenorientierter Sicht nicht.

Schlüsselfähigkeiten sind Leistungsfaktoren im Wettbewerb („must") und tragen zu einem vergleichsweise hohen Kundennutzen bei. Kurzfristige Wettbewerbsvorteile können bspw. auch durch den Bezug von Fremdleistungen generiert werden. Aber da sie für andere auch zugänglich sind bzw. vom Wettbewerb imitiert werden können, sind sie nachhaltig jedoch nicht verteidigbar.

- **Unerschlossene Fähigkeiten** sind zwar nachhaltig verteidigbar, werden jedoch aktuell nicht in einen Kundennutzen umgesetzt. Der Kundenbedarf (bzw. die Kundenbedürfnisse) wird in solchen Fällen vom Unternehmen nicht richtig verstanden: es gelingt nicht, den Kunden vom Nutzen zu überzeugen; das damit verbundene „Overengineering" wird nicht vom Kunden honoriert (z. B. Siemens-Faxgerät).

- **Kernkompetenzen** sind für ein Unternehmen zum gegenwärtigen Zeitpunkt und in Zukunft von hohem Kundennutzen; es verfügt in diesem Bereich über eine überlegene Kompetenzstärke.

Abb. 4.5: Fähigkeitenmatrix

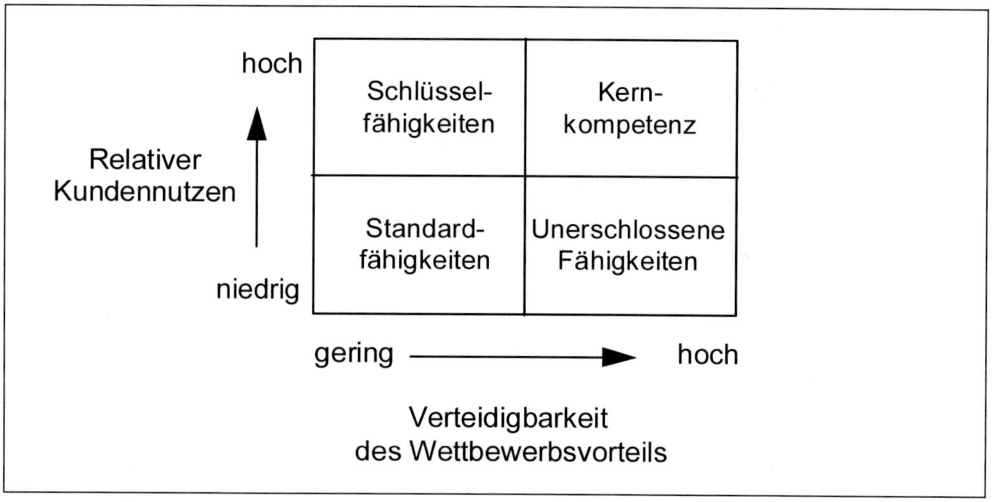

Quelle: Vgl. Deutsch et al. (S. 1997, S. 24) zitiert in Nolte (1999, S. 151)

Ziel der Unternehmensführung sollte aus einer ressourcenorientierten Strategieperspektive sein, Schlüsselfähigkeiten und unerschlossene Fähigkeiten in Kernkompetenzen weiterzuentwickeln, da diese sowohl einen hohen Kundennutzen als auch eine hohe Verteidigbarkeit des Wettbewerbsvorteils besitzen.

4.3.2 Kernkompetenzen: Definitionen und Beispiele

In der Praxis tragen weniger die strategischen Ressourcen an sich zum Unternehmenserfolg bei als die unterschiedliche Fähigkeit der Unternehmen zur Nutzung dieser Ressourcen (vgl. im Folgenden Dillerup/Stoi 2008, S. 265 f.). Es stehen dabei einzigartige Ressourcenbündel im Fokus, die aus Sicht des Kunden als Zusatznutzen empfunden werden. Daher ist es Aufgabe der Kompetenzanalyse im Rahmen der Unternehmensanalyse, die Kompetenzen eines Unternehmens zu identifizieren und zu bewerten. Ziel ist die Entdeckung und ggf. (Weiter-)Entwicklung von Kernkompetenzen, die Wettbewerbsvorteile ermöglichen.

Es existiert bislang keine allgemein akzeptierte Definition von Kernkompetenzen. Nachfolgend sei daher aus der Vielzahl eine kurze Auswahl von Definitionen für Kernkompetenzen genannt (vgl. Abb. 4.6).

Aus diesen Definitionen lässt sich zusammenfassend ableiten, dass Kernkompetenzen die **Fähigkeit zur Umsetzung von Ressourcenbündeln in Kundennutzen und -präferenzen, also Wettbewerbsvorteilen** sind (vgl. Bergmann/Garrecht 2008, S. 166). Denn erst, wenn die Ressourcen tatsächlich in einen Kundennutzen umgesetzt worden sind, kann von Kernkompetenzen gesprochen werden (vgl. Bergmann 2000, S. 33) – so ist auch hier das Verständnis der *Kundenbedürfnisse* Ausgangspunkt für eine erfolgreiche Strategie.

Abb. 4.6: Definition für Kernkompetenzen

Autor(en)	Definiton
Prahalad/Hamel (1990, S. 82)	"... the collective learning in the organization, especially how to coordinate diverse production skills and integrate multiple streams of technology."
Bühner (1990, S. 72)	„... die gegenüber Wettbewerbern überragende Beherrschung von Verfahren oder den Einsatz von Verfahren, zu denen Konkurrenten keinen Zugang haben."
Krüger/Homp (1997, S. 27)	„Eine Kernkompetenz ist die dauerhafte und transferierbare Ursache für den Wettbewerbsvorteil einer Unternehmung, die auf Ressourcen und Fähigkeiten basiert."
Hofer/Schendel (1978, S. 25)	"...das Ergebnis eines spezifischen Musters des Ressourcen- und Fähigkeiteneinsatzes, das geeignet ist, einen Wettbewerbsvorteil zu bewirken."
Dillerup/Stoi (2008, S. 265)	„Kernkompetenzen sind einzelne oder miteinander kombinierte Kompetenzen, aus denen ein Unternehmen Wettbewerbsvorteile erzielen kann."
Vahs (2012, S. 212)	Kernkompetenzen sind die gebündelten technologischen, fertigungstechnischen und prozessualen Fähigkeiten eines Unternehmens und die Quelle für Wettbewerbsvorteile.

Quelle: Eigene Darstellung

Kernkompetenzen lassen sich von den Wettbewerbern nur schwer imitieren, da sie meist nicht nur aus einer Ressource, sondern aus einem komplexen Ressourcenbündel gestaltet worden sind. Die Kriterien zur Bestimmung von Kernkompetenzen stimmen daher weitgehend mit den o. g. Kriterien für die Nachhaltigkeit eines Wettbewerbsvorteils überein.

Hintergrund

VRIO-Konzept zur Identifikation von Kernkompetenzen

Als Kriterienkatalog für die Identifikation von Kernkompetenzen kann auch der so genannte *VRIO-Katalog* von Barney (2002) dienen. Kernkompetenzen müssen danach die Merkmale *Value*, *Rareness*, *Imperfect Imitability* und *Organizational Specifity* aufweisen.

Kernkompetenzen müssen einen Wert (Value) für das Unternehmen schaffen, d. h. die Wettbewerbsposition und damit auch die Effizienz des Unternehmens signifikant verbessern und in diesem Zusammenhang die Fähigkeit zur überlegenen Kundennutzenstiftung am jeweiligen Markt besitzen.

Rareness bedeutet, dass die Kernkompetenzen einzigartig sein sollen und nicht ohne Weiteres über Faktormärkte bezogen werden können.

Imperfect Imitability meint, dass eine Kernkompetenz nicht innerhalb eines absehbaren Zeitraumes imitiert und durch Technologie substituiert werden kann. Die Kernkompetenz zeichnet somit eine Dauerhaftigkeit aus. Eine erfolgreiche Verteidigung des Wettbewerbsvorteils auf Basis von Kernkompetenzen lässt sich also dann realisieren, wenn die für den Wettbewerbsvorteil verantwortlichen Kompetenzen für einen Außenstehenden nicht transparent sind oder der Wettbewerbsvorteil auf einem intransparenten Zusammenspiel verschiedener Ressourcen beruht. Je seltener eine Kompetenz daher ist, desto schwieriger ist es, diese durch die Wettbewerber zu imitieren.

Organizational Specifity unterstreicht die Einzigartigkeit und insbesondere die unternehmensspezifische Kennzeichnung der Kernkompetenzen, welche die Verwendungsmöglichkeit für andere Unternehmen ausschließen soll. Viele Unternehmen in jungen Branchen weisen häufig erhebliche Kompetenzen in der Grundlagenforschung und Technologieentwicklung auf, können die entwickelten Problemlösungen aber bspw. aufgrund fehlender Strukturen und Prozesse nicht in marktfähige Produkte oder Dienstleistungen umsetzen. Kernkompetenzen entstehen daher erst aus dem Zusammenspiel von materiellen und immateriellen Ressourcen sowie Fähigkeiten mit den unterstützenden Strukturen, Prozessen und Systemen im Unternehmen.

Das VRIO-Konzept besticht auf den ersten Blick durch seine Einfachheit, die jedoch umgekehrt auch eine erhebliche Grobmaschigkeit des Kriterienrasters (bspw. im Vergleich zu den Nachhaltigkeitskriterien für einen Wettbewerbsvorteil, s. Kap. 4.2.3) bedeutet.

Quelle: Barney (2002, S. 145), Welge/Al-Laham (2008, S. 386 f.), Wolf (2011, S. 589), Dorka et al. (2004, S. 3 f.)

Kernkompetenzen bilden die zentralen, auf die zukünftige Entwicklung des Unternehmens bezogenen Erfolgspotenziale. Ressourcenorientierte Ansätze untersuchen interne Erfolgspotenziale:

- **im Produktprogramm**: In Details und Eigenschaften der Produkte werden Fähigkeiten der Mitarbeiter und in den Prozessen des Unternehmens sichtbar.
- **in den Funktionsbereichen (F&E, Produktion, Absatz)**: Stärken und Schwächen werden anhand des Umfangs der in den Bereichen zur Verfügung stehenden physischen, technologischen, finanziellen und per-

sonellen Ressourcen gemessen (vgl. Welge/Al-Laham 2008, S. 378 ff.). Hierbei stellt sich die Frage, welche Strukturen und Prozesse die Kosten senken oder den Nutzen des Kunden erhöhen können.

Kernkompetenzen sind aus dieser Perspektive eine fundamentale Ursache dafür, dass das Unternehmen als Ganzes oder bestimmte Geschäftseinheiten zu den führenden Wettbewerbern in einer Branche gehören.

In der populären Managementliteratur werden insbesondere Großunternehmen mit Kernkompetenzen genannt (vgl. Abbildung 4.7):

Abb. 4.7: Beispiele für Kernkompetenzen

Unternehmen	Kernkompetenzen
Sony	Miniaturisierung (Walkman/Discman, Camcorder, HiFi-Geräte) durch Bündelung spezifischer Fähigkeiten in Feinmechanik, Optik und Elektronik
Honda	Entwicklung und Herstellung von Motoren (Autos, Motorräder, Rasenmäher) und Händlermanagement
Canon	Feinmechanik, Feinoptik und Mikroelektronik
NEC	Systemintegration in der Digitaltechnik/Miniaturisierung in der Halbleitertechnik
Swatch	Kombination von Automatisierungstechnologie, Design und Marketing im Bereich „emotionaler Güter“
BMW	Image-Management auf Basis qualitativ hochwertiger Fahrzeuge
Federal Express	Integration von Balkencode-Technologie, drahtloser Kommunikation und Netzwerkmanagement weltweiter Logistik- und Distributionsprozesse
3M	Oberflächenbehandlung (z. B. „Post it“-Haftnotizen)

Quelle: Eigene Darstellung auf Basis von Prahalad/Hamel (1990), Krüger/Homp (1997, S. 27 und 68), Grant (1998, S. 120), Amponsem et al. (1996, S. 221)

Fallbeispiel **Kernkompetenz von Sony**

Das Unternehmen Sony hat seine organisationalen Fähigkeiten in der Feinmechanik, Optik und Elektronik zu einer Kernkompetenz der Miniaturisierung elektronischer Produkte weiterentwickelt. Hierzu zählt das technische und organisatorische Wissen, wie man einen Kassettenrecorder bzw. Compact Disc Player im Brieftaschenformat oder in Lautsprecherboxen in Knopfgröße herstellen kann. Durch einen von Sony implementierten Produkt- und Marktentwicklungsentwicklungsprozess wird diese Kernkompetenz auf innovative Produkte und neue Märkte transferiert, bei Realisierung hoher Stückzahlen von Produkten mit hohem Neuigkeitsgrad, geringen Stückkosten und aus Kundensicht überdurchschnittlicher Qualität. Dieses Bespiel verdeutlicht, wie Kernkompetenzen in ihrer Kombination die Grundlage für eindeutige Wettbewerbsstrategien bilden, im Fall von Sony für eine hybride Innovationsstrategie (siehe Kap. 5.4.2).

Quelle: Baum et al. 2007, S. 252

4.4 Kernkompetenzbasierte Strategien

Nach der Identifikation der Kernkompetenzen kann eine kernkompetenz-basierte Strategie aufgebaut werden (vgl. im Folgenden Dillerup/Stoi 2008, S. 267, Baum et al. 2007, S. 252 ff.).

Ähnlich wie die Wurzeln einen Baum mit Nährstoffen versorgen und ihm physische Stabilität verleihen, stellen in dieser Analogie die Kernkompetenzen die Wurzeln für das nachhaltige Überleben eines Unternehmens dar. Während Blätter (Endprodukte) und Äste (Geschäftseinheiten) im Laufe der Jahreszeiten bzw. im Lauf der Jahre sich verändern, abfallen und nach-wachsen, ist der Lebenszyklus der Kernkompetenzen wesentlich länger und verleiht dem Unternehmen damit Stabilität, Gestaltbarkeit und Planbarkeit. Aus den Wurzeln des Baums geht ein kräftiger Stamm hervor, der sich in zahlreiche und weit verzweigte Äste aufgespaltet. Analog hierzu sind aus ressourcenorientierter Sicht aus den Kernkompetenzen eines Unternehmens wenige unternehmensweite Kernprodukte zu entwickeln, die wiederum in vielen Geschäftseinheiten (Ästen) einsetzbar sind. Bspw. setzt Honda sein über viele Jahre entwickeltes Know-how in der Motorenentwicklung und -fertigung (Kernkompetenz) ein, um ein Kernprodukt (Motor) in vielen verschiedenen Geschäftseinheiten (Motorrad, PKW, Rasenmäher, Schiffsmotor) zu multiplizieren (vgl. Baum et al. 2007, S. 252).

Die Baum-Analogie zeigt auch, dass die Kernprodukte in die einzelnen Geschäftseinheiten des Unternehmens zu transferieren bzw. neue Anwendungsgebiete zu erschließen sind – was eine Erweiterung bzw. Präzisierung des Schemas von Abell aus Kapitel 3 darstellt. Daher kommt dem **Transfer der Kernkompetenzen** über die Kernprodukte zu den Endprodukten eine hohe Bedeutung zu. Im Sinne eines dynamisch-entwicklungsorientierten Ansatzes der Unternehmensführung hat das Management dafür Sorge zu tragen, dass die Pflege, Verteidigung und Weiterentwicklung der Kernkompetenzen gewährleistet bleibt (s. a. Abb. 4.9).

Abb. 4.8: Der Baum des Kernkompetenz-Ansatzes

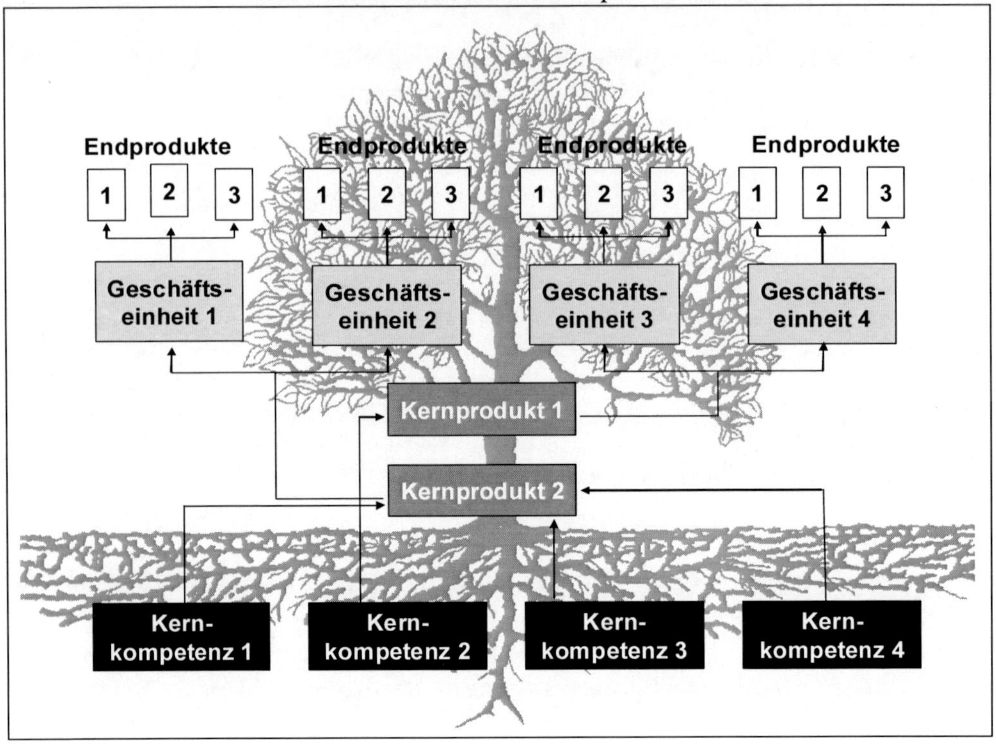

Quelle: Eigene Darstellung auf Basis von Prahalad/Hamel (1990, S. 81)

4.5 Kernkompetenz-Managementzyklus

Der Kernkompetenz-Managementzyklus berücksichtigt dynamische Aspekte und setzt sich aus **fünf Phasen** zusammen, die nachfolgend kurz beschrieben werden (vgl. im Folgenden Baum et al. 2007, S. 260 ff.).

4.5.1 Identifikation von Kernkompetenzen

Die Identifikation und Abgrenzung von Kernkompetenzen ist aufgrund der oben skizzierten Nachhaltigkeitskriterien eine komplexe Aufgabe, da Kernkompetenzen meist nicht direkt als Ursache von Wettbewerbsvorteilen identifiziert werden können. In der Praxis besteht die Gefahr, alle denkbaren Ressourcenbündel oder einzelne Fähigkeiten als Kernkompetenzen zu benennen. Im Extremfall wird einfach das Kerngeschäft des Unternehmens mit Kernkompetenzen gleichgesetzt. Bei der Analyse von Ressourcenbündeln stellt sich differenziert die Frage, welche Wertigkeit und Bedeutung den aufgespürten Kompetenzen tatsächlich für den Unternehmenserfolg zukommen. Hierzu ist analog dem Vorgehen bei Produkt- und Technologie-Portfolios ein Abgleich zukünftiger Anforderungen des Unternehmensumfeldes mit den vorhandenen Kompetenzstärken durchzuführen.

Abb. 4.9: Kernkompetenz-Management-Zyklus

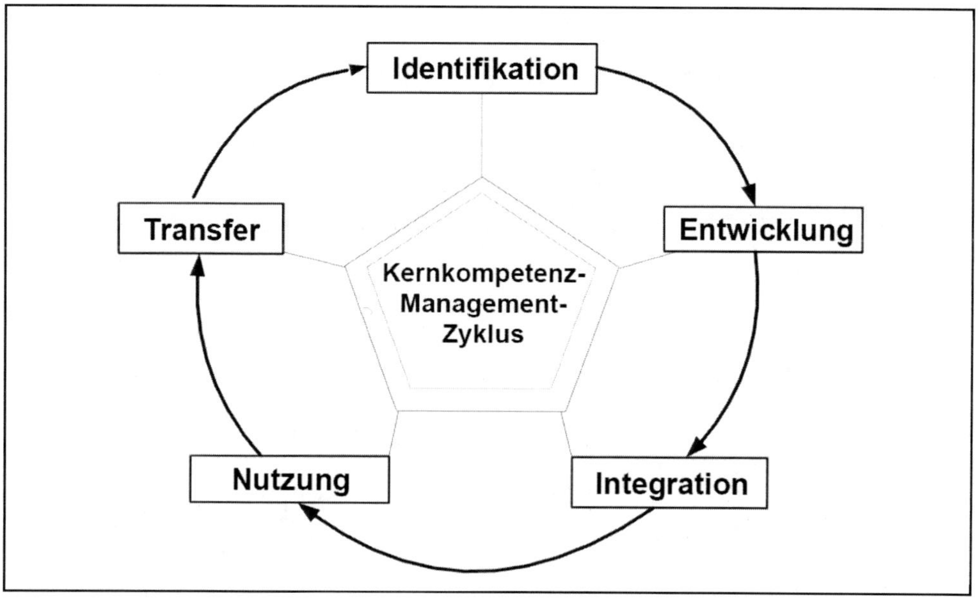

Quelle: Krüger/Homp (1997, S. 93)

Bullinger et al. (1995, S. 196) identifizieren Kernkompetenzen differenziert anhand einer **Nutzwertanalyse** (sog. *Profilmatrix* zur internen Bewertung vorhandener Kompetenzen). Anschließend sind diese den Erfolgsfaktoren aus der Umfeldanalyse (siehe Kap. 5.3 und 9) gegenüberzustellen und daraus eine Gruppe von Kompetenzen zu bestimmen.

Das marktbezogene *Kompetenzportfolio* von Krüger/Homp (1997, S. 105) verbindet die Ressourcen- mit der Marktperspektive, indem zunächst separat ein Markt- und ein Kompetenz-Portfolio erstellt werden, die anschließend zu einer Marktattraktivitäts-Kompetenz-Matrix zusammengeführt werden.

In der **externen Analyse** erfolgt ein Abgleich der gegenwärtigen Position mit den zukünftigen Erwartungen, die einer sog. **Markt-Matrix** gegenübergestellt werden. Zur Analyse der beiden Unterdimensionen der Marktmatrix können aus den Konzepten der strategischen Umweltanalyse – wie bspw. dem Five-Forces-Konzept oder Portfolio-Matrizen (z. B. McKinsey-Matrix; vgl. Kapitel 5.1 bzw. 6.2) – geeignete Kriterien abgeleitet werden.

Bei der **internen Analyse** kann in einer sog. **Kompetenz-Matrix** die gegenwärtige Kompetenz dem Entwicklungsaufwand und -aussichten gegenübergestellt werden.

Für die Ermittlung der gegenwärtigen Kompetenzposition erfolgt die Erstellung eines **Kompetenzprofils**, das als Ergebnis folgender Analyseschritte gebildet werden kann (vgl. Welge/Al-Laham 2008, S. 495, Krüger/Homp 1997, S. 101 f.):

1. Analyse der Wertschöpfungskette und Bestimmung der Kernprozesse sowie -funktionen,
2. Feststellung der dort vorhandenen bzw. fehlenden Ressourcen und Fähigkeiten,
3. Analyse der Stärken und Schwächen aus Kundensicht im Vergleich zum Wettbewerb sowie
4. Abschätzung der vorhandenen/fehlenden Kompetenzen.

Abb. 4.9: Marktattraktivitäts-Kompetenz-Matrix

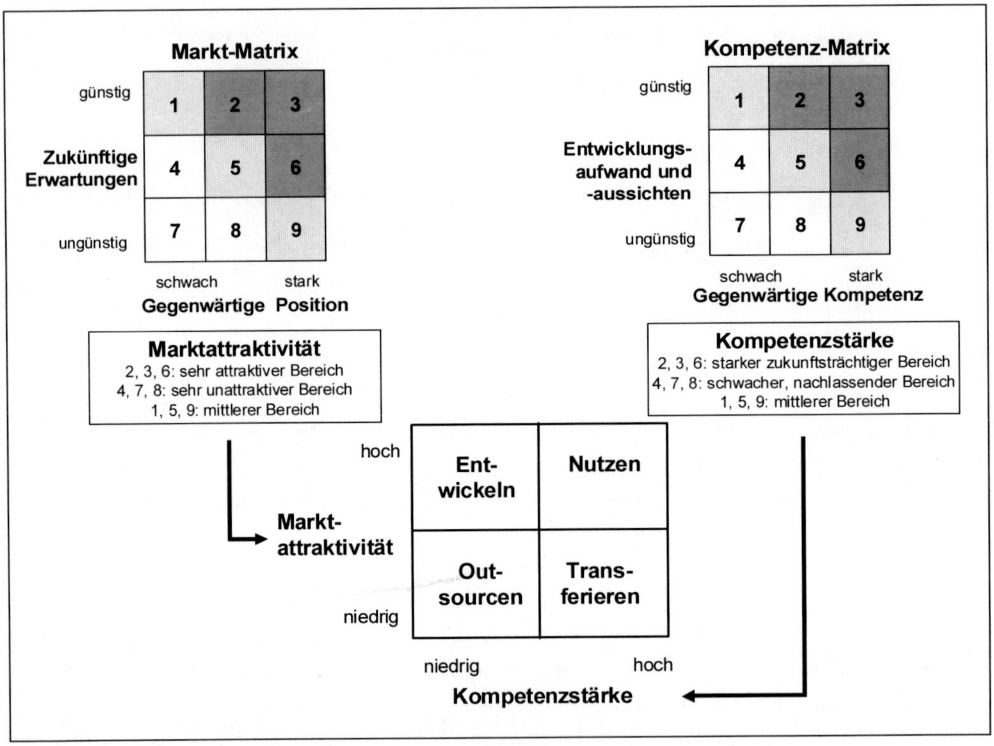

Quelle: Krüger/Homp (1997, S. 105)

Die Analyseschritte führen zunächst zu einem **Ist-Profil** der identifizierten Kompetenzen. Dieses ist auf ihre Zukunftsperspektiven zu überprüfen und in Form eines **Soll-Profils** gegenüberzustellen. Die Erstellung des Soll-Profils der Kompetenzen erfordert die Abschätzung der zukünftig benötigten Kompetenzen, die

Abschätzung der Entwicklungs- und Integrationschancen und -risiken sowie die Abschätzung von Zeitdauer und Kosten der Kompetenzentwicklung bzw. -integration. Die Abschätzung der zukünftig benötigten Kompetenzen ist dabei der schwierigste Prozessschritt, da hier Annahmen unter hoher Unsicherheit getroffen werden müssen.

Im nächsten Schritt wird aus der Kompetenz-Matrix und der Markt-Matrix mit jeweils 9 Feldern die **Marktattraktivitäts-Kompetenz-Matrix** mit 4 Feldern abgeleitet (siehe Abbildung 4.10).

Aus der Marktattraktivitäts-Kompetenz-Matrix lassen sich vier grundlegende Normstrategien ableiten (vgl. Welge/Al-Laham 2008, S. 497 f.):

- **Outsourcing**: Geschäftsbereiche, bei denen sowohl die Marktattraktivität als auch die Kompetenzstärke gering ausgeprägt sind, weisen erhebliche strategische Schwächen auf. Hier kann ein Verkauf dieser Geschäfte (und anschließende Zukauf der Produkte/Dienstleistungen von Dritten) wertsteigernder sein als die Zugehörigkeit zum eigenen Konzern.
- **Nutzung**: Die Ausschöpfung der Kompetenz empfiehlt sich bei Geschäften, bei denen sowohl Marktattraktivität als auch Kompetenzstärke hoch ausgeprägt sind. Hier geht es nicht um eine kurzfristige Perspektive des Abschöpfens von Gewinnen, sondern um die langfristige Pflege einer stabilen Kompetenzbasis.
- **Transfer**: Bei abnehmender Marktattraktivität von Geschäftsfeldern mit hoher Kompetenzstärke ist ein Transfer der vorhandenen Kompetenzen in neue Produkte, Regionen oder Märkte anzustreben. Grundsätzlich kommen sowohl materielle als immaterielle Ressourcen und Fähigkeiten für den Transfer in Frage. Bei immateriellen Ressourcen sind bspw. der Grad der Kontextgebundenheit (bspw. soziale sowie unternehmens- und landeskulturelle Spezifika) und ihre Produkt-/Marktgebundenheit) zu berücksichtigen.
- **Entwickeln**: Bei hoher Marktattraktivität und noch gering ausgeprägter Kompetenzstärke empfiehlt sich die Entwicklung bzw. der langfristige Aufbau von Kernkompetenzen. Hierunter fallen sowohl langfristige Maßnahmen zur Verbesserung der bestehenden Kompetenzbasis (bspw. im Rahmen des Qualitätsmanagements) als auch die Ergänzung der bestehenden Kompetenzbasis (siehe insbesondere Kap. 4.5.2).

Die Marktattraktivitäts-Kompetenz-Matrix verbindet mit seiner mehrstufigen Vorgehensweise die Ressourcen- mit der Marktperspektive. Kritisch ist anzumerken, dass die scheinbare Objektivierung der zukünftig benötigten Kernkompetenzen mit einer hohen Unsicherheit behaftet ist. Ob und wie lange vorhandene Kompetenzen nutzbar sind oder welche neue Kernkompetenzen zukünftig benötigt werden, ist schwer zu prognostizieren, ebenso wie die Reaktion von Kunden oder Wettbewerbern auf die Veränderung der eigenen Kompetenzbasis (vgl. Welge/Al-Laham 2008, S. 498).

Auch wenn diese **Kernkompetenz-Normstrategien** noch vergleichsweise allgemein gehalten sind und ein relatives starkes Gewicht auf die Gegenwartsbetrachtung legen, ergeben sich erste strategische Implikationen, bspw. für die Fundierung von Outsourcing-Entscheidungen im Zuge der von Unternehmen vielfach propagierten „Konzentration auf die Kernkompetenzen".

Eine Identifikation von Kernkompetenzen ist insbesondere dann schwierig, wenn nur unzureichende Transparenz bezüglich der Wirkungskette von unternehmensinternen Ressourcenbündel und dem Unternehmenserfolg besteht. Sind o. g. *kausale Ambiguitäten* (ursächliche Zweideutigkeiten) vorhanden, gleicht die Identifizierung eher einem Trial-and-Error-Prozess als einer planvollen Identifizierung. Da insbesondere Wettbewerber kaum Wirkungszusammenhänge von Erfolgspotenzialen und tatsächlichem Markterfolg analysieren können, die schon innerhalb eines Unternehmens nur schwer zu identifizieren sind, sinkt auch die Gefahr der Imitation dieser Ressourcenbündel durch Mitbewerber. Dies kann aber im Extremfall so weit führen, dass ein Unternehmen die Ursachen seiner eigenen Wettbewerbsvorteile nicht kennt und – aufgrund dessen – diese im Rahmen der strategischen Unternehmensführung nicht zielgerichtet einsetzen kann. (vgl. Lienemann/Reis 1996, S. 259).

4.5.2 Entwicklung von Kernkompetenzen

Auf Basis der im Rahmen der Marktattraktivitäts-Kompetenz-Matrix identifizierten Kernkompetenzen betrifft die Entwicklungsphase die Festigung, den Aufbau und die Verbesserung bestehender Kompetenzen sowie die Weiter- und Neuentwicklung zukünftiger Kompetenzen. Diese Phase stellt die schwierigste Phase dar. Der Kern all dieser Anstrengungen liegt darin, eine lernende, sich selbst steuernde und verbessernde Organisation zu schaffen. Erste Ansätze hierzu auf der operativen Ebene bilden Programme zur kontinuierlichen Verbesserung, Benchmarking-Ranking und Qualitätszirkel.

Ein gezielter Aufbau von Kernkompetenzen setzt die Kenntnis der grundsätzlichen Handlungsoptionen voraus (s. Abbildung 4.11). Die Bandbreite reicht von der Eigenentwicklung über den Wissenstransfer mit anderen Geschäftsbereichen, den Zukauf neuer Kompetenzen, die kernkompetenzorientierte Diversifikation bis hin zur Nutzung von strategischen Allianzen (vgl. Wolf 2011, S. 591).

Als Grundprinzipien bei Entwicklung von Kernkompetenzen (insbesondere bei den Optionen Eigenentwicklung und Wissenstransfer) können eine Institutionalisierung des Wissensmanagements, eine Stimulierung des Unternehmertums im Unternehmen durch materielle und immaterielle Anreizsysteme und organisationsstrukturelle und -kulturelle Maßnahmen sowie die Verbindung von Markt- bzw. Kundennähe mit Technologie- und Entwicklungskompetenz sein.

Abb. 4.10: Handlungsoptionen für den Aufbau von Kernkompetenzen

Strategietyp	Beschreibung
Eigen-entwicklung	Das Unternehmen baut die benötigten Kompetenzen durch eigene Forschungs- und Qualifizierungsaktivitäten selbst auf. Naheliegend aufgrund der Historizität und Spezifität nachhaltiger Ressourcen. Diese Strategie ist i. d. R. sehr zeit- und arbeitsintensiv. Empfiehlt sich, wenn keine geeigneten Kooperationspartner zur Verfügung stehen.
Wissens-transfer	Das Unternehmen strebt einen Transfer von in anderen Geschäfts- oder Funktionsbereichen vorhandenen Kompetenzen an. Der Unternehmenszentrale kommt hier eine entscheidende Rolle als Transferagenten zu; insbesondere müssen Geschäftsbereichs egoismen überwunden werden. Hierzu sind die prozessualen (bspw. IKT), organisationsstrukturellen und unternehmenskulturellen Voraussetzungen (bspw. „Vertrauensorganisation") zu schaffen.
Zukauf	Kompetenzen, die an materielle Ressourcen gebunden sind (bspw. Technologien) können zugekauft werden. Immaterielle Ressourcen sind – wenn überhaupt – nur über ein Abwerben der Kompetenzträger zu beziehen. Die Grenzen liegen darin, dass Individuen i. d. R. nur Bruchstücke eines komplexeren Ressourcenbündels tragen können.
Akquisition	Das Kompetenzportfolio wird über die gezielte Akquisition ganzer Geschäftsbereiche oder Unternehmen (s. a. Kap. 7.2) vervollständigt, um dort verfügbare Ressourcen zu erschließen, welche später in den Ausgangsgeschäftsbereich transferiert werden. Die Diversifikationsstrategie wird an Kernkompetenzen ausgerichtet.
Strategische Allianzen	Die eigene Kompetenzbasis wird über strategische Allianzen und Kooperationen, bspw. in Form von „Lernnetzwerken" ergänzt (s. a. Kap. 5.3.2.2). Problemfelder dieser Strategie betreffen bspw. die Auswahl der Allianzpartner, die Regeln der Zusammenarbeit bei der Entwicklung, den Transfer gemeinsam entwickelter Kompetenzen oder den Aufbau einer „Vertrauenskultur".

Quelle: Welge/Al-Laham (2008, S. 498), Wolf (2011, S. 590 f.), modifiziert

Mit **Wissensmanagement** ist eine Verbesserung des Informations- und Wissensflusses und damit der Ideengenerierung und -verwertung beabsichtigt (bspw. die praxisorientierte „*Wissensspirale*" von Nonaka/Takeuchi mit der Verknüpfung von explizitem mit implizitem Wissen in den vier Handlungsoptionen Sozialisation, Internalisierung, Externalisierung und Kombination, vgl. Nonaka/Takeuchi 1997, S. 75).

Da Kernkompetenzen insbesondere durch organisationale Lernprozesse entstehen, ist für deren Entwicklung im Wesentlichen ein Prozess des Managements des Wandels (s. a. Kap. 8) erforderlich, der sich über 10 Jahre oder sogar mehr erstrecken kann (vgl. Hamel/Prahalad 1997, S. 367 u. 405, Suter 1995, S. 93).

Ein Dilemma der ressourcenorientierten Unternehmensführung besteht darin, dass aufgrund des durch die Globalisierung zunehmenden Wettbewerbsdrucks – auch in Bezug auf den Faktor Zeit – für die Entwicklung von Kernkompetenzen oft nicht genügend finanzielle und personelle Ressourcen zur Verfügung gestellt werden (s. a. Kapitel 7).

4.5.3 Integration von Kernkompetenzen

Die einzelnen Ressourcen des Unternehmens sind zu solchen Kernkompetenzen zu bündeln, dass sie die o. g. Nachhaltigkeitskriterien erfüllen und für das Unternehmen auch optimal nutzbar sind. Hierfür ist das „Denken in Kernkompetenzen" durch organisatorische Maßnahmen zu unterstützen. Hierzu ist es erforderlich, eine prozessinterne Integration durch eine bessere Abstimmung einzelner Prozesse (z. B. in der Auftragsabwicklung) im Rahmen von Prozessoptimierungen und -reorganisationen zu erreichen sowie eine Integration von Steuerung, Operation und Support durch Verbesserung von Schnittstellen zwischen Leitungsstellen, Ausführungsstellen sowie unterstützenden Organisationseinheiten zu erreichen. Dies kann einen weitreichenden Umbau des Unternehmens nach sich ziehen: Randfunktionen und -geschäfte werden aufgegeben, Kernfunktionen und -geschäfte werden organisatorisch zusammengefasst. Ein Ansatz bildet den Wandel der Organisationsstruktur von strategischen Geschäftseinheiten zu sog. Kompetenzzentren („Centers of Competence"), da Kernkompetenzen häufig auf der Verknüpfung von Fähigkeiten aus verschiedenen Unternehmensfunktionsbereichen resultieren (vgl. Krüger 2001, S. 416). Weitere Ansatzpunkte bilden die wandlungsorientierte Integration durch Koppelung von Verbesserungs- und Entwicklungsprozessen mit den operativen Geschäftsprozessen, bspw. die systematische Integration von Kundenbedürfnissen und -wünschen in den Entwicklungsprozess der Produkte.

4.5.4 Nutzung von Kernkompetenzen

Da der Aufbau von Kernkompetenzen i. d. R. langwierig und kostenintensiv ist, sollten diese möglichst lange und in vielen Geschäftseinheiten eingesetzt werden können. Einen Ansatz bildet – in Anlehnung an die Produkt-Markt-Matrix (s. a. Kap. 7) – das in Abbildung 4.12 dargestellte Kernkompetenz-Markt-Portfolio. Es differenziert zwischen bestehenden und neuen Kernkompetenzen bzw. Märkten, um spezifische Ziele für Akquisition und Einsatz von Kompetenzen festzulegen. Folgende Nutzungsalternativen kommen dabei in Frage (vgl. Welge/Al-Laham 2008, S. 395 ff.):

- **Lücken füllen**: Der Quadrant stellt das bestehende Spektrum des Unternehmens an Kompetenzen und Produktmärkten dar. Die zugrundeliegende Fragestellung lautet, wie der Anwendungsbereich der bestehenden Kernkompetenzen erweitert werden kann, um die Position des Unternehmens auf den bestehenden Märkten zu festigen und auszubauen. Bspw. gelang es General Electric, seine Kompetenzen zwischen den Bereichen Stromerzeugung und Flugzeugmotoren hin- und herzutransferieren – vor dem Hintergrund, dass beide Bereiche hoch-entwickeltes Material und technische Fähigkeiten zur Herstellung großer Turbinen benötigen.

Abb. 4.11: Kernkompetenz-Markt-Portfolio

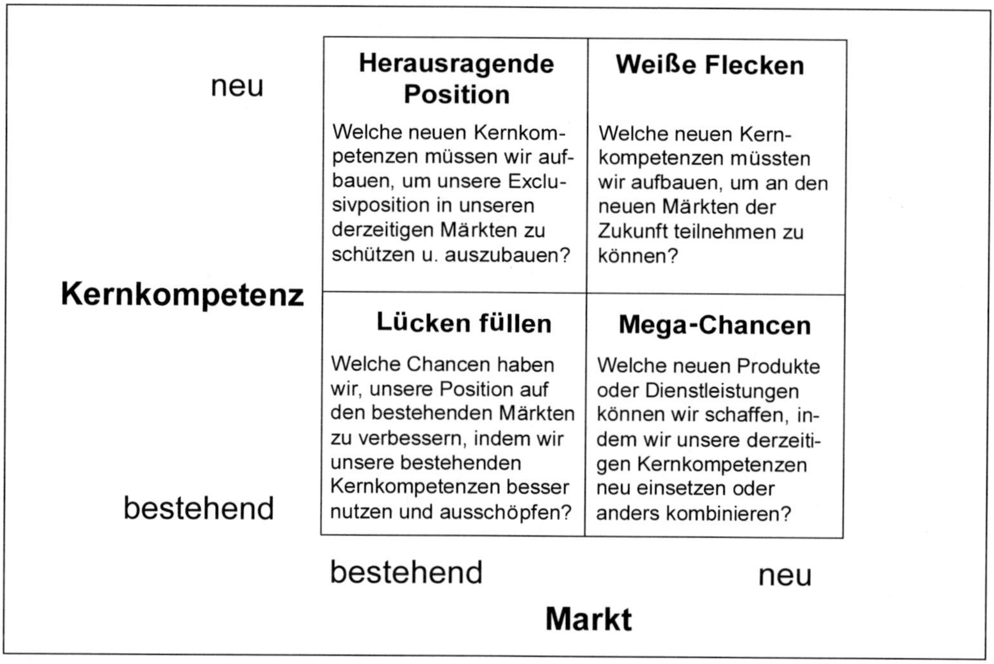

Quelle: Hamel/Prahalad (1997, S. 341), modifiziert

- **Herausragende Position**: Wichtige Frage in diesem Handlungsfeld ist, welche neuen Kernkompetenzen das Unternehmen aufbauen sollte, um auch in Zukunft auf den gegenwärtigen Märkten Wettbewerbsvorteile zu erzielen, so dass seine Kunden es auch in fünf bis zehn Jahren noch als führenden Hersteller oder Anbieter betrachten.
- Sog. „**Mega-Chancen**": Hier geht es darum, sich Chancen vorzustellen, bei denen bestehende Kernkompetenzen auf neue Produktmärkte ausgeweitet werden. Oft macht die klassische, enge Produkt-Markt-Sicht einer marktorientierten Geschäftsfeinheit diese „blind" für solche weiße Flecken. Ebenfalls können Anreize fehlen, um die Suche danach

anzuspornen. Um „Mega-Chancen“ aufzuspüren, sollte man nicht von einer Produkt-Markt-Perspektive, sondern von einer Kernkompetenz-Perspektive ausgehen, um solche Chancen zu analysieren.

- **Weiße Flecken**: Diese Chancen weisen keine Überlappung mit der gegenwärtigen Marktposition des Unternehmens bzw. seinen gegenwärtigen Kernkompetenzen auf. An diese Option sollte mit großer Vorsicht herangegangen werden, da das Unternehmen über wenig bis gar keine Erfahrung verfügt, auf deren Basis fundierte Entscheidungen getroffen werden könnten (s. a. Kap. 7.1.4 zur Diversifikationsstrategie im Rahmen der Produkt-Markt-Matrix von Ansoff).

Bei der Nutzung von Kernkompetenzen stellt sich auch die Frage, wie Kernkompetenzen gesichert werden können: bspw. **defensiv** (durch Patente, Musterschutz oder Copyright) oder **offensiv**, d. h. bewusst durch eine permanente Weiterentwicklung der Kernkompetenzen (z. B. Markenstärke, siehe unten das Beispiel von Nivea).

4.5.5 Transfer von Kernkompetenzen

Mit dem Transfer von Kernkompetenzen auf neue Märkte, Produkte, Kunden oder Regionen wird erst ihr volles Potenzial auf neuen Kernkompetenz-Markt-Kombinationen ausgeschöpft (s. a. die Handlungsalternative „Weiße Flecken“ im Kernkompetenz-Markt-Portfolio), ohne dass wie bei materiellen Ressourcen die Nutzungsmöglichkeit verbraucht wird. D. h., nach der Analogie des Kernkompetenzenbaumes kommt es beim Transfer darauf an, möglichst viele Blätter sprießen zu lassen (sog. „Leveraging“; vgl. Baum et al. 2007, S. 267).

Fallbeispiel **Transfer von Kernkompetenzen**

Das Unternehmen Beiersdorf hat im Laufe der letzten Jahrzehnte die Reputation der Marke Nivea – ursprünglich der Name für eine einfache Allzweckcreme aus den 1920er Jahren – in auf den Haarpflege- und anschließend den Kosmetikbereich transferieren können. Beiersdorf war in der Lage, eine aus einer langen Historie gewachsene, schwer imitierbare, kaum zu substituierende, sehr seltene und schwer auf andere Unternehmen zu transferierende Ressource (Reputation der Marke Nivea) auf verwandte Produkte zu übertragen. Die herausragende Markenstärke von Nivea wurde einer breiteren Nutzung und damit einem vergrößerten Gewinnpotenzial zugeführt. Nivea ist inzwischen Leitmarke einer Markenfamilienstrategie für Körpermilch, Gesichtscreme, Sonnencreme, Haarshampoo, Duschgel,

Rasiercreme u. v. m. Der hierauf beruhende Wettbewerbsvorteil ist nachhaltig. Beiersdorf besitzt im Segment Körperpflege eine Kernkompetenz.

Quelle: Bergmann/Garrecht (2008, S. 168), Baum et al. (2007, S. 267)

Während Endprodukte vergleichsweise einfach und ohne gravierende Modifikationen transferiert werden können, stellt Wissen als Bestandteil von Kernkompetenzen die am schwierigsten zu transferierende Ressource da. **Voraussetzungen für einen erfolgreichen Transfer** von Kernkompetenzen sind (vgl. m. w. N. Baum et al. 2007, S. 268 f.):

- Hohe Flexibilität in den Steuerungs-, Operations- und Supportprozessen,
- gute IKT-Infrastruktur im Unternehmen,
- lernfreundliche Organisationsstrukturen, insbesondere durch den Abbau von Lern- und Wissensbarrieren,
- Einsatz von Kreativitätstechniken, um neue Anwendungsfelder aufzuspüren,
- Fertigkeiten zur Bündelung der verschiedenen zur Verfügung stehenden Ressourcen und Fähigkeiten,
- Schonung der Ressourcenbasis durch Mehrfachnutzung gleicher Ressourcen bzw. ggf. Rückgriff auf externe Ressourcen,
- Beschleunigung von Geschäftsprozessen, damit eingesetzte Ressourcen schnell zurückfließen und die Nutzungshäufigkeit erhöht wird.

Die besondere Herausforderung des Kernkompetenz-Managements besteht in der Transferphase darin, Ressourcenbündel, welche die o. g. Nachhaltigkeitskriterien erfüllen (bspw. Nicht-Imitierbarkeit durch Wettbewerber, Nicht-Transferierbarkeit zu Wettbewerbern), im eigenen Unternehmensverbund sicher zu transferieren, andererseits jedoch den unbeabsichtigten Transfer an Wettbewerber, bspw. durch Abwanderung von Schlüsselmitarbeitern („Brain drain“) zu unterbinden.

Das Kernkompetenz-Management ist im Unternehmen i. d. R. nicht allein durchführbar ist, da es in enger Verbindung mit anderen Managementkonzepten (bspw. Wissensmanagement, Prozessmanagement und Changemanagement) steht. Ebenfalls erfordert es eine Ausrichtung der Organisationsstruktur auf die Kernkompetenzen.

4.6 Fazit zur ressourcenorientierten Unternehmensführung

Die **Ressourcenorientierung** bildet neben der marktorientierten Sicht die zweite Säule der strategischen Unternehmensführung. Sie erzeugt einen Rahmen zur

Unternehmensanalyse (insbesondere der Wettbewerbsvorteile) und bildet die Basis für ressourcen- und kompetenzbasierte Strategien (z. B. Wettbewerbsstrategien, siehe Kap. 5). Der strategische Wert einer Ressource besteht vor allem aus ihrem **wertschaffenden Charakter** sowie ihrer **Einzigartigkeit** (bzw. Seltenheit und Nichtimitierbarkeit), die eine heterogene Verteilung der Ressourcen unter den Wettbewerbern impliziert.

Der Ressourcenansatz lenkt den Fokus stets auf die Stärken und Schwächen der (Kern-)Kompetenzen eines Unternehmens. Das Konzept der Kernkompetenzen ist daher insbesondere für die interne Analyse von Unternehmen, aber auch für die Strategieumsetzung (siehe Kap. 8) relevant.

Kernkompetenzen helfen aus dieser strategischen Perspektive dem Unternehmen, eine Spitzenposition einzunehmen und zu verteidigen, da ressourcenorientierte Unternehmen die Spielregeln des Marktes proaktiv gestalten, anstatt lediglich nur auf Verhalten anderer Marktteilnehmer zu reagieren.

Ein wesentlicher Vorteil eines Kernkompetenz-Managements besteht darin, dass ein einfaches Imitieren der Strategie nicht möglich ist, da die wertschöpfende Prozesse fest im Unternehmen verankert sind (vgl. Deutsch et 1997, S. 209 f.). Äußerst anspruchsvoll erweist es sich in der Praxis, Kernkompetenzen, welche die Nachhaltigkeitskriterien erfüllen, zu entwickeln.

In Abbildung 4.13 erfolgt eine Gegenüberstellung der wesentlichen Vorteile und Kritikpunkte einer nach Ressourcen und Kernkompetenzen ausgerichteten Unternehmensführung:

Abb. 4.12: Bewertung des ressourcenorientierten Ansatzes

Vorteile	Kritikpunkte
Realitätsnahe Annahme unvollkommener Faktormärkte	Der **Ressourcenbegriff** ist teilweise **unklar** und sehr weit gefasst
Berücksichtigung der intern vorhandenen oder noch zu entwickelnden **Fähigkeiten** von Unternehmen	die Betrachtung des Unternehmens als Pool heterogener Ressourcen ist zu **abstrakt** und **schwer operationalisierbar**
Betonung der **immateriellen Ressourcen** als Ausgangsbasis der Wettbewerbsstrategie in Zeiten der Wissens- und Dienstleistungsgesellschaft.	**Paradoxon** z. T. diffuser Kausalzusammenhänge (bspw. kausale Ambiguität)
Berücksichtigung **dynamischer Effekte** bei der Generierung von Kernkompetenzen	die **Ursachen** eines Wettbewerbsvorteils sind **nicht transparent**. Hierdurch schwere Identifizierung von Kernkompetenzen
Entwicklung eines am klassischen **Problemlösungsprozesses** orientierten Kernkompetenz-Management-	z. T. **mangelnde Implikationen** für die **Praxis** (wie werden Kernkompetenzen erlangt entwickelt und weiter aufgebaut)

Vorteile	**Kritikpunkte**
Zyklus	
Erklärung für Rückgang von **Diversifikation** und verstärktes **Outsourcing** (Konzentration auf Kernkompetenzen).	**Dilemma**, dass Kernkompetenzen schwer imitierbar von bzw. transferierbar zu Wettbewerbern sein sollen, gleichzeitig aber diese im Rahmen des Kernkompetenz-Managements in andere Geschäftseinheiten des Unternehmensverbundes transferiert werden sollen
	es erfolgt häufig eine **Analyse nur einzelner Ressourcen** statt eine systematische Untersuchung des Unternehmens in seiner Innen- und Außenwelt

Quelle: Eigene Darstellung auf Basis Osterloh/Grand (1994, S. 279), Wiegand (1996, S. 466), Mahoney/Pandian (1992, S. 363), Conner (1991, S. 121 ff.), Raub (1998, S. 290 f.)

Hintergrund

Kernkompetenzen – Managementansatz oder Mythos?

Der Kernkompetenz-Ansatz von Hamel und Prahalad mit der Wirkungskette „Kernkompetenzen, Kernprodukte, Endprodukte, dauerhafter Wettbewerbsvorteil" ist häufig rezipiert worden. Folgt man populären Bestseller-Veröffentlichungen, kommt es eigentlich nur darauf an, die Kernkompetenzen in möglichst vielen Geschäftsfeldern des Unternehmens zu diversifizieren. Es wird eine simple Botschaft („Konzentration auf die Kernkompetenzen") verbreitetet und mit vielen Best-Practice-Beispielen illustriert. Bei den aufgeführten Unternehmen (s. a. Abbildung 4.7) handelt es sich fast immer um Großunternehmen mit weltweit hohem Bekanntheitsgrad. Niemand wird den Erfolg von Sony, BMW oder Honda in Abrede stellen wollen. Es ist aber zu bezweifeln, dass jemand, der 3M oder FedEx als Beispiel für Unternehmen mit Kernkompetenzen hält, auch detailliertes Hintergrundwissen über diese Unternehmen besitzt.

Es besteht die Gefahr, dass gerade bei bekannten Großunternehmen, die allgemein als erfolgreich gelten, die (vor allem qualitativ) dargestellten Erklärungen für die Ursachen ihres Erfolgs zu wenig hinterfragt und zu unkritisch übernommen werden. Es erscheint schwierig, aus den Schilderungen solcher „Success Stories" Regeln und Hinweise für das eigene Handeln abzuleiten. Im Grunde wird die Oberfläche (Ergebnisse) beleuchtet, ursächlich wirkungsrelevante Zusammenhänge (Komplexität der Ressourcenkombination, Nicht-Transferierbarkeit der Ressourcenbündel zu anderen Unternehmen) bleiben den Analysten i. d. R. verborgen. Die Existenz von Kernkompetenzen wird im Extremfall zustandsbezogen als gegeben vorausgesetzt wird. Obwohl von vielen Autoren übereinstimmend festgestellt wird, dass Kernkompetenzen Wettbewerbsvorteile schaffen, wird die Voraussetzung, dass Kernkompetenzen erst einmal entwickelt werden müssen (es also einen Entstehungsprozess geben muss, s. a. das Nachhaltigkeitskriterium Historizität) häufig ausgeklammert. Durch diese simplizistische Pauschalannahme wird aber genau ein Fehler begangen, den die Kernkompetenzperspektive eigentlich zu beseitigen beansprucht – nämlich die Vernachlässigung dynamischer Aspekte in der strategischen Unternehmensführung. Es werden häufig auch nur wenige konkrete Ausführungen darüber gegeben, wie Unternehmen eine nachhaltige Ressourcenausstattung aufbauen und entwickeln können. Es besteht beim Kernkompetenz-Ansatz ein Defizit, dass zwar übereinstimmend festgestellt wird, dass durch Kernkompetenzen nachhaltige Wettbewerbsvorteile entstehen, aber die Voraussetzung hierfür, dass diese überhaupt erst im Unternehmen gebildet werden müssen, häufig vernachlässigt wird. Die am Markt beobachtbaren erfolgreich eingesetzten Kernkompetenzen lassen sich ex post i. d. R. gut erklären. Für die Unternehmensführung stellt sich vielmehr aber die praktische Frage, wie Kernkompetenzen entwickelt, identifiziert und weiterentwickelt werden können.

Der Kernkompetenz-Ansatz ist ein Beispiel dafür, dass bei der Entwicklung von Unternehmensstrategien auch „das Kleingedruckte“ zu lesen ist, um rhetorische Verkürzungen durch anekdotische Unternehmensdarstellungen und unzulässige Verallgemeinerungen zu verhindern. Erst dann, wenn bspw. Ressourcenbündel im Unternehmen vorhanden sind, welche die Kriterien für die Nachhaltigkeit eines Wettbewerbsvorteils erfüllen können diese in einen Kundennutzen umgesetzt werden und diese Kernkompetenzen weiter gestaltet werden, um bspw. diese in andere Geschäftsfelder zu diversifizieren.

Quellen: Vgl. Knafl (1995, S. 96), Rasche (1994, S. 218), Wiegand (1996, S. 466), Link (1997, S. 67), Raub (1998, S. 290)

Der ressourcenorientierte Ansatz ist beim gegenwärtigen Kenntnisstand jedoch erst in Ansätzen für eine Theorie der strategischen Unternehmensführung ausgearbeitet. Beim Kernkompetenz-Management entsteht letztlich, basierend auf einem konzentrierten, marktorientierten Einsatz der Ressourcen, ein nachhaltiger Kundennutzen, der so zu einem nachhaltigen Wettbewerbsvorteil führt (vgl. Dorka et al. 2004, S. 17).

Fallstudie

Ressourcenorientierte Unternehmensführung in einem Kleinunternehmen

Das kleine Familienunternehmen „Nossener Sämischleder GmbH“ bei Dresden wurde 1830 von Carl Heinrich Müller gegründet. Produziert wird seitdem Sämischleder für die Bekleidungsindustrie (55 % der Gesamtproduktion), Handschuhherstellung (10 %), Orthopädie (15 %), Musikinstrumentenbau (10 %) sowie technische Zwecke (10 %). 70 % des Absatzes erfolgt auf dem Inlandsmarkt und 30 % auf anderen europäischen Märkten. Gegenüber anderen Lederarten weist Sämischleder einige besondere Eigenschaften auf: Die hohe Weichheit, Waschbarkeit, Schweiß- und Alkalibeständigkeit sowie die anti-allergene Wirkung sind für den

Einsatz in der Orthopädie wichtig. Wegen seiner hohen Weichheit und dem guten Isoliereffekt wird es auch für feine Handschuhe verarbeitet.

Auch nach der Verstaatlichung 1972 in der DDR wurde der Volkseigene Betrieb (VEB) Sämischlederfabrik Nossen nach zentralen Planvorgaben als Teil des Kunstleder- und Pelzarbeitskombinats mit Sitz in Leipzig von Familienmitgliedern geführt. Vor der politischen Wende in der DDR wurde Leder im Rahmen des Staatlichen Lederkontors verarbeitet, das nach dem Prinzip der sozialistischen Arbeitsteilung in die COMECON-Staaten ausgeliefert wurde. Mit Inkrafttreten der Wirtschafts-, Währungs- und Sozialunion zwischen der Bundesrepublik Deutschland und der DDR im Juli 1990 brachen jedoch schnell sämtliche Lieferbeziehungen zusammen. Zum zentralen Problem bezüglich der internationalen Wettbewerbsfähigkeit avancierten die Lohnkosten, um im internationalen Wettbewerb bestehen zu können.

Seit 1993 ist die Familie Müller wieder Eigentümerin des Unternehmens in Rechtsform einer GmbH. Der Umsatz ist seit 1993 gestiegen und liegt derzeit bei ca. € 1 Mio. Es hat heute ca. 10 Mitarbeiter. Nach einer Phase von 10 Jahren, in denen kein Jahresüberschuss erzielt, aber auch kein Jahresfehlbetrag erzielt wurde, werden seit den 2000er Jahren „schwarze Zahlen" geschrieben. Wettbewerber produzieren i. d. R. in Asien, Südamerika und Osteuropa, insbesondere aufgrund der geringeren Lohnkosten und der geringen Umweltschutzvorschriften. Dieses billigere Leder aus dem Ausland kann jedoch Spuren von Chrom enthalten, was z. B. für Allergiker und Kinder kritisch ist.

Ab 1991 erfolgt im Nossener Unternehmen nach und nach eine Konzentration auf Kernkompetenzen. Der frühere Betriebsleiter des VEB und jetzige Geschäftsführer: „Wir haben uns zunächst folgende Frage gestellt: Was können wir aus unseren Ressourcen machen? Welche müssen besonders entwickeln? Was gilt es aufzugeben? Oder anders ausgedrückt: Was waren, sind oder können wieder typische Nossener Stärken sein? Wir haben untersucht, wo es in der Vielfalt des Angebotes in unserer Branche Nischen gibt, die wir ausfüllen können." Weiterentwickelt wird jetzt bspw. ein Hirschnarbenleder, wofür der Betrieb bereits 1984 auf der Leipziger Messe eine Goldmedaille erhielt. Es gehört zur unternehmerischen Strategie der Nossener, mit hervorragenden Markenartikeln aus DDR-Zeiten und -vorzeiten auf Märkte einzudringen. Momentan wird gemeinsam mit BASF Ludwigshafen und mit Novartis in Basel ein neuartiges Verfahren zur Lederfärbung entwickelt, um einseitig gefärbtes Sämischleder anbieten zu können. Hierfür wird ein Absatzmarkt insbesondere bei der Leder verarbeitenden Bekleidungsindustrie, die sich auf Handschuhe und Trachten spezialisiert hat, gesehen. Ein absolut luftdichtes und sehr weiches Balgleder für die Herstellung von Klavieren und Pianos wird derzeit am Markt eingeführt. Bei dem Aufbau von Geschäftsbeziehungen nach 1991 wurde an Beziehungen aus der Zeit vor dem Zweiten Weltkrieg angeknüpft. Der Name „Müller Sämischleder", der damals für hervorragende Qualität der Produkte stand, bereitete jetzt mit den Weg für neue Geschäftsabschlüsse.

Das Unternehmen kommt bei der notwendigen Umstrukturierung voran, wozu auch die Stilllegung technisch überholter Produktionsanlagen gehört. Ebenfalls wurden die Buchführung, Steuerzahlungen, Lohn- und Gehaltsabrechnung an einen externen Dienstleister übertragen. Zum Unternehmenserfolg trägt insbesondere die über Jahrzehnte gewachsene Kompetenz der Familie und der qualifizierten Stammmitarbeiter bei. Die hoch motivierten Mitarbeiter sind in der Produktion variabel einsetzbar. Die Produktionsmitarbeiter verfügen über eine Ausbildung als Gerber oder Lederfacharbeiter. Sie werden in die Entscheidungen der Unternehmensleitung einbezogen. Der Geschäftsführer hierzu: „Das Können der Belegschaft ist neben der Tradition der Lederherstellung eine Stütze für den Erfolg."

Fragen zur Fallstudie:

1. Über welche Ressourcenbasis verfügt das Unternehmen?
2. Inwiefern unterstützt die Ressourcenbasis die Nachhaltigkeit der Wettbewerbsposition?
3. Diskutieren Sie den Vorschlag, dass das Unternehmen seine Tätigkeit nach Tschechien verlagern soll, um so zu niedrigeren Kosten produzieren zu können? Wie könnte ggf. dieser Vorschlag umgesetzt werden?

Quellen: Kasper (1994, S. 457 f.); Nolte (1999, S. 33 f.), leicht modifiziert.

4.7 Kontrollfragen zu Kapitel 4

1. Erläutern Sie das Ziel der Unternehmensanalyse.
2. Beschreiben Sie die Aktivitäten in der Wertschöpfungskette nach Porter.
3. Warum ist die Wertkette eines der sowohl in Theorie als auch Praxis am stärksten verbreiteten Analyseinstrumente?
4. Beschreiben Sie das Paradigma des ressourcenorientierten Ansatzes.
5. Was sind Ressourcen? Wie lassen sich Ressourcen klassifizieren?
6. Diskutieren Sie die Bedeutung immaterieller Ressourcen im Rahmen des ressourcenorientierten Ansatzes.
7. Erläutern Sie die Kriterien für die Nachhaltigkeit eines Wettbewerbvorteils.
8. Welche Kompetenzarten unterscheidet die Fähigkeitenmatrix? Was unterscheidet dabei Schlüsselkompetenzen von Kernkompetenzen?
9. Definieren Sie „Kernkompetenz". Grenzen Sie den Begriff von „Kerngeschäft" ab.
10. Beschreiben Sie die Analogieschlüsse im Baummodell des Kernkompetenz-Ansatzes.
11. Erläutern Sie die einzelnen Phasen im Kernkompetenz-Management-Zyklus.
12. Welche vier grundlegenden Normstrategien lassen sich aus der Marktattraktivitäts-Kompetenzstärke-Matrix ableiten?
13. Welche grundlegenden Handlungsoptionen stehen für den Aufbau von Kernkompetenzen zur Verfügung? Diskutieren Sie diese in Bezug auf die Nachhaltigkeit daraus resultierender Wettbewerbsvorteile.

14. Stellen Sie den Zusammenhang zwischen dem Kernkompetenz-Ansatz und dem in der Unternehmenspraxis vielfach propagierten Schlagwort der „Konzentration auf die Kernkompetenzen“ dar.
15. Erläutern Sie die Nutzungsmöglichkeiten im Kernkompetenz-Produkt-Portfolio.
16. Diskutieren Sie die Chancen und Risiken des Transfers von Kernkompetenzen.
17. Nennen Sie wesentliche Vorteile und Kritikpunkte des ressourcenorientierten Ansatzes der Unternehmensführung.
18. Stellen die ressourcen- und marktorientierte Sichtweise in der Unternehmensführung einen Gegensatz dar?
19. Diskutieren Sie, inwiefern es sich beim Kernkompetenz-Ansatz um eine Management-Mode handeln könnte.

5 Markt- und wettbewerbsorientierte Unternehmensführung

Lernziele **Dieses Kapitel vermittelt,**

- wie die Struktur einer Branche die Wettbewerbsintensität und, damit verbunden, die Profitabilität der Unternehmen (in einer Branche) beeinflusst,
- wie Unternehmen Wettbewerbsvorteilen identifizieren und Wettbewerbsstrategien gestalten können, um auch bei intensivem Wettbewerb profitabel zu sein,
- die Weiterentwicklungen des Konzepts der generischen Wettbewerbsstrategien,
- welche Möglichkeiten und Probleme es gibt, die Wettbewerbsintensität in einer Branche durch Koordination zwischen Unternehmen zu senken.

Zentrales Ziel vieler Unternehmen ist das profitable Überleben im Wettbewerb. Basis für die Entwicklung von entsprechenden Strategien bilden die

- **Wettbewerbsanalyse**: Betrachtung der strukturellen Ursachen und Intensität des Wettbewerbs in einer Branche,
- **Wettbewerberanalyse**: strukturierte Betrachtung der Wettbewerber, die in der Branche bzw. strategischen Gruppe agieren.

Ausgangspunkt der Entwicklung einer Wettbewerbsstrategie ist die Betrachtung der Faktoren, die für die **Intensität des Wettbewerbs** – als einem zentralen Kriterium für die Profitabilität einer Branche – verantwortlich sind. Anschließend erfolgt eine Darstellung der Ansätze zur Analyse der Eigenschaften und Verhaltensweisen der Wettbewerber, die mit einem **Stärken-Schwächen-Vergleich** auf der Basis der für den Erfolg in einem Markt relevanten Faktoren abschließt. Daraus lassen sich **Wettbewerbsvorteile** eines Unternehmens ableiten, welche die Basis für die Definition einer **Wettbewerbsstrategie** bilden. Diese soll es dem einzelnen Unternehmen ermöglichen, trotz hoher und dynamischer Wettbewerbsintensität in einer Branche profitabel zu operieren. Den Abschluss bildet eine Betrachtung der Problematik und der Ansätze zur Koordination der **Wettbewerbsinteraktion** (des Verhaltens im Wettbewerb) von Unternehmen.

R. .Bergmann, M. Bungert, *Strategische Unternehmensführung*,
DOI 10.1007/978-3-642-31840-5_5, © Springer-Verlag Berlin Heidelberg, 2012

5.1 Wettbewerbsrelevante Strukturen der Branche

5.1.1 Branchenstruktur, Wettbewerbsintensität und Profitabilität

Die Analyse des Wettbewerbs in einer Branche hat das Ziel, die **Intensität des Wettbewerbs** und damit die **potenzielle Profitabilität** dieser Branche festzustellen. Grundlage dieser Analyse sind die ökonomisch-technischen Charakteristika einer Branche, die sog. **Branchenstruktur** (vgl. Porter 1992, S. 25 ff.; D'Aveni 1995, S. 47 f.). Diese umfassen die Ausprägung der brancheninternen Kräfte, die auf den Wettbewerb zwischen Unternehmen einwirken und in ihrem Zusammenspiel die Wettbewerbsintensität beeinflussen. Zur Analyse der Branchenstruktur dient das Konzept der **fünf Wettbewerbskräfte** („Five Forces") von M. E. Porter (siehe Abb. 5.1), das die wettbewerbsrelevanten Merkmale einer Branche strukturiert und in der Tradition der *Industrial Organization* steht. Im Modell der Wettbewerbskräfte werden die Bereiche des **horizontalen und vertikalen Wettbewerbs integriert**:

- Eine höhere **horizontale Wettbewerbsintensität** – zwischen konkurrierenden Unternehmen einer Wertschöpfungsstufe, in Porters Modell ergänzt durch potenzielle neue Wettbewerber und Substitute – drückt sich typischerweise in intensiverem Preiswettbewerb bis hin zu Preiskriegen, dem Streben nach stärkerer werblicher Präsenz in den Medien (Werbeschlachten), immer differenzierterer Marktsegmentierung und dem Zwang zur ständigen Erhöhung der Produktqualität durch z. B. Innovationen aus. Dadurch sinken die Gewinnmargen bei gleichzeitig höherer Investitionsintensität.

Abb. 5.1: Die 5 Wettbewerbskräfte nach Porter

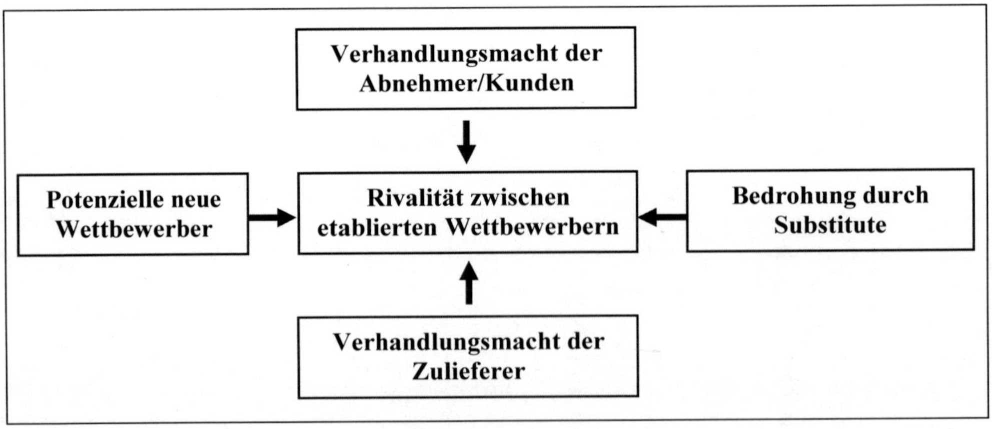

Quelle: Eigene Darstellung nach Porter (1999, S. 26)

- Eine höhere **vertikale Wettbewerbsintensität** (entlang der Wertschöpfungskette, also zwischen dem Unternehmen und seinen Kunden bzw. Zulieferern) resultiert aus der Verhandlungsmacht der Kunden und Zulieferer, was zu Druck auf Einkaufs- und Verkaufspreise führt.

Horizontale und vertikale Wettbewerbsstrukturen können sich gegenseitig beeinflussen und so die Wettbewerbsintensität ggf. weiter verstärken.

5.1.2 Wettbewerbskräfte

5.1.2.1 Grad der Rivalität unter den etablierten Wettbewerbern

Im Modell der Wettbewerbskräfte ist das **Ausmaß der Rivalität unter den etablierten Unternehmen** einer Branche das Ergebnis der Ausprägung einer Reihe von (branchen-) **strukturellen Faktoren**. Diese haben Einfluss auf die Möglichkeit der Unternehmen zur Koordination, die Entstehung von Überkapazitäten sowie die Kreuzpreiselastizitäten – als zentrale **Antriebe der Aggressivität der Unternehmen im Wettbewerb** und damit der brancheninternen Wettbewerbsintensität. Ihre Wirkung ist jedoch nicht immer eindeutig und wird in der ökonomischen Theorie und der Strategielehre z. T. kontrovers diskutiert (vgl. u. a Scherer/Ross 1990, S. 277 ff.). Diese Faktoren sind:

(a) Wachstum der Märkte/Branche

Bei wachsenden Märkten haben die Unternehmen oft mit Markteintritten neuer Wettbewerber zu kämpfen, da die Märkte aufgrund ihres Wachstums als attraktiv erscheinen. Andererseits ist es für die Anbieter bei starkem Marktwachstum häufig einfacher, neue Marktpotenziale (Primärnachfrage) zu erschließen als zu versuchen, Kunden der Wettbewerber abzuwerben, zudem sind Produktionskapazitäten und Ressourcen für aggressive Aktionen häufig begrenzt (vgl. Robinson 1988, S. 376, Porter 1992, S. 43). Der Effekt des Marktwachstums auf die Rivalität in einer Branche ist insgesamt nicht eindeutig (vgl. Rotemberg/Saloner 1990, S. 390 ff.; Slade 1990, S. 529).

Weisen die Märkte jedoch einen Nachfragerückgang auf (Marktschrumpfung), so entstehen typischerweise **Überkapazitäten**, da nun das Angebot die Nachfrage übersteigt. Um (zumindest) die variablen Kosten zu decken, werden viele Anbieter versuchen, ihre Produkte zu geringeren Preisen zu verkaufen. Dadurch wird Preisdruck auf den Markt ausgeübt.

(b) Viele und heterogene Wettbewerber

Die Anzahl der Unternehmen in einer Branche hängt – theoretisch – von den Markteintrittsbarrieren und der optimalen Betriebsgröße ab (Produzieren alle Unternehmen effizient, so ist die maximale Anzahl der Unternehmen in einer Branche das Marktvolumen geteilt durch die optimale Betriebsgröße/MES, siehe Kap. 5.4.2.1). Je mehr Unternehmen sich in einer Branche befinden,

- desto größer ist die Gefahr von Überkapazitäten,
- desto schwieriger wird die Koordination dieser Unternehmen und umso wahrscheinlicher ist es, dass ein Unternehmen mit Preisunterbietungen anfängt (in der engl. Literatur als *Maverick* – Abtrünniger – bezeichnet).

In Branchen, in denen Wettbewerber mit unterschiedlichen Zielen und Strategien auftreten (bspw. Wettbewerber aus einem anderen Land/Kulturkreis), ist eine Einigung über die Spielregeln des Wettbewerbs (z. B. in Form von Koordination des Verhaltens, siehe Kap 5.6) zudem häufig schwieriger.

(c) Konzentration der Anbieter

Bei einer hohen Branchenkonzentration können wenige große Anbieter (z. B. durch eine bessere Kostenposition) eine marktbeherrschende Stellung einnehmen, die kleinere Wettbewerber von aggressivem Verhalten abhält – dadurch sinkt die Wettbewerbsintensität. Eine Maßzahl für die Branchenkonzentration ist der **Herfindahl-Index** $H = \Sigma_i(S)_i^2$ (mit S = Marktanteil; vgl. Besanko et al. 2007, S. 197 f.). In den USA gelten Branchen ab einem Index von H = 0,18 als hoch konzentriert, was ein Eingreifen der Kartellbehörde (FTC) zur Folge haben kann.

(d) Hohe Marktaustrittsbarrieren

Es gibt Branchen, aus denen Unternehmen nicht einfach aussteigen können. Die Ursachen hierfür sind sog. Marktaustrittsbarrieren, z. B. (vgl. Oelsnitz/ Nirsberger 2007, S. 1296 f.; Jarillo 2005, S. 71 f.):

- **Politische Gründe**, z. B. als einziger Arbeitgeber in der Region (Stahlindustrie, Schiffswerften etc., deren Verluste subventioniert werden),
- **Sunk Costs**: bereits getätigte Investitionen, die nicht auf andere Produkte/Branchen übertragbar und daher bei einem Marktaustritt verloren sind, für die aber in Zukunft eine Hypothek besteht,
- Hohe **Kosten für den Marktaustritt**, z. B. Sozialpläne, Abfindungen,
- **Escalating Commitment**: Eine verfolgte Strategie (hier: Markteintritt) wird beibehalten, obwohl diese erfolglos ist. So muss die zuvor getroffene Entscheidung nicht als falsch dargestellt werden,
- **Unbefriedigende Erlöserwartung** bei einem Verkauf der SGE,
- **Verflechtung** durch vertikale Integration oder Synergien zu anderen SGE.

Bleiben Unternehmen und deren Kapazitäten trotz Verlusten in den Märkten erhalten, kann dies zu Überkapazitäten und zu Preisunterbietungen in diesen Märkten führen. Branchen, in denen die Wettbewerber bereit sind, Verluste zu machen, sind auch für leistungsfähige Unternehmen eher unprofitabel.

(e) Hoher Fixkostenanteil

Sind ein Großteil der Kosten fixe Kosten, erhöht jede weitere Einheit an Kapazitätsauslastung den Deckungsbeitrag. Deshalb werden viele Angebote zur restlichen Auslastung der Kapazitäten verbilligt abgegeben. Wenn dies bei mehreren Unternehmen der Fall ist, kann es zu einem gegenseitigen Unterbieten kommen, um die Kunden zu gewinnen (vgl. Jarillo 2005, S. 69 f.).

(f) Fehlende Produktdifferenzierung

Sind die Produkte/Marken sehr ähnlich/homogen (Flugreisen, Benzin an Tankstellen), sind diese aus Sicht der Kunden austauschbar (nahe *Substitute*). Dadurch ist die (Kreuz-)Preiselastizität der Nachfrage typischerweise hoch – entsprechend höher ist der Anreiz, durch z. B. Preisunterbietung umfangreiche Marktanteile vom Wettbewerber abzuziehen.

(g) Fehlende Markenwechselkosten/-barrieren

Markenwechselbarrieren bzw. -kosten bestimmen die Intensität der Bindung eines Kunden an eine Marke bzw. ein Unternehmen – sie erschweren den Wechsel zum Produkt eines anderen Anbieters. Die Wechselkosten aller Kunden beeinflussen die Kreuzpreiselastizität sowie die Höhe der Markteintrittsbarrieren – und dadurch die Wettbewerbsintensität in einer Branche. Es werden mehrere Arten von Markenwechselkosten unterschieden.

Schlagwort

Arten von Markenwechselkosten (Customer Switching Cost)

Kosten der Kompatibilität mit dem bisherigen Produkt

Je nach bisheriger Ausstattung der Konsumenten mit spezifischem Zubehör/Peripherie sind die Kosten der Wiederanschaffung und damit die Markenwechselkosten unterschiedlich. Beispiel: Bei einem Wechsel der Handymarke müssten alle markenspezifischen Ladegeräte, Taschen etc. neu angeschafft werden.

Transaktionskosten beim Anbieter-/Markenwechsel

Der Wechsel des Anbieter zum anderen kann trotz nahezu identischer Produkte sog. *Transaktionskosten* (s. Kap. 1) nach sich ziehen. Bei einem Wechsel des Kreditinstituts sind dies u. a. die Änderung von Daueraufträgen, Benachrichtigung des Arbeitgebers, sowie die Änderung der Bankverbindung auf Geschäftspapier.

Lernkosten

Wenn ein Konsument gelernt hat, mit den Geräten oder der Software eines Anbieters umzugehen, hat dieser einen starken Anreiz, weiterhin Produkte von diesem Anbieter zu kaufen, da die Umstellung auf ein anderes Produkt Kosten wie Aufwand des Lernens, Zeitverlust durch Bedienungsfehler etc. nach sich ziehen wird. Hierunter fallen auch PIN-Nummern im Online-Banking und Telefonnummern.

Psychologische Markenwechselkosten

Psychologische Markenwechselkosten können unterschiedliche Ursachen haben:

- Unsicherheit bezüglich der Qualität von Alternativen: Der erwartete Nutzen einer Alternative zum bisher verwendeten Produkt steht der Unsicherheit dieses Nutzens gegenüber (analog *Risikoaversion*). Durch die Suche nach realistischen Alternativen und der Einschätzung der Qualität deren Eigenschaften können weitere Kosten entstehen (Probekonsum, Kauf von Testzeitschriften etc.).
- Bedeutung der Marke im Lifestyle: Inwieweit unterstützen die (Zusatz-)Nutzenkomponenten der Marke die soziale Identität oder das Selbstbild des Kunden.

Wechselkosten variieren zwischen Branchen und Unternehmen und können sich durch technologische Veränderungen oder staatliche (De-)Regulierung ändern. Anbieter sollten versuchen, anhand der Ausprägung der o. g. Arten von Wechselkosten eine Einschätzung über die Höhe bzw. Verteilung der Wechselkosten der Kunden beim eigenen Produkt und denen der Wettbewerber vorzunehmen.

Quelle: Eigene Darstellung nach Klemperer 1995, S. 517 ff. u. a.

5.1.2.2 Bedrohung durch potenzielle neue Wettbewerber.

5.1.2.2.1 *Mögliche Gefahren durch einen Markteintritt*

Nach Porter (1992, S. 81) ist es für die Analyse der Struktur einer Branche von Bedeutung, die potenziellen neuen Wettbewerber und die wahrscheinlichen Folgen ihres Markteintritts zu betrachten. Folgende Gruppen sollten bei der Identifikation potenzieller Wettbewerber in Betracht gezogen werden:

- Unternehmen außerhalb der Branche, welche die Eintrittsbarrieren in die Märkte (siehe Kap. 5.1.2.2.2) leicht überwinden können,
- Unternehmen, die aus dem Markteintritt einen erheblichen strategischen Vorteil erzielen könnten,
- Unternehmen, für die die Teilnahme am Wettbewerb in der Branche eine naheliegende Erweiterung ihrer Marktabdeckungsstrategie darstellt,
- Abnehmer (Lieferanten), die rückwärts (vorwärts) integrieren wollen

Neue Anbieter erhöhen die Wettbewerbsintensität aus folgenden Gründen:

- In vielen Fällen werden diese als Nachahmer ohne größere Qualitätsunterschiede in den Markt eintreten, so dass sie Marktanteile nur durch niedrige Preise gewinnen können. Steigen die etablierten Unternehmen in den Preiswettbewerb ein ergibt sich ein *Nullsummenspiel* mit der Konsequenz eines erhöhten **Preisdrucks** in der Branche (s. Abb. 1.3).

- die Produktionskapazitäten der Branche werden erhöht – es entsteht die **Gefahr von Überkapazitäten**.

- Etablierte **Koordinationsmechanismen werden aufgebrochen**.

Nach Porter (1999, S. 5) erzeugt die Bedrohung durch Markteintritte ein **Limit auf die Preise** in einer Branche und bestimmt den Aufwand, der für die Abwehr von potenziellen neuen Wettbewerbern erbracht werden muss.

5.1.2.2.2 Wahrscheinlichkeit des Markteintritts und Markteintrittsbarrieren

Die Wahrscheinlichkeit des Eintritts neuer Wettbewerber in Märkte (bzw. in Branchen/strategische Gruppen) hängt typischerweise ab von

- der **Attraktivität der Märkte**/Branchen (bestimmbar durch Marktwachstum, Marktvolumen, Wettbewerbsintensität etc., siehe Kap. 3 und 6),
- den **Markteintrittsbarrieren**

und kann auch mittels der vom Markteintrittskandidaten ausgesendeten Signale abgeschätzt werden (vgl. Michaeli 2006, S. 434 ff.). **Markteintrittsbarrieren** sind strukturelle Umstände, die es einem potenziellen neuen Anbieter **erschweren, Marktanteile auf dem neuen Markt zu gewinnen** und gleichzeitig profitabel zu operieren (vgl. Welge/Al-Laham 2008, S. 304 f.):

(a) Absolute Kostenvorteile

Die etablierten Unternehmen besitzen größenunabhängige Kostenvorteile durch Know-how, Patente, exklusiven Zugang zu Rohstoffen etc.

(b) Economies of Scale/Betriebsgrößenvorteile

Der Marktzutritt unterhalb der (kosten-)optimalen Betriebsgröße führt bei einer stetig mit der Produktionsmenge fallenden Durchschnittskostenkurve zu Kostennachteilen; der Marktzutritt mit hinreichend großer (optimaler) Betriebsgröße birgt aber ggf. ein hohes Absatz- und damit Preiskampfrisiko durch entstehende Überkapazitäten.

(c) Wettbewerbliche Differenzierung der etablierten Unternehmen

Die Differenzierung des etablierten Wettbewerbers macht es dem eintretenden Wettbewerber unmöglich, ein aus der Sicht der Kunden gleichwertiges Produkt herzustellen. Haben die etablierten Produkte einen hohen Bekanntheitsgrad und eine auf Qualitäts- bzw. Markenbewusstsein beruhende Kundenloyalität aufgebaut, sind die eintretenden Unternehmen oft gezwungen, erhebliche Mittel (ggf. in Form von Preiszugeständnissen) aufzuwenden, um Teile dieser loyalen Kunden für sich zu gewinnen (vgl. Welge/Al-Laham 2008, S. 302). Dies führt für den etablierten Anbieter zu Innovationsvorteilen bzw. einem *First-Mover Advantage*. Dieser Effekt tritt verstärkt dann auf, wenn Kunden die Qualität des Produkts/der Dienstleistung nicht im Voraus beurteilen können (z. B. Unternehmensberatung) und durch Qualitätsmängel ein erheblicher Nutzenverlust eintreten würde (vgl. Jarillo 2005, S. 43).

(d) Hohe Anbieter-/Markenwechselkosten

Haben Kunden hohe Markenwechselkosten (s. Kapitel 5.1.2.1), ist das Gewinnen von Marktanteilen für das eintretende Unternehmen schwieriger.

(e) Hoher Kapitalbedarf

Der Eintritt in bestimmte Branchen ist durch erheblichen Kapitalbedarf beschränkt, z. B. bei Kraftwerken oder bei Telekommunikationsunternehmen.

(f) Zugang zu Distributionskanälen

Um Zugang zu den üblichen Vertriebskanälen (z. B. Einzelhandel) zu erhalten, muss der Eintretende oft erhebliche Mittel für Verkaufsförderung (*Push-Strategie*) oder Publikumswerbung (*Pull-Strategie*) aufwenden.

(g) Staatlicher Schutz etablierter Unternehmen

Durch Strafzölle, Local-Content-Vorschriften u. a. versuchen Staaten ihre Industriebetriebe vor Markteintritten ausländischer Unternehmens zu schützen.

(h) Strategisches Verhalten der etablierten Unternehmen

Nach Scherer/Ross (1990, S. 479) ist der beste Weg, Wettbewerber aktiv vom Markteintritt abzuhalten, den Preis so festzulegen, dass neu in den Markt eintretende Wettbewerber keinen Profit machen können (sog. *Limit Pricing*). Die Drohung, den Preis erst dann zu senken, wenn der neue Anbieter in den Markt eintritt, ist aber unglaubwürdig, da der Etablierte bei ihrer Ausführung typischerweise sehr viel Profit verloren gibt (siehe Kap. 5.6: *nicht subspielperfek-tes Gleichgewicht*). Alternative operative Strategien finden sich in Kap. 5.4.3.

Beispiel **Eintritt in den Markt der Großraumflugzeuge**

Boeing war bis 2008 mit der 747 der einzige Anbieter für ein Großraumflugzeug mit Platz für 400 Passagiere. Der Preis für eine 747 beträgt ca. 150 Mio. USD bei einem geschätzten Stückgewinn von 100 Mio. USD. Airbus hat trotz der technischen Kompetenzen und dem strategischen Interesse (mit der Marge der 747 werden ggf. kleinere Boeing-Modelle, die im Wettbewerb zu Airbus stehen, subventioniert) ein erhebliches Risiko, in diesen Markt einzutreten. Die Entwicklungskosten werden auf 10 Mrd. USD geschätzt, es müsste also ein jährlicher Gewinn von mehr als 1,5 Mrd. USD erwirtschaftet werden, um die Investition zu rechtfertigen. Bei einer weltweiten Nachfrage von 50 Maschinen pro Jahr müsste Airbus also einen hohen Marktanteil realisieren, um rentabel zu sein – vorausgesetzt Boeing reduziert die Verkaufspreise nicht, was angesichts der Stückgewinne möglich wäre.

Quelle: Vgl. Jarillo 2005, S. 57 f.

5.1.2.3 Druck durch Substitutionsprodukte

Substitutionsprodukte sind Produkte, welche die gleiche Funktion/Bedürfnisse erfüllen wie die originären Produkte in der Branche, nur mit einer anderen Technologie (z. B. mechanische Uhren vs. Quarzuhren). Die Existenz von Substitutionsprodukten kann (vgl. Porter 1992, S. 49)

- eine **Preisobergrenze** für das Produkt begründen – ein Beispiel ist die Kohleverflüssigung als Substitut zu Erdöl,
- die **Preiselastizität der Nachfrage** in der Branche beeinflussen,
- eine **Preiserhöhung** erschweren (z. B. in Boomphasen).

Besondere Beachtung verdienen Ersatzprodukte, deren Preis-Leistungs-Verhältnis sich im Zeitablauf verbessert (z. B. Solaranlagen vs. nicht-regenerative Energiequellen), ggf. aufgrund einer gestiegenen Wettbewerbsintensität in der Branche des Ersatzprodukts.

5.1.2.4 Verhandlungsstärke der Abnehmer

Im **vertikalen Wettbewerb** können die Abnehmer durch ihr Streben nach niedrigen Preisen die Rentabilität der Unternehmen schmälern, aber auch durch steigende Ansprüche an die Qualität des Angebots und den Service, was eine Erhöhung der Kosten nach sich ziehen kann (vgl. Porter 1999, S. 5). Der diesbezügliche Druck auf die Unternehmen, ausgedrückt durch die **Verhandlungsmacht der Abnehmer**, ist umso größer, wenn folgende Faktoren entsprechend ausgeprägt sind:

(a) Hoher Konzentrationsgrad der Abnehmer

Wenige Abnehmer **großer Mengen** können einen erheblichen Einfluss auf die Anbieter ausüben (z. B. große Handelsketten wie Edeka oder REWE).

(b) Hoher Standardisierungsgrad und geringe Anbieterwechselkosten

Bei geringer Differenzierung der Produkte entstehen häufig geringe Kosten für den Wechsel des Anbieters – dadurch hat der Abnehmer die freie Auswahl und besitzt entsprechend eine große Machtposition (*Käufermarkt*).

(c) Hoher Wert der Produkte und hohe Preissensitivität

Wenn ein Produkt einen großen Wert am Einkaufsbudget einnimmt, werden die Abnehmer häufig **preissensitiver** und kaufen selektiver ein (vgl. Welge/Al-Laham 2008, S. 306). Da bei privaten Konsumgütern teure Produkte in vielen Fällen eine hohe Bedeutung für das soziale Prestige haben (Autos, Möbel) oder lifestylerelevant (z. B. Mountainbikes) sind, kann diese Relation aber auch umgekehrt wirken (quasi *Veblen-* oder *Snob-Effekt*).

(d) Gefahr der Rückwärtsintegration

Große und kapitalkräftige Abnehmer (z. B. Automobilhersteller) besitzen ein ständiges latentes **Drohpotenzial**, einen Zulieferer in ihre vertikale Wertschöpfungskette zu integrieren, wenn dieser sehr profitabel ist.

(e) Hohe Markttransparenz

Je umfassender die Abnehmer über die Angebotspreise im Markt informiert sind, desto besser ist ihre Verhandlungsposition. Diese Transparenz wurde bei vielen Produktkategorien durch das Internet (Suchmaschinen) erhöht.

(f) Vergabepraxis für Großaufträge

Unternehmen, die als Kunden für Industriegüter auftreten, entwickeln ausgeklügelte Methoden (für die Abgabe von Angeboten, z. B. Auktionsmodelle), um Absprachen zwischen den Zulieferern (z. B. über Preise) zu unterbinden.

5.1.2.5 Verhandlungsstärke der Lieferanten

Ist die betrachtete Branche in der Position des Abnehmers – es wird hierbei eine Business-to-Business-Geschäftsbeziehung unterstellt – beeinflusst die **Verhandlungsmacht der Lieferanten** vor allem die **Kostensituation** (bei Roh- und anderen Einsatzstoffen sowie Services) der Branche, was die Profitabilität senkt (wenn die höheren Einkaufspreise nicht an die Abnehmer weitergegeben werden können). Folgende Kriterien sind für eine große Verhandlungsmacht der Lieferantenbranche gegenüber den Abnehmern ausschlaggebend (vgl. Porter 1992, S. 54 f.; diese sind weitgehend spiegelbildlich zu den Kriterien für die Verhandlungsstärke der Abnehmer):

(a) Branchenkonzentration

Die Branche der Lieferanten ist stärker konzentriert als die Nachfrager-Branche. Dadurch haben Abnehmer u. a. weniger Auswahl.

(b) Ersatzprodukte

Es existieren keine Substitute für die Produkte der Lieferanten.

(c) Bedeutung der Branche bzw. der einzelnen Unternehmen

Die Abnehmer sind als einzelne Kunden eher unwichtig für den Lieferanten.

(d) Bedeutung der Produkte

Die nachgefragten Produkte stellen einen wichtigen Input für die Abnehmer (Produktqualität/Differenzierungsmerkmal oder im Produktionsprozess) dar.

(e) Umstellungskosten (analog Markenwechselkosten)

Bei den Abnehmern existieren Umstellungskosten in einer relevanten Größe.

(f) Drohung der Vorwärtsintegration

Der Lieferant droht glaubwürdig mit einem Aufkaufen des Abnehmers.

5.1.3 Branchenstrukturanalyse und Strategieentwicklung

Es wird angenommen, dass der jeweils stärkste bzw. am **intensivsten wirkende Faktor** ausschlaggebend für die Wettbewerbsintensität in der betrachteten Branche ist (vgl. Welge/Al-Laham 2008, S. 300), es sollte jedoch auch das Zusammen- bzw. Gegeneinanderwirken der Faktoren bei einer Abschätzung der Wettbewerbsintensität berücksichtigt werden. Die Bedeutungen der einzelnen Wettbewerbskräfte variieren (dadurch) von Branche zu Branche und können sich im Lauf der Branchenentwicklung verändern.

Die Grundidee, dass die Wettbewerbsintensität Einfluss auf die Profitabilität der Unternehmen einer Branche hat, wird durch die empirische Forschung nur eingeschränkt bestätigt: Der Einfluss der Branchenstruktur auf die Rentabilität soll lediglich ca. 10 % bis 20 % betragen, mit erheblichen Unterschieden zwischen den Branchen. Mögliche Erklärungsansätze hierfür sind die nicht eindeutige Auswirkung mancher Einflussfaktoren wie das Marktwachstum, die Anzahl der Wettbewerber und die Markttransparenz. Zudem existieren weitere Faktoren, die Einfluss auf die Wettbewerbsintensität nehmen, wie das Alter der Branche, wettbewerbsverschärfendes Verhalten der einzelnen Unternehmen (vgl. Welge/Al-Laham 2008, S. 308 f.;

s. Kap. 5.6), sowie Faktoren aus der Makro-Umwelt (siehe Kap. 9.3.4). Unternehmen, die in einer Branche mit ungünstiger Struktur (speziell hoher Produkthomogenität) operieren sind zudem typischerweise stärker motiviert, sich zu koordinieren.

Unternehmen, die die Wettbewerbskräfte in ihrer Branche besser verstehen als andere Unternehmen dürften jedoch Vorteile im Wettbewerb und beim Aufbau ihrer Strategien besitzen (vgl. Porter 1999, S. 7). So ist es sinnvoll, eine Analyse der Stärken und Schwächen des betrachteten Unternehmens (s. Kap. 5.3.2) mit **Bezug auf die Ausprägung der Wettbewerbskräfte** durchzuführen. Die zentrale Frage ist hierbei, wie **angreifbar** das betrachtete Unternehmen in Bezug auf z. B. Ersatzprodukte oder die Verhandlungsmacht der Abnehmer ist. Relevante Zielsetzungen einer darauf aufbauenden Formulierung einer Strategie bestehen dann darin (vgl. Porter 1992, S. 57),

- das Unternehmen so zu positionieren bzw. eine **Wettbewerbsstrategie** so zu gestalten, dass eine **Anpassung an die in der Branche vorherrschenden Wettbewerbskräfte** gegeben ist (siehe Kap. 5.4),
- die Konstellation der Wettbewerbskräfte aktiv so zu verändern, dass die eigene Position (oder die der Gesamtbranche) verbessert wird,
- Veränderungen der Wettbewerbsgrundlagen (z. B. durch Substitutionstechnologien) vorherzusehen, frühzeitig auf diese zu reagieren und den Wandel für die eigenen Zielsetzungen auszunutzen (siehe Kap. 5.5).

Nach Porter (1999, S. 7) sind die Wettbewerbskräfte keine von den Unternehmen hinzunehmenden Daten, sondern werden auch durch das Verhalten und die Strategien der Unternehmen beeinflusst – sie verändern sich auch dadurch im Zeitverlauf. Unternehmen sollten sich hierbei bewusst sein, dass bestimmte Strategien die Wettbewerbsstruktur und damit die Profitabilität der Branche ebenso negativ beeinflussen wie verbessern können. Der wettbewerbsbedingte Verfall der Profitabilität einer Branche kann in diesem Kontext auch eine bewusst durchgeführte Strategie von Unternehmen sein, um hohe Profite eines (branchen- oder segmentübergreifenden) Wettbewerbers in seiner Heimatbranche zu zerstören. Andererseits kann die (offene oder latente) Androhung der Zerstörung der Branchenprofitabilität durch Verbleiben auf einem niedrigen Preisniveau (sog. *Grim Trigger-Strategie*) wiederum als Weg zu einer Koordination von Unternehmen in einer Branche betrachtet werden (vgl. Fudenberg/Tirole 1992, S. 145; als Ergänzung zu Kap. 5.6).

Ein weiterer relevanter Nutzungsaspekt der Branchenstrukturanalyse ist die externe Abschätzung der Profitabilität und damit **Attraktivität von Branchen/Märkten** (s. Kap. 6; auch für Unternehmen, die erwägen, in den Markt einzutreten). In diesem Zusammenhang können die Wettbewerbskräfte als potenziell ungünstige Rahmenbedingungen des Marktes betrachtet bzw. als Warnsignale für eine erhöhte Wahrscheinlichkeit von Preiskriegen interpretiert werden (vgl. Scherer/Ross 1990, S. 277 f.; Heil/Helsen 2001, S. 90 ff.).

Insgesamt stellt der Bezugsrahmen zur strukturellen Analyse von Branchen eine Detaillierung der Markt- bzw. Umweltanalyse mit beträchtlicher Relevanz für die Strategieentwicklung dar. Quantitative Ansätze bzw. Verfahren für eine konkrete Messung der Wettbewerbsintensität einer Branche auf der Basis der Wettbewerbskräfte existieren (bislang) aber nicht.

5.2 Analyse der Wettbewerber

Die Wettbewerberanalyse soll Hinweise für die Beantwortung folgender strategischer Fragen geben:

- Wie kann/sollte sich das Unternehmen im Wettbewerb bzw. gegenüber den anderen Wettbewerbern positionieren?
- Wie werden Wettbewerber auf Strategien und operative Aktionen des Unternehmens reagieren, und welche Konsequenzen hat dies?
- Wie soll das Unternehmen auf Strategien und operative Maßnahmen der Wettbewerber reagieren (Ausmaß, Geschwindigkeit, Reaktionsbereich)?
- Wie wird sich die Wettbewerbsintensität in einer Branche entwickeln? Wie kann diese auf einem akzeptablen Niveau gehalten werden?

5.2.1 Elemente der Wettbewerberanalyse

Zur Beantwortung der o. g. Fragen müssen die identifizierten (siehe Kap. 3.4) Wettbewerber analysiert werden. Eine systematische Analyse basiert auf der Aufteilung der Informationsbereiche in **Ziele, Annahmen, Strategien und Fähigkeiten** der einzelnen Wettbewerber (vgl. Porter 1992, S. 79 ff.):

(a) Ziele der Wettbewerber

Die Kenntnis der strategischen Ziele und des angestrebten Zielerreichungsgrades der Wettbewerber ermöglicht Aussagen über

- die **Wahrscheinlichkeit eines Strategiewechsels** der Wettbewerber aufgrund mangelnder Erreichung der eigenen Ziele oder der Bedrohung, die von Strategieänderungen anderer Unternehmen ausgeht,
- die zu erwartende **Intensität der Reaktion** auf äußere Ereignisse wie Nachfrageveränderungen oder Maßnahmen anderer Wettbewerber.

Die Analyse der Ziele sollte quantitative (finanzielle und Marktanteilsziele) als auch qualitative Ziele (Marktführerschaft, Kundenzufriedenheit, Image etc.) umfassen und sich auf unterschiedliche Unternehmensebenen beziehen (Konzernziele, Ziele der

Geschäftseinheit). Anhaltspunkte für die **Abschätzung von Zielen** des Wettbewerbers sind u. a. (vgl. Porter 1992, S. 83 ff.):

- offene oder unausgesprochene finanzielle Ziele, der Umgang mit Zielkonflikten sowie die Einstellung zum Risiko,
- die Position der betrachteten Geschäftseinheit des Wettbewerbers in strategischen Planungstechniken (z. B. Portfolios, SPACE; siehe Kap. 6),
- Werte und Überzeugungen des Managements, z. B. Streben nach Markt- oder Technologieführerschaft,
- die organisatorische Struktur mit Kontroll- und Anreizsystemen,
- Rechnungslegungssysteme und Bewertungsansätze,
- der Typus von Managern in der Führungsebene des Wettbewerbers und die Einigkeit über die Ziele im Management des Wettbewerbers,
- staatliche Vorschriften, z. B. Kartellgesetze.

(b) Annahmen des Wettbewerbers

Nach Porter (1992, S. 91) entwickeln Unternehmen ihre Reaktionen auf Ereignisse aufgrund von **Annahmen über ihre Situation und die Branche**. Mithilfe der folgenden Analysepunkte können Annahmen von Wettbewerbern systematisch untersucht (und deren Realitätsnähe abgeschätzt) werden:

- Einschätzung der eigenen relativen Position (durch den Wettbewerber),
- Einschätzung der Positionen, Ziele und Rollen (z.B. Preisführer) der anderen Wettbewerber,
- Einschätzung der Entwicklung des Marktes bzw. der Branche,
- Landes- oder unternehmenskulturelle Einflüsse auf die Wahrnehmung von Situationen und Ereignissen sowie auf das Verständnis von Wettbewerb,
- Werte, Visionen und Leitbilder des Managements (des Wettbewerbers),
- gewachsene Betrachtungsperspektiven (siehe *Dominant Logics* in Kap. 2) und der Glaube an konventionelle Branchenweisheiten,
- historische oder emotionale Bindungen an bestimmte Produkte,
- Betrachtung von Branchenspielregeln.

Ziele und Annahmen können zusätzlich abgeschätzt werden u. a. durch:

- Geschichte und Kultur des Unternehmens (siehe Kap. 2),
- Hintergründe des Managements und Beratungsverhältnisse,

- bisheriges Kooperations- und Konfliktverhalten des Wettbewerbers (Abschätzung der Reaktion auf das Verhalten anderer Unternehmen),
- derzeitige Strategien des Wettbewerbers.

Ziel der Analyse der Annahmen des Wettbewerbers ist auch das Aufdecken unrealistischer Sichtweisen oder *blind spots* (tote Winkel) in der Wahrnehmung des Wettbewerbers, um daraus Vorteile ziehen zu können.

(c) Strategien des Wettbewerbers

Es stellt sich nun die Frage, welche Strategien die Wettbewerber zur Erreichung ihrer Ziele verfolgen. Von Bedeutung sind insbesondere:

- strategisch-organisatorische Aufstellung der Wettbewerber (z. B. Bildung strategischer Geschäftseinheiten, siehe Kap. 3),
- Marktsegmentierungs- und Marktabdeckungsstrategie (siehe Kap. 3),
- Wettbewerbsstrategie (generische oder hybride, siehe Kap. 5.4),
- Wachstumsstrategie (siehe Kap. 7): Plant der Wettbewerber Produktneueinführungen, eine Ausweitung der Geschäftstätigkeit in neue Segmente oder geografische Regionen, oder neue Geschäftsbereiche?
- Grad der Integration/Diversifikation (siehe Kap. 7).

Ein Ziel dieser Analyse sollte die Identifikation eines **Strategieprofils** des Wettbewerbers sein (Gesamtheit der Ausprägungen der oben genannten Strategieoptionen eines Unternehmens; vgl. Schneider 2007, S. 83 f.; s. auch Kap. 6.4), auch um den Wettbewerber möglichst genau in eine strategische Gruppe oder andere Typologien (siehe Kapitel 5.2.2) klassifizieren zu können.

(d) Fähigkeiten, Stärken und Schwächen

Die Stärken und Schwächen des Wettbewerbers sind ausschlaggebend für seine Fähigkeit (vgl. Porter 1992, S. 97; Dillerup/Stoi 2008, S. 227),

- Strategien erfolgreich umzusetzen, strategische Aktionen durchzuführen oder solche anderer Wettbewerber zu beantworten,
- auf Ereignisse/Entwicklungen in der Branche und deren Umfeld (Gefahren und Gelegenheiten, siehe Kap. 9) angemessen zu reagieren.

Der Inhalt dieser Analyse richtet sich prinzipiell nach dem Aufbau der Stärken-/Schwächen-Analyse, wie sie im nachfolgenden Kapitel 5.3 beschrieben wird. In diesem besonderen Kontext sollten auch die Fähigkeit des Wettbewerbers zur Gewinnung, Auswertung und Interpretation von strategisch relevanten Informationen durch Marktforschung, Competitive Intelligence und Environmental

Monitoring/Forecasting (als Voraussetzung für eine Reaktion) abgeschätzt werden. Ebenso stellt sich die Frage, wie verwundbar der Wettbewerber durch branchenbezogene oder gesamtwirtschaftliche Ereignisse ist und durch welche Schwächen oder Annahmen er an einer schnellen und wirksamen Reaktion gehindert wird (vgl. Porter 1992, S. 103).

Die einzelnen Aspekte der Analyseschritte (a) bis (d) müssen aus den beobachtbaren Aktivitäten und aus weiteren Informationen über die Wettbewerber **geschätzt** werden (vgl. Heil/Bungert 2005, S. 92 ff.). Dazu sind nach Möglichkeit alle relevanten Unternehmensbereiche und Managementebenen des Wettbewerbers zu betrachten und sowohl aktuelle als auch vergangene **Aktivitäten** und **Äußerungen** (z. B. von Managern) mit einzubeziehen. Auch der jeweilige **Umweltkontext** sollte zur Verbesserung der Interpretation der aktuellen Aktivitäten der Wettbewerber herangezogen werden. So führt z. B. eine Beteiligung des betrachteten Wettbewerbers an einem finanzschwachen Unternehmen erst in Verbindung mit der Information, dass es sich hierbei um einen wesentlichen Zulieferer handelt, zur richtigen Interpretation.

Die Wettbewerberanalyse bildet die Grundlage für eine systematische und zielorientierte Sammlung, Verdichtung, Auswertung und Interpretation von Informationen über die bisherige, derzeitige und zukünftige Situation bzw. das Verhalten von Wettbewerbern., der sog. *Competitive Intelligence* (CI, siehe Kap. 9.3.3) – diese erhält durch die oben dargestellten Strukturen und Inhalte der Wettbewerberanalyse einen programmatischen Rahmen.

5.2.2 Wettbewerbliche Verhaltenstypologien

Ein Ziel einer kontinuierlichen Wettbewerberanalyse kann die **Klassifizierung der Wettbewerber** in ein Schema sein, um eine Abschätzung deren zukünftigen Verhaltens zu vereinfachen. In der Literatur werden grundlegende wettbewerbliche **Typologien von Unternehmen** vorgestellt, die – in Verbindung mit bestimmten Grunddispositionen (Marktanteil, Technologieposition etc., aber auch einer bestimmten Unternehmenskultur) – eine Reihe **charakteristischer Verhaltensweisen** und **operativer Strategien** im Wettbewerb umfassen. Eine Auswahl bekannter Typologien findet sich in Abb. 5.2.

Beispielhaft soll hier die Klassifizierung der dominanten wettbewerblichen Dispositionen von Unternehmen auf der Basis ihrer Geschäftsstrategien von **Miles und Snow** (1978) vorgestellt werden. Einige Studien haben diese Klassifizierung validiert: Die Dispositionen waren robust/identisch innerhalb verschiedener Produktlinien eines Unternehmens (vgl. Sudharshan 1995, S. 188) und werden von Macharzina/Wolf (2010, S. 332 f.) auch aus der Position der Geschäftseinheiten in der SPACE-Analyse abgeleitet (siehe Kap. 6.3).

Abb. 5.2: Typologien des wettbewerblichen Verhaltens von Unternehmen

Wettbewerbliche Grundhaltung (Miles/Snow 1978)	Hamel (1996)	Wissenspotenziale (Bierly/Chakrabarti 1996)	Mentalität und Reaktionsprofil (Kotler 2007, S. 1104 f.)
Prospector	Regelmacher	Innovator	„Tiger“
Defender	Regelnehmer	Einzelgänger	Zurückhaltender
Analyzer	Regelbrecher	Ausbeuter	Selektiver
Reactor		Entdecker	Unberechenbarer

Quelle: Eigene Abbildung nach den angegebenen Literaturquellen

(a) Prospector

Operiert in einem breiten Produkt-Markt, der sich periodisch neu definiert. Präferiert dabei eine *First-Mover-Position* bei neuen Technologien und Märkten, auch wenn diese nicht sonderlich profitabel erscheint. Reagiert schnell auf neue Gelegenheiten, was häufig zu einer neuen Runde wettbewerblichen Schlagabtausches führt. Zeigt beträchtliche wettbewerbliche Rivalität/Aggressivität zu Beginn eines Technologie- oder Marktlebenszyklus, oder wenn der Markt durch massive Umweltveränderungen betroffen wird.

(b) Defender

Strebt die Identifikation und Besetzung einer sicheren Position in relativ stabilen Produkt-Märkten an, die sich leicht verteidigen lassen. Bietet in diesen Märkten ein vergleichsweise limitiertes Sortiment an. Versucht, diese Position durch niedrigere Preise, höhere Qualität oder besseren Service aufrechtzuerhalten. Üblicherweise nicht in einer Pionierrolle bei der Entwicklung neuer Produkttechnologien. Tendiert dazu, die Veränderungen in Umwelt und Branche, die ihn nicht direkt betreffen, zu ignorieren. Reagieren eher weniger auf nicht direkt auf sich gerichtete wettbewerbliche Attacken.

(c) Analyzer

Wechselt Produkt-Märkte seltener und langsamer als der Prospector, kümmert sich aber weniger um Stabilität und Effizienz als der Defender. Bietet eine stabile, limitierte Produktlinie an, folgt aber vorsichtig viel versprechenden neuen Entwicklungen in der Branche. Selten ein First-Mover, ist aber typischerweise ein *Early Follower* in einem neuen Markt oder einer neuen Technologie, die eine Verbindung zu seinem bisherigen Geschäft aufweist. Verteidigt sein Kerngeschäft, dringt aber auch in neue Geschäftsfelder ein – entweder mit geringeren Kosten oder höherer Qualität. Bei den Kernprodukten wird eine beträchtliche wettbewerbliche Aggressivität an den Tag gelegt, bei nicht-zentralen Geschäften ist der Analyzer wesentlich weniger kompetitiv.

(d) Reactor

Hat keine ausdefinierte Wettbewerbsstrategie und keine konsistente Produkt-Markt-Orientierung im Vergleich zu den anderen Typen. Nimmt das Risiko neuer Märkte oder Produkte eher weniger in Kauf. Bei der Vermarktung seiner etablierten Produkte ist er weniger aggressiv und reagiert erst, wenn er durch starke Umweltumwälzungen dazu gezwungen wird. Sowohl die Leistung als auch der Vorrat an Ressourcen ist nicht überragend. Wahrscheinlich der Unternehmenstypus mit der geringsten Aggressivität im Wettbewerb.

5.3 Analyse der Position des Unternehmens im Wettbewerb

5.3.1 Erfolgsfaktoren als Basis der Analyse der Wettbewerbsposition

Aus der Position des Unternehmens gegenüber den Wettbewerbern sollen nun Strategien abgeleitet werden, die ein profitables Überleben im Wettbewerb ermöglichen. Ausgangspunkt für die Gestaltung einer erfolgversprechenden Wettbewerbsstrategie ist eine **Analyse der Wettbewerbsvorteile** des Unternehmens auf der Basis einer *Stärken-Schwächen-Analyse* (siehe hierzu detailliert z. B. Dillerup/Stoi 2008, S. 246 ff.). Die Stärken-Schwächen-Analyse beginnt mit der Identifikation von Kriterien für einen Vergleich des Unternehmens mit seinen Wettbewerbern. Hierzu werden sog. **Erfolgsfaktoren** herangezogen, die Einfluss auf die Durchsetzungsfähigkeit im Wettbewerb und damit auf Erfolgsgrößen haben. Unterschieden werden **generelle, marktspezifische** sowie **ressourcen- und kompetenzbasierte Erfolgsfaktoren**.

(a) Generelle Erfolgsfaktoren

Zur Bestimmung der generellen (d. h. für viele Branchen zutreffenden) Erfolgsfaktoren wird in der empirischen Strategieforschung häufig auf das *PIMS-Projekt* (Profit Impact of Market Strategies) verwiesen. Im Rahmen von PIMS werden regelmäßig Daten von ca. 500 Unternehmen erhoben um zu untersuchen, wie sich bestimmte

Faktoren auf Erfolgsgrößen (ROI, Cashflow) auswirken (vgl. Müller-Stewens/Lechner 2005, S. 320 f.; Hungenberg 2006, S. 208 ff.). Einen signifikanten Zusammenhang mit den Erfolgsgrößen weisen bei der PIMS-Untersuchung u. a. folgende Faktoren auf:

- relativer Marktanteil (positiv),
- relative Produktqualität (positiv),
- Innovationsrate (positiv bei hohem Marktanteil, hohem Innovationsgrad),
- Marktwachstum (positiv für ROI),
- Investitionsintensität (negativ).

Diese Erkenntnisse werden u. a. bei der Strukturierung der Portfolio-Planung berücksichtigt (s. Kap. 6). Marktwachstum und Investitionsintensität stellen marktbezogene Erfolgsfaktoren dar, die nicht wettbewerbsbezogen bzw. komparativ, d. h. für alle Unternehmen der Branche gleich ausgeprägt sind.

Auch die am stärksten mit dem ROI korrelierenden Faktoren (Marktanteil, Investitionsintensität) können nur ca. 10 bis 12 % der Streuung des ROI erklären, zudem konnten die Ergebnisse von PIMS bezüglich des Marktanteils von anderen Studien nicht bestätigt werden. Die Korrelationen geben keine Hinweise auf die ihnen zugrunde liegenden Kausalzusammenhänge, auch deshalb ist eine Ableitung allgemein gültiger Marktgesetze aus den Ergebnissen von PIMS problematisch (vgl. Müller-Stewens/Lechner 2005, S. 321 f.).

Nach Stadler (2008, S. 12 f.) bieten folgende **strategische Verhaltensweisen** von Unternehmen eine (tendenzielle) Erklärung für dauerhaften Erfolg:

- Vorrang der Effizienz (i. S. v. Optimierung der bestehenden Geschäftsfelder) vor Innovation (i. S. v. Erschließung neuer Geschäftsfelder),
- sinnvolle/kontrollierte Diversifikation,
- Lernen aus den eigenen Fehlern und denen anderer Unternehmen,
- sparsame Dosierung von Veränderungen.

(b) Marktspezifische Erfolgsfaktoren

Die marktspezifischen Erfolgsfaktoren ergeben sich insbesondere aus den Anforderungen an die Produkte, welche potenzielle Abnehmer als relevante Kauf- bzw. Zufriedenheitskriterien betrachten (vgl. Grünig/Kühn 2002, S. 118). Je besser die Produkte diese Anforderungen erfüllen desto besser ist die Position des Unternehmens im Wettbewerb. Kotler (2001, S. 682 f.) betrachtet daher die Analyse der Kundenbedürfnisse und -wünsche als Schlüssel zum Erkennen von Wettbewerbsvorteilen. So können für ein Schnellrestaurant der Geschmack der Burger und Pommes frites, die Schnelligkeit und Freundlichkeit des Service, aber auch die Sauberkeit der

Toiletten (als Signal für die Hygiene in der Küche etc.) marktspezifische Erfolgsfaktoren sein.

Ein Verständnis der Kundenwünsche mittels einer Analyse der relevanten Faktoren für die Markenpräferenz und die Zufriedenheit der Kunden ist also auch von strategischer Bedeutung. Zur Abschätzung der Bedeutung von Produkteigenschaften und der Präferenz für Eigenschaftsausprägungen werden psychometrische Methoden wie die *Conjoint-Analyse* und die *Multidimensionale Skalierung* angewendet (vgl. Backhaus et al. 2008, S. 535 ff.).

(c) Ressourcen- und kompetenzbasierte Erfolgsfaktoren

Ressourcenorientierte Ansätze führen den Erfolg von Unternehmen im Wettbewerb auf den Umfang und die Einzigartigkeit der Ressourcen und Fähigkeiten (als Basis für Produkteigenschaften) zurück (s. Kap. 4).

5.3.2 Stärken-Schwächen-Analyse

Die relevantesten Erfolgsfaktoren werden nun herangezogen, um das eigene Unternehmen mit den Wettbewerbern zu vergleichen. Durch diesen **Stärken-Schwächen-Vergleich** sollen die kritischen Potenziale und Kompetenzen des Unternehmens **relativiert** werden. Beispiel: Ob das – subjektiv umfangreiche – Budget für F&E wirklich eine Stärke des Unternehmens darstellt, lässt sich nur im Vergleich mit dem Wettbewerber ermitteln. Die ermittelten Stärken bilden die **Basis für die Identifikation von Wettbewerbsvorteilen** und die **Formulierung einer Wettbewerbsstrategie**.

5.3.2.1 Vorgehensweise bei der Stärken-Schwächen-Analyse

Die Erstellung einer Stärken-Schwächen-Analyse für ein Unternehmen oder eine Geschäftseinheit kann in mehrere Schritte unterteilt werden:

Schritt 1: Die relevanten Erfolgsfaktoren (incl. Ressourcen/Fähigkeiten) werden für die betrachtete strategische Geschäftseinheit **identifiziert**. Alternativ ist ein Vergleich entlang einer für die Geschäftseinheit definierten Balanced Scorecard (als Strukturierung von Erfolgsfaktoren, siehe Kap.1) möglich.

Schritt 2: Die identifizierten relevanten Erfolgsfaktoren werden ihrer Wichtigkeit **nach geordnet**. Zur besseren Quantifizierung kann die Relevanz eines Faktors (w_i) auch mit einer Skala bewertet werden (s. Abb. 5.3 – hierbei sollten Abhängigkeitsbeziehungen/Korrelationen von Faktoren berücksichtigt bzw. nach Möglichkeit vermieden werden).

Relevanz und strategischer Wert eines Erfolgsfaktors hängen davon ab,

- ob sich daraus eine **Wettbewerbsstrategie** definieren lässt, genauer in wie weit dadurch ein Nutzenvorteil für den Kunden entsteht oder der Faktor zu einem komparativen Preisvorteil führt (s. Kap. 5.4),
- inwieweit dieser das Unternehmen in die Lage versetzt, auf **Gefahren** und **Gelegenheiten** aus der Umwelt flexibel reagieren zu können,
- inwieweit die betrachteten Ressourcen und Fähigkeiten Einfluss auf **Wettbewerbsvorteile** und die Erreichung von Zielen haben.

Abb. 5.3: Stärken-Schwächen-Vergleich/-Profil

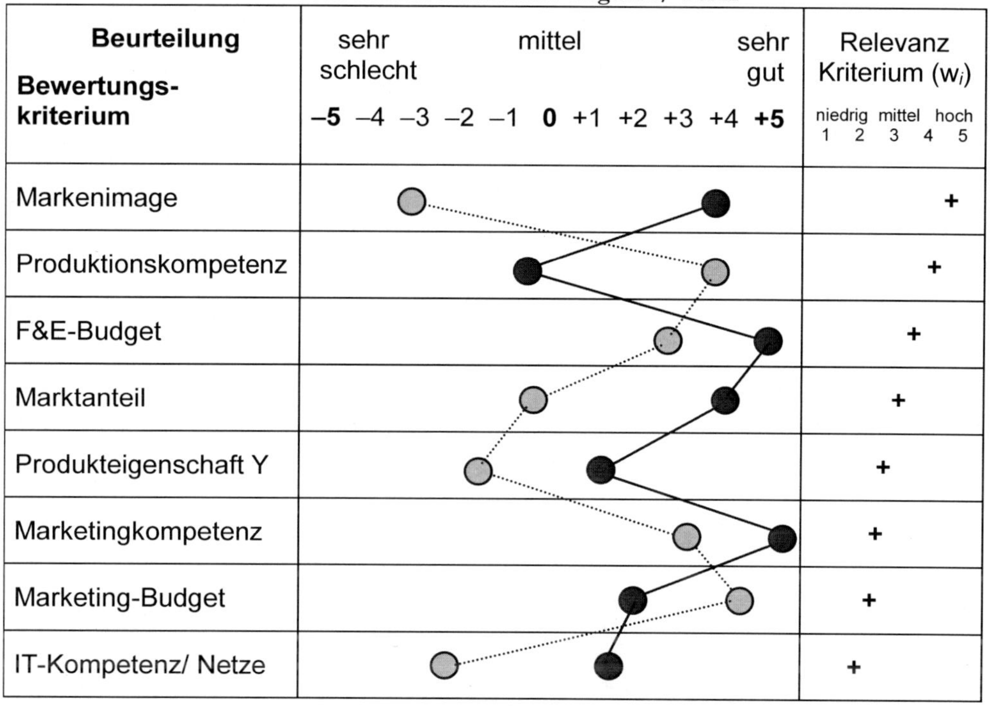

Quelle: Nach Kotler et al. 2007, S. 112 f.; ○ Eigenes Unternehmen ● Stärkster Wettbewerber

Schritt 3: Die aufgelisteten Erfolgsfaktoren werden für das eigene Unternehmen und für den stärksten bzw. relevantesten Wettbewerber bewertet. Zur Transformation der Ausprägung der Faktoren in Punktwerte (a_i) wird eine Skala verwendet (z. B. von -5 bis +5). Der Nullpunkt der Skala kann hierbei z. B. als der Branchendurchschnitt oder die Position eines anderen Wettbewerbers konstruiert werden. Durch Bildung des gewogenen Durchschnitts ($\Sigma_i w_i \cdot a_i$) erhält man einen Gesamtwert, der z. B. in der strategischen Planung (*McKinsey-Portfolio, SPACE-Analyse*; siehe Kap. 6) verwendet wird.

Schritt 4: Die Bewertungspunkte des Unternehmens und des Wettbewerbers werden mit Linien verbunden, um ein sog. **Stärken-Schwächen-Profil** zu generieren, welches das Analyseergebnis optisch verdeutlicht; siehe Abb. 5.4.

Diese Analyse wird ggf. für alle relevanten Wettbewerber durchgeführt. Ergänzend kann auch der hinsichtlich des einzelnen Bewertungskriteriums beste Wettbewerber (sog. *Branchen-* oder *Faktoren-Benchmark*) herangezogen werden, was die Analyse verdichtet (vgl. Dillerup/Stoi 2008, S. 226). Für ein konsequentes *Benchmarking* auf Ebene der Erfolgsfaktoren werden – branchenübergreifend – Best-Practice-Unternehmen zum Vergleich und als Vorbilder herangezogen. Um die relative Dynamik der Entwicklung der Ressourcen des Unternehmens zu beurteilen, wird die Entwicklung der identifizierten kritischen Ressourcen des Unternehmens in der Vergangenheit betrachtet und mit der (typischen/maximalen) Entwicklung in der Branche zu einem Entwicklungsindex zusammengefasst.

Bei der strategischen Unternehmens- und Wettbewerberanalyse handelt es sich um **subjektive Wertungen**, da kein mangelfreier, objektiver Vergleichsmaßstab existiert (sowohl bei der Auswahl, der Gewichtung als auch der Bewertung der Erfolgsfaktoren). Das Stärken-Schwächen-Profil kann insgesamt als Versuch betrachtet werden, die Unternehmensanalyse sachlicher, transparenter und vergleichbarer zu machen (vgl. Welge/Al Laham 2008, S. 409 ff.).

5.3.2.2 Aussagen der Stärken-Schwächen-Analyse

5.3.2.2.1 Strategische Stärken und Wettbewerbsvorteile

Der Vorsprung des Unternehmens bei bestimmten Erfolgsfaktoren (Stärke) kann einen **Wettbewerbsvorteil** begründen. Ein Wettbewerbsvorteil ist:

- *i. e. S.* ein **Merkmal eines Angebots**, das von den Nachfragern im Vergleich zu den Wettbewerbern positiv bewertet wird (vgl. Müller 2007, S. 30), und zu Präferenz, Kundenzufriedenheit und -loyalität führt. Darunter runter fallen auch wahrnehmbare Ressourcen wie bspw. das Markenimage.
- *i. w. S.* auch die **Quelle eines überlegenen Merkmals** des Angebots i. S. v. Fähigkeiten-/Ressourcenvorteilen, die für den Kunden oftmals nicht direkt wahrnehmbar sind (siehe Kap. 4).

Der Wettbewerbsvorteil stellt damit das Kriterium für diejenigen Kompetenzen/ Stärken des Unternehmens dar, auf denen eine **Formulierung der Wettbewerbsstrategie** aufbauen sollte (vgl. Welge/Al-Laham 2008, S. 409). Durch Wettbewerbsvorteile sollen Kundengruppen und Märkte gewonnen und Wettbewerber verdrängt werden (vgl. Dillerup/Stoi 2008, S. 124). Damit eine identifizierte Stärke tatsächlich einen nachhaltigen Vorteil generiert, müssen neben der oben dargestellten Relevanz der Erfolgspotenziale die Kriterien für die Nachhaltigkeit eines Wettbewerbsvorteils erfüllt sein (siehe Kap. 4.2.3).

5.3.2.2.2 Strategische Schwächen und Gegenmaßnahmen

Hat das Unternehmen bei relevanten Erfolgsfaktoren einen Nachteil im Vergleich zum Wettbewerber, sollte zuerst die Notwendigkeit zur Behebung der so identifizierten Schwäche (analog der Relevanz des Erfolgsfaktors) eingeschätzt werden. Bei geringer Relevanz der Schwächen sollte sich das Unternehmen ggf. ausschließlich auf seine identifizierten Stärken konzentrieren. Sind die Schwächen jedoch von größerer Bedeutung, können folgende Strategien zu deren Behebung in Betracht gezogen werden:

- **Kooperation**, z. B. in Form von *strategischen Allianzen*,
- **Benchmarking** durch Orientierung an den bezüglich der Aufstellung bei diesen Faktoren besten Unternehmen,
- **Zukauf** der notwendigen Ressourcen und Fähigkeiten,
- **Neutralisierungs-/Umwandlungsstrategien** im Rahmen der TOWS-Analyse (s. Kap. 6). Diese sind situationsspezifisch kreativ zu entwickeln.

Speziell bei den ersten beiden Aspekten muss die Übertragbarkeit der Stärken anderer auf das Unternehmen berücksichtigt werden, es kommen wieder die in Kap. 4 ausgeführten Kriterien der Einzigartigkeit zum Tragen.

Begriff | **Kooperationen und strategische Allianzen**

Kooperationen mit anderen Unternehmen sind eine fundamentale strategische Maßnahme, um Schwächen zu neutralisieren, Kompetenzen zu verknüpfen, Wettbewerbsvorteile und damit -positionen auf- und auszubauen, und Wachstumsstrategien (Internationalisierung, Innovation) zu realisieren. Sie sind ein vielschichtiges Phänomen, das in unterschiedlichen Formen (bi-, multilaterale, einfache und komplexe Netzwerke) und Bindungsintensitäten vom Erfahrungsaustausch über *strategische Allianzen* bis hin zu *Joint Ventures* (mit Kapitalbeteiligungen der beteiligten Partner, z. B. Fujitsu und Siemens) und Gemeinschaftsunternehmen auftreten kann.

Strategische Allianzen basieren (lediglich) auf vertraglichen Regelungen und sind durch eine langfristige, aber zeitliche begrenzte Zusammenarbeit gekennzeichnet, wobei die Partner typischerweise rechtlich selbständig bleiben. Sie haben in den letzten Jahrzehnten zugenommen, besonders häufig werden sie in der Automobilbranche (Mercedes und Renault, BMW und PSA) und der Luft- und Raumfahrtindustrie (bei Airlines: Star Alliance, Skyteam und oneworld) beobachtet. Weitere Gründe neben der Kompensation eigener Schwächen durch die Stärkenpotenziale der Allianzpartner sind die Nutzung von Synergie- und Skaleneffekten und die Teilung von Kosten und Risiken (z. B. der Entwicklung von Technologien). Typische Formen strategischer Allianzen in der Realität sind entsprechend die Markterschließungsallianz (z. B. Eintritt in bestimmte Ländermärkte), die Volumenallianz (zur Gewinnung einer kritischen Produktionsmenge), Risk-/Burden-Sharing-Allianzen, sowie das Kombinieren von Kompetenzen durch z. B. Co-Marketing (z. B. Kooperation eines Automobilanbieters mit einer Versicherung oder Bank).

Probleme strategischer Allianzen entstehen bei der Auswahl der Partner, durch das Preisgeben von Informationen/Know-how an Wettbewerber, den Verlust der Entscheidungsfreiheit sowie bei der Erfolgszurechnung und -verteilung, die häufig (in ca. 50 % der Fälle) zu einem frühen Scheitern der Allianz führen. Erfolgsfaktoren für eine strategische Allianz sind daher die Kompatibilität der Visionen und Ziele der Partner, ein Gleichgewicht zwischen Anreiz und zu leistendem Beitrag, eine genaue Prüfung der Synergiepotenziale, eine hohe Flexibilität der Kooperation bei sich ändernden Umweltverhältnissen, sowie die Vorteilhaftigkeit der Allianz gegenüber anderen Alternativen. Im Vergleich zu *Mergers und Acquisitions* (M&A, siehe Kap. 7) haben strategische Allianzen zumeist geringere Probleme hinsichtlich Ressourcenbindung, Kartellvorschriften und unterschiedlicher Unternehmenskulturen.

Quelle: Nach Morschett 2003, S. 279 ff.; Raffée/Eisele, 1993

Begriff **Benchmarking**

Benchmarking bezeichnet einen zielgerichteten Vergleich von Unternehmen, um das Beste als Referenz zur Leistungsoptimierung zu nutzen (Benchmark = Bezugsgröße). Es ist einer der schnellsten und effektivsten Wege, praxiserprobtes externes Wissen in ein Unternehmen zu integrieren – und daher eine der am häufigsten eingesetzten Managementtechniken. Dazu müssen bessere Konzepte, Methoden und Praktiken/Prozesse (speziell *Best Practices*) identifiziert, verstanden und auf die eigene Situation angepasst werden. Die erste Phase des Benchmarking-Prozesses ist entsprechend die Vergleichsphase (*quantitatives Benchmarking*), bei der durch Datenerhebung und Rankingbildung *Best Performer* als Referenzen ermittelt werden. In der Umsetzungsphase (*qualitatives Benchmarking*) werden deren Konzepte bzw. Prozesse analysiert, *Best Practices* abgeleitet und Aktionspläne zur Umsetzung von Verbesserungsansätzen im eigenen Unternehmen erstellt. Als Grundtypen werden – anhand der Referenzobjekte – internes, wettbewerbliches, funktionales und generisches (branchen-/funktionsübergreifendes) Benchmarking unterschieden.

Quelle: Vgl. Camp, 1994; Kuhn 2007, S. 12

5.3.2.3 Relevanz und Problemfelder der Stärken-Schwächen-Analyse

Die Stärken-Schwächen-Analyse bildet eine **wichtige Basis für weiterführende strategische Ansätze** (insbes. der *Wettbewerbsstrategie*) **und Planungstechniken** (*SWOT-Analyse, McKinsey-Portfolio, SPACE-Analyse*). Bei der Erstellung einer Stärken-Schwächen-Analyse treten häufig folgende Probleme auf:

(a) Informationsdefizite und Prognoseproblematik

Die zur Identifikation der Erfolgsfaktoren und der relativen Position des Unternehmens notwendigen Informationen sind sehr umfangreich und häufig aufwändig in der Beschaffung. Bei **proaktiver** Vorgehensweise muss zudem die Veränderung der Relevanz einzelner Erfolgsfaktoren (z. B. Kundenpräferenzen) und die zukünftige Position der Wettbewerber antizipiert werden.

(b) Mangelnde Objektivität

Die Aufstellung der Kriterien, die Einschätzung deren Relevanz sowie die Bewertung der Position der Unternehmen bei den Kriterien durch Unternehmensangehörige unterliegen typischerweise subjektiven Verzerrungen – diese Schritte sollten daher ggf. von neutralen Dritten vorgenommen werden.

(c) Unabhängigkeit der Kriterien

Die für die Stärken-Schwächen-Analyse herangezogenen Erfolgspotenziale sollten möglichst unabhängig, d. h. keine Zuspieler bzw. Folgen eines anderen Kriteriums (wie bspw. Marktanteil und Kostenposition) sein.

5.4 Wettbewerbsstrategien

5.4.1 Generische Wettbewerbsstrategien

5.4.1.1 Begriff und Arten generischer Wettbewerbsstrategien

Eine *Wettbewerbsstrategie* beschreibt Maßnahmen, die einer strategischen Geschäftseinheit den Aufbau einer **vorteilhaften und verteidigungsfähigen Position** in einer Wettbewerbsarena (Branche/strategische Gruppe) ermöglichen sollen. In diesem Sinne ist eine Wettbewerbsstrategie eine **Anpassung an das Wettbewerbsumfeld**, d. h. an die identifizierten Stärken und Schwächen der Wettbewerber sowie die wettbewerbsrelevante Struktur der Branche.

Die im Folgenden dargestellten *generischen* (i. S. v. Erfolg versprechende) *Wettbewerbsstrategien* nach M. E. Porter sind langfristig angelegte, auf eine **Kostenführerschaft** oder **Differenzierung vom Wettbewerber** fokussierende Nutzungen der Stärken bzw. Wettbewerbsvorteile eines Unternehmens. Dabei soll das Unternehmen bzw. dessen Angebot so positioniert werden, dass der **Wert der Wettbewerbsvorteile maximiert** wird (vgl. Porter 1992, S. 78) – sie sind damit auch ein Erklärungsansatz für überdurchschnittliche Gewinne bei **einzelnen Unternehmen** einer Branche. Eine weitere Facette der Wettbewerbsstrategie ist die **Umsetzung von Wettbewerbsvorteilen am Markt**. Die unterschiedlichen Arten der generischen Wettbewerbsstrategie ergeben sich aus einer Matrix, die durch die zwei fundamentalen strategischen Vorteile, **Differenzierung** (Einzigartigkeit der Qualität aus Sicht des Käufers) und **Kostenvorteile**, sowie den Extremen der Marktabdeckungsstrategie (siehe Kap. 3), die differenzierte bzw. konzentrierte Marktabdeckung, gebildet wird.

Abb. 5.4: Wettbewerbsstrategien nach Porter

		Wettbewerbsvorteil	
		Differenzierung (Einzigartige Qualität)	Kostenvorteile
Grad der Marktabdeckung	Targeting aller/der Mehrzahl der Marktsegmente	**Differenzierung gegenüber den Wettbewerbern**	**(Umfassende) Kostenführerschaft**
	Fokussierung auf ein Segment/einen Teil des Marktes	**Differenzierungs- fokus**	**Kostenfokus**

Quelle: Eigene Darstellung nach Porter (1992, S. 12)

5.4.1.1.1 Strategie der Kostenführerschaft

Die Strategie der Kostenführerschaft wird dann realisiert, wenn das Unternehmen die **tiefsten Stückkosten** aller Wettbewerber einer Branche aufweist. Sie kann daher im Prinzip nur von **einem** Unternehmen erfolgreich verfolgt werden. Zu Realisierung der Kostenführerschaft ist die Wertschöpfung so zu strukturieren, dass ein Kostenvorteil entsteht (vgl. Porter 1992, S. 63). Dies erfordert eine konsequente **Kapazitätserweiterung** (durch *Wachstumsstrategien*, z. B. Internationalisierung) in Verbindung mit einer ständigen, **komparativ besseren Ausnutzung von Ansatzpunkten für Kosteneinsparungen** entlang der Wertkette, also in allen Unternehmensfunktionen. Ansatzpunkte zur Erreichung geringerer komparativer Kosten sind:

(a) Economies of Scale

Größenbedingte Kostendegression: Aufgrund der **zunehmenden Betriebsgröße** sinken die Stückkosten, wenn folgendes gegeben ist (vgl. Welge/AL-Laham 2008, S. 519 ff.):

- unterproportional steigende Fixkosten (**Fixkostendegression**),

- rationellere Durchführung von Aktivitäten der Wertkette (**Produktions- und Managementtechnologie**, bspw. *Lean Production* oder TQM),
- Erhöhung der **Kapazitätsauslastung** bei hoher Fixkostenintensität.

Hintergrund **Economies of Scale und Minimum Efficient Scale**

Das Phänomen der Economies of Scale ist in sehr vielen Branchen empirisch untersucht und nachgewiesen worden. Die Produktionstechnologie und die Kostenstruktur in allen Bereichen des Unternehmens bestimmen den Verlauf der Kostendegression einer Branche. Dadurch haben größere Unternehmen typischerweise Kostenvorteile, sog. Größenvorteile, gegenüber kleineren Unternehmen. Es gibt jedoch – abhängig von der Produktionstechnologie und der Nachfragerstruktur – Ausnahmen wie z. B. Zahnärzte oder die Herstellung von Computern.

Wenn es Economies of Scale in der Branche gibt und die zusätzlichen Kosten für große Unternehmen (Strukturierungskosten, „Overhead“) überkompensiert werden, so ist dies ein zentraler Grund dafür, dass die Unternehmen einer Branche dazu tendieren, zu wachsen. Der Begriff Minimum Efficient Scale (MES) bezeichnet in diesem Zusammenhang die Annahme, dass es eine kostenminimale (also ideale) Betriebsgröße gibt, ab der die Kosten aufgrund der zunehmenden Komplexität wieder ansteigen (sog. *Komplexitätskosten*), siehe Abb. 5.5. Durch die MES wird auch bestimmt, wie viele Unternehmen in einer Branche kostenoptimal produzieren (und dadurch längerfristig überleben) können – Economies of Scale begründen dadurch auch Markteintrittsbarrieren. Insgesamt können die Größenvorteile durch Economies oft Scale als eine weitere zentrale Gesetzmäßigkeit einer Branche betrachtet werden, die auch Einfluss auf die Wettbewerbsintensität (durch das Streben kostenorientierter Unternehmen nach mehr Marktanteil) haben kann.

Abb. 5.5: Kostenverlauf und Minimum Efficiency Scale (MES)

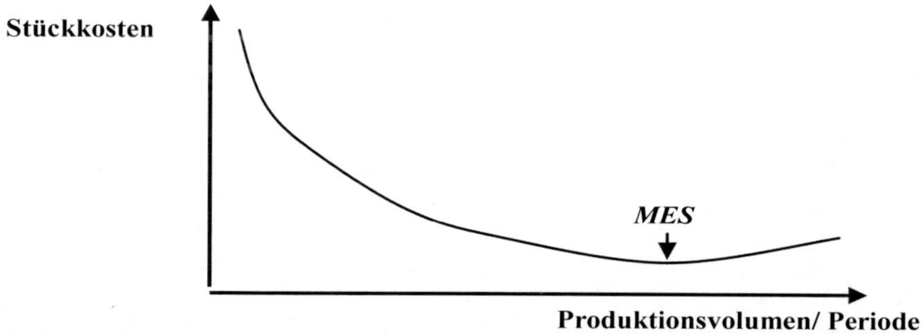

Quelle: Vgl. Jarillo (2005, S. 51 ff.)

(b) Lerneffekte (*Lernkurve*)

Bei stark repetitiven Tätigkeiten im Fertigungsbereich treten **Lerneffekte** auf (individuell bei den Mitarbeitern oder die erfahrungsgestützte Entwicklung effizienterer Produktionsanlagen), die sich kostensenkend auswirken.

(d) Economies of Scope

Economies of Scope entstehen durch effizienteren Einsatz von Ressourcen aufgrund einer **Verbreiterung der Unternehmensaktivitäten** (z. B. durch Erschließung neuer Marktsegmente) in Verbindung mit einer **produktionsbezogenen Verflechtung** zwischen Geschäftseinheiten. Diese Effekte können in F&E, Marketing und der Produktion auftreten, z. B. durch die Nutzung von Gleichteilen bei unterschiedlichen Marken eines Unternehmens (z. B. die *Plattformstrategie* von VW; vgl. Müller-Stewens/Lechner 2005, S. 386).

(e) Vorteilhafter Zugang zu Input-Faktoren

Mit zunehmender Größe/Abnahmemenge erhöht sich die **Einkaufsmacht** i. S. einer besseren Verhandlungsposition und Nutzung der Wettbewerbskräfte in den Märkten der Zulieferer. Es ergeben sich u. U. bessere Möglichkeiten zum **Global Sourcing** und zur Ausnutzung **standortbedingter Kostenvorteile** (Lohnkostenniveau etc.)(vgl. Porter 1992, S. 64).

(f) Eingeschränkter Leistungsumfang der Produkte („No Frills")

- Geringe Anzahl von Produktlinien/Breite des Produktprogramms,
- geringe Produktdifferenzierung/Tiefe des Produktprogramms,
- niedriges Niveau von Beratung und Kundendienst,
- niedriges allgemeines/technisches Qualitätsniveau,
- niedriges Niveau emotionaler und symbolischer Leistungsbestandteile.

Die angebotene, reduzierte Leistung muss dabei für ein breites Spektrum von Kunden mindestens akzeptabel sein, siehe unten am Beispiel Fluglinien.

Einen produktorientierten Ansatz zur Umsetzung von Kostensenkungspotenzialen bietet das *Target-Costing*; hierbei wird das Produkt so gestaltet, dass es bei vorgegebenem Absatzpreis/Kosten den Nutzen der Kunden maximiert.

(g) Die gewählte Timing-Strategie (des Markteintritts: Pionier/Folger)

Folgerstrategien haben zumeist geringere Kosten der Produktentwicklung und Markterschließung. Zudem erreichen Folgerunternehmen häufig zusätzlich eine schnellere Kostendegression bei zunehmenden Produktionsmengen und können moderne Managementtechniken einfacher implementieren.

Beispiel **Kostenführerschaft: Timing, reduzierte Leistungen und Managementtechniken bei Billigfluglinien**

In manchen Branchen haben spät eintretende Unternehmen auch dadurch Vorteile, dass sie modernere Managementtechniken anwenden können. Ein Beispiel sind die Low Cost Airlines Southwest, Ryanair und Easyjet. Diese Unternehmen haben Arbeitsmethoden entwickelt (kurze Bodenzeiten, keine Platzreservierungen, keine Flugklassen und kein Essen an Bord, Ticketautomaten am Terminal, Beschränkung auf Boeing 737 Flugzeuge mit günstigen Wartungskosten), die sehr viel kosteneffizienter sind als die der etablierten Fluglinien. Die Etablierten können diese Managementtechniken aufgrund der Struktur ihrer Aktiva, der Unternehmenskultur und gewerkschaftlichen Verträge zumindest kurzfristig nicht imitieren, was Billigfluglinien eine hohe Rentabilität ermöglichen kann. Der Versuch von Continental Airlines, die Kostenführerschaftsposition von Southwest Airlines mit der Kampfmarke „Continental Lite" nachzuahmen, scheiterte u. a. an der gemischten Flotte von Flugzeugen und am aufwändigen Vertrieb über Reisebüros.

Quellen: Vgl. Jarillo (2005, S. 62); Porter (2008, S. 111)

Die Kostenführerschaft definiert sich in ihrer Grundform über eine Unternehmenseigenschaft auf der Ressourcenebene. Nach Porter (1992, S. 63) ermöglichen Kostenvorteile einem Unternehmen höhere komparative Gewinne – wenn dazu ein Preis nahe am Durchschnitt der Branche erzielt werden kann. Zu einem Wettbewerbsvorteil und damit einer vorteilhaften Wettbewerbsposition führt der Kostenvorteil aber erst, wenn dieser – insbesondere durch einen niedrigeren Kaufpreis – **ein Angebot ermöglicht, das vom Nachfrager bevorzugt** wird. Die Wettbewerbsstrategie wird in diesem Kontext dann als „Preisstrategie" oder „Preisführerschaft" in Verbindung mit einer Niedrigpreisposition bezeichnet (vgl. Müller 2007, S. 34; Backhaus/ Scheider 2007, S. 78 ff.). Die Preisstrategie ermöglicht dem Kostenführer attraktive Angebote für preissensible Nachfrager, die in vielen Märkten ein großes Marktsegment darstellen. Dieses Segment wächst durch die erhöhte Markttransparenz (durch das Internet oder Preisvergleichs-Apps von Mobiltelefonen) und die Tendenz vieler Haushalte, die Kosten der Grundversorgung möglichst günstig zu halten (vgl. Simon/Fassnacht 2009, S. 37).

Beispiele für Kostenführer (auch i. S. v. Preisführern) sind Aldi und H&M, da diese viele/alle Arten (Marktabdeckung) von Nahrungsmitteln oder Kleidung zu (in Relation zur Qualität) geringen Preisen anbieten. Das Zustandekommen von Kostenvorteilen bei diesen Unternehmen ist aber z. T. durchaus komplex, so führt Aldi nur wenige Sorten einer Produktkategorie, bewirbt seine (günstig zugekauften) Handelsmarken nicht individuell und hat eine mehrfach höhere Kapitalumschlagshäufigkeit als konventionelle Supermärkte.

Abb. 5.6: Potenzielle Vor- und Nachteile der Kostenführerschaft

Vorteile	Nachteile und Gefahren
Eine starke Kostenposition führt zu einer Verbesserung der Wettbewerbsposition, da sich die SGE einen preispolitischen Spielraum verschafft, der die Abhängigkeit sowohl von Kunden als auch von Lieferanten reduziert.	Technologische Veränderungen (Produkt-/ Produktionstechnologie) können den Kostenvorsprung obsolet werden lassen. Kostenvorteile sind oft temporärer Natur, da sie typischerweise einfach kopiert werden können. Sie können dann nur durch ständige Investitionen in neueste Technologie aufrechterhalten werden.
Der Kostenführer ist auch bei intensivem Preiswettbewerb noch profitabler als die Wettbewerber.	Eine starke Spezialisierung auf kostenorientierte Produkt- und Verfahrenstechnologien führt ggf. zu Innovationsfeindlichkeit bei den Produktangeboten und mangelnder Flexibilität bei der Anpassung an veränderte Marktbedingungen.
Kostenvorteile stellen Markteintrittsbarrieren dar und senken durch die Preissenkungsmöglichkeit die Gefahr durch Substitutionsgüter.	Verfolgen mehrere Unternehmen die Strategie der Kostenführerschaft, führt die Fokussierung auf Marktanteile zur Erreichung von Economies of Scale und die Anwendung kostensenkender Managementtechniken in ein dynamisches *Nullsummenspiel*, bei dem sich die Unternehmen immer schneller nachahmen. Dabei werden Unternehmen versuchen, jede Quelle von möglichen Kostenvorteilen aufzuspüren und vollständig auszureizen.
	Die typische mangelnde Bindung der Kunden an die Marken führt dazu, dass der Kostenvorteil im Kostenführerschaftswettbewerb als Preisnachlass an die Kunden weitergegeben werden muss, da sich diese bei jeder Kaufentscheidung hauptsächlich am Preis orientieren. Auch dadurch steigt die Gefahr von Preiskriegen – selbst Unternehmen, die kostensenkende Managementtechniken erfolgreich anwenden, klagen über nachlassende Erträge.

Quelle: Eigene Darstellung nach Welge/Al-Laham (2008, S. 523 f.); Porter (2008, S.109)

5.4.1.1.2 Strategie der Differenzierung/Qualitätsführerschaft

Die Strategie der Differenzierung besteht in einer branchenweiten **Alleinstellung** des Produkts/der Marke gegenüber den Wettbewerbsangeboten (aus der Perspektive des Kunden). Dies wird auch als **Qualitätsführerschaft** bezeichnet, bei der im anzustrebenden Idealfall die Alleinstellung eine **einzigartige Positionierung** ermöglicht (i. S. v. Verankerung eines definierten Nutzenvorteils in Abgrenzung zu den Wettbewerbern im Kopf des Kunden)(vgl. Porter 2008, S. 106 ff.). Eine Qualitätsführerschaft kann mit hohen relativen Preisen einhergehen, definitionsrelevant ist aber die Schaffung der Präferenz des Kunden für die Marke (vgl. Becker 2001, S. 180). Die Qualitätsführerschaft ist typischerweise mit einem **kleinen Marktanteil** verbunden, da sie häufig ein **exklusives Markenimage** voraussetzt, das mit einem hohen Marktanteil unvereinbar ist (vgl. Welge/Al-Laham 2008, S. 526). Die Alleinstellung/Einzigartigkeit kann unterschiedliche Grundlagen haben, insbesondere:

- **Produkteigenschaften**: höherer Grad der Befriedigung von Kundenbedürfnissen durch bessere technische Produktqualität, oft auf der Basis von Innovationen (*Zeitführerschaft*, vgl. Backhaus/Schneider 2007, S. 140 ff.),
- **Garantie- oder Serviceleistungen** (Verringerung des Kauf- und Gebrauchsrisikos, Sicherung der Nutzenerwartung): Hierunter fällt auch wertsteigernder produktbegleitender Service wie Wartung, Schulung etc. (s. Kap. 7.1),
- **Design** (ästhetische Produktqualität, Zusatznutzen),
- **Markenimage**: Präferenz gegenüber den Konkurrenzprodukten aufgrund der psychologischen oder sozialen Eigenschaften der Marke,
- **Produktdifferenzierung**: große oder gut definierte Auswahl an Varianten des Produkts durch gezielte Segmentierung/Marktabdeckung (*Varietätsstrategie*, vgl. Porter 2008, S. 111),
- **Distribution**: spezielle, oft exklusive Formen des Kundenzugangs häufig in Verbindung mit extensiver Beratung (vgl. Porter 2008, S. 113).

Ein Analyse der Differenzierungsmöglichkeiten kann an den **Kaufmotiven** der Kunden ansetzen, z. B. der Bedürfnissystematik von Maslow, allgemeinen Konsummotiven (vgl. Trommsdorff/Heine 2008, S. 1671 f.) oder spezifischen Bedürfnissen bezüglich der Produktkategorie (z. B. Zahnpasta: Karies vorbeugen, weiße Zähne, frischer Atem). Je besser das Unternehmen die häufig komplexen Bedürfnisstrukturen der Kunden versteht, desto genauer kann eine Differenzierungsstrategie definiert werden (vgl. Porter 2008, S. 113). Ein ergänzender Ansatz zur Identifikation von Differenzierungsansätzen sind die Elemente der **Wertkette** (vgl. Welge/Al-Laham 2008, S. 524), die sich in bestimmten Ausprägungen relevanter Produkteigenschafen niederschlagen.

Beispiele für Unternehmen mit Qualitätsführerschaft und breiter Marktabdeckung sind Automobile von Mercedes (Image), Kleidung von Boss (Stoffqualität, Schnitt), Braun Elektrogeräte (Design) sowie Miele Haushaltsgeräte (Langlebigkeit). Zu Vor- und Nachteilen der Differenzierung siehe Abb. 5.7.

Abb. 5.7: Potenzielle Vorteile und Nachteile der Differenzierung

Vorteile	Nachteile und Gefahren
In einem Markt mit komplexen Kundenbedürfnissen und subjektive Nutzenvorstellungen existieren mehrere Ansatzpunkte für eine Differenzierungsstrategie, im Gegensatz zur Kostenführerschaftsansatz ist so profitable Koexistenz möglich.	Das differenzierende Merkmal wird obsolet, d. h. • kommt aus der Mode, • veraltet in technischer Hinsicht.
Eine Differenzierungsstrategie zielt im Kontext der Wettbewerbskräfte auf eine Verringerung der Verhandlungsmacht der Kunden und eine Abschirmung gegenüber einer intensiven Rivalität zwischen den Wettbewerbern durch eine Verringerung der Kreuzpreiselastizität ab: • Die von Qualitätsführern angebotenen Produkte sind häufig wenig homogen; • Kunden werden durch die Einzigartigkeit (Image etc.) an die Marke gebunden; dadurch entstehen Wechselkosten.	Vernachlässigung der Kostenposition mit dem Ergebnis, dass der Preisnachteil aus Sicht der Kunden größer als der Nutzenvorteil wird. Das Marktvolumen eines Premium-Segments kann sensibel gegenüber konjunkturellen Schwankungen sein.
Die (schwer imitierbare) Einzigartigkeit des Produkts schafft Eintrittsbarrieren in die strategische Gruppe (die typischerweise höher sind als bei der Kostenführerschaft).	Nachahmer vermindern im Laufe der Branchenevolution die Differenzierungsvorsprünge der etablierten Qualitätsführer (siehe *sequenzielle hybride Wettbewerbsstrategie*).
Durch die hohen Ertragsspannen werden Kostenaspekte weniger relevant, was ggf. zu einem kooperativeren Verhältnis mit den Zulieferern führt.	
Häufig gehen starke Innovationsneigung und hohe Anpassungsfähigkeit an geänderte Markt- und Wettbewerbssituationen mit einer Differenzierungsstrategie einher.	

Quelle: Eigene Darstellung basierend auf Welge/Al-Laham (2008, S. 526 f.)

5.4.1.1.3 Differenzierungs- und Kostenfokus

Die *Fokusstrategie* basiert auf der Konzentration der Aktivitäten auf eine bestimmten **Abnehmergruppe**, einen **begrenzten geografischen Markt** oder eine **enge Produktlinie** (vgl. Porter 1992, S. 67), die auch als **Marktnische** bezeichnet werden. In dieser Nische kann dann ein **Differenzierungs-** oder **Kostenfokus** verfolgt werden.

Voraussetzung für eine Nischenstrategie ist die Segmentierbarkeit des Marktes (i. S. v. Differenzierungspotenzial).

Ein zentrales Risiko der Nischenstrategie besteht darin, dass die in der Nische angebotenen Produkte von Marktführern imitiert und auf dem Gesamt-markt angeboten werden. Royal Crown bot die ersten Diät-, Light- und entkoffeinierte Colas an, was aufgrund des großen Erfolges von Pepsi und Coca-Cola schnell imitiert wurde (vgl. Welge/Al-Laham 2008, S. 321). Wenn keine produktionstechnischen Synergien (zur Erreichung von MES) existieren oder die Marktgröße die erforderlichen Investitionen nicht rechtfertigt, sind große Unternehmen aber oft nicht an einem Eintritt in die Nische interessiert (vgl. Jarillo 2005, S. 60). Andere Vor- und Nachteile entsprechen den bereits dargestellten Grundstrategien. Beispiele für Differenzierungsstrategien in Nischen sind Bang & Olufsen bei höherpreisigen Audio-Video-Lösungen (Design), oder Ferrari und Aston Martin bei Automobilen (u. a. Exklusivität).

Kostenorientierte Nischenstrategien sind eigentlich ein Widerspruch, da gerade durch eine Abdeckung des gesamten (globalen) Marktes Economies of Scale entstehen. Eine Interpretation des Kostenfokus wäre die Spezialisierung auf besonders **preissensible Segmente**, wie bspw. der Bekleidungsdiscounter KIK; eine anderes Beispiel wäre IKEA mit der Fokussierung auf die Familienlebenszyklusgruppe junge Paare/Familien (vgl. Porter 2008, S. 111).

5.4.1.2 Kritische Betrachtung generischer Wettbewerbsstrategien

Das Resultat einer konsequent verfolgten Wettbewerbsstrategie ist eine einzigartige Wettbewerbsposition, d. h. ein besonderer Platz in der Wahrnehmung der Kunden. Diese garantiert aber noch **keinen dauerhaften Vorteil**:

- Eine Wettbewerbsposition mit hoher Rentabilität lockt Konkurrenten an, die zugrunde liegende Wettbewerbsstrategie zu imitieren. Nach Porter (2008, S.115) schützt eine eindeutige und konsequent verfolgte Wettbewerbsstrategie aber häufig vor Nachahmern (siehe hierzu Kap. 5.3).
- Massive Veränderungen von Kundenbedürfnissen oder Technologien gefährden die (eher statisch angelegte) generische Wettbewerbsstrategie.
- Es ist für Unternehmen oft nicht möglich, eine neue Wettbewerbsposition aufzubauen, ohne die bisherige aufzugeben (siehe das Beispiel von Continental Light) – sie sind häufig in ihrer Wettbewerbsstrategie gefangen.

Praxis	**Konsequente Umsetzung der Positionierung am Beispiel Neutrogena**

Neutrogenas Differenzierungsfokus zielt darauf ab, hautfreundliche Seifen anzubieten (PH-neutral, keine Parfümstoffe oder Hautweichmacher). Dadurch verursachte Einbußen in der Produktionseffizienz wurden ebenso in Kauf genommen wie mangelnde Anpassung an die Wünsche mancher Kunden, um dem Produkt die gewünschten Qualitätsmerkmale zu geben. Um die Positionierung zu festigen konzentrierte sich der Vertrieb anfänglich auf Apotheken und Dermatologen, und ließ Supermärkte unbeachtet. In dieser Reihe von kalkulierten Abwägungen (*Trade-offs*) ist der Versuch erkennbar, die Positionierung vor Nachahmern zu schützen.

Quelle: Vgl. Porter (2008, S. 115)

Abb. 5.9 verdeutlicht die Zusammenhänge nochmals: Unternehmerische Ressourcen und Fähigkeiten, relevante Erfolgsfaktoren in besonderem Maße auszufüllen, führen zu Wettbewerbsvorteilen, die durch eine Wettbewerbsstrategie in eine einzigartige Positionierung im Markt umgesetzt werden. Dies führt wiederum zu einem höheren Niveau der Erfolgsgrößen. Die erzielten Gewinne werden zur Sicherung oder zum Neuaufbau des Wettbewerbsvorteils investiert. Marktcharakteristika und Branchenstrukturen moderieren diese Zusammenhänge als externe Erfolgsfaktoren. Dieser Zusammenhang kann als Konkretisierung des klassischen *Structure-Conduct-Performance-Paradigmas*, erweitert um Ressourcen- und Kompetenzansätze, betrachtet werden.

Abb. 5.8: Die Elemente der Wettbewerbsstrategie

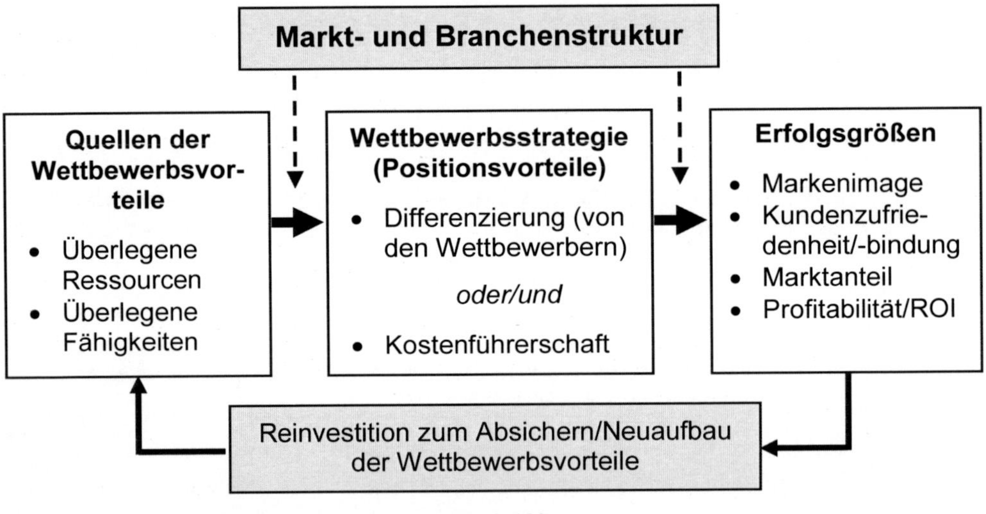

Quelle: Eigene Darstellung nach Sudharshan (1995, S. 193)

5.4.2 Hybride Wettbewerbsstrategien

Nach Porter sind Qualitäts- und Kostenführerschaftsstrategie unvereinbar, da sie auf entgegen gesetzten Marktanteilspositionen beruhen (sog. *Konvexitätshypothese*). Diese

Annahme beruht auf der empirischen Grundlage von Porters Ansatz, die einen U-förmigen Zusammenhang („U-Kurve") zwischen Marktanteil und Erfolgsgrößen von Unternehmen postuliert (vgl. Porter 1992, S. 73). Ebenso wird argumentiert, dass bei der Differenzierungsstrategie höhere Kosten bewusst akzeptiert werden, was unvereinbar mit einem Kostenführerschaftsansatz ist (*Konsistenzhypothese*, vgl. Welge/Al-Laham 2008, S. 534 f.). Diese einfache dichotome Sicht wird den aktuellen Markt- und Produktionsbedingungen jedoch nicht gerecht (vgl. Meffert 2005, S. 271). Für Pearce/Robinson (2003, S. 249) besteht die zentrale strategische Herausforderung für die Manager nun darin, beide Formen grundsätzlicher Wettbewerbsvorteile gleichzeitig zu verwirklichen. Erkenntnisse aus der Managementforschung lassen darauf schließen, dass Unternehmen Kombinationen der generischen Strategietypen erfolgreich anwenden, die *hybriden Wettbewerbsstrategien* (vgl. Welge/Al-Laham 2008, S. 538 f.). Für die Verfolgung einer hybriden Wettbewerbsstrategie ist ein mehrdimensionaler Wettbewerbsvorteil notwendig, was eine Preissenkung bei gleichzeitiger Differenzierung vom Wettbewerber ermöglicht (vgl. Backhaus/Schneider 2007, S. 160; Hungenberg 2006, S. 195). Zudem soll eine Kombination aus Kaufpreis und nichtpreislichen Merkmalen für die Kaufentscheidung der Kunden ausschlaggebend sein. Bei den hybriden Wettbewerbsstrategien werden **sequenzielle** und **simultane** Ansätze unterschieden (vgl. Fleck 1995, S. 46 ff.):

(a) Sequenzielle hybride Wettbewerbsstrategien

Bei sequenziellen hybriden Wettbewerbsstrategien wird zuerst eine Kostenführerschaft entwickelt, und anschließend eine Differenzierungsstrategie verfolgt (bzw. umgekehrt). Die Grundtypen sequenzieller Hybride sind:

- **Präventives Outpacing**: Innovatoren bemühen sich – unter zunehmendem Preisdruck durch Me-too-Produkte – um Kostensenkung.
- **Proaktives Outpacing**: Imitatoren, bei denen das Kostensenkungspotenzial ausgereizt ist, fangen an, differenzierte Produkte anzubieten.

Das Ergebnis ist eine hybride Wettbewerbsposition, in der Unternehmen sowohl Kosten- als auch Differenzierungsvorteile realisieren. Bei dem Wechsel der Wettbewerbsstrategie (*Strategy Shift*) muss der bis dahin erreichte Wettbewerbsvorteil aber erhalten bleiben, sonst kann eine gefährliche (bzw. wenig profitable) „**Stuck-in-the-middle"-Position** zwischen echter Kostenführer- und Qualitätsführerschaft entstehen (vgl. Hungenberg 2006, S. 192 ff.).

Praxis	**Proaktives Outpacing am Beispiel der japanischen Automobilindustrie**

Der Eintritt der japanischen Automobilindustrie in die westlichen Märkte erfolgte anfänglich mit einer Kostenführerschaftsstrategie (Ausrichtung einer schmalen, preisgünstigen Produktpalette auf Massensegmente), die sich im Lauf der Zeit in Richtung Differenzierung weiterentwickelte – speziell durch die Zuverlässigkeit der Fahrzeuge (erste Plätze in den J. D. Powers-Kundenzufriedenheitsstudien), attraktiven Nischemodellen (Lexus, Toyota MR2 und Mazda MX5) sowie (wahrgenommene) ökologischen Überlegenheit durch den Hybridantrieb (z. B. Toyota Prius).

Quelle: Vgl. Macharzina/Wolf (2010, S. 291 f.); Backhaus/Schneider (2007, S. 137)

(b) Simultane hybride Wettbewerbsstrategien

Simultane hybride Wettbewerbsstrategien realisieren **gleichzeitig Differenzierungs- und Kostenvorteile**. Zentral ist die Aufhebung des Paradigmas, dass Differenzierung zwangsläufig mit einem kleinen Marktanteil verbunden ist (vgl. Welge/Al-Laham 2008 S. 543 f.). Ansätze für simultane Hybride sind:

- **Hybride Varietätsstrategie**: Die Produktdifferenzierung kann zu einer Erhöhung des Marktpotenzials und zu einer Erhöhung des Absatzvolumens des Unternehmens führen – bei gleichzeitiger Erzielung von Kostenvorteilen durch Economies of Scope (z. B. die *Mass Customization* – kundenindividuelle Massenproduktion; vgl. Piller 2001, S. 201 ff.).
- **Hybride Innovationsstrategie**: Wird bei einer Qualitätsführerschaft Innovation als Substrategie verwendet, kann durch den *First-Mover Advantage* (in Verbindung mit einer *Penetrations-Preisstrategie*) eine Marktanteilsposition erreicht werden, die Kostenvorteile gegenüber potenziellen Folgern ermöglicht. Ein zentraler Aspekt hierbei sind auch Zeitvorteile bei der Entwicklung von Innovationen (*Economies of Speed).*
- **Hybride Qualitätsstrategie**: Nutzung von Kostensenkungspotenzialen im Kontext mit einer Qualitätsstrategie (*Economies of Quality*) durch die Einführung eines *Total Quality-Management*-Systems und damit verbunden der Änderung der Kosten eines Qualitätssicherungssystems; sowie Lerneffekt im Zuge einer kontinuierlichen Verbesserung (*Kaizen*).

Während die ersten beiden Ansätze unternehmensbereichsübergreifend sind, ist die hybride Qualitätsstrategie eher bereichsspezifisch, ebenso wie bspw. eine **Hybride Beschaffungsstrategie:** *Single-Sourcing* vereint höhere Nachfragermacht, Kostendegression beim Zulieferer und eine Fokussierung eines qualitätssteigernden Supplier Relationship Managements.

Weitere (quasi-) simultane hybride Ansätze wären der Aufbaus von differenzierteren Positionen, die nicht automatisch zu Kostensteigerungen führen (z. B. Value-for-Money-Image Aldi; vgl. Hungenberg 2006, S. 195).

Praxis **Hybride Wettbewerbsstrategie von DELL**

DELL Computer bietet den Kunden einen Qualitätsvorteil, da diese „ihren" PC selbst via Internet konfigurieren können – dieser wird dann innerhalb von 8 Stunden produziert und versendet. Zudem hat DELL ein Image für qualitativ hochwertige Komponenten und guten Service. Durch den Direktvertrieb eigener Produkte spart DELL die Margen der Händler, zudem werden keine Lagerbestände und Restposten produziert – dadurch ist DELL in der Lage, einen PC 10 %–15 % günstiger anzubieten als die Wettbewerber. – quasi eine hybride Varietätsstrategie.

Quelle: Vgl. Kotler et al. 2007, S. 50 ff.

Nach Macharzina/Wolf (2010, S. 291 f.) behielten viele Unternehmen ihre generischen Wettbewerbsstrategien in der Vergangenheit bei, was auch die Problematik hybrider Wettbewerbsstrategien unterstreicht (s. auch Abb. 5.10):

- Im Kontext mit einer Niedrigpreisstrategie ist eine Wettbewerbsstrategie erst dann ein Hybrid, wenn die Kunden das Produkt als qualitativ höherwertig und preislich günstiger bewerten – eine (auch aufgrund der Signalwirkung des Preises für Qualität) eher seltene Konstellation.
- Auch differenzierende Unternehmen streben nach Kosteneinsparungen und Kostenführer versuchen, die Qualität zu erhöhen. Aus dieser Perspektive können insbesondere die sequenziellen hybriden Strategien eher als ex-post Erklärungsmodell für die typische strategische Evolution eines Unternehmens aufgefasst werden (vgl. Fleck 1995, S. 63 f.; siehe auch „emergente Strategien" nach Mintzberg in Kap. 1.2).
- Im Vergleich zu simultanen Hybriden sind generische Wettbewerbsstrategien fundamentaler in ihren Konsequenzen für Unternehmen.

Für viele Unternehmen dürfte die Entdeckung und – nach Möglichkeit parallele – Nutzung von (mehreren) simultanen hybriden Strategieansätzen große wettbewerbsstrategische Bedeutung haben, da diese eine (dominante) generische Wettbewerbsstrategie eines Unternehmens festigen und gleichzeitig fundamentalen Nachteilen (s. Abb. 5.7 und 5.8) entgegenwirken kann: eine Qualitätsführerschaft wird dadurch u. a. kosteneffizienter und eine Kostenführerschaft weniger austausch- bzw. angreifbar gemacht (s. auch Abb. 5.10).

Abb. 5.9: Vor- und Nachteile hybrider Wettbewerbsstrategien

Vorteile	Nachteile und Gefahren
Flexibler als generische Wettbewerbsstrategien bei sich ändernden Marktbedingungen.	Aufwändige Anpassung des Produktprogramms und der Produktionsstruktur, erfordert hohe Kompetenz.
Bessere Kostenposition als generische Differenzierungsstrategie.	Gefahr der Zersplitterung der Ressourcen, keine eindeutigen Vorteile mehr.
Der Weg zu einer Outpacing-Position ist lang und komplex, daher besserer Schutz gegen Nachahmer (siehe Imitationsbarrieren).	Problematik des Strategiewechsels bei sequenziellen hybriden Strategien: • Problematik der Wahl des richtigen Zeitpunkts des Strategiewechsels, • Mangelnde Anpassungsfähigkeit der Organisation, hohe Anforderungen an das Management und die Mitarbeiter beim Strategiewechsel.
	Kein eindeutiges Targeting eines (kaufkraftbezogenen) Kundensegments.

Quelle: Vgl. Hungenberg (2006, S. 195 ff.); Macharzina/Wolf (2010, S. 291 f.)

5.4.3 Operative Wettbewerbsstrategien

Aus der **Wettbewerbsstrategie**, dem **Rollenverständnis** (*Marktführer, Herausforderer, Nischenbesetzer, Mitläufer;* vgl. Kotler 2007, S. 1112, siehe auch Abb. 5.3) und der **Wettbewerbsposition** (Marktanteil) eines Unternehmens in einer Branche ergeben sich operativ-taktische Konfrontationsmuster mit militärischen Pendants (die auch bei der Betrachtung der Dynamik der wettbewerblichen Interaktion in Kap. 5.5 verwendet werden). Durch offensive Strategien der Wettbewerber werden die Schwächen von Unternehmen zu einem drängenden Problem – der Erfolg dauerhafter Marktführer wie Procter & Gamble beruht nach Kotler et al. (2007, S. 1110) auf nachhaltigen Stärken bei allen Erfolgsfaktoren. Operative Wettbewerbsstrategien werden in offensive und defensive Varianten unterteilt:

(1) Offensive operative Wettbewerbsstrategien (für Herausforderer)

Das Ziel offensiver Strategien (siehe Übersicht in Abb. 5.11) ist es, dem Wettbewerber Marktanteile abzunehmen oder diesen vom Markt zu verdrängen.

Abb. 5.10: Auswahlheuristik für offensive Strategievarianten

	Alte Strategie	Neue Strategie
Mehr Ressourcen als Wettbewerber	**Frontalangriff** Der Wettbewerber wird gleichzeitig in mehreren zentralen Bereichen (z. B. Marktsegmenten) unter Druck gesetzt. Der hierfür notwendige Ressourceneinsatz ist sinnvoll bei • überlegenen Produkten und Dienstleistungen, • der Verfolgung einer Verdrängungsstrategie.	**Flankenangriff** Konzentration auf die Geschäftsaktivitäten (Ländermärkte, Segmente), • die für einen Marktführer weniger wichtig sind und dadurch schwächer verteidigt werden, • bei denen der Wettbewerber deutliche Schwächen aufweist, • die der Wettbewerber noch nicht besetzt hat. In der Folge könnten die Stammgebiete des Wettbewerbers attackiert werden.
Weniger Ressourcen als Wettbewerber	**Vorbeiangriff** Eine direkte Konfrontation wird zunächst vermieden, stattdessen wird versucht, eine neue Technologie oder Vertriebsstrategie frühzeitig umzusetzen, um den Wettbewerber dann im Kernbereich/-geschäft anzugreifen.	**Guerilla-Angriff** Anwendung von für den Wettbewerber überraschenden, begrenzten Maßnahmen. Eignet sich eher für kleinere, ressourcenschwache aber flexible Unternehmen, die Geschäftsaktivitäten von großen Unternehmen attackieren, die schwach verteidigt werden.

Quelle: Vgl. Müller-Stewens/Lechner (2005, S.271); Kotler et al. (2007, S. 1126 f.)

(2) Defensive operative Strategievarianten

Mit defensiven Strategien soll die bestehende Position (Marktführer) gegen die offensiven Strategien etablierter oder neuer Wettbewerber verteidigt werden. Maßnahmen zur Erhöhung von Eintritts- und Mobilitätsbarrieren sind:

- Verbreiterung der Produktlinie, um Lücken zu füllen (auch: *Kampfmarken*),
- Absenken der Preise für Produkte, die denen der Wettbewerber ähneln,
- Bindung der Kunden, Verstärkung der Positionierung und des Image,
- Einsatz von Patenten, Sicherung des internen Know-how etc.

Diese Maßnahmen lassen sich zu mehreren defensiven Strategievarianten kombinieren, die z. T. das Gegenstück zu den offensiven Strategien bilden:

(a) Festungsstrategie

Versuch, die bisherige Marktführerposition zu sichern. Maßnahmen: Exklusiver Vertrieb und Zugang zu Rohstoffen, Besetzung von Distributionskanälen, Kundenbindung. Eine eher riskante Maßnahme in diesem Kontext ist der Aufbau von sehr großen Kapazitäten zur Abschreckung von Markteintritten.

(b) Flankenabsicherung

Verhinderung des Eindringens von Wettbewerbern in wenig geschützte Segmente. Eine Möglichkeit wäre die Zerstörung des bedrohenden Wettbewerbers (durch Aufkauf oder ruinösen Preiskampf), wenn man befürchtet, diesen in Zukunft nicht in Schach halten zu können.

(c) (Defensive) Konfrontationsstrategie

Systematisches Überholen oder (zumindest) Kompensieren der Stärken eines Wettbewerbers. Maßnahmen sind gezielte Marktausweitung (siehe Targeting) und -durchdringung, gerade wenn dies zu Lasten des offensiven Wettbewerbers geht. Ebenso aggressive Preisunterbietung durch Kampfmarken.

(d) Rückzug

Wenn die Wettbewerbsposition in den angegriffenen Segmenten nicht mehr zu halten ist, erfolgt eine Konzentration auf die Segmente, in der das Unternehmen besondere Stärken hat und die für das Unternehmen attraktiver sind.

5.5 Branchendynamik und dynamische Wettbewerbsstrategie

5.5.1 Grundkonzept und Phasen des dynamischen Hyperwettbewerbs

Der Hypercompetition-Ansatz von D'Aveni (1995, S. 13 ff.) erweitert die Perspektive der statischen generischen Wettbewerbsstrategien durch den Einbezug der **dynamischen Entwicklung** des operativen strategischen Verhaltens und der wettbewerblichen Interaktion der konkurrierenden Unternehmen. Die zentrale Annahme ist, dass eine auf Wettbewerbsvorteilen basierende Wettbewerbsstrategie im Zeitablauf aufgrund der instabilen Umweltbedingungen ihre Bedeutung verliert. Diese Instabilität entsteht in vielen Branchen durch die ständige Entwicklung neuer Technologien, immer kürzerer Produktentwicklungszeiten und -lebenszyklen sowie sinkender Markteintrittsbarrieren bei gleichzeitiger Globalisierung des Wettbewerbs. Dadurch nimmt die Wettbewerbsintensität zu, die operativen Vorstöße der Konkurrenten werden immer häufiger, aggressiver und dreister – mit der Konsequenz eines permanenten Ungleichgewichts in den betroffenen Branchen. Der strategische Ansatz zum Erfolg in solchen „hyperkompetitiven" Branchen ist die ständige **kreative Schaffung neuer**

Wettbewerbsvorteile, welche aber in kurzer Zeit von den Wettbewerbern (oder vom Unternehmen selbst) **zerstört** werden.

Dieser dynamische Wettbewerbsprozess vollzieht sich (nach D'Aveni) sukzessive auf vier **Wettbewerbsarenen**, verstanden als Bereiche bzw. Entwicklungsstadien des Wettbewerbs. Innerhalb dieser Arenen vollzieht sich der Wettbewerb auf einer **Eskalationsleiter** und wechselt – sobald alle für diese Arena typischen Wettbewerbsvorteile ausgeschöpft sind – auf die nächste Arena über. Diese vier sequenziell durchlaufenen Wettbewerbsarenen sind:

(a) Erste Wettbewerbsarena: Qualitäts- und Preiswettbewerb

In der ersten Arena herrscht Wettbewerb mit Produktqualitäten und Preisen. **Preiskriege** sind die Folge von vergleichbaren Anfangsqualitäten und Markt-eintritten (s. Kap. 5.1.2). Als Ausweg besetzten Unternehmen Segmente mit bestimmten Qualitäts- und Preispositionierungen – es entstehen generische Wettbewerbsstrategien. Im weiteren Verlauf decken etablierte Unternehmen alle Marktsegmente ab, was zu einer weiteren Eskalation des Wettbewerbs führt. Kleinere Unternehmen konzentrieren sich auf Nischen oder greifen Etablierte auf der Flanke an. Schließlich haben die Unternehmen Qualitäten und Preise durch Qualitäts- und Produktivitätsoptimierungen angeglichen, Vorteile durch generische Wettbewerbsstrategien existieren nicht mehr.

(b) Zweite Wettbewerbsarena: Innovationswettbewerb

In dieser Arena entsteht Wettbewerbsfähigkeit durch die Zerstörung der Singularität der Ressourcen der Wettbewerber und durch den Aufbau einer alternativen eigenen Ressourcenbasis, sowie die Wahl der zeitbasierten Wettbewerbsstrategie (Pionier vs. Folger, D'Aveni 1995, S. 112 f.). Hohe Reaktionsgeschwindigkeiten und kurze Imitationszyklen von Innovationen erzeugen einen Prozess dynamischer strategischer Interaktion, in dessen Verlauf Unternehmen Märkte betreten, Innovationen einführen und sich gegenseitig imitieren. Dadurch bieten auch Innovationen keinen langfristigen Wettbewerbsvorteil mehr, darauf basierende Monopolgewinne sind nur kurzzeitig realisierbar.

(c) Dritte Wettbewerbsarena: Geografischer Wettbewerb

Zentrale Annahme für die dritte Arena ist, dass auch Einrittsbarrieren in geschützte geographische Märkte oder Segmente („Hochburgen") überwunden und dabei *Economies of Scale* vom Heimatmarkt auf internationale Märkte transferiert werden können. Produktdifferenzierungen durch Design, Service und Qualität können relativ einfach imitiert, ein eigenes Vertriebsnetz problemlos aufgebaut werden. Dadurch verschärft sich der Wettbewerb weiter.

(d) Vierte Wettbewerbsarena: Größe als Wettbewerbsinstrument

In der vierten Arena sind alle vorherigen Eskalationsstufen durchlaufen, die anfangs abgegrenzte Branche ist zu einem globalen Markt ohne Eintrittsschranken geworden, dessen Kennzeichen aggressive Wettbewerbsinteraktionen sind. Der Wettbewerb vollzieht sich auf der Grundlage finanzieller Stärke und schierer Größe: Große Unternehmen versuchen, kleinere Wettbewerber aus dem Markt zu drängen; kleine Unternehmen reagieren darauf mit kartellrechtlichen Klagen, versuchen selbst zu wachsen (z. B. durch Kooperationen), oder beginnen aggressiven Wettbewerb auf der Preis- oder Qualitätsarena. Dadurch sind große Unternehmen zu ständigen Neupositionierungen gezwungen – auch Wettbewerbsvorteile auf der Basis überlegener finanzieller Ressourcen lassen sich in dieser Arena nicht auf Dauer aufrechterhalten.

5.5.2 Strategische Konsequenzen aus dem Hyperwettbewerb

Aus der Dynamik der Wettbewerbsinteraktion und der daraus folgenden mangelnden zeitlichen Stabilität von Wettbewerbsvorteilen leitet D'Aveni folgende strategische Ansätze ab (vgl. im Folgenden D'Aveni 1995, S. 279 ff.):

(a) Flexible Reaktion auf temporäre Chancen

Auf statischen Strukturen aufgebaute strategische Planung und langfristig verpflichtende Strategien sollten nicht die zentrale strategische Richtung für Unternehmen bestimmen, statt dessen sollten eher **qualitativ angelegte, flexiblere** Ansätze (Aggressivität, strategische Intentionen, Entschlossenheit), die den ständigen Wandel integriert haben, als Orientierung für das strategischen Handeln dienen. Eine Unternehmensstrategie ist dann eher ein Prozess, der dem Aufbau von **Schnelligkeit** und der Feinabstimmung der Reflexe des Unternehmens bei der Suche und Nutzung von temporären Chancen dient.

(b) Veränderung der Spielregeln des Wettbewerbs

Der dynamische Strategieansatz besteht darin, den Status Quo in einer Branche ins Wanken zu bringen, die Wettbewerber zu verunsichern und die **Spielregeln** des Wettbewerbs zu verändern. Dies wird durch die Wahl alternativer strategischer Ansätze (z. B. Outsourcing, spezielle Segmentierung, Direktvertrieb) umgesetzt, die kurzfristig Wettbewerbsvorteile begründen – kleinere Unternehmen verunsichern damit ggf. den Marktführer. Marktführer können ihre Vormachtstellung erhalten, indem sie ihre eigenen Wettbewerbsvorteile antizipativ/proaktiv selbst zerstören, bevor ihnen ein Konkurrent den Wettbewerbsvorteil entzieht. Eine dynamische Wettbewerbsstrategie investiert also ständig in den kreativen Aufbau neuer Wettbewerbsvorteile (s. Abb. 5.9).

(c) Steuerung der Wettbewerbsinteraktion

Erfolgreiche Strategien im Hyperwettbewerb basieren auf einem flexiblen Ressourceneinsatz, so dass überlegene und überraschende strategische Maßnahmen die Bewegungen auf der Eskalationsleiter in den einzelnen Wettbewerbsarenen steuerbar machen. Zur Steuerung der dynamischen Wettbewerbsinteraktion ist eine Reihe von strategischen und operativen **Fähigkeiten** vonnöten (welche die strategischen Fähigkeiten von Kap. 4 ergänzen):

- die Fähigkeit, die nächste exogene Verunsicherung vorauszusehen (z. B. technologische Veränderung, die zu einer besseren Befriedigung der Kundenbedürfnisse führt),
- Taktiken, um die Verunsicherung des Marktes effektiver zu gestalten,
- Fähigkeiten zur Umsetzung/Nutzung der entstehenden Verunsicherung.

Zentrale Maxime bei allen strategischen Aktivitäten ist auch für D'Aveni die **Orientierung an den Kunden**, deren Bedürfnissen, Zufriedenheit und Loyalität. Dabei müssen die Kundenbedürfnisse ständig identifiziert, ggf. neu geschaffen und zukünftige Kundenbedürfnisse prognostiziert werden.

Beispiel	**Microsoft und American Airlines als Hyperwettbewerber**

Microsoft untergräbt seine Wettbewerbsvorteile, die es durch Generationen von Softwareprodukten geschaffen hat, durch Neuentwicklungen ständig selbst. Microsoft nimmt (wohl) an, dass im Falle der Untätigkeit ein flinker Konkurrent bei der Entwicklung der nächsten Programmgeneration zuvorkommen wird. Bill Gates behauptete zwar, dass in der Software-Branche die Größe kein entscheidender Wettbewerbsvorteil ist, trotzdem werden durch überlegene Marktanteile *Netzwerk-Strategien* (das Produkt wird attraktiver, je mehr Kunden es schon besitzen) machbar, die erhebliche Eintrittsbarrieren darstellen und Monopolgewinne ermöglichen.

Auch American Airlines (AA) nutzte eine Serie temporärer Vorteile, um sich zum Branchenführer zu entwickeln, wie das erste Computer-Reservierungssystem und das erste Bonusmeilenprogramm. Bis die anderen Fluggesellschaften die Wettbewerbsvorteile nachgeahmt hatten, hatte AA bereits neue Wettbewerbsvorteile, wie z. B. die Ausdehnung der Bonusmeilen auf Hotels und Autovermieter, geschaffen. Die Branchenführerschaft von AA ist trotzdem gefährdet: Kleinere und wendigere Wettbewerber wie Southwest nutzen ihre Kostenvorteile, um die Wettbewerbsvorteile des Branchenführers anzugreifen.

Quelle: Vgl. D'Aveni 1995, S.22 f.; Jarillo 2005, S. 139 ff.

5.5.3 Bewertung des Hyperwettbewerb-Ansatzes

Der Hypercompetition-Ansatz von D'Aveni ist eine radikale, aber für viele Branchen nachvollziehbare Abkehr von der traditionellen Sicht der Industrieökonomik, dass Wettbewerb in Branchen ein durch *Kollusion* (Absprachen) geprägtes stationäres Gleichgewicht mit gelegentlichen Zufallsschocks ist (z. B. in Form von Preiskriegen; vgl. z. B. Slade 1989, S. 295). Der Hypercompetition-Ansatz fokussiert stärker auf Verhaltensweisen der Wettbewerber als auf Branchenstrukturen und unterstützt daher auch

- ein besseres Verständnis der Wettbewerbsinteraktionen/-eskalation,
- die Vorhersage des zukünftigen Verhaltens der Wettbewerber,
- die Identifizierung aktueller und potenzieller neuer Wettbewerber,
- die Abschätzung der aktuellen und zukünftigen Wettbewerbsintensität,
- die Findung alternativer Strategien im Umgang mit dem Hyperwettbewerb.

Hyperkompetitive Wettbewerbsstrukturen und -entwicklungen dürften in immer mehr (speziell Hochtechnologie-) Branchen zu finden sein, aber längst nicht in allen. Das starre Ablaufschema der Wettbewerbsarenen und der Eskalation innerhalb dieser Arenen ist für die meisten Branchen wohl eher unrealistisch, in vielen Branchen treten die Arenen (sogar) simultan auf. Zudem gibt es Wettbewerbsvorteile wie z. B. das Markenimage, welche sich nur sehr schwer imitieren lassen (s. Kap. 4).

5.6 Koordination im Wettbewerb

Die Verfolgung einer zumindest temporär exklusiven Wettbewerbsstrategie ist ein möglicher Weg, intensivem (Preis-)Wettbewerb zu entgehen. Wenn dies aufgrund der grundsätzlichen Homogenität der Produkte jedoch schwierig ist (z. B. Zucker, Strom u. a.) bzw. Angebote immer ähnlicher werden (mangelnde Produktdifferenzierung, z. B. Automobile der Kompaktklasse), oder mehrere Unternehmen eine Kostenführerschaft bzw. ähnliche hybride Wettbewerbsstrategien anstreben (und dabei um Marktanteile kämpfen), dann wird sich der daraus resultierende intensive Wettbewerb typischerweise negativ auf die Gewinne aller Unternehmen der Branche auswirken. Mittel- bis langfristig kann zu intensiver Wettbewerb auch Nachteile für andere Marktteilnehmer haben – zum einen aus einem Absinken der Innovationsfähigkeit bzw. des Qualitätsniveaus der Branche (vgl. Heil/Helsen 2001, S. 85), zum anderen durch die Gefahr der Monopolbildung.

Die Vermeidung schädlichen Wettbewerbs (Preiskriege, Produktfeature-, Garantie- und Werbeschlachten) ist überlebenswichtig für die Unternehmen einer Branche. Diese sind daher **tendenziell bestrebt, sich zu koordinieren**, auch um sich veränderten Kosten- und Nachfragebedingungen anzupassen, ohne die Wettbewerbsintensität zu erhöhen. Die wettbewerbliche Koordination von Unternehmen ist jedoch auch aufgrund der immer schärferen und international ausgedehnten Verfolgung durch Kartellbehörden problematisch.

Hintergrund **Kartellrecht und EU-Kommission**

Aus der Perspektive der Europäischen Kommission ist Wettbewerb ein fundamentaler Marktmechanismus, der Unternehmen dazu bewegt, Produkte zu produzieren, die der Konsument haben möchte (Segmentierung/Differenzierung). Wettbewerb führt zu Innovationen und drückt die Preise. Um effektiven Wettbewerb zu gewährleisten müssen Wettbewerber unabhängig voneinander sein, so dass jeder Anbieter dem Wettbewerbsdruck des anderen ausgesetzt ist. Der Antitrust-Bereich der EU-Verträge deckt zwei zentrale Bereiche ab:

- Verbot von wettbewerbsreduzierenden abgestimmte Verhaltensweisen, insbesondere Preis-/ Mengenabsprachen oder Marktaufteilung (Artikel 81).
- Dominante Unternehmen sollen ihre Position nicht zum Schaden der anderen Unternehmen ausnutzen (Verdrängungswettbewerb, Artikel 82).

Quelle: Europäische Kommission/Antitrust

5.6.1 Spieltheoretische Analyse der Wettbewerbsbeziehung

Um die Strukturen und Mechanismen des Wettbewerbs und der Koordination zu verstehen, werden diese abstrahiert auf der Ebene der Spieltheorie betrachtet. Bisher wurde (in Kapitel 1.5.2) das *Nullsummenspiel* vorgestellt, das die Situation eines Spiels zweier Unternehmen mit Preisen um Marktanteile darstellen kann (alternativ: Innovationen, Produktdifferenzierung etc.). Beim Nullsummenspiel existiert **keine Win-Win-Situation**, es gibt daher keinen Grund für die Spieler, sich zu koordinieren; es herrscht **totaler Wettbewerb**.

Hintergrund **Spieltheorie: Gleichgewichte und Rationalität**

Die Spieltheorie ist eine formale Analyse von rationalem Verhalten in interdependenten, z. B. wettbewerblichen Situationen (beschrieben für Unternehmen durch eine positive Kreuzpreiselastizität, siehe Kap. 3.4.1). Die rationale Strategiewahl (z. B. Preis hoch oder Preis niedrig) eines Spielers unter Berücksichtigung des erwarteten rationalen (d. h. nutzenmaximierenden – und deshalb wahrscheinlichen) Verhaltens des anderen Spielers angesichts der Struktur des Spiels wird als Gleichgewicht bezeichnet. Das bekannteste Gleichgewicht ist das *Nash-Gleichgewicht*: Es ist dann gegeben (und stabil), wenn keiner der Spieler einen Anreiz hat, einseitig von seiner (im Gleichgewicht) gewählten rationalen Strategie abzuweichen (weitere Gleichgewichtskonzepte sind die *iterative Dominanz*, die *Subspielperfektion* und die *evolutionäre Stabilität*). Das Zustandekommen von Gleichgewichten setzt jedoch eine gemeinsame Sichtweise des Spiels (z. B. Ziele) und Rationalität voraus – die Rationalität der anderen Spieler ist in der Realität jedoch oft nicht einfach zu verstehen.

Quelle: Vgl. Berninghaus et al. 1996

Wird mit Preisstrategien um Gewinne gespielt, betrachtet man die Situation als ein sog. *Gefangenendilemma* (vgl. Simon/Fassnacht 2009, S. 227; Urban/Star 1991, S. 181). Die Grundstruktur des Gefangenendilemmas beruht auf folgender Geschichte: Zwei Häftlinge, die bei einem Einbruch in einen Laden von der Polizei überrascht und festgenommen wurden, werden auch des Mordes am Ladenbesitzer verdächtigt, der tot im Laden gefunden wurde. Es existieren keine anderen Zeugen für den möglichen Mord außer den beiden Häftlingen. Diese sollen nun verhört werden. Vor dem Verhör erhalten die Verdächtigen folgende Instruktionen: Verrät (nur) einer den anderen, so kommt er frei. Der andere kommt 20 Jahre ins Zuchthaus. Verraten sich beide gegenseitig, so bekommen beide 10 Jahre. Schweigen beide, so kommen beide 2 Jahre wegen des Raubs ins Gefängnis. Das Problem für die Gefangenen besteht darin, dass es für den anderen Verdächtigen immer besser ist, den anderen zu verraten, egal ob dieser schweigt oder verrät (verraten wird deshalb als *strikt dominante Strategie* bezeichnet). Auch wenn keine Absicht besteht, den anderen Spieler zu schädigen, ist die rationale Annahme (sog. *Reaktionshypothese*), dass der andere Spieler verrät – konsequenterweise ist **ebenfalls „verraten" die einzige rationale Strategiewahl**. Die folgende Abbildung 5.12 zeigt die Struktur des Spiels in der sog. *Normalform*, einer Matrix mit Strategiefeldern (außen: schweigen/verraten) und Auszahlungsfeldern (*Payoff-Matrix*; innere vier Felder: Haftjahre, deshalb negative Vorzeichen). Die Pfeile zeigen dominante Strategien eines Spielers bei jeder möglichen Preisstrategie (Preis hoch oder niedrig) des anderen Spielers. Das *Nash-Gleichgewicht* (*) im einfachen Gefangenendilemma ist das gleiche wie beim Nullsummenspiel; der fundamentale Unterschied besteht darin, dass beide Spieler im Gefangenendilemma ihren Nutzen sowohl individuell als auch kollektiv nicht maximieren – das Gleichgewicht ist somit nicht *pareto-optimal*. Die Paradoxie dieses Ergebnisses besteht darin, dass sich beide Spieler trotz oder gerade wegen ihres rationalen Verhaltens (im Gleichgewicht) schlechter stellen (als in der *Win-Win-Situation* schweigen/schweigen).

Abb. 5.11: Gefangenendilemma (Grundform)

Verdächtiger **2** Verdächtiger **1**	***schweigen$_2$*** (Kooperation)	***verraten$_2$*** (Defektion**)
schweigen$_1$ (Kooperation)	**−2**$_{\text{Spieler 1}}$ / **−2**$_{\text{Spieler 2}}$	**−20**$_1$ / **0**$_2$
verraten$_1$ (Defektion)	**0**$_1$ / **−20**$_2$	**−10**$_1$ / **−10**$_2$ *

* = Nash-Gleichgewicht Quelle: Nach Fudenberg7Tirole (1992, S. 9)

** Defektion = Nicht-Kooperation (von engl. „to defect“: abweichen, überlaufen)

Die Preissetzung von Unternehmen im Spiel um Gewinne ist (ein Beispiel für) ein Gefangenendilemma in der Ökonomie. In einem Dyopol haben die beiden Wettbewerber symmetrische Preis-Absatz-Funktionen (Gl. 5.1) und Gewinnfunktionen (Gl. 5.2)(vgl. Simon/Fassnacht 2009, S. 223 ff.):

Abb. 5.12: Gefangenendilemma bei der Preissetzung im Oligopol

Unternehmen **2** Unternehmen **1**	***Preis hoch$_2$*** 22,5 GE	***Preis niedrig$_2$*** 20 GE
Preis hoch$_1$ 22,5 GE (Kooperation)	**6656**$_1$ / **6656**$_2$	**5563**$_1$ / **7438**$_2$
Preis niedrig$_1$ 20 GE (Defektion)	**7438**$_1$ / **5563**$_2$	**6500**$_1$ / **6500**$_2$ *

GE = Geldeinheiten Quelle: Vgl. Simon/Fassnacht (2009, S. 227) * = Nash-Gleichgewicht

$$Q_i = a - bp_i + cp_j$$ mit i = betrachtetes Unt.; j = Wettbewerber; (5.1)
im Beispiel sind a = 1000; b = 50; c = 25

$$G_i = p_i \cdot x_i - (k_i \cdot x_i - K) \quad \text{Gewinngleichung (für Unt. j analog); im Beispiel: Lineare Kostenfunktion mit } K=1000 \text{ und } k_i=5 \qquad (5.2)$$

Durch Setzen des Preises auf 22,50 GE würden beide Oligopolisten ihren Gewinn von 6500 GE auf 6656 GE erhöhen, aber auch hier ist der niedrige Preis das einzige Nash-Gleichgewicht (beide verlangen 20 GE; s. Abb. 5.13). Dies bedeutet für die Branche, dass im Gleichgewicht **eine Tendenz zu ständiger gegenseitiger Preisunterbietung** erwartet wird, bis die variablen Kosten erreicht sind (sog. *Bertrand-Nash-Gleichgewicht*) – in der Realität sinken Preise während Preiskriegen sogar gelegentlich unter diese Marke (vgl. Marx/ Shaffer 1999, S. 22 ff.). Im dynamischen Wettbewerb ist die Aussicht auf Kostensenkung durch höhere Absatz- und damit Produktionsmengen (Economies of Scale u. ä.) ein Aspekt, der Preisunterbietungen zusätzlich attraktiv macht (da die Kosten in diesem Fall eine Funktion des Preises sind).

5.6.2 Ansätze zur Lösung des Gefangenendilemmas der Preissetzung

Die im Folgenden vorgestellten Strategien zur Koordination im Wettbewerb legen den Focus (stellvertretend) auf die Preisbildung in Oligopolen.

Das sog. *Folk-Theorem* besagt, dass jeder Preis (-vektor) zwischen dem Monopolpreis und den Grenzkosten als Gleichgewicht eines wiederholten Gefangenendilemmas erreicht werden kann (vgl. Besanko et al. 2007, S. 257 f.). Es ermöglicht einen größeren Lösungsraum für Spiele vom Typ des Prisoners Dilemma als das Nash-Gleichgewicht – bis hin zum geteilten Monopol. Voraussetzung hierfür sind hinreichen geringe Diskontsätze und dass die Spieler akzeptieren, dass der jeweils andere Spieler auch hohe Gewinne macht. Konkrete Aussagen, wie eine kooperative Lösung des Gefangenendilemmas entstehen kann, macht das Folk Theorem jedoch nicht. Ansätze für eine Lösung des Dilemmas bilden die relevanten Unterschiede der ökonomischen (Preissetzung-) Situation von Unternehmen im Vergleich zur Grundversion des Gefangenendilemmas (mit den zwei verhafteten Räubern):

- Die Spielsituation, hier die Preis-Interaktion, kann mit nicht absehbarem Ende **(unendlich oft) wiederholt** werden. Dadurch können die Spieler ihr aktuelles Spiel an das Spielverhalten ihrer Mitspieler in den vergangenen Perioden anpassen (vgl. Fudenberg/Tirole, 1992, S. 107).
- Unternehmen können (im Gegensatz zu den Gefangenen) auf unterschiedliche Arten **kommunizieren** (allerdings kartellrechtlich beschränkt, s. u.)
  – auch durch Muster in ihrer Preissetzung.

- In vielen Branchen kann sich die auszahlungsrelevante Kreuzpreiselastizität verändern bzw. beeinflusst werden – die Auszahlungsstrukturen der Auszahlungs-Matrix sind daher variabel.

In der Sozialpsychologie ist die **Kommunikation zwischen Kontrahenten** ein zentraler Ansatz zur Konfliktlösung. Die Ansätze zur Vermeidung bzw. Lösung von wettbewerblichen Konflikten in der Ökonomie können ebenso nach der Art und Intensität des Austauschs von Informationen kategorisiert werden, siehe Abb. 5.14.

Abb. 5.13: Arten der koordinierenden Kommunikation in Oligopolen

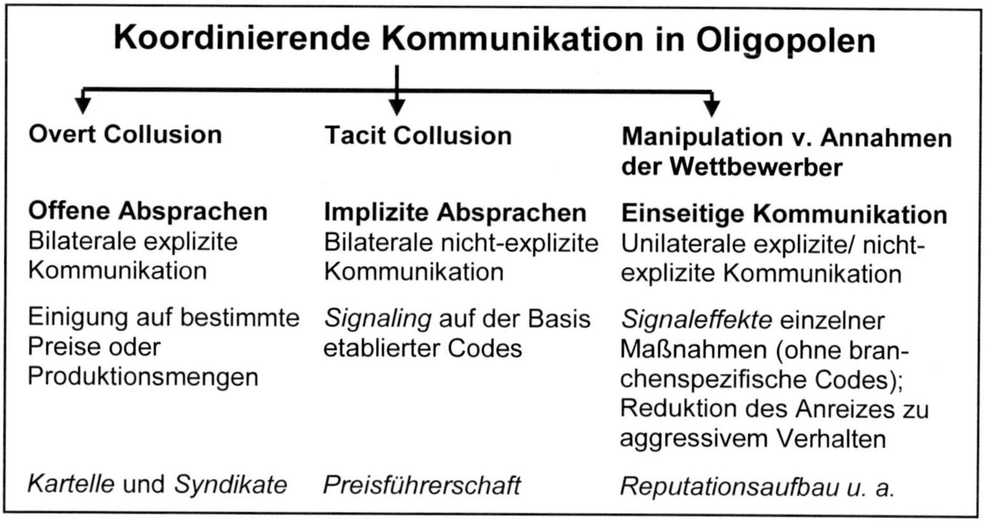

Quelle: Eigene Darstellung nach Bungert (2003, S. 70 ff.)

5.6.3 Strategien zur Koordination in Oligopolen

5.6.3.1 Offene Absprachen und Kartelle

Vereinbaren rechtlich selbständige Unternehmen einer Branche, den zwischen ihnen bestehenden Wettbewerb zu beschränken, handelt es sich um ein *Kartell* (vgl. Schmidt, 1993, S. 216 f.). Bei einer formellen Kartellabsprache definieren die Unternehmen Strategien, die einen Gewinn über den marktüblichen Zinsen garantieren (vgl. Kruse 1995, S. 565 ff.). Kartelle können sich bezüglich ihrer Verhaltensweisen in mehreren Bereichen abstimmen, bekannteste Beispiele sind Preiskartelle, Mengenkartelle und Gebietskartelle.

Preiskartelle sind **Preisabsprachen**, bei denen mehrere Unternehmen einer Branche ihre zukünftige Preispolitik abstimmen. Da der Preis die Funktion als Wettbewerbsinstrument verloren hat, können ruinöse Preiskämpfe vermieden werden. Preisabsprachen treten als explizite Preisführerschaft, Preisempfehlungen von Verbänden und informellen Preisabsprachen auf. Eine weitere Art von Preisabsprachen stellen Syndikate und Preisgemeinschaften dar. Solche Strategien sehen auch eine **zeitlich begrenzte Bestrafung** durch Preissenkungen der beteiligten Unternehmen vor, wenn der Verdacht besteht, dass Unternehmen aus der Absprache ausscheren (vgl. Green/Porter 1984, S. 87); diese angedrohten Sanktionen sollen einen hohen Gewinn jedes Unternehmens der Branche stabilisieren. Eine kartellartige Preisabsprache ist einfacher, wenn das Produkt homogen ist, die Kostenstrukturen der beteiligten Unternehmen ähnlich sind, die Zahl der Unternehmen nicht hoch ist und das Umfeld stabil ist (vgl. Jaquemin/Slade 1989, S. 417 ff.).

Da Preiskartelle den Wettbewerb zumindest beeinträchtigen, bemüht sich das Bundeskartellamt und die EU-Kommission (siehe vorheriger Kasten) mit Entschiedenheit gegen vermutete Kartellabsprachen vorzugehen. Seit der zweiten Kartellrechtsnovelle entfällt dabei für diese Behörde die Notwendigkeit, vertragliche Vereinbarungen nachweisen zu müssen. Bereits der **begründete Verdacht** des „aufeinander abgestimmten Verhaltens" kann zur Eröffnung eines Kartellverfahrens führen (vgl. Schmalen 1982, S. 147 ff.).

Kartelle sind zudem instabil: Man stelle sich vor, einer der beiden Verdächtigen aus dem Gefangenendilemma verspricht dem Anderen bei einem Hofgang, ihn nicht zu verraten (analog Kartellabsprache). Da der Versprechende zum Zeitpunkt des Einlösens seines Versprechens (beim nachfolgenden Verhör, also dem Subspiel) seinen Nutzen jedoch nicht maximiert, wenn er schweigt (da, egal was der andere tut, Verraten immer besser ist), ist das Versprechen **nicht glaubwürdig** (nicht *subspiel-perfekt*). Dieser Mechanismus ist auch die Basis für die sog. *Kronzeugenregelung*, bei der ein aussagebereiter Spieler eine Reduktion der Strafe erhält – der Anreiz zum Verrat erhöht sich.

Beispiele **Bußgelder für Kartelle – die spektakulärsten Fälle**

Die bis dahin höchste Kartellstrafe von 992 Mio. Euro verhängte die EU-Kommission im Februar 2007: Fahrstuhl- und Rolltreppenhersteller hatten zwischen 1995 und 2004 die Preise abgesprochen und ihre Märkte aufgeteilt. Beteiligt waren die überführten Kartellmitglieder Otis, ThyssenKrupp, Schindler, Kone und Mitsubishi. Unternehmensvertreter trafen sich in Bars und Restaurants, um bei interessanten Aufträgen abzusprechen, wie hoch die jeweiligen Angebote sein sollten – so wurde erreicht, dass jedes Unternehmen profitabel zum Zuge kam.

Von 1989 bis 1999 hatten die Hersteller von Vitamin C, das bspw. Keksen und Tierfutter beigefügt wird, den Markt manipuliert und die Preise dadurch hoch gehalten. 2006 verhängte der Europäische Gerichtshof nach Klage der Kunden eine Bußgeldsumme von 790 Mio. Euro, davon für Roche 462 Mio. und für BASF 237

Mio. Euro (unter Anwendung der Kronzeugenregelung). Die amerikanischen Kartellbehörden bestraften die Preismanipulation mit Bußgeldern von insgesamt 1,5 Milliarden Dollar sogar noch höher.

Weitere prominente Beispiele in der europäischen Rechtsprechung sind das Zementkartell (661 Mio. Euro Bußgeld) sowie das Bierkartell (274 Mio. Euro).

Quelle: Vgl. Schumacher 2008

5.6.3.2 Preisführerschaft

Kann in einem Gefangenendilemma Unternehmen 1 annehmen, dass Unternehmen 2 eine Preiserhöhung mitmacht, so wird 1 erhöhen. Folgt 2 tatsächlich (gemäß der sog. *Chamberlin-Reaktionshypothese*), so steigen die Gewinne beider Unternehmen im Vergleich zur Ausgangssituation. Die so beschriebene *Preisführerschaft* wird von manchen Autoren als die beste Lösung des Oligopolproblems betrachtet, allerdings setzt diese Koordinationsstrategie ein erhebliches Maß an **strategischer Intelligenz** und **gegenseitigem Vertrauen** voraus (eine Kernthese des Folk Theorems: Man muss akzeptieren, dass der Wettbewerber – ebenso wie man selbst – einen höheren Gewinn realisiert), ebenso eine gewisse Ähnlichkeit in den Kosten, Zielen und Nachfragestrukturen (vgl. Simon/Fassnacht, 2009, S. 228). Derartige Bedingungen sind am ehesten in historisch gewachsenen, ausgereiften Märkten mit konstanter Zahl an Wettbewerbern, die sich zudem gut kennen, anzutreffen.

Es werden folgende Arten der Preisführerschaft unterschieden (nicht zu verwechseln mit der auf Kostenvorteilen basierenden generischen Wettbewerbsstrategie der Preisführerschaft, es bestehen jedoch gewisse Verbindungen zwischen den Konzepten):

(a) Dominante Preisführerschaft

Der dominante Preisführer – häufig ein Marktpionier – kann aufgrund seiner **überlegenen Größe** (ab 50 % Marktanteil, sog. *Teilmonopol*) und/oder Kostenstruktur die Mitbewerber dazu bringen, sich seiner Preissetzung anzuschließen. Kleine Unternehmen wagen aufgrund ihres Kostennachteils keinen Preiskampf; sie nehmen den Preis, den das große Unternehmen setzt, als gegeben hin und betreiben Mengenanpassung (oder begeben sich unter einen *Preisschirm*). Beispielbranchen für dominante Preisführerschaft sind Computer (früher IBM), Frühstückscerealien und Stahl (vgl. Gardner 1995, S, 200 ff.).

In der ökonomischen Theorie existieren weitere Ansätze zur Erklärung von dominanter Preisführerschaft auf der Basis der Überlegenheit eines Unternehmens bezüglich Informationen, Konsumentenloyalität oder Produktionskapazitäten.

(b) Barometrische Preisführerschaft

Um keinen ruinösen Preiswettbewerb aufkommen zu lassen, einigen sich die (typischerweise ähnlich großen) Oligopolisten implizit (stillschweigend, *tacit*) oder explizit darauf, der Preispolitik eines Unternehmens zu folgen: Wenn dieser barometrische Preisführer seinen Preis erhöht (ein *Preissignal* aussendet), folgen die Anderen mit ähnlichen Preiserhöhungen. Vom Preisführer werden **keine bestimmten Eigenschaften** erwartet, maßgeblich ist das Vertrauen, das die übrigen Anbieter in den Preisführer setzen. Dabei kann vorkommen, dass der Preisführer die Lage falsch einschätzt und die Konkurrenten bei Preisänderungen die Gefolgschaft versagen; ebenso kann es zu für den Preisführer nachteiligen Anpassungsverzögerungen seitens der Konkurrenten kommen (vgl. Scherer/Ross 1990, S. 249 f.). Beispiele für barometrische Preisführerschaft sind die Zigaretten-, Automobil- und Mineralölindustrie.

5.6.3.3 Beeinflussung der Annahmen des Wettbewerbers

5.6.3.3.1 Reaktionshypothesen und Tit-for-Tat

Um eine kooperative Lösung des Gefangendilemmas zu erreichen, kann ein Unternehmen (1) versuchen, die **Erwartung** des anderen Unternehmens (2) bezüglich der Reaktion (von 1) auf sein Verhalten (von 2) zu beeinflussen (also die *Reaktionshypothese,* Simon/Fassnacht 2009, S. 224 ff.). Ähnlich wie bei der Preisführerschaft ist die Annahme des Folgens bei Preisänderungen Voraussetzung für Kooperation, hier jedoch ohne Absprachen. Die sog. **Tit-for-Tat-Strategie** (analog der *Chamberlin-Reaktionshypothese*) ist diejenige Strategie, die ein kooperatives Gleichgewicht herstellen kann: Bei der Tit-for-Tat-Strategie werden sowohl kooperative als auch nicht-kooperative Züge des anderen Spielers nachgemacht (als Belohnung bzw. Vergeltung), d. h. der Spieler beantwortet z. B. Preiserhöhungen des Wettbewerbers mit der gleichen Preiserhöhung. Die rationale Spielweise eines Spielers, der ein solches Verhalten erwartet, wäre die Kooperation (in Form einer Preiserhöhung). Es stellt sich nun die Frage, wie man den Wettbewerber davon überzeugt, dass man sich gemäß der Tit-for-Tat-Regel verhält. Hierzu existieren folgende Ansätze:

(1) Tit-for-Tat als fokaler Punkt

Fokale Strategien sind Annahmen über die Reaktion des anderen Spielers, die für einen Spieler **naheliegend** sind (vgl. Besanko et al. 2007, S. 259; Schelling 1997). Simon (1992, S. 218) begründet **Tit-for-Tat als fokalen Punkt** im Preiswettbewerb aufgrund der Logik der Annahme, dass ein Wettbewerber Preissenkungen nachmacht, um sich nicht schlechter zu stellen. Dies gilt dann auch für Preiserhöhungen: Da eine *opportunistische Preissetzung* (Spieler behält den niedrigen Preis bei einer Preiserhöhung des Wettbewerbers bei) sofort mit der Preissenkung des anderen Unternehmens auf das alte Niveau beantwortet würde, ist auch bei Preiserhöhungen ein Mitziehen sinnvoll. Durch fokale Punkte kann also eine **Verhaltenskoordination ohne explizite Kommunikation stattfinden**. Ein Unternehmen kann aber nicht davon ausgehen, dass das Andere dieses Reaktionsverhalten von alleine antizipiert (vgl. Besanko et. al. 2007, S. 254 ff.) – es werden daher Möglichkeiten gesucht, den Wettbewerbern das Tit-for-Tat-Verhalten als wahrscheinlich nahe zu legen.

(2) Reputationsaufbau als Tit-for-Tat-Spieler

Bei wiederholtem Spiel ohne Kommunikation, aber mit einer mehrere Perioden zurückreichenden, übersehbaren Spielhistorie kann der Spieler dem anderen Spieler durch sein **Reaktionsverhalten** demonstrieren, dass er eine Tit-for-Tat-Strategie spielt. Notwendige Annahme ist, dass der Mitspieler das Tit-for-Tat-Reaktionsmuster nach einigen Spielzügen erkennt und sein Verhalten darauf einstellt (d. h. kooperiert). Dies entspricht dem Konzept des Aufbaus einer strategischen *Reputation* im Wettbewerb (hier als Tit-for-Tat-Spieler).

(3) Tit-for-Tat signalisieren

Das eigene Tit-for-Tat-Verhalten kann auch **signalisiert**, d. h. angedroht (vergeltender Teil) bzw. versprochen (kooperativer Teil) werden, entweder durch Kommunikation oder durch Maßnahmen, die ein Tit-for-Tat signalisieren (vgl. Heil/Bungert 2005, S. 92 ff.). In der Praxis kann der vergeltende Teil des Tit-for-Tat beispielsweise durch eine Niedrigpreisgarantie gegenüber dem Kunden signalisiert werden (vgl. Besanko et al. 2007, S. 255 ff.). Die Glaubwürdigkeit (*Subspielperfektion*) dieses Signals entsteht dadurch, dass bei Nichteinhaltung Kosten aufgrund des Imageverlustes entstehen. Eine weitere Voraussetzung für funktionierendes Signaling ist, dass der Mitspieler die Absicht bzw. Signal-Botschaft erkennt – da solche Signale erst durch die Interpretation des Empfängers entstehen, unterliegen sie einer möglichen Verzerrung durch Fehlinterpretationen (*Interpretation Bias*; vgl. Heil/Bungert 2005 S. 93 f.). Signal generierende Ankündigungen oder Maßnahmen sollten deshalb so gestaltet werden, dass eine Interpretation möglichst einfach ist (*Signal Clarity*).

Beispiel | **Varianten des Tit-for-Tat Signaling und GRIT**

Als 1994 die Zeitung New York Post den Preis pro Ausgabe von 40 auf 50 Cent erhöhte, zog der Konkurrent Daily News zunächst nicht mit. Daraufhin drohte die New York Post mit einem Absenken der Preise auf 25 Cent, und setzte dies zur Demonstration ihrer Bereitschaft in einem begrenzten Gebiet (Staten Island) auch um. Daraufhin zog die Daily News nach und erhöhte den Preis ebenfalls.

Der *GRIT-Ansatz* (Graduated Reciprocity in Tension Reduction) von Osgood verfährt ähnlich, verfolgt aber das Ziel, anhaltende nichtkooperative Gleichgewichte (z. B. Preiskriege) u. a. durch die Schaffung von Vertrauen aufzulösen. Hierbei werden zuerst einseitig kooperative Züge (ggf. in begrenztem Rahmen) angekündigt, und anschließend wie angekündigt umgesetzt. Dann wird eine entsprechende (kooperative) Erwiderung des anderen Spielers erwartet. Fall diese erfolgt wird wiederum mit einer kooperativen Maßnahme in etwas größerem Umfang geantwortet – so kann eine Deeskalationsspirale aktiv eingeleitet werden.

Quelle: Vgl. Leitl 2006, S. 22; Osgood 1979, S. 5 ff.

5.6.3.3.2 Beeinflussung der Erwartung der Auszahlungen

Dieser Ansatz basiert auf der Annahme, dass die **technische Intensität des Konflikts** durch eine Verringerung des erwarteten Gewinns aus einer Defektion (hier: Preisunterbietung) verringert wird (vgl. Fisher 1990, S. 200; quasi als Umkehrung des Konzepts der Kronzeugenregelung). Der Anreiz, den eigenen Preis zu senken, nimmt mit abnehmender Kreuzpreiselastizität ab, zentraler Ansatzpunkt hierfür sind die Markenwechselkosten der Kunden (vgl. Gatignon/Reibstein 1997, S. 237 ff.; siehe Kap. 5.1.2.2.2).

Die Art und die Höhe der „natürlichen" branchenspezifischen Markenwechselkosten werden von der jeweiligen Marktverfassung bestimmt (siehe Kap. 5.1.2.1); sie können aber auch zwischen den angebotenen Marken unterschiedlich sein. Zusätzliche Markenwechselkosten können durch die Unternehmen selbst aufgebaut werden, diese werden dann als **artifizielle Markenwechselkosten** bezeichnet. Solche Wechselkosten entstehen beispielsweise dadurch, dass Kunden bei wiederholtem Kauf Rabatte (Coupon- oder Playback-System) oder andere Vorteile erhalten, sie beim Kauf einer anderen Marke verlieren. Alternativ kann das Unternehmen die Kompatibilität zu anderen Marken erschweren, so dass z. B. durch den Kauf von Zubehör Wechselkosten entstehen. Angesichts solcher Maßnahmen muss der Wettbewerber annehmen, dass durch eine Preisunterbietung nun wesentlich weniger Käufer der anderen Marke zu einem Markenwechsel bereit sind – was seine **Erwartungen hinsichtlich des Nutzens einer Preisunterbietung** und entsprechend die Motivation zu einer solche Defektion (negativ) beeinflusst. Der Aufwand für die Einrichtung markenspezifischer Wechselkosten kann folglich als Versicherungsprämie gegen Preisunterbietungen bzw. zur Stabilisierung des Preisniveaus einer Branche interpretiert werden. Deneckere et al. (1992, S. 148) argumentieren in diesem Kontext, dass hohe Konsumenten-loyalität für eine Marke die Möglichkeit zur Preisführerschaft für das Unternehmen eröffnet.

Beispiel

Kundenbindungsprogramme und artifizielle Markenwechselkosten

1981 führte American Airlines das erste Vielfliegerprogramm ein. Diese Programme boten einem Fluggast einen Anreiz, eine bestimmte Fluggesellschaft zu wählen: Wollte dieser zu einer anderen Fluggesellschaft wechseln, würden die gesammelten Meilen nicht weiter aufgestockt werden. Sollte die alternative Fluggesellschaft kein Vielfliegerprogramm anbieten, würden zusätzliche Opportunitätskosten für den Kunden entstehen. Viele Unternehmen, speziell in Branchen mit homogenen Produkten oder geringen Markenwechselkosten (wie bspw. Tankstellen), haben mittlerweile Kundenbindungsprogramme aufgelegt (z. B. Bonussystem PAYBACK von Aral), ebenso Handelsunternehmen (mittels Kundenkarten oder wie Tengelmann mit dem Bonuspunkteprogramm „Treueherzen").

Quelle: Nach Michael/Silk 1993, S. 6

5.7 Schlussbemerkung zu Wettbewerbsstrategien

Die Theorie der marktorientierten strategischen Unternehmensführung beschäftigt sich mit der Problematik des **erfolgreichen bzw. profitablen Überlebens von Unternehmen in wettbewerbsintensiven Branchen**. Das Treffen von allgemeingültigen (ex ante-) Aussagen über die Ursachen und Hintergründe des Erfolgs von Unternehmen ist jedoch (auch) in diesem Kontext problematisch (u. a. aufgrund der Branchenspezfizität relevanter Erfolgsfaktoren und der Komplexität des Zusammenwirkens der Wettbe-werbskräfte). Erfolgreich im Sinne von profitabel dürften aus der mark-torientierten Perspektive diejenigen Unternehmen sein, die mit dem durch den dynamischen Wettbewerb ausgelösten Druck (Nash-Gleichgewichte) und den daraus entstehenden Problemen für die Profitabilität am besten umgehen. Zentrale Ansatzpunkte hierfür sind:

- Die proaktive Identifikation bzw. Generierung und Aufrechterhaltung (und ggf. Zerstörung) von *Wettbewerbsvorteilen* und einer darauf aufbauenden *Wettbewerbsstrategie*. Diese sollte so angelegt sein, dass sie sich einer dynamischen Umwelt anpassen kann.
- Die aktive Gestaltung der Wettbewerbsinteraktion und -intensität durch unterschiedliche Arten der Kommunikation/Mechanismen der Koordination (zur Aufrechterhaltung der Profitabilität der geamten Branche).

Von wettbewerbsstrategischer Bedeutung sind in diesem Kontext

- die Identifikation der für den Markt bzw. die Branche relevanten Erfolgsfaktoren (z. B. auf der Ebene der Ressourcen),

- das Erkennen der materiellen (z. B. relativen Stärken/Schwächen), aber auch der psychologischen Eigenschaften der Wettbwerber,
- das Erkennen und Verstehen der Strategien der Wettbewerber (Strategische Stoßrichtung und Ausgestaltung von Basisstrategien, insbesondere der Wettbewerbsstrategie; siehe Kap. 1.2, 5 und 6),
- das Antizipieren von typischen Verhaltensweisen der Wettbewerber (auch Kooperations- und Konfrontationsmuster).

Diesbezügliche Erkenntnisse müssen durch die Analyse der Wettbewerber/ *Competitive Intelligence* gewonnen und in die Entwicklung der eigenen (Wett-bewerbs- bzw. Koordinations-) Strategie integriert werden.

Bereits in diesem Abschnitt wird deutlich, dass bestimmte Informationen bei der Entwicklung von Strategien eine bedeutende Rolle spielen. Dieser Aspekt wird im folgenden 6. Kapitel noch weiter ausgebaut.

5.8 Kontrollfragen zu Kapitel 5

Welche der folgenden Aussagen sind vollständig richtig (r) und welche Aussagen sind falsch (f)?

1. Die Wettbewerberanalyse untersucht die ökonomischen Strukturen der Branche.
2. Die Konsequenz von intensiverem Wettbewerb ist u. a. Preisdruck in Märkten.
3. Die Wettbewerbskräfte nach Porter umfassen jetzige und zukünftige Kunden, Komplemente und die Rivalität zwischen den Zulieferern.
4. Bei wachsenden Branchen ist der Wettbewerb immer intensiver.
5. Homogene Produkte sind eine Ursache für hohe Kreuzpreiselastizität.
6. Markenwechselkosten von Kunden setzen sich aus mehreren quantitativen und qualitativen Komponenten zusammen und sind individuell schwer bestimmbar.
7. Kostenvorteile, Image und Kundenbindung sind auch Markteintrittsbarrieren.
8. Die Verhandlungsstärke der Abnehmer hängt von der Anzahl der Unternehmen in einem Markt, den Markenwechselkosten und der Marktintransparenz ab.
9. Die Branchenstrukturanalyse bestimmt die Rentabilität von Branchen umfassend.
10. Die Wettbewerberanalyse untersucht die Annahmen, die verfolgten Strategien und das Reaktionsverhalten von Konkurrenten durch z. B. Verhaltenstypologien.
11. Erfolgsfaktoren sind für alle Unternehmen und Branchen gleich.
12. Die Stärken-Schwächen-Analyse bildet die Grundlage zur Erkennung von Wettbewerbsvorteilen und wird in ähnlicher Form auch im McKinsey-Portfolio verwendet.

13. Schwächen eines Unternehmens können ggf. durch Benchmarking oder Zukauf der notwendigen Ressourcen und Fähigkeiten neutralisiert werden.
14. Eine Wettbewerbsstrategie soll einer Geschäftseinheit eine vorteilhafte und verteidigungsfähige Position in einer Branche mit hoher Wettbewerbsintensität ermöglichen.
15. Die Strategie der Kostenführerschaft kann auf verschiedenen Ansätzen der Kostenreduktion basieren, die ggf. miteinander kombiniert werden sollten.
16. Die Differenzierung vom Wettbewerber kann auch auf eine große Vielzahl von Produktvarianten beruhen – oft sind deren Gründe aber nicht so offensichtlich.
17. Die Differenzierungsvorsprünge der Qualitätsführer können mit der Zeit sinken.
18. Es gibt sequenzielle und simultane Ansätze für hybride Wettbewerbsstrategien.
19. Beim proaktiven Outpacing senkt ein Qualitätsführer seine Kosten, um Marktaustritte der Wettbewerber zu provozieren.
20. Bei der hybriden Varietätsstrategie sollen Economies of Quality Kosten senken.
21. Bei sequenziellen hybriden Wettbewerbsstrategien ist die Beibehaltung des ursprünglichen Wettbewerbsvorteils beim Strategy Shift ein zentrales Problem.
22. Mit einem Frontalangriff werden Wettbewerber an einer bestimmten Stelle attackiert.
23. Defensive operative Wettbewerbsstrategien versuchen, den Markteintritt bzw. die Verbreitung aggressiver Angreifer z. B. durch eine Besetzung von Vertriebskanälen zu behindern.
24. Flexible Reaktionen, aktive Veränderungen der Spielregeln und Steuerung der Wettbewerbsinteraktion sind Ansätze, um in der Hypercompetition zu bestehen.
25. Unternehmen haben verschiedene Motive, sich preislich zu koordinieren, so auch um sich wechselnden Kosten- und Nachfragebedingungen anzupassen.
26. Der EU-Antitrust-Bereich deckt auch wettbewerbsreduzierendes Verhalten ab.
27. Die Spieltheorie analysiert rationales Verhalten in interdependenten Situationen.
28. Ein Nash-Gleichgewicht ist gegeben, wenn keiner der Spieler einen Anreiz hat, bilateral von einem Gleichgewicht abzuweichen.
29. Im Gefangenendilemma ist gegenseitiges Verraten kein subspielperfektes Gleichgewicht.
30. Reaktionshypothesen sind Annahmen über das Verhalten des Wettbewerbers.
31. Bei der Tit-for-Tat-Strategie werden die Züge des anderen Spielers nachgemacht – dann ist die Kooperation für die beteiligten Spieler die naheliegende Strategie.
32. Das Verhalten eines Spielers kann über die Veränderung seiner Erwartungen, z. B. bezüglich seiner Auszahlungen bei bestimmten Strategien, beeinflusst werden.

6 Strategische Planung und Strategiebewertung

Lernziele **Dieses Kapitel vermittelt,**

- wie Planungstechniken (strategische Analysen) Informationen in strategische Stoßrichtungen/Normstrategien umsetzen,
- welche unterschiedlichen Arten von strategischen Stoßrichtungen und Normstrategien existieren,
- welche Vorteile und Probleme die Planungstechniken aufweisen,
- welche Ansätze und Kriterien zur Auswahl von Strategien existieren.

Die bisherigen Ausführungen bezogen sich auf strategische Antworten auf grundsätzliche Fragestellungen eines Unternehmens zu Kunden und Wettbewerbern. Die Theorie formulierte dann auf empirischer oder logischer Basis Gestaltungsvarianten für diese *Basisstrategien*, aus denen sich Unternehmen die für sie passende Alternative auswählen konnten (siehe Kap. 6.4). Ein anderer Ansatz ist die Formulierung von sog. *strategischen Stoßrichtungen* durch eine **strukturierte Analyse der Situation** einer Geschäftseinheit mittels *strategischer Planungstechniken*. Eine strategische Stoßrichtung wird als Formulierung einer **strategischen Grundhaltung**, die der Anwendung weiterer Strategien (u. a. Wachstums-/Investitionsstrategien, operative Wettbewerbsstrategien) zugrunde liegt, verstanden (im englischen als *Grand Strategy* bezeichnet; vgl. Macharzina/Wolf 2010, S. 332). Durch sie erfolgt eine Anpassung der Geschäftseinheit an die Umwelt auf der Basis von Informationen über den Zustand bzw. die Entwicklung zentraler interner und externer Rahmenbedingungen und Erfolgsfaktoren (über die Stärken und Schwächen hinaus; siehe Kap. 1.1: „Strategie als Positionierung"). Bei dynamischer Anwendung erfolgt hierdurch eine **informationsgetriebene Evolution** der betrachteten SGE bzw. des gesamten Unternehmens.

Prominente strategische Planungstechniken wie die *SWOT-Analyse*, die *Portfolio-Planung* sowie die *SPACE-Analyse* werden im Folgenden vorgestellt. Die SWOT- und die SPACE-Analyse entwickeln strategische Stoßrichtungen für einzelne strategische Geschäftseinheiten, die Portfolio-Planung ermöglicht auch **integrative Planung** (über alle SGE) für das Gesamtunternehmen.

R. Bergmann, M. Bungert, *Strategische Unternehmensführung*,
DOI 10.1007/978-3-642-31840-5_6, © Springer-Verlag Berlin Heidelberg, 2012

Gemäß einer Studie von Kuhn (2007, S. 10 ff.) sind strategische Planungstechniken die Managementinstrumente mit der größten Relevanz (Verbreitung in der Praxis) und Akzeptanz bei den Anwendern.

6.1 SWOT-Analysen

SWOT ist das Akronym für *Strengths/Weaknesses/Opportunities/Threats* (Analysis), was Stärken/Schwächen/Gelegenheiten/Gefahren-Analyse bedeutet. Die SWOT-Analyse ist der zweite fundamentale Planungsschritt bei der Steuerung von strategischen Geschäftseinheiten nach der Definition des Geschäfts (s. Kap. 3.1; vgl. Kotler et al. 2007, S. 108).

SWOT-Analysen verknüpfen Informationen über unternehmensinterne und -externe Situationen und Entwicklungen, um daraus Handlungsbedarf und strategische Stoßrichtungen abzuleiten. Damit soll eine **proaktive**, d. h. auf die Zukunft ausgerichtete strategische Koordination zwischen Unternehmen und Umwelt systematisiert und entsprechend verbessert werden (als Gegenteil von reaktiv – i. S. v. häufig zu spät)(vgl. Macharzina/Wolf 2010, S. 342). Die bekanntesten Realisierungen der SWOT-Analyse sind die sog. *WOTS-UP-Analyse* (auch als Harvard-SWOT, Chancen-Risiken-Analyse oder Chancen-Gefahren-Analyse bezeichnet) und die *TOWS-Analyse*.

Exkurs: SWOT-relevante Aspekte der Analyse der Umweltsituation

Die unternehmensexterne Situation wird durch Gefahren und Gelegenheiten beschrieben (die aus Entwicklungen in relevanten Bereichen der **Makro- und Marktumwelt** der Unternehmen resultieren, sog. *Kontextvariablen*, siehe Kap. 3 und 9), die für die Zielerreichung des Unternehmens relevant sind. Auch wenn sich diese „Motoren des Wandels“ nicht permanent in jedem Geschäftsbereich verändern, können sie die Spielregeln einer Branche grundlegend verändern. Ziel muss es dann sein, einen Wandel im Voraus zu erahnen, dessen Einfluss auf die Wettbewerbsvorteile und die -intensität zu verstehen (vgl. Jarillo 2005, S. 148), und proaktiv Strategien zu entwickeln. Die identifizierten relevanten Kontextvariablen sollten in Gruppen, z. B. nach Bereichen, Eintrittswahrscheinlichkeiten oder zeitlicher Nähe des Auftretens geordnet werden (s. u. Risiken-Matrix) und im Rahmen eines Management-Nachrichtensystems (*strategische Früherkennung/-aufklärung*) ständig beobachtet (*Environmental Monitoring*) und bezüglich Trends und Trendbrüchen prognostiziert werden (*Forecasting*, siehe Kap. 9) (vgl. Kotler et al. 2007, S. 109).

Eine Unterteilung der Gelegenheiten und Gefahren in solche für die gesamte Branche oder nur für das betrachtete Unternehmen wird dabei in der Literatur nicht vorgenommen (unterteilt wird lediglich in reale und potenziell-hypothetische Gefahren). Gefahren für das eine Unternehmen können somit Gelegenheiten für andere Unternehmen sein, da diese Klassifizierung ggf. abhängig von der Struktur der Stärken und Schwächen des betrachteten Unternehmens ist (siehe die in Kap. 5 dargestellte Stärken-Schwächen-Analyse). Deshalb ist eine SWOT-Analyse typischerweise sehr unternehmensindividuell, was auch bei der Abschätzung der SWOT-Analysen eines Wettbewerbers im Rahmen der Wettbewerberanalyse (siehe Kap. 5) berücksichtigt werden sollte.

6.1.1 WOTS-UP/Chancen-Risiken-Analyse

Die Erkennung und **Nutzung von Chancen** gehört zu den zentralen Aufgaben des Managements. Bei der WOTS-UP-Analyse wird ein Stärken/Schwächen-Profil des Unternehmens den relevanten Umweltbedingungen/-entwicklungen gegenübergestellt – wobei darauf geachtet werden muss, welche Gefahren/Gelegenheiten welche Stärken/Schwächen betreffen.

Von einer *Chance* wird bei der WOTS-UP-Analyse dann gesprochen, wenn eine Umweltentwicklung (hier also als *Gelegenheit*) auf eine entsprechende Stärke des Unternehmens trifft und diese dadurch besonders betont wird. In diesem Fall kann angenommen werden, dass das betrachtete Unternehmen die Umweltentwicklung besser in Erfolge umsetzen kann als die Wettbewerber (sog. *Window of Opportunity*). Ein Beispiel hierfür wäre, wenn ein Trend der Verteuerung der Kraftstoffkosten auf eine besondere Kompetenz in der Produktion besonders energieeffizienter Automotoren trifft (für Unternehmen, die hierin eine ausgeprägte Schwäche haben, ist diese Entwicklung entsprechend eine *Gefahr*). Eine differenzierte Strukturierung der Chancen ermöglicht die sog. Chancenmatrix (vgl. Kotler et al., 2007, S. 109; Aaker 1995, S. 121), bei der die Attraktivität (oder das Erfolgspotenzial der Chance) der Erfolgswahrscheinlichkeit (jeweils eingeteilt in hoch/niedrig) gegenüber gestellt wird. Es sollten dann für diejenigen Chancen adäquate strategische Maßnahmen entwickelt werden, die hohe Attraktivität bei hoher Erfolgswahrscheinlichkeit vereinen.

Ein Risiko ergibt sich, wenn eine Entwicklung (hier: Gefahr) auf eine Schwäche des Unternehmens trifft, welche die Schwäche dann als bedeutsamer herausstellt. Unternehmen sind gehalten, solche **Risiken frühzeitig zu erkennen** und bei einer Verdichtung der Hinweise auf eine gefährliche (und wahrscheinliche) Entwicklung der Umweltindikatoren – proaktiv – Gegenmaßnahmen einzuleiten. Analog zur Chancenmatrix kann eine Risikenmatrix aufgestellt werden. Die Chancen-Risiken-Analyse resultiert in zwei Grundtypen von Strategien (vgl. Homburg 2000, S. 134):

(a) Matching-Strategien

Matching-Strategien werden aus einer Stärke und einer dazu passenden Chance abgeleitet. Eine SGE-spezifische Matching-Strategie ergibt sich, wenn eine konkrete Möglichkeit zur Nutzung der Chance durch die Stärke gefunden wird (alternativ wäre in diesem Kontext die Entwicklung einer Stärke, die zu einer absehbaren Umweltentwicklung passt).

(b) Neutralisations- und Umwandlungsstrategien

Neutralisations- und Umwandlungsstrategien sollen in die Lage versetzen,

- Schwächen unter Ausnutzung der Umweltentwicklung in Stärken zu verwandeln oder diese zumindest zu neutralisieren,
- Gefahren (bzw. Risiken) durch geeignete Maßnahmen in Gelegenheiten (bzw. Chancen) umzuwandeln oder wenigstens zu neutralisieren.

Da **keine konkreten Strategieempfehlungen** vorgegeben werden (außer dem Hinweis, welche Chancen zu nutzen sind und welchen Risiken zu begegnen ist), kann die WOTS-UP-Analyse als eher deskriptiv bezeichnet werden. Im Grundsatz wird dem Anwender nahe gelegt, relevante (d. h. von bestimmten Umweltentwicklungen hervorgehobene) Stärken weiter zu festigen bzw. zu Wettbewerbsvorteilen auszubauen. Eventuell problematisch wäre dabei eine zu starke Konzentration auf diejenigen Märkte, auf denen das Unternehmen in der Vergangenheit Stärken entwickelt hat. Aus dem Gesamtbild aller Chancen und Risiken kann die Attraktivität eines Geschäftsfeldes für weitere Investitionen abgeleitet werden (die Vorgehensweise ist dann ähnlich wie bei dem in Kap. 6.2 beschriebenen McK-Portfolio oder der SPACE-Analyse).

6.1.2 TOWS-Analyse

Die TOWS-Analyse ist die Weiterentwicklung der WOTS-UP-Analyse, wobei bei der TOWS-Analyse die Ableitung konkreterer strategischer Stoßrichtungen angestrebt wird. Hierzu werden die Gelegenheiten und Gefahren sowie die Stärken und Schwächen des Unternehmens als Kriterien einer Matrix verwendet, und zwar in aufgelisteter Form, siehe Abb. 6.1.

Im 4-Felder-Kern der TOWS-Matrix entstehen die strategischen Stoßrichtungen als **SO-, WO-, ST-** und **WT-Strategien**. Für diese sind dann konkrete – nach weiterer Analyse als geeignet erscheinende Strategien – kreativ zu entwickeln (worüber auch die TOWS keine Hinweise gibt). In ihrem Kern sind diese Strategien die oben beschriebenen Matching-Strategien (SO) oder Umwandlungs- bzw. Neutralisationsstrategien (WO, ST, WT).

Abb. 6.1: Struktur der TOWS-Analyse

	Stärken (Strengths) 1. … 2. … 3. …	**Schwächen** (Weaknesses) 1. … 2. … 3. …
Gelegen-heiten (Oppor-tunities) 1. … 2. … 3. …	**SO-Strategien** (Strengths-Opportunities): Strategien, die Stärken zur maximalen Ausnutzung von Gelegenheiten nutzen. (*Matching-Strategien*)	**WO-Strategien** (Weaknesses-Opportunities): Strategien, die Gelegenheiten zur Überwindung von Schwächen nutzen. (*Neutralisierungs- bzw. Umwandlungsstrategien von Schwächen*)
Gefahren (Threats) 1. … 2. … 3. …	**ST-Strategien** (Strengths-Threats): Strategien, die Stärken nutzen, um Gefahren zu widerstehen (*Neutralisierungs- bzw. Umwandlungsstrategien von Gefahren*)	**WT-Strategien** (Weaknesses-Threats): Strategien, die gleichzeitig Schwächen überwinden und Gefahren widerstehen (*Neutralisierungs-/Umwandlungsstrategien von Schwächen & Gefahren*)

Quelle: Vgl. Macharzina/Wolf (2010, S. 343)

Bei der Entwicklung (und ggf. Klassifizierung) von konkreten Strategien kann eine **Detailmatrix** angewendet werden, die einzelne Stärken/Schwächen und Gefahren/Gelegenheiten für ein Feld der TOWS-Matrix gegenüberstellt (siehe das in Abb. 6.2; dargestellte Beispiel einer ST-Detailmatrix: ST-11 wäre die bereits ausgearbeitete Strategie, bei der Threat 1 durch Strength 1 neutralisiert oder zu einer Gelegenheit umgewandelt wird. Möglichkeiten zur Entwicklung passender ST-Strategien können mit „Entwickeln", nicht in Strategien umsetzbare S/T-Konstellationen mit „Nicht möglich" bezeichnet werden). Strategie-Auswahl sowie -Budgetierung könnten anhand des Ausmaßes, mit der diese Strategie die Gefahr neutralisieren/umwandeln kann, getroffen werden. Abb. 6.3 stellt Vor- und Nachteile der TOWS-Analyse gegenüber.

Abb. 6.2: TOWS Detailmatrix ST (Strength/Threat)

ST-Matrix	**Strength 1**	**Strength 2**	**Strength 3**	**Strength 4**
Threat 1	ST-1.1	Nicht möglich	ST-1.3	Entwickeln
Threat 2	Nicht möglich	Entwickeln	Nicht möglich	ST-2.4
Threat 3	Entwickeln	Nicht möglich	ST-3.3	Nicht möglich

Quelle: Eigene Darstellung

Abb. 6.3: Vorteile und Nachteile der TOWS-Analyse

Vorteile	**Nachteile**
Die Checklistenstruktur der TOWS ermöglicht die systematische Berücksichtigung der wichtigsten Kontextvariablen bei der Strategieentwicklung.	Gefahr der zu starken Reduktion der Komplexität der Realität, auch in Bezug auf die Wirkungszusammenhänge/-beiträge der Kontextvariablen.
Betont die Notwendigkeit, drängende Umweltentwicklungen zu erkennen und auf diese zu reagieren.	Die Stoßrichtungen der TOWS identifizieren zwar Handlungsbedarf, geben aber wenig Hinweise auf konkrete Strategien (im Vergleich zur Portfolio-Planung).
Reduziert komplexe Situationen auf die Kerntatbestände und macht diese dadurch besser handhabbar.	
Detaillierte Zuordnung der einzelnen relevanten Umweltentwicklungen zu der Unternehmenssituation (im Vergleich zur Portfolio-Planung).	

Quelle: Eigene Darstellung basierend auf Macharzia/Wolf (2010, S. 342)

6.2 Portfolio-Planungstechniken

Bei der Portfolioanalyse wird die Gesamtheit der strategischen Geschäftseinheiten (alternative Planungseinheiten: Sparten, Produktlinien oder Produkte) einer Unternehmung hinsichtlich ihrer **Wachstums- und Ertragschancen bzw. -risiken** untersucht. Die bekanntesten Portfolio-Techniken sind das *Boston-Consulting-Group-Portfolio* (BCG, 4-Felder Matrix) und das *McKinsey-Portfolio* (oder General Electric Portfolio, 9-Felder Matrix). Diese Portfolios werden mit mehreren (McKinsey) oder wenigen (BCG) **Erfolgsfaktoren** der Markt-/ Umweltsituation und wettbewerbsorientierten Unternehmensanalyse zur Bestimmung von Chancen und Risiken einer SGE gebildet (vgl. Meffert 2005, S. 350 ff.). In einer graphischen Umsetzung sind die Erfolgsfaktoren einzeln oder als Index Achsen eines Koordinatensystems; das in **situationsspezifische Felder** unterteilt wird (s. Abb. 6.4; zu weiteren Grundlagen der Portfolio-Technik siehe z. B. Welge/Al-Laham 2008, S. 461 ff.). Aus **Position und Verteilung der Geschäftseinheiten in den Portfoliofeldern** ergeben sich:

- Hinweise für die strategische Behandlung der einzelnen SGE, die sog. (quasi-heuristischen) *Normstrategien* – strategische Stoßrichtungen, die aus den Informationen über die Situation der SGE abgeleitet werden. Diese beinhalten Vorschläge zu Investitionsintensität, Wettbewerbsverhalten und zukünftigen Zielen der betrachteten SGE. Von zentraler Bedeutung ist die Frage, ob den Geschäftseinheiten Ressourcen entzogen werden können, oder ob die Situation eine verstärkte Zuteilung von Ressourcen erfordert bzw. nahelegt.
- Die Gesamtsituation des Unternehmens mit Hinweisen auf strategische Ressourcenallokation, finanzielle Ausgeglichenheit, zukünftige Ertragsaussichten sowie Diversifikations- bzw. Risikostrukturen. Die Portfolio-Technik ermöglicht damit eine übergreifende Betrachtung der Unternehmensaktivitäten hinsichtlich der übergeordneten Zielsetzungen.

6.2.1 BCG-Portfolio

Beim Boston-Consulting-Group-Portfolio (BCG) beschränkt man sich auf die beiden Erfolgsfaktoren **Marktanteil** (beeinflussbarer, unternehmensintern) und **Marktwachstum** (weniger beeinflussbar, unternehmensextern), um eine einfache Positionsbestimmung im Portfolio zu gewährleisten. Gemäß den Ergebnissen der PIMS-Studie kommt diesen beiden Faktoren eine zentrale Bedeutung für die Erfolgsgrößen zu (s. Kap. 5.2) – dies gilt sowohl für den absoluten sowie den hier verwendeten **relativen Marktanteil** (das Verhältnis zwischen eigenem Marktanteil und dem des stärksten Wettbewerbers). Die Position der SGE bei den o. g. Faktoren kann z. B. mit Paneldaten ermittelt werden; ohne Zugriff auf solche Erhebungen stellt die Situationsbestimmung – gerade für kleinere Unternehmen – aber ein Problem dar.

Weitere relevante strategische Aspekte des BCG-Portfolios sind die **Mittelverteilung** von den profitablen Cash-Cows zu Question Marks und Stars, was die Forderung nach einer finanziellen und damit auch strukturellen **Ausgewogenheit des Portfolios** betont. Die typische interne Dynamik des Portfolios (vom Question Mark zu Star, dann zur Cash-Cow) reflektiert das Konzept des **Produktlebenszyklus**; aus den Portfoliopositionen können **Ziele für SGEs** und der **Innovationsbedarf** des Unternehmens abgeleitet werden.

Abb. 6.4: Boston-Consulting-Group-Portfolio

	Marktanteil → **Niedrig**	**Hoch**
Marktwachstum ↑ **Hoch** *(Wachstums-strategien)*	***QUESTION MARK*** • Neuprodukt: Selektion nach o Machbarkeit o Erfolgsaussichten • Marktanteilssteigerung zur Verbesserung der Kostenposition, Kapazitätsaufbau	***STAR*** • Wettbewerbsposition und Marktanteil ausbauen • Gewinne in Wachstumsstrategien investieren • Marktzutrittsbarrieren errichten
Niedrig *(Desinvestitions-strategien)*	***POOR DOG*** • Desinvestition (bzw. Liquidation/Stilllegung bei Verlust) • Kurzfristige Produktverbesserung, Kostensenkung • Suche nach Marktnischen	***CASH COW*** • Halten der Marktposition • Reduktion der Investitionen in Innovationen und Kapazitäten • Kostenreduktion

Quelle: Vgl. Ehrmann (2006, S. 23 ff.); Welge/Al-Laham (2008, S. 477 ff.)

Zu den in Abb. 6.5 dargestellten Vor- und Nachteilen des BCG-Portfolios kommen **Risiken bei der Orientierung an den BCG-Normstrategien**:

- Die Normstrategien des BCG-Portfolios sind zu global gehalten, um konkrete Aussagen bezüglich der Gestaltung von bspw. Marketing-Instrumentalstrategien zu machen – (auch) Portfolio-Normstrategien können die benötigte kreative Leistung bei der Strategieentwicklung nicht ersetzen (vgl. Meffert 2005, S. 265).
- Die unreflektierte Anwendung der Normstrategien fördert die Austauschbarkeit der Unternehmen und konterkariert damit die von der marktorientierten Strategielehre und den ressourcenorientierten Ansätzen geforderte Differenzierung von den Wettbewerbern (siehe Kap. 5.4 ff.). Zudem lassen sich Wachstumspotenziale in reifen Märkten häufig nur über Innovationen erreichen.
- Eine Marktanteilsfokussierung bei der strategischen Zielsetzung (wie bei dem BCG-Portfolio) kann zu einem Nullsummenspiel führen, was den Preiswettbewerb in der Branche massiv verschärfen kann. (siehe Kap. 5).

Abb. 6.5: Vorteile und Nachteile des BCG-Portfolios

Vorteile	Nachteile
• Objektivität der Einordnung • Situationsbestimmung relativ einfach, wenn Daten vorliegen • Hohe Anschaulichkeit und Kommunikationswert • Empirische Relevanz der Bewertungsdimensionen • Daten maximal verdichtet	• Erfolgsfaktoren ausschließlich marktorientiert • Mangelnde Berücksichtigung relativierender Faktoren wie Wettbewerbsintensität etc. • Marktwachstum: Dichotome Skalierung undifferenziert (ggf. ∅ aller SGE als Grenzwert) • Häufig mangelnde Eindeutigkeit der SGE-Position im Portfolio und „Tendenz zur Mitte" (als Konsequenz der o. g. Durchschnittsbildung) • Statisches Marktwachstum eher selten • Marktanteil abhängig von der Marktdefinition • Marktanteil ist kostenführerschaftsfokussiert, Widerspruch zu Porters Konvexitätshypothese • Ausrichtung auf Innenfinanzierung (Cash-Cow finanziert Star und Question Mark) veraltet • Unabhängigkeit der SGE fraglich, Vernachlässigung von Synergien bei Desinvestition

Quelle: Vgl. Ehrmann (2006, S. 148), Meffert (2005, S. 353 f.)

6.2.2 McKinsey-Portfolio

Um zentralen Schwächen des BCG-Portfolios, die geringe Anzahl der Erfolgsfaktoren und die häufig uneindeutige Portfolioposition der SGE zu beheben, wurde das *McKinsey-Portfolio* entwickelt. Ebenso wie beim BCG-Portfolio werden zwei Achsen (Dimensionen) aufgestellt, die als **Marktattraktivität** (Ordinate) und **Wettbewerbsstärke** (Abszisse) bezeichnet werden. Diese werden in jeweils drei Bereiche (niedrig, mittel, hoch) untergliedert, woraus eine Matrix mit neun Feldern entsteht. Jede Achse repräsentiert eine **Vielzahl von Erfolgsfaktoren**, deren Ausprägungen die strategische Situation einer Geschäftseinheit und damit eine nahe liegende Normstrategie bestimmen.

Die Umweltdimension **Marktattraktivität** wird durch die (Meta-)Faktoren

- **Marktgrößen (**Marktwachstum, -größe und -potenzial, s. Kap. 3),
- **Wettbewerbsintensität** (siehe Modell der Wettbewerbskräfte in Kap. 5),
- **Marktrisiken** (Gefahren aus der Makro- bzw. Marktumwelt) gebildet.

Für die Unternehmensdimension **Wettbewerbsstärke/-position** kann das Ergebnis eines **quantifizierten Stärken/Schwächen-Vergleichs** mit den wichtigsten Wettbewerbern herangezogen werden (s. Kap. 5.3.2). Hieraus ergeben sich Hinweise auf Fähigkeiten, sowohl Chancen/Ertragspotenziale auszunutzen als auch Gefahren aus der Umwelt zu begegnen.

Zur Ermittlung der Lage einer SGE im Portfolio werden die einzelnen Faktoren der Dimensionen hinsichtlich ihrer Bedeutung gewichtet, auf einer einheitlichen Skala bewertet (idealerweise durch 3 teilbar, z. B. von 0–6), und das Produkt aus Gewichtung und Punktwert aufsummiert (s. *Scoring-Modell*).

6.2.2.1 Normstrategien im McKinsey-Portfolio

Die neun Felder des McKinsey-Portfolios beinhalten situationsspezifische Normstrategien/Stoßrichtungen für die betrachteten SGE (siehe Abb. 6.6).

Im Strategiekern des McKinsey-Portfolios (s. Abb. 6.6) werden neben den einzelnen Normstrategien drei Bereiche identifiziert, die unterschiedliche **strategische Ausrichtungen** aufweisen (vgl. Welge/Al-Laham 2008, S. 481 ff.):

(a) Zone der Mittelbindung (dunkelgraue Felder rechts oben in Abb. 6.6)

In der Zone der Mittelbindung werden **Investitions- und Wachstumsstrategien** verfolgt (analog Star beim BCG-Portfolio). Die Wettbewerbsstärke muss gesichert bzw. ausgebaut werden, zudem sollten Markteintrittsbarrieren aufgebaut werden. Dazu sind umfangreiche Investitionen in F&E, Kapazitäten (ggf. Aufkauf von Wettbewerbern) sowie Marketing notwendig. Die Verbesserung der Marktstellung soll in Zukunft eine bessere Rentabilität ermöglichen, eine kurzfristige Gewinnerzielung ist weniger relevant. Die benötigten finanziellen Mittel sind daher typischerweise höher als die erwirtschafteten.

(b) Zone der Mittelfreisetzung (hellgraue Felder links unten in Abb. 6.6)

In der Zone der Mittelfreisetzung werden **Abschöpfungs- und Desinvestitionsstrategien** vorgeschlagen, da die SGE in dieser Situation ein eher geringes Erfolgspotenzial hat (analog Poor Dog). Die Normstrategie zielt auf eine **kurzfristige Gewinnerzielung**, welche dann zur Finanzierung von SGE verwendet werden, die größeren Erfolg versprechen. Investitionen sind möglichst gering zu halten und darauf auszurichten, den Ertrag kurzfristig zu steigern (Marketingorientierung). Wenn die SGE unter Ausschöpfung aller Möglichkeiten zur Rationalisierung und Synergieausschöpfung keinen positiven Gewinn mehr erwirtschaften, sollte sie veräußert oder stillgelegt werden.

(c) Selektive Bereiche (Felder in der Diagonale ohne Farbe in Abb. 6.6)

Für die selektiven Bereiche soll die Strategie situationsbezogen angelegt sein:

Abb. 6.6: Strategische Stoßrichtungen im McKinsey-Portfolio

		Wettbewerbsstärke		
		Niedrig	**Mittel**	**Hoch**
Marktattraktivität	**Hoch**	***Selektiver Ausbau 1*** • Spezialisierung auf bestimmte Stärken • Schwächen überwinden • Rückzug wenn Wachstum sinkt (c)	***Ausbau mit Investitionen*** • Strebe nach Marktführerschaft • Selektiv auf Stärken aufbauen • Schwächen verbessern (a)	***Position verteidigen*** • Maximale Investitionsintensität • Konzentration der Kräfte auf die Erhaltung von Stärken (a)
	Mittel	***Begrenzte Expansion oder Ernten*** • Suche risikoarme Expansionsmöglichkeiten • Investitionen minimieren • betriebliche Prozesse rationalisieren (b)	***Gewinnorientierte Selektion*** • Aktuelles Produktprogramm verteidigen • Konzentration von Investitionen auf gewinnträchtige Segmente (c)	***Selektiver Ausbau 2*** • Investiere in die größten Segmente • Fähigkeit zur Abwehr stärken • Rentabilität durch Produktivitätssteigerung steigern (a)
	Niedrig	***Desinvestition*** • Zum höchsten Wert veräußern • Fixkosten senken • Verzicht auf Investitionen (b)	***Gewinnorientierung*** • Position in den rentabelsten Segmenten verteidigen • Verbessere die Produktlinie • Minimiere die Investitionen (b)	***Verteidigung & Schwerpunktverlagerung*** • Maximiere gegenwärtigen Gewinn • Konzentration auf attraktivste Segmente • Verteidige die vorhandenen Stärken (c)

Quelle: Vgl. Kotler et al. (2007, S. 100)

- Bei hoher Marktattraktivität wird eine **offensive Investitionsstrategie** (Selektiver Ausbau 1) zur Steigerung der eigenen Wettbewerbsstärke und dadurch zur Erreichung einer Position im Wachstumsstrategie-Bereich nahe gelegt. Bei hoher Wettbewerbsintensität, starken Wettbewerbern und sinkendem Marktwachstum wird allerdings zum Rückzug geraten.
- Bei geringer Marktattraktivität wird eine **relativierte Desinvestitionsstrategie** (Schwerpunktverlagerung) die eine Programmbereinigung und

eine Fokussierung der längerfristigen Investitionen auf die ertragreichsten Marktsegmente beinhaltet, vorgeschlagen (bei niedriger und mittlerer Marktattraktivität ist solches Vorgehen generell angeraten).

- Bei einer Position in der Mitte der McKinsey-Matrix (Gewinnorientierte Selektion) sind beide fundamentalen Strategievarianten denkbar. In dieser Situation sollte ggf. die Vorgehensweise bei der Positionsermittlung nochmals geprüft bzw. weitere Faktoren herangezogen werden (analog Question Mark im BCG-Portfolio).

6.2.2.2 Probleme und Nutzen des McKinsey-Portfolios

Beim McKinsey-Portfolio ergeben sich folgende Problembereiche:

- Oft ist die SGE-Position im Portfolio **nicht eindeutig**, die Normstrategie ändert sich dann bei geringer Änderung der Inputdaten.
- Evtl. mangelnde Objektivität und **Manipulierbarkeit der Einordnung** durch Auswahl, Gewichtung und Bewertung der Erfolgsfaktoren.
- Die Unabhängigkeit der Faktoren ist ggf. problematisch, eine **Übergewichtung** von zusammenhängenden/korrelierten Kriterien ist zu vermeiden (bspw. Marktanteil und Kostenposition etc.).
- Normstrategien bauen auf vorhandene Wettbewerbsvorteile, dies kann zu einer **Hemmung von Strategieinnovationen** führen (vgl. BCG).
- **Wechselwirkungen von SGE** werden bei Desinvestitionsstrategien evtl. vernachlässigt. Effekte auf verbundene SGE sollten analysiert werden.
- Die **Finanzierbarkeit** der Strategie wird nicht explizit berücksichtigt.
- Die Durchschnittsbildung bei der Bestimmung der Position auf den Dimensionen **nivelliert fundamentale Unterschiede** in der Situation der SGE (vor allem bei der vielschichtigen Marktattraktivität).
- Auch beim McKinsey-Portfolio sind die **Normstrategien zu global**.

Aufgrund der Durchschnittsbildung und der zu allgemeinen Strategieformulierung sollte zusätzlich die **Situation der SGE bei den einzelnen betrachteten Erfolgsfaktoren** bei der Entwicklung konkreter Strategien berücksichtigt werden (auch bei der Fallstudie in Kap. 6.6).

Ein zentraler Nutzen der Portfolio-Technik ist die **Visualisierung der (relativen) Situation der Geschäftseinheiten** des Unternehmens. Dies ermöglicht ein besseres Verständnis der Gesamtsituation des Unternehmens und hilft bei der Abschätzung des Gewinn- und Wachstumspotenzials sowie bei der Formulierung vernünftiger Zielvorgaben für die Geschäftseinheiten. Positiv zu werten ist auch der Ansatz der

methodischen, datenorientierten Strategiefindung, die aber auch als Ausgangspunkt für eine weitergehende Sammlung und Analyse strategisch relevanter Daten verstanden werden sollte. Beim McKinsey-Portfolio wird zudem die Flexibilität des Scoring-Ansatzes deutlich: Weitere Nutzungen sind bspw. die Beurteilung der Attraktivität von Auslandsmärkten (ggf. erweitert um die Achse Ländermarkt-Eintrittsbarrieren) sowie die Segmentauswahl beim Targeting (siehe Kap. 3).

6.3 SPACE-Analyse

Die *SPACE-Analyse* (Strategic Position and Action Evaluation) ist ebenfalls eine informationsverarbeitende Struktur zur Formulierung strategischer Stoßrichtungen, die dem McKinsey-Portfolio-Ansatz verwandt ist, die Analyse aber weiter detailliert (vgl. Homburg, 2000, S. 166). Macharzina/Wolf (2010, S. 332) bezeichnen die aus der SPACE-Analyse abgeleiteten Stoßrichtungen als „strategische Grundhaltungen" im Sinne von Handlungsmustern, die detaillierten (Instrumental-) Strategien zugrunde liegen. Sie weisen dabei einige Analogien zur Wettbewerbertypologie von Miles und Snow auf (s. Kap. 5.2.2).

In ihrem Kern plant die SPACE-Analyse nur für einzelne Geschäftseinheiten, es können aber ggf. mehrere SGE oder sogar Wettbewerber simultan in einem SPACE-Koordinatensystem (siehe Abb. 6.7, 6.8) abgebildet werden.

Bei der SPACE-Analyse sollen die Mängel und Probleme der Portfolios behoben werden, (vgl. Homburg 2000, S. 166) insbesondere

- die Sensitivität gegenüber geringfügigen Veränderungen,
- die Problematik der Operationalisierung und Gewichtung der einzelnen Beurteilungskriterien,
- die Vermischung wichtiger Aspekte, z. B. die mangelnde Trennung zwischen Marktgrößen und wettbewerbsrelevanten Marktstrukturen,
- der Aspekt der Finanzierbarkeit der strategischen Stoßrichtungen.

6.3.1 Dimensionen der SPACE-Analyse

Die SPACE-Analyse bestimmt die Situation der strategischen Geschäftseinheit nach **vier Dimensionen**, die (Halb-)Achsen eines Koordinatensystems bilden (siehe Abb. 6.7) (vgl. Macharzina/Wolf 2010, S. 335 f.):

(a) Wettbewerbsposition/-stärke der SGE
(b) Finanzielle Position des Unternehmens
} (a) & (b): Unternehmensbeurteilung

(c) Marktattraktivität
(d) Marktstabilität
} (d) & (c): Markt- bzw. Branchenbeurteilung

Die Dimension **Marktstabilität** ergibt sich aus der Branchenstrukturanalyse sowie einer strukturierten Markt- und Umweltanalyse (s. Kap. 3, 5.1 und 9):

- Ist der Markt stark umkämpft (Wettbewerbsintensität, Preiskampfgefahr)?
- Besteht die Gefahr des Eintritts neuer Wettbewerber?
- Sind technologische Substitute in näherer Zukunft absehbar?
- Sind in der Unternehmensumwelt Entwicklungen erkennbar, die das Unternehmen bzw. die gesamte Branche gefährden, z. B. Technologiesprünge oder Änderungen relevanter Gesetze?

Die Marktstabilität relativiert dabei die Marktattraktivität: Attraktive Märkte werden ggf. weniger interessant, wenn diese instabil sind, wogegen wenig attraktive Märkte ggf. durch ihre hohe Stabilität aufgewertet werden – insofern ist die Betrachtung im Vergleich zu den Portfolio-Ansätzen differenzierter.

Die **finanzielle Position des (Gesamt-)Unternehmens** als eigenständiger Faktor berücksichtigt die finanziellen Möglichkeiten des Unternehmens, kostspielige Strategiealternativen umzusetzen (insbesondere Innovation von Basistechnologien, Internationalisierung, Mergers and Acquisitions, siehe Kap. 7), bereits bei der strategischen Analyse (vgl. Homburg 2000, S. 167 ff.). Als Kriterien zur Beurteilung der Finanzkraft (oder besser: Finanzierungskraft) könnten die Liquidität, der Cash-Flow (dynamische Entwicklung der Liquidität), der ROI und der Kapitalbestand herangezogen werden.

Die Ermittlung der Position einer SGE auf den einzelnen Dimensionen/Achsen ergibt sich (analog dem McKinsey-Portfolio) als gewogene Mittelwerte der Bewertungen der einzelnen gewählten Kriterien. Die verwendete Bewertungsskala der Einzelkriterien entspricht der Gesamtskala der jeweiligen Achse – diese müssen deshalb für alle Dimensionen und Kriterien identisch sein. Die Mitte der Achse sollte bei Wettbewerbs- und Finanzposition der durchschnittlichen Position der Wettbewerber entsprechen, bei Marktattraktivität und -stabilität dem Durchschnitt der SGE/Märkte (vgl. Homburg 2000, S. 167). In Abb. 6.7 ist zu beachten, dass bei Wettbewerbsposition und Marktstabilität die Skalen in Richtung des Mittelpunkts des Koordinatensystems laufen, bei Marktattraktivität und finanzieller Position nach außen.

Abb. 6.7: Die Dimensionsachsen der SPACE-Analyse

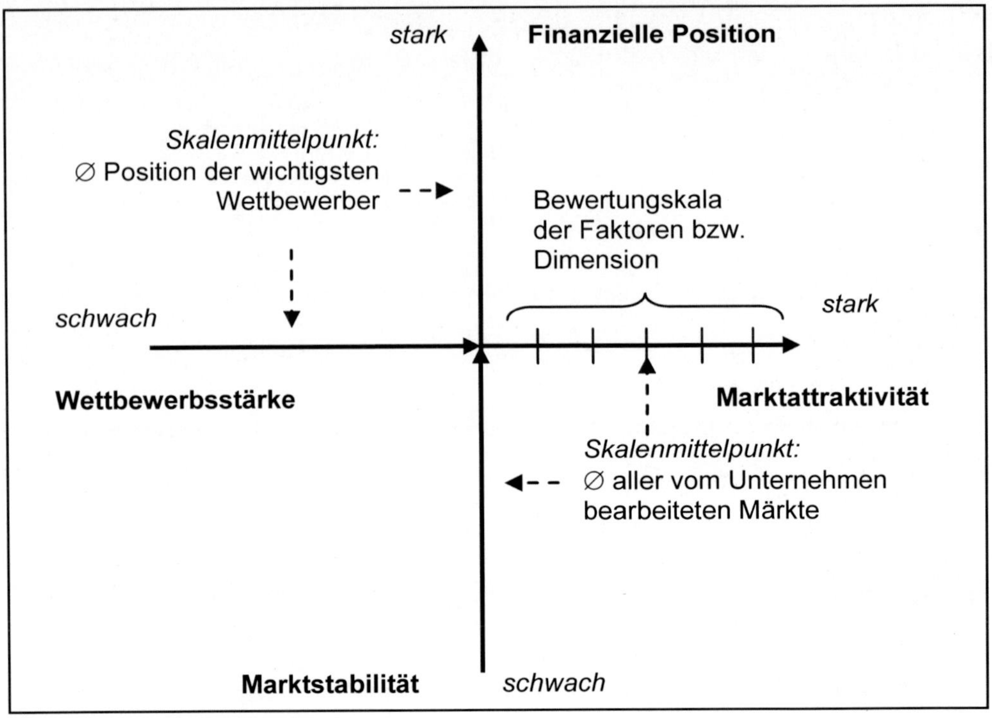

Quelle: Nach Homburg (2000, S. 168

6.3.2 Strategische Stoßrichtungen der SPACE-Analyse

Die graphische Darstellung der strategischen Stoßrichtungen erfolgt durch die Verbindung der festgestellten Positionen der SGE auf den jeweiligen Achsenskalen mit Linien. Dieses Viereck (Polygon) wird als **strategische Kennlinie** bezeichnet, deren Lage bzw. deren Schwerpunkt (größte Fläche) eine Ableitung der strategischen Stoßrichtung ermöglicht (siehe Abb. 6.8).

(a) Die aggressive Stoßrichtung (analog zu *Prospektor* aus Kap. 5)

Die aggressive Stoßrichtung bietet sich für einen SGE an, die auf einem attraktiven, stabilen Markt eine starke Wettbewerbsposition hat und finanziell gut ausgestattet ist.

Abb. 6.8: Grundsätzliche strategische Stoßrichtungen der SPACE-Analyse

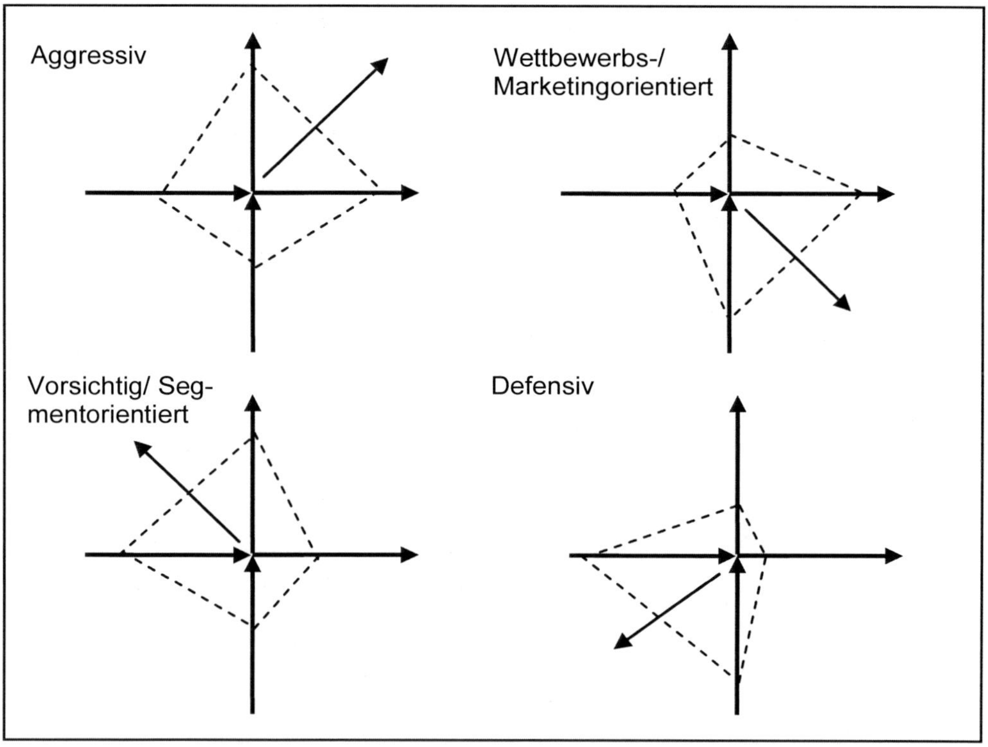

Quelle: nach Macharzina/Wolf (2010, S. 337)

Strategien sollten in dieser Situation darauf abzielen:

- **weitere Marktanteile** hinzuzugewinnen (siehe Ansoff-Matrix in Kap. 7),
- umfassende **Kostenführerschaft** zu erreichen, um damit existierende/ potenzielle Wettbewerber zu verdrängen, zu disziplinieren oder abzuschrecken,
- die **Wettbewerbsintensität zu kontrollieren**, insbesondere Eintrittsbarrieren für potenzielle neue Wettbewerber aufzubauen, die von der hohen Marktattraktivität angelockt werden. (Akquisition, Kundenbindung, Distributionskanäle besetzen etc.)(vgl. Homburg 2000, S. 168 ff.).

Als strategische Maßnahmen bieten sich in diesem Kontext an:

- vertikale und horizontale Integration, Akquisition von Wettbewerbern,
- gezielte Produktinnovation,

- Kostenreduktion und -kontrolle, Anstreben von Erfahrungskurveneffekten, Nutzung/Ausbau von Standortvorteilen,
- Ausbau der Verhandlungsmacht gegenüber Kunden und Lieferanten,

(b) Die wettbewerbs-/marketingorientierte Stoßrichtung (*Defender*)

Wenn der Markt attraktiv, aber instabil ist, das Unternehmen zwar über eine starke Wettbewerbsposition verfügt, aber nicht über umfangreiche finanzielle Ressourcen, ist nach der SPACE die wettbewerbs-/marketingorientierte Stoßrichtung vorteilhaft. Investitionsintensive Strategien (z. B. Akquisitionen) sind in dieser Situation nicht sinnvoll bzw. realisierbar. Strategische Aktivitäten sollten darauf abzielen, der hohen **Wettbewerbsintensität entgegen zu treten** (z. B. über eine Senkung der Preissensibilität der Kunden):

- Marketingaktivitäten intensivieren, insbes. Kundenbindungsprogramme,
- Differenzierung der Produkte zum Wettbewerber,
- Produktverbesserung/-variation,
- positives Image bezüglich der Produktqualität aufbauen,
- kommunikative Abgrenzung zu den Wettbewerbsprodukten,
- Koordination und Kooperation zwischen F&E, Marketing und dem Vertrieb verbessern, z. B. über ein hochentwickeltes CRM-System,
- Verbesserung der finanziellen Position z. B. durch Kooperationen.

(c) Die vorsichtige, segmentorientierte Stoßrichtung (*Analyzer*)

Wenn der Markt wenig attraktiv aber stabil ist, das Unternehmen eine eher schwache Wettbewerbsposition, aber umfangreiche finanzielle Ressourcen besitzt (hier aber eher irrelevant), ist eine aufwendige Wachstumsstrategie nicht angeraten. Die strategischen Maßnahmen sollten darauf abzielen,

- eine starke Wettbewerbsposition in den attraktiven Teilmärkten (Segmenten) aufzubauen, z. B. durch die Entwicklung neuer Produktvarianten speziell für diese Segmente (Konzentration der F&E auf diese Aufgabe),
- sich aus den weniger attraktiven Segmenten zurück zu ziehen (*selektive Marktabdeckungsstrategie*, Fokussierung auf wenige Segmente) und das Produktprogramm entsprechend abzubauen.

(d) Die defensive Stoßrichtung (*Reactor*)

Wenn der Markt unattraktiv und darüber hinaus auch noch instabil ist, das Unternehmen zudem wenig wettbewerbsstark ist und über wenige finanziellen Ressourcen verfügt, bietet sich eine defensive Stoßrichtung an – diese entspricht der **Desinvesti-**

tions-/Abschöpfungsstrategie (Poor Dog) bei der Portfolio-Planung. Hierbei werden profitable Positionen verteidigt, ansonsten zieht sich das Unternehmen aus dem Markt zurück. Als konkrete Maßnahmen bieten sich in diesem Kontext an:

- Produkte mit zu geringer Rendite aufgeben,
- bei profitablen Produkten Position halten,
- Kosten aggressiv reduzieren, Kapazitäten abbauen,
- Investitionen auf profitable Bereiche beschränken, ansonsten minimieren.

Abb. 6.9: Vor- und Nachteile der SPACE-Analyse

Vorteile	Nachteile
Bei Anwendung der SPACE-Analyse ergeben sich häufig gemischte, also differenziertere Stoßrichtungen, was als Vorteil gegenüber den Portfolio-Methoden betrachtet werden kann (aber: siehe rechts).	Auch die SPACE-Analyse kann die Problematik der mangelnden Eindeutigkeit der strategischen Stoßrichtungen nicht beheben: Wenn die Flächen, die von den Kennlinien umschlossen werden, ähnliche Größe besitzen, kann die Ableitung einer dominanten Stoßrichtung problematisch werden.
Die ermittelten Stoßrichtungen der SPACE-Analyse sind insgesamt stabiler, d. h. weniger sensibel gegenüber Veränderungen der Bewertungen der Einzelkriterien als diejenigen der Portfolios.	Auch bei der SPACE-Analyse verwischen Durchschnittsbildungen ggf. fundamentale Unterschiede in den Situationen der SGE. Daher ist auch bei der SPACE-Analyse eine Berücksichtigung der Situation bei den einzelnen Erfolgsfaktoren zur Ableitung der Zielsetzung für die konkreten strategischen Maßnahmen notwendig.
Ein Großteil der benötigten Daten kann direkt aus dem McKinsey-Portfolio übernommen werden.	Der Anspruch der klaren Trennung der Informationsfelder wird im Bereich Marktstabilität nicht aufrechterhalten (es wird z. B. nicht klar, ob eine Marktinstabilität aus der Umwelt oder dem Wettbewerb resultiert).
	Der Aufwand für die Datenbeschaffung ist – je nach Anzahl der herangezogenen Faktoren – ggf. größer als beim McK-Portfolio.
	Das Problem der Objektivität bei der Auswahl, Bewertung und Gewichtung der einzelnen Faktoren bleibt bestehen.
	Die Prognoseunsicherheit bei der Entwicklung von Märkten (Marktwachstum) und der Umwelt (Marktstabilität) bleibt bestehen.

Quelle: Eigene Darstellung nach Homburg (2000, S. 170 f.)

6.3.3 Kritische Betrachtung der SPACE-Analyse

Die SPACE-Analyse ist eines der am weitesten entwickelten Verfahren der strategischen Planung, einige fundamentale Probleme werden aber auch von der SPACE-Analyse nicht behoben, siehe Abb. 6.9.

In der praktischen Umsetzung muss bei der Portfolio-Planung als auch bei der SPACE-Analyse ein besonderer Wert auf **Transparenz und Sorgfalt bei der Vorgehensweise zur Ermittlung der strategischen Position bzw. Kennlinien gelegt werden** (vgl. Homburg 2000, S. 170). Die strategischen Planungsmethoden sollten ggf. kombiniert werden (z. B. SWOT und SPACE), um die Ableitung von strategischen Stoßrichtungen zu präzisieren.

6.4 Strategiebewertung

Die bisherigen Darstellungen der Kap. 5 und 6 bezogen sich auf die Ansätze, Strategiealternativen bei grundlegenden strategischen Fragen (Basisstrategien, z. B. Qualitäts- oder Kostenführerschaft) oder Situationen (Stoßrichtungen) zu formulieren. Das Problem der **Auswahl zwischen identifizierten Strategiealternativen** erfordert eine Bewertung der Alternativen. Dies beinhaltet die möglichst vollständige Abschätzung der Auswirkungen einer Strategie, insbesondere die Fähigkeit, die festgelegten strategischen Ziele zu erreichen. Bei der Strategiebewertung wird zwischen quantitativen und qualitativen Ansätzen bzw. Kriterien unterschieden (vgl. Welge/Al-Laham 2008, S. 731 ff).

6.4.1 Quantitative Ansätze zur Strategiebewertung

Werden quantitativ-monetäre Ziele zugrunde gelegt (Geschäftswert, ROI), dann wird die Strategieauswahl wie eine **mehrperiodige Investitionsentscheidung** behandelt. Hungenberg (2006, S. 268 ff.) unterscheidet folgende Verfahren (auf Basis jährlicher Ermittlung):

(a) Discounted-Cash-Flow-Methode (DCF)

Hierbei wird diejenige Strategiealternative ausgewählt, bei deren Realisierung der **Gegenwartswert der SGE maximiert** wird. Der Gegenwartswert wird als diskontierter Wert des betrieblichen Cash-Flows (zuzüglich dem Restwert), den die SGE zukünftig erwirtschaftet, ermittelt.

(b) Economic-Value-Added-Methode (EVA)

Hierbei wird der Wert der strategischen Geschäftseinheit als Differenz zwischen dem operativen Ergebnis und den Kapitalkosten ausgedrückt. Dadurch wird ermittelbar, welchen (zusätzlichen) Wert eine SGE voraussichtlich in unterschiedlichen Perioden hat (vgl. Hungenberg 2006, S. 281 ff.; siehe Kap. 7).

Die Problematik der quantitativen Ansätze liegt in der Ermittlung der durch die Strategiedurchführung ausgelösten Finanzmittelrückflüsse. Diese können durch die Dynamik und den nur sehr ungenau bestimmbaren Einfluss der Erfolgsfaktoren nur sehr grob geschätzt werden. Zum anderen sind die betrachteten Zeiträume für den Aufbau strategischer Erfolgspotenziale sehr lang. Insgesamt ist die Abschätzung der finanziellen Auswirkungen der Strategieentscheidung ein komplexer Prozess (vgl. Welge/Al-Laham 2008, S. 732).

Die Risiken nichtzutreffender Annahmen über die Entwicklung einer SGE werden mittels einer **Sensitivitätsanalyse** untersucht (vgl. Hungenberg 2006, S. 291 f). Bei dieser werden zuerst die Schlüsselannahmen bezüglich der wichtigsten Erfolgsfaktoren (z. B. Produktionskosten, erzielbares Preisniveau am Markt, Marktwachstum) identifiziert. Im zweiten Schritt werden die mögliche Größe und Wahrscheinlichkeit von Abweichungen von den Annahmegrößen untersucht. Im dritten Schritt wird geschätzt, wie sich die Abweichungen auf die geplanten Ergebnisse der Strategie auswirken. Wird durch eine mögliche Abweichung eines Faktors eine große Ergebnisveränderung ausgelöst, so besitzt die Strategiealternative ein **hohes (faktorspezifisches) Risiko**, welches bei der Bewertung der Erfolgsgrößen berücksichtigt werden sollte.

6.4.2 Qualitative Ansätze zur Strategiebewertung

Auch qualitative Bewertungskriterien werden aus strategischen Zielen abgeleitet. Sie untersuchen – quasi als Vorauswahl – ob eine Strategie überhaupt die **Voraussetzungen für einen Wertbeitrag** besitzt. Kriterien, mit denen eine Grobprüfung der Strategiealternativen ermöglicht werden, können in folgende Bereiche untergliedert werden (vgl. Hungenberg 2006, S. 266 ff.):

(a) Konsistenz (strategischer Fit)

Strategische Konsistenz bzw. Fit bedeutet

- die Berücksichtigung der relevanten Einflussgrößen der Unternehmensumwelt und deren Entwicklung bei der Strategieentscheidung (analog zur strategischen Planung). Hierbei sollten die getroffenen Annahmen bezüglich der Relevanz (Auswirkung auf die Strategiealternativen) und zukünftiger Entwicklung der Faktoren auf ihre Plausibilität hin geprüft werden,
- Widerspruchsfreiheit der Strategie, der damit einhergehenden Maßnahmen sowie der absehbaren Strategiefolgen
  - mit den Ansprüchen der Unternehmensumwelt (z. B. normativen),
  - mit den Visionen, Kultur und der bisherigen Unternehmensstrategie,
  - mit den anderen Strategiebestandteilen (**Strategieprofil** der SGE).

Hintergrund

Strategieprofile und die Hierarchisierung der strategischen Fragestellungen

Das Strategieprofil ist die strategische Strukturierung (Aufstellung) einer SGE entlang der zentralen Basisstrategien Wettbewerbsstrategie/Positionierung, Marktabdeckungsstrategie, Wachstumsstrategien nach Ansoff (mit den Teilaspekten geografischer Fokus und Innovationsorientierung). Das Strategieprofil ist auch ein Ansatz zur Hierarchisierung von Strategiefragen, der die fundamentalen (das Geschäftsmodell prägenden) und langfristig angelegten Strategien an den Anfang der Betrachtung stellt. So kann eine logische bzw. konsistente Abfolge der zugehörigen strategischen Alternativen entwickelt werden, z. B. Wettbewerbsstrategie: Kostenführerschaft – Marktabdeckungsstrategie: Differenziert – Innovationsstrategie: Folger – räumliche Expansionsstrategie: Global. Die Konsistenz von Strategiekombinationen ist aber angesichts z. B. hybrider Wettbewerbsstrategien ggf. nicht eindeutig.

Quelle: Eigene Darstellung nach Becker 2001, S. 351 ff.; Schneider 2007, S. 84

(b) Interne Durchführbarkeit/Kompetenztest

Hierbei stellt sich die Frage, ob das Unternehmen über die zur Umsetzung der Strategiealternative **notwendigen Ressourcen** (finanziell, personell, sachlich) **und Fähigkeiten** in den Funktionsbereichen (Produktion, Absatz etc.) verfügt bzw. ob diese einfach beschafft werden können.

Hinsichtlich der (qualitativen) Vorteilhaftigkeit können die Strategiealternativen dann mittels **Checklisten-Methoden** (z. B. auf Basis einer *Balanced Scorecard*, siehe Kap. 2) oder **Modellen der präskriptiven Entscheidungstheorie** (*Nutzwertanalyse, Analytical Hierarchy Process*; zu Methoden im Einzelnen siehe bspw. Berens/Delftmann 2002, S. 50 ff.) beurteilt werden.

Strategische Planungsinstrumente wie die SWOT-Analyse oder die Portfolio-Technik berücksichtigen solche Bewertungskriterien (zumindest) für die Stoßrichtungen bereits bei der Strategieformulierung, so dass die hierfür verwendeten Kriterienkataloge um z. B. Konsistenzaspekte erweitert werden müssten. Da eine aus solchen Verfahren resultierende Indexzahl kein konkretes quantitatives Erfolgspotenzial abbildet, sollten qualitative Ansätze als Vorauswahl oder Ergänzung zu den quantitativen Verfahren der Strategiebewertung verstanden werden (vgl. Hungenberg 2006, S. 268).

Es sollte in diesem Kontext im Bewusstsein bleiben, dass Bewertungsvorgänge dieser Art durch den Einbezug von menschlichen Annahmen, Urteilen und der individuellen Risikoneigung subjektiven Einflüssen unterliegen, die zu Verzerrungen und Filterung bei der Strategieauswahl führen können. Fundamentale Entscheidungen dieser Art werden entsprechend häufig zugunsten persönlich favorisierter Alternativen oder etablierter Geschäftseinheiten/ Strategien mit bekannten Chancen und Risiken getroffen, was sich negativ auf die strategische Flexibilität (allgemein) und ggf. notwendige Strategieinnovationen auswirken kann (vgl. Welge/Al-Laham 2008, S. 735).

6.5 Kontrollfragen zu Kapitel 6

Welche der folgenden Aussagen sind vollständig richtig (r) und welche Aussagen sind falsch (f)?

1. Mit Hilfe strategischer Planungstechniken passt sich das Unternehmen mittels Informationen reaktiv an seine Umwelt an.
2. Eine quantifizierte Stärken-Schwächen-Analyse bildet die Basis vieler strategischer Planungstechniken.
3. Eine strategische Stoßrichtung gibt Orientierung für konkretere Strategien, z. B. Wachstumsstrategien und Wettbewerbsverhalten.
4. SWOT ist ein Akronym und bedeutet Stärken/Schwächen/Risiken/Gefahren.
5. Trifft eine Gelegenheit auf eine Stärke, entsteht ein „Window of Opportunity", für das eine unternehmensspezifische Matching-Strategie gefunden werden muss.
6. Die SWOT-Analyse betont die Notwendigkeit, relevante Umweltentwicklungen zu erkennen und darauf möglichst frühzeitig zu reagieren.
7. Die Achsen im McKinsey-Portfolio sind Marktattraktivität und Wettbewerbsstärke mit jeweils 3 Bereichen, was eine Matrix mit 6 Feldern ergibt.
8. Die Position auf den (McK-)Portfolio-Achsen wird durch die Bildung eines gewogenen Durchschnitts über alle Faktoren und deren Gewichtungen ermittelt.
9. Bei niedriger Marktattraktivität und niedriger Wettbewerbsstärke lautet die McK-Normstrategie „Begrenzte Expansion oder Ernten".
10. Auch beim McK-Portfolio ist die Position der SGEs evtl. nicht eindeutig und kann sich bei Änderung der Eingabedaten entscheidend verändern.
11. Bei der SPACE-Analyse werden statt der Portfolioposition strategische Kennlinien auf 4 Achsen ermittelt.
12. Stoßrichtung der SPACE-Analyse nennen sich *Degressiv* oder *Kundenorientiert*; die Auswahl erfolgt nach der Teil-Kennlinie, welche die kleinste Fläche umschließt.
13. Bei der SPACE-Analyse können sich gemischte Stoßrichtungen ergeben, was als Vorteil gegenüber den Portfolio-Techniken zu betrachten ist.
14. Bei der Stoßrichtung *Aggressiv* sollen weitere Marktanteile hinzugewonnen werden, z. B. durch horizontale Integration und gezielte Produktinnovation.
15. Bei der SPACE-Analyse kann die Situationsbestimmung per Durchschnittsbildung fundamentale Unterschiede in den Positionen der SGEs verwischen.
16. Quantitative Ansätze der Strategieentwicklung sind DCF- und EVA-Methoden.

17. Problematisch bei den quantitativen Ansätzen der Strategiebewertung sind die Ermittlung bzw. die Unsicherheit der durch die Strategie ausgelösten Rückflüsse.
18. Gegenüber Umweltentwicklungen und den anderen strategischen Gestaltungsmöglichkeiten sollte eine Strategie konsistent sein.
19. Der Kompetenztest fragt nach der externen Durchführbarkeit der Strategie.

6.6 Fallstudie

Führen Sie eine SPACE-Analyse auf Basis der Informationen in den Tabellen durch. Leiten Sie eine strategische Stoßrichtung ab. Schlagen Sie strategische Aktivitäten vor, die zur Situation der SGE passen. Welche möglichen Probleme sollten hierbei berücksichtigt werden?

ERFOLGS-FAKTOR	Gewicht	Scorepunkte (0 bis 6)	ERFOLGS-FAKTOR	Gewicht	Scorepunkte (0 bis 6)
Marktwachstum	5	2	Marktanteil	3	2
Marktgröße	3	4	Stückkosten	2	3
Marktpotenzial	2	2	Produktqualität	3	2
			Image bei Kunden	1	1
			Marketingkompetenz	1	2
ERFOLGS-FAKTOR	Gewicht	Scorepunkte (0 bis 6)	ERFOLGS-FAKTOR	Gewicht	Scorepunkte (0 bis 6)
Produkthomogenität	3	4	Liquidität	5	4
Markteintrittsbarrieren	2	2	Kreditlinien	3	5
Marktaustrittsbarrieren	2	5	Rentabilität	1	3
Technologische Veränderungen	2	5	Umsatz	1	4
Politische Stabilität der Branche	1	2			

7 Wachstums- und wertorientierte Unternehmensführung

Lernziele	Dieses Kapitel vermittelt,

- welche Wachstums-Basisstrategien Unternehmen zur Verfügung stehen,
- die Rolle von Unternehmenskäufen und -verkäufen sowie Fusionen (Mergers & Acquisitions) im Rahmen der Diversifikationsstrategie,
- Ursachen und Phasen von Mergers & Acquisitions (M&A),
- den Unterschied zwischen Gewinn- und Wertorientierung,
- das Grundprinzip des Instruments Economic Value Added,
- die Ableitung von Maßnahmen zur Wertsteigerung i. R. wertorientierter Unternehmensführung,
- die Stärken und Schwächen wertorientierter Unternehmensführung.

7.1 Wachstums-Basisstrategien aus der Ansoff-Matrix

Bereits in der Einführung dieses Buchs (siehe Kap. 1.5.2) wurde die Bedeutung des Wachstums als Zielsetzung von Unternehmen angesprochen. Durch Wachstum sichert das Unternehmen sein Überleben in einem dynamischen Wettbewerbsumfeld, auch dadurch, dass eine kritische Masse vorhanden ist, um Innovationsstrategien und Internationalisierungsprojekte durchzuführen Das Wachstum unterstützt so auch die gewählte Wettbewerbsstrategie. Ein in der Strategieentwicklung weit verbreitetes Instrument bei der Generierung von Markt-/Wachstumsstrategien ist die Produkt-Markt-Matrix von Ansoff. Sie umfasst alle Möglichkeiten des Wachstums als morphologisches Schema (siehe Abb. 7.1). Produkte und Märkte werden dabei jeweils danach beurteilt, ob das Unternehmen sie bereits herstellt bzw. bereits in ihnen tätig ist oder nicht. Es geht dabei auch um eine Evaluierung der eigenen Position des Unternehmens im Markt unter Beantwortung von Leitfragen, wie bspw.: Welches ist meine derzeitige Position? Welche Position möchte ich einnehmen? Wen muss ich im Wettbewerb überholen, um meine angestrebte Position einzunehmen? Habe ich alle Ressourcen, die ich benötige? Kann ich durchhalten, bis ich mein Ziel erreiche?

R. Bergmann, M. Bungert, *Strategische Unternehmensführung*,
DOI 10.1007/978-3-642-31840-5_7, © Springer-Verlag Berlin Heidelberg, 2012

Abb. 7.1: Produkt-Markt-Matrix mit Wachstumsstrategien

		Produkte	
		bestehend	neu
Märkte	bestehend	**Marktdurchdringung** • Konsummenge/-frequenz steigern • Nicht-Käufer in Käufer umwandeln • Kunden von Konkurrenz abwerben	**Produktentwicklung** • Innovationsintensität • Innovationsgewinnung • Führer-/Folgerstrategie
	neu	**Marktentwicklung** • Neue Segmentierung/Segmente • Internationalisierung	**Diversifikation** • Vertikale Integration • Horizontale/laterale Diversifikation • M&A-Strategie

Quelle: Schneider (2007, S. 58 ff.) nach Ansoff (1966)

7.1.1 Marktdurchdringung

Bei der Marktdurchdringung (Penetration) geht es um das Ausschöpfen des Potenzials des gegenwärtigen Marktes (Absatz-/Umsatzsteigerung) mit den Ansätzen,

- bei bestehenden Kunden eine erhöhte Kaufrate zu erreichen,
- Kunden durch Abwerben von Wettbewerbern (bspw. Prämien für Neukunden bei Anbieterwechseln bei Mobilfunkunternehmen) und/oder
- Neukunden durch ungenutzte Marktpotenziale im bestehenden Markt zu gewinnen,
- neue Verwendungen für das Produkt zu finden (z. B. durch die Anwendung des Schema von Abell, s. Kap. 3.2.2).

Ansätze hierzu bilden die Intensivierung der Marktbearbeitung, Relaunches von Produkten oder Dienstleistungen, Imitationen („Me-too"-Produkte), Kosten- und Preissenkungen, sowie das Unbundling (Leistungselemente separat anbieten) oder eine detailliertere Segmentierung.

7.1.2 Marktentwicklung

Die Marktentwicklung und -erschließung sucht und bearbeitet neue Märkte, die man mit dem gegenwärtigen Leistungsangebot bedienen kann. Das Risiko ist bei dieser

Strategie i. d. R. größer als bei der Marktdurchdringung, da der bisher bearbeitete Markt verlassen wird. Ansätze hierbei sind

- die Erschließung neuer Abnehmergruppen bzw. Käuferschichten (bspw. Relaunch des Images von „Jägermeister“ mit dem Fokus auf junge Konsumenten, siehe Kap. 3 Segmentidentifikation und Targeting),
- neue Vertriebskanäle (bspw. Internet zusätzlich zum Filialgeschäft oder das Anbieten von Fernreisen eines Reiseveranstalters in Discount-Märkten über Reisebüros hinaus),
- die geografische Ausweitung durch Internationalisierung. Hierbei stellen sich folgende fundamentale strategische Fragen:
    - In welchen (geografischen) Märkten sollen die Produkte angeboten werden (Marktauswahl, ggf. unter Berücksichtigung von geografischen Markteintrittsbarrieren wie Kultur, Gesetzen oder Länderrisiken)?
    - Wann (wettbewerbsbezogen: Pionier- oder Folgerstrategie) und in welcher zeitlichen Reihenfolge soll in diese geografischen Märkte eingetreten werden (Wasserfall- oder Sprinklerstrategie)?
    - Mit welcher Markteintrittsstrategie soll in die geografischen Märkte eingetreten werden (beginnend mit dem indirekten Export, über direkten Export, Lizenzierung, Franchising, eigenen Vertriebsstätten im Ausland bis hin zu Tochtergesellschaften)?
    - Wie stark sollen das Leistungsprogramm und das Marketing an lokale Gegebenheiten angepasst werden (geozentrische/globale oder polyzentrische/differenzierte Orientierung)?

Fallbeispiel | **Hidden Champions**

Die sog. „Hidden Champions“ (unbekannte Weltmarktführer) sind kleine und mittelständische Unternehmen (KMU), die überwiegend, aber nicht nur als Familienunternehmen geführt sind, mit oft unauffälligen Produkten, mit denen sie jedoch auf dem Weltmarkt eine führende Rolle spielen. Hidden Champions konzentrieren sich auf ein bestimmtes Produkt-/Marktsegment bei globaler Marktabdeckung. Für diese Nische entwickeln sie einzigartige Produkte, die sie i. d. R. in großer Fertigungstiefe selbst erstellen und vertreiben. Die enge Spezialisierung führt oft erst bei globaler Vermarktung zu tragfähigen Stückzahlen. Hidden Champions sind bspw. Hauni (Zigarettenmaschinen), Baader (Fischfiletiermaschinen), Brita (Wasserfilter), Wittenstein (Antriebsmotoren), ebm papst (Lüfter), Kärcher (Reinigungsgeräte); oder Otto/ESE, Neuruppin ist Weltmarktführer für Müllgroßbehälter. Jährlich werden über zwei Millionen Stück nach Skandinavien, Osteuropa, Südamerika, Singapur oder den Irak geliefert.

Das familiengeführte Unternehmen Winterhalter bspw. hat einen Weltmarktanteil von 15 bis 20 % bei Geschirrspülern für Hotels und Restaurants mit einem Umsatz von ca. € 111 Mio. (2007). Es stellt für das enge Marktsegment ein komplettes Geschirrspülerprogramm zusammen, um die Kundenbedürfnisse von Hotels und Restaurants zu befriedigen: die Maschine selbst, das Design, den Aufbau der Anlage, inkl. Wasseraufbereitungssystem, ebenso wie Training, Service und Reparaturen.

Viele Hidden Champions haben ihr Hauptprodukt als Innovation selbst eingeführt und mitunter ihre Stellung als einziger im Markt behauptet oder in eine lange andauernde Überlegenheit verwandelt. Sie haben dabei i. d. R. eine herausragende technologische Führerschaft und übertragen diese auf den globalen Markt. Das fokussierte Produktportfolio wird dabei weltweit vermarktet. Hierdurch können Economies of Scale – ausgehend von einem ursprünglich sehr kleinen Heimatmarkt – erreicht werden. D. h., das Bearbeiten einer Marktnische wird erst durch die Internationalisierung (entweder über Export, Vertriebsniederlassung oder Tochtergesellschaften im Ausland) überhaupt möglich, um Größenvorteile in Form der Generierung von Economies of Scale zu generieren.

Neben dem fokussierten Produktportfolio und der globalen Vermarktung sowie dem ambitionierten Ziel der Marktführerschaft sind weitere Kennzeichen der Hidden Champions: eine sehr hohe Produktqualität verbunden mit einer starken Innovations- und Technologieorientierung (in primär reifen Branchen, insbesondere Maschinenbau), wobei diese sehr breit gefächert ist und nicht nur bei Produkten, sondern auch in Produktion, Logistik, Vertrieb, Marketing und Service zu finden sind; Vertrauen auf die inneren Stärken (mit dem Ergebnis von vergleichsweise wenig Kooperationen), starkes Kundenbeziehungsmanagement, schlanke Organisationsstrukturen mit kurzen Berichtswegen zur Unternehmensführung, ein familienorientierter Führungsstil mit hoher Kontinuität an der Unternehmensspitze.

Aufgrund der zwischenzeitlichen Bekanntheit der Weltmarktführer und der Verbreitung des Konzeptes Hidden Champions wird inzwischen auch von Wachstums-Champions gesprochen.

Quellen: Vgl. Simon (2007, S. 93), Simon et al. (2002, S. 16 ff.), Holtbrügge et al. (2006), Venohr (2009, S. 5).

7.1.3 Produktentwicklung

7.1.3.1 Innovationen

Im Rahmen der Produktentwicklung und Innovation geht um es die Verbesserung des bisherigen Leistungsangebots für gegenwärtige Märkte. Impulse hierfür können von den Märkten (Nachfrageinduziert: „Market-Pull") oder der Technologieentwicklungen („Technology-Push") ausgehen. Ansätze für die Entwicklung von neuen Produkten, gestaffelt nach dem Grad der Neuartigkeit, sind die Entwicklung neuer bzw. besserer Produkteigenschaften für bestehende Produkte (Modifikation), die Entwicklung von neuen Varianten eines Produktes (Produktdifferenzierung), die Entwicklung von neuen Produkten sowie die Entwicklung zusätzlicher Leistungen (z. B. Beratung, Service, Systemlösungen usw.).

Innovation bedeutet die Einführung einer Neuheit (durch Forschung und Entwicklung/Invention hervorgebracht) in einen Markt. Damit die Innovation erfolgreich ist, muss eine Diffusion (die Verbreitung in einem sozialen System) im Markt stattfinden – was ex ante nicht gewiss ist. Innovatoren sollten sich der Einflussfaktoren auf die Diffusion bewusst sein (Wahrnehmbarkeit und Kommunizierbarkeit, Kompatibilität zu technologischen Standards und gesellschaftlichen Werten, sowie das wahrgenommene Kaufrisiko der Kunden) und Testverfahren für neue Produkte anwenden (z. B. Konzept-, Produkt-, Storetests und Testmarktsimulation).

Neben hohen Kosten für Forschung und Entwicklung stehen auch Marktrisiken einer Pionierstrategie bei Innovationen entgegen. Potenzielle Vorteile sind die anfängliche Monopolstellung, die für hohes Image und initiale Kundenbindung sorgt, die ein Nachfolger überwinden muss. Diese Effekte werden ggf. noch verstärkt, wenn der Pionier mit einer Niedrigpreisstrategie in einen Markt eintritt, um schnell Economy-of-Scale-Effekte zu realisieren (siehe Kap. 5 „hybride Wettbewerbsstrategie) und – auch dadurch – Folger abzuschrecken.

7.1.3.2 Value Added Services

Sog. Value Added Services (auch Mehrwertdienste oder Sekundärdienstleistungen genannt) sind spezielle Dienste, deren Leistung im technischen Sinne über die Bereitstellung eines Basisdienstes/Kerndienstleistung hinausgehen und i. d. R. eng mit der Kernleistung verbunden sind. Unternehmen mit Wachstumsstrategie verfolgen das Ziel der Differenzierung vom Wettbewerb, der Erhöhung der Kundenbindung und ggf. der Generierung zusätzlicher Deckungsbeiträge.

Es kann sich dabei um Akquisitions- (Unterstützung zur Auftragsanbahnung) oder After-Sales-Leistungen (z. B. Unterstützung bei Wartungsvorgängen, Kundendienst) handeln. Es können jedoch auch völlig neue, insbesondere in Augen der Kunden innovative oder „Covenience"-orientierte Leistungen im Zusammenhang mit den Basisleistungen angeboten werden. Beispiele für Value Added Services sind der Abholservice einer Autowerkstatt für das zu wartende Fahrzeug oder das Angebot eines Automobilherstellers, ein Neufahrzeug über die konzerneigene Bank zu finanzieren. Es handelt sich um eine Sekundärdienstleistung, die das eigentliche Angebot (den Kauf des Automobils) attraktiver gestalten soll.

Der Value Added Service trägt durch höhere Kundenbindung, Aufbau von Barrieren zu Wettbewerbern und sonstigen Effizienzverbesserungen grundsätzlich zu qualitativen aber auch quantifizierbaren Wirkungen im Gesamtsystem der Unternehmensführung/Entwicklung einer Wettbewerbsstrategie bei. Die beabsichtigten höheren Umsätze bzw. Kostensenkungen sollen zu zusätzlichen Deckungsbeiträgen führen, so dass sich Value Added Services auch ergebnisverbessernd auf die Gewinn- und Verlustrechnung des Unternehmens auswirken.

Fallbeispiel **Value Added Services am Beispiel Deutsche Bahn**

Value Added Services dienen als Teil des Produkt- und Leistungsmix dazu, dass auch ein ehemaliger Monopolist wie die Deutsche Bahn (DB) im Wettbewerb mit dem Luftfahrtsektor, den privaten Bahnen sowie dem privaten Personen- und Güterverkehr bestehen kann. Mit der übergeordneten Konzernstrategie, integrierte Mobilitätsketten zwischen zwei Zielorten zu schaffen, können Zusatzleistungen die Wettbewerbsposition verbessern:

In der Personenbeförderung tragen bspw. die Value Added Services „DB Car-Sharing", die Mietfahrräder „Call a Bike" in deutschen Großstädten und der Chauffeurservice dazu bei, die Mobilitätskette zu komplettieren. Dadurch wird die Personenbeförderung zwischen zwei Bahnhöfen durch diese operativ und funktional zunächst allein stehenden Sekundärdienstleistungen in der Form integriert, dass sich das Gesamtangebot vom Wettbewerb mit dem Individualverkehr bzw. Flugzeug differenziert. Die „InterCityHotels" (in Kooperation mit der Steigenberger Unternehmensgruppe) bieten neben der direkten Anbindung an den Bahnhof weitere bahnrelevante Services an wie bspw. eine umfassende Reiseauskunft, Bahntickets an der Rezeption, Kuriergepäck vom und zum Hotel. Betrachtet man diese Hotels von der Stand-alone-Seite, wird man bei den InterCity-Hotels keinen Unterschied zu vergleichbaren anderen Hotels feststellen. Der Kundennutzen soll hier durch die Einbindung des Hotel- und Tagungsangebotes in das Gesamt-Service-Angebot des DB Konzerns entstehen.

Die Einrichtung der „DB Lounge" für 1.-Klasse-Reisende und Stammkunden (Status „Bahn comfort") auf großen Verkehrstationen und ein Prämienprogramm („Bahn bonus") – vergleichbar den Kundenbindungsprogrammen bei Luftfahrtunternehmen – kann zu einer Generierung von Zusatznutzen bei den Kunden beitragen. Die „DB Lounge" soll insbesondere bei Geschäftsreisenden ein ähnliches Image wie das der sog. „Business Lounges" von Fluggesellschaften generieren.

Die Value Added Services der DB können grundsätzlich dazu beitragen, dass sich die DB im intra- und intermodalen Wettbewerb differenziert. Eine Herausforderung besteht darin, dass die angebotenen Basisleistungen in ausreichendem Maße in Anspruch genommen werden, um Leerkosten durch nicht ausgenutzte Kapazitäten zu vermeiden, und dass Preis und Qualität der Basisleistungen im Kerngeschäft (bzgl. Pünktlichkeit, Reisendeninformation bei Betriebsstörungen, Sauberkeit und Sicherheit) überhaupt von den Kunden wahrgenommen werden, damit die Value Added Services ihren Zusatznutzen stiftenden Charakter überhaupt entfalten können.

Inwiefern das strategische Ziel der DB, führender internationaler Mobilitäts- und Logistikdienstleister zu werden, auch erreicht wird, hängt dabei u. a. von der Akzeptanz von Preis und Qualität sowohl der Basisleistungen als auch der Zusatzleistungen, also der Value Added Services, durch die Kunden ab.

Quelle: Vgl. Honcamp/Schulze (2003)

7.1.4 Diversifikation

Bei der Diversifikation sollen mit neuen Produkten neue Märkte erschlossen werden. Es geht somit um die Bearbeitung eines Marktes außerhalb des gegenwärtigen Tätigkeitsfeldes. Diese Wachstumsstrategie umfasst dabei sowohl Markt- als auch Produktrisiken.

Diversifikation zielt insbesondere darauf ab, neue Wachstumsbereiche zu erschließen, die

- Stabilität des Unternehmens sichern (z. B. bei technischer Veralterung), Abhängigkeiten von einem gefährdeten Geschäft vermindern,
- Kapazitäten besser auslasten, finanzielle/sachliche Ressourcen oder spezielle Fähigkeiten ausnützen,
- Gewinnschwankungen durch eine Risikostreuung im Portfolio der Unternehmensaktivitäten auszuglätten und
- nicht ausgeschüttete Gewinne zu reinvestieren.

Häufig wird mit der Diversifikation versucht, eine strategische Lücke zwischen der derzeitigen Situation und der gewünschten Zukunft zu schließen, die mit Maßnahmen von Kostenreduktionen, Restrukturierung, internationaler Expansion allein nicht erreicht werden können.

Die Ansätze der Diversifikation können entsprechend ihrer Position in der Wertschöpfungskette grundsätzlich in drei Richtungen gehen:

- **horizontal** (Suche nach neuen Geschäftsfeldern auf der vergleichbaren Wertschöpfungsstufe in mehr oder weniger großer Nähe zum angestammten Markt),
- **vertikal** (durch Integration in vor- und nachgelagerte Wertschöpfungsstufen mit dem Ziel der Verbesserung der Kostenstruktur, Sicherung der Rohstoff- oder Absatzbasis, Verbesserung der Kapazitätsauslastung), z. B. Reiseveranstalter kauft Reisebürokette,
- **lateral** (Aufnahme völlig neuer Geschäftstätigkeiten).

Typische Vorgehensweisen für Diversifikationsvorhaben sind:

- **Akquisition** (Käufer erwirbt Unternehmen oder Unternehmensteile); dem Zeit- und Marktvorteil einer Akquisition stehen das Kaufpreis-, Integrations- und Erfolgsrisiko gegenüber. Denn Nachteile der Akquisition sind neben dem hohen Kaufpreis, der zeitliche Druck (insbesondere bei öffentlichen Übernahmen am Kapitalmarkt) und die oft dünne Informationsbasis.

- **Kooperation** als Zusammenarbeit zweier oder mehrerer Unternehmen, z. B. in der Form der Lizenzierung, Joint Ventures (Gründung eines gemeinsamen Unternehmens), Vertriebskooperation, Beschaffungskooperation (bspw. bei Standardgütern).
- **Eigenentwicklung** („Start-up"; der Aufbau dauert i. d. R. länger als die Akquisition von am Markt vorhandenen Opportunitäten. Den Flexibilitäts-, Kompetenz- und Kulturvorteilen der internen Entwicklung stehen das Zeit-, Markt- und Erfolgsrisiko gegenüber.

Praxis

Entwicklung der Preussag zur TUI AG

Preussag, ein Industrieunternehmen mit Energie und Rohstoffen, Stahl- und Metall- und Schiffsbau, übernahm 1989 die Salzgitter AG und trennte sich 1998 wieder von ihr. Durch den Aufkauf aller Hapag-Lloyd-Aktien 1997 kam das Geschäftsfeld Containerschifffahrt hinzu, die sich zum zweiten Standbein des Unternehmens entwickelte. Durch den Verkauf der Salzgitter AG und der Übernahme des Schifffahrt- und Logistikunternehmens Hapag-Lloyd wurde Preussag zum einem Dienstleistungsunternehmen der Freizeitindustrie. Mit dem Kauf der britischen Thomson Travel Group im Jahre 2000 wurde das Unternehmen zum weltweit größten Touristikkonzern. Seit dem 1. Juli 2002 firmiert es unter TUI. Durch die laterale Diversifikation in die Freizeitbranche wurde ein völlig neues Geschäftsfeld erschlossen und diese Entwicklung über die Jahre soweit vorangetrieben, dass es sich von seinem ursprünglichen Kerngeschäft vollständig getrennt hat (s. a. Abbildung 7.2). Die Diversifikation bildet damit ein Instrument zum Management des Wandels, bei dem die angestammten Aktivitäten noch nicht ganz aufgegeben und die Neuen noch nicht vollständig aufgebaut sind (vgl. Pepels 2001, S. 368).

Abb. 7.2: Produkt-Markt-Matrix der Preussag AG

		Produkte	
		bestehend	neu
Märkte	beste-hend	**Stahl (Automobilindustrie)**	**Aluminium (Automobilindustrie)**
	neu	**Stahl (Schiffsindustrie)**	**Touristik (Endverbraucher)**

Quelle: Eigene Darstellung

7.2 Mergers & Acquisitions

7.2.1 Anlässe und Formen von Mergers & Acquisitions

Mergers & Acquisitions (M&A) ist eine wichtige Managementfunktion zur Gestaltung der Unternehmensentwicklung. M&A ist dabei der Obergriff für den Kauf oder Verkauf von Unternehmen („Share Deal") oder Unternehmensteilen („Asset Deal"). Hierunter fallen auch die Gründung von Joint Ventures, Umwandlungen, Verschmelzungen, Börsengänge von Unternehmen („Initial Public Offering", IPO), aber auch „Management Buy Outs" oder „Management Buy Ins", wo ein Unternehmen durch die bestehende Unternehmensleitung oder von externen Führungskräften gekauft wird. M&A umfasst somit Transaktionen auf dem Markt für Unternehmen, Unternehmensteile und Beteiligungen. Hiervon ist die passive Finanzanlage (Asset Management) abzugrenzen, da es bei M&A darum geht, die aktive Leitungs- und Kontrollbefugnis zu erlangen (Markt für Unternehmenskontrolle) und als Instrument zur Unternehmenswertsteigerung dient.

Die Zahl der M&A-Transaktionen hat seit der Liberalisierung der Weltmärkte zu Beginn der 1990er Jahre stetig zugenommen und liegt allein in Deutschland zwischen 2006 und 2009 bei ca. 1000 bis 1.400 Transaktionen pro Jahr (vgl. Kunisch/Wahler 2010, S. 55). Wesentliche Gründe, externes Wachstum durch Akquisitionen zu realisieren, sind u. a.:

- schnellere Erreichung strategischer Ziele (Zeitfaktor relevant bei sich beschleunigenden Produktlebenszyklen),
- schneller Markteintritt ohne Übernahmen häufig nicht möglich (lokales Management, etablierte Kundenbeziehungen),
- organisches Wachstum zu teuer (Übernahme von „Branded Goods"),
- Mangel an ausreichend qualifiziertem Personal für Eigenentwicklung,
- Übernahme vorhandener Kapazitäten, so dass Gesamtkapazität auf dem Markt konstant bleibt. Wettbewerbsberuhigung durch den Aufkauf von Konkurrenten,
- „Free Cash Flow" (Akquisitionen statt Ausschüttungen an die Anteilseigner, bspw. in Form von Dividenden an die Aktionäre),
- Erreichen einer kritischen Größe, um sich als Unternehmen selbst vor einer Fremdübernahme (sog. „Hostile Takeover") zu schützen,
- „Empire Building" des Managements, das von den Eigeninteressen einer Stakeholdergruppe als mikropolitischer Beweggrund dominiert wird.

Analog zu den drei Diversifikationsansätzen gibt es drei grundlegende Formen von Akquisitionen:

Abb. 7.3: Akquisitionsformen

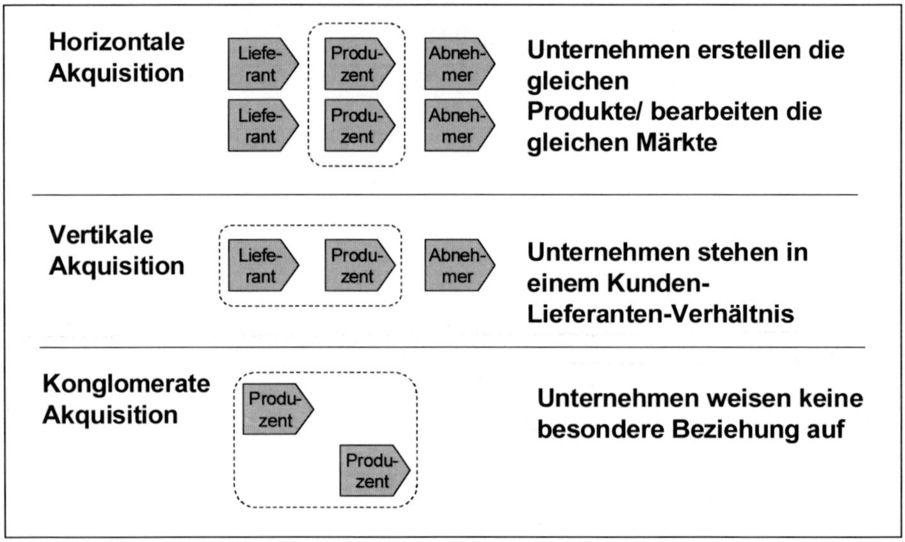

Quelle: Hungenberg/Wulf (2011, S. 129)

Akquisitionen haben i. d. R. einen Zeitvorteil vor organischem Wachstum. Aufgrund der tiefgreifenden Veränderung der Rahmenbedingungen der Weltwirtschaft spätestens seit der Öffnung der osteuropäischen und asiatischen Märkte haben Anzahl und Volumen der Transaktionen in den letzten Dekaden weltweit stark zugenommen. Die Globalisierung und Deregulierung vieler bislang geschützter Märkte (bspw. Telekommunikation, Strom, Gas, Personenverkehr) haben zu einer Neudefinition des relevanten Marktes und der Marktanteile geführt. Der Wegfall von Wettbewerbsbarrieren, das Erfordernis einer kritischen Größe (bspw. bei Großbanken), die steigende Transparenz durch internationale Rechnungslegungsvorschriften erhöhen den Druck auf Margen und geforderte Ergebnisbeiträge. Der Internationalisierungsdruck forciert hierbei grenzüberschreitende Übernahmen und Joint Ventures auch für KMU. M&A bilden häufig auch den Auslöser von Veränderungsprozessen in Unternehmen (vgl. Kapitel 8).

7.2.2 Phasenmodell des Mergers & Acquisitions-Management

Grundsätzlich lassen sich Akquisitionen in drei Phasen einteilen: die Initiierungs-/Strategiephase („Pre Merger"-), die Durchführungs-/Verhandlungsphase („Merger"-) und die Integrationsphase („Post Merger"-Phase). M&A-Transaktionen gehören zu den komplexesten und risikoreichsten Entscheidungen der Unternehmensführung (vgl. im Folgenden Jansen 2008, S. 264, Wirtz 2003, S. 119 ff., Bergmann 2008).

Eine systematische und rechtzeitige Planung sowie ein effizientes M&A-Projektmanagement sind daher wichtig für den Erfolg. Die Notwendigkeit eines strukturierten M&A-Prozesses ergibt sich auch aus der Sicherstellung des laufenden Prozesses von der strategischen Analyse bis zum Projektabschluss und aus der Sicherstellung der Vertraulichkeit im laufenden Prozess.

Abb. 7.4: Mergers & Acquisitions-Prozess im Überblick

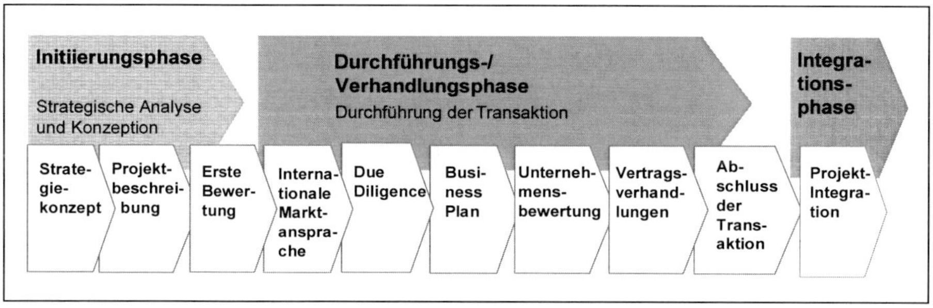

Quelle: Eigene Darstellung

7.2.2.1 Initiierungsphase

Die **Initiierungsphase** umfasst die strategische Analyse und Konzeption mit Analyse der Ausgangssituation, der Entwicklung der Unternehmensstrategie („build or buy"), der Erstellung der Eigendokumentation (z. B. dem sog. Informationsmemorandum des Verkaufsobjekts), der Erstellung eines Suchprofils für Branchen- und Finanzinvestoren. Bei einem Verkauf geht es auch um die Klärung aller erforderlichen Maßnahmen zur Herstellung der „Verkaufsfähigkeit" eines Unternehmens, bspw. in Form der Aufhebung von „Cash-Pooling"-Vereinbarungen und Beherrschungs- und Gewinnabführungsverträgen etc. und der Klärung des Erfordernis von Dienstleistungsverträgen beim Verkauf interner Dienstleister („Outsourcing"-Verträge). Bei einem Kauf sollte bereits die Erarbeitung eines ersten Integrationskonzeptes erfolgen. Die Erstellung einer Projektbeschreibung und diverser Projektdokumente bereits in dieser Phase dient dem zügigen Durchführen der späteren Verhandlungsphase: Erstellung des Kurzprofils („Teaser"), Erstellung eines detaillierten Informationsmemorandums inkl. des Verfahrensbriefes („Procedure Letter"), Vorbereitung einer Vertraulichkeitsvereinbarung („Confidentiality Agreement"), Identifizierung und Segmentierung potenzieller Erwerbsinteressenten („Long List") und Vorbereitung der Due-Diligence-Dokumente inkl. Managementpräsentation sowie die Erarbeitung einer unter wirtschaftlichen und steuerlichen Belangen optimalen Transaktionsstruktur.

Schlüsselfaktoren für einen erfolgreichen Unternehmensverkauf in der Initiierungsphase sind die Herstellung der o. g. Verkaufsfähigkeit, die Erarbeitung einer

„Investment Story", um das Unternehmen als attraktives „Target" zu präsentieren, die Vorbereitung eine detaillierten Datenraums, die Unterstützung des Managements des zu veräußernden Unternehmens sowie ggf. die Erstellung eines neuen Business-Plans als „Verkaufs-Case" mit dem Ziel der Etablierung eines vitalen Wettbewerbs unter den Bietern durch eine kontrollierte Auktion. Die Veröffentlichung hochsensibler Informationen in den Phasen eines M&A-Prozesses kann die Verhandlungsposition eines Unternehmens schwächen. Daher sollten vertrauliche Informationen nur gegenüber einem kleinen Kreis von Beteiligten kommuniziert werden. Die Wahrung der Vertraulichkeit ist mit externen Geschäftspartnern vor der Aufnahme von Verhandlungen durch den Abschluss entsprechender Vereinbarungen sicherzustellen.

7.2.2.2 Durchführungs- und Verhandlungsphase

Die **Durchführungs- und Verhandlungsphase** umfasst eine i. d. R. internationale Marktansprache, die Angebotsabgabe, ggf. mit Abschluss eines sog. „Letter of Intent" (LoI) oder „Memorandum of Understanding" (MoU), der sog. Due Diligence, der Unternehmensbewertung, und den eigentlichen Vertragsverhandlungen. Im Rahmen einer internationalen Marktansprache stellt das Informationsmemorandum ein wichtiges Dokument für den gesamten weiteren Prozess dar. Das Informationsmemorandum vermittelt ein Bild über das „Target", die Nachhaltigkeit seines Geschäftsmodells und seine Ertragskraft. Es soll ausreichend Informationen für seriöse Einschätzung des Unternehmenswertes (bei gleichzeitiger Wahrung der Vertraulichkeit von wettbewerbskritischen Interna) und Interesse durch überzeugende Darstellung der Kaufgelegenheit wecken. Dies beinhaltet

- einen für Finanzinvestoren wichtigen Marktüberblick mit der Eingrenzung des relevanten Marktes, der Marktentwicklung und Wettbewerber,
- eine Unternehmensbeschreibung (historische Entwicklung, Standorte und Konzerneinbindung, Geschäftsansatz/-modell, Strategie/Kompetenz),
- Darstellung der ersten und zweiten Führungsebene in anonymisierter Form, Personal/Organisation) zzgl. vertraulicher Finanzinformationen mit historischen Finanzergebnissen („Track record"),
- Einschätzung der Ertragsquellen und der geplanten Finanzergebnisse (Mittelfristplanung über 5 bis 10 Jahre), da i. d. R. nur damit eine erste Unternehmensbewertung möglich ist und eine fundierte Kaufpreisindikation abgegeben werden kann.

Das Informationsmemorandum ist somit eine komprimierte Zusammenfassung des Unternehmens von 30 bis 200 Seiten Umfang. Die identifizierten potenziellen Käufer werden schriftlich gebeten, ein indikatives Angebot nach Erhalt des Informationsmemorandums zu unterbreiten. Dieses indikative Angebot ist unverbindlich und enthält i. d. R. mindestens Kaufpreis und Angaben zur Finanzierung, wesentliche Bewertungsannahmen, etwaige Vorbehalte (wie Gremienzustimmung, Finanzierung, Ergebnis der Due Diligence).

Für den Käufer erfolgt in dieser Phase zunächst die Erstellung einer groben Unternehmensbewertung auf Basis des Informationsmemorandums („Stand-alone"-Bewertung), die Erstellung eines ersten „Business-Plans" entsprechend den Prämissen des Käufers (erste Quantifizierung von Synergien), die Identifizierung kritischer Bewertungsaspekte auf Basis der vom Verkäufer bereits jetzt offengelegten Risiken und Erarbeitung erster Lösungsansätze hierzu sowie die Erarbeitung einer ersten Kaufpreisvorstellung zur Abgabe eines Angebotes.

Nach Analyse des Informationsmemorandums und Abgabe von indikativen Kaufpreisangeboten entsprechend der im Procedure Letter geforderten Mindestinhalte erfolgt auf der Verkäuferseite die Auswertung und Gegenüberstellung der eingegangenen Angebote. Auf Basis der eingehenden Angebote erfolgt eine Reduzierung der im Verfahren befindlichen Bieter auf ausgewählte Interessenten („Short List"). Auswahlkriterien sind

- die Höhe des Kaufpreises und Zahlungsfähigkeit,
- die Einschätzung der Ernsthaftigkeit/Wahrscheinlichkeit des Abschlusses der Transaktion,
- die Attraktivität des potenziellen Käufers (strategischer Fit, Auswirkungen auf Management, Personal, etc.).

Die sog. „Due Diligence" (Sorgfältigkeitsprüfung) ist die systematische Erhebung, Prüfung und Analyse von Daten der Zielgesellschaft zur Untersuchung der internen Organisation und der Zukunftsaussichten. Die Due Diligence umfasst:

- Überprüfung der im Informationsmemorandum enthaltenen Informationen, die als vorläufige Bewertungsgrundlage dienten,
- Zurverfügungstellen von Informationen zur Bewertung der vom Verkäufer offengelegten Risiken,
- Identifizierung und Bewertung der vom Verkäufer nicht offengelegten Risiken,
- Ableitung von Maßnahmen für die Nachbewertung und den Kaufvertrag.

Bei der Due Diligence handelt es sich noch nicht um die Kaufpreis- oder Vertragsverhandlung, eine Unternehmensbewertung oder nachgeholte Jahresabschlussprüfung. Es handelt sich um eine kontrollierte Unternehmensanalyse auf Basis schriftlicher Unternehmensinformationen (Verträge, detaillierte Finanzdaten) und Expertengespräche. In dieser „2. Runde" werden die verbliebenen Bieter auf Basis der Erkenntnisse aus der Due Diligence zur Analyse der in einem sog. Datenraum („Data

Room") zusammengestellten Informationen eingeladen, ein bestätigtes Angebot einzureichen mit i. d. R. folgenden Angaben: bestätigter Kaufpreis, Eckpunkte des Übernahmekonzeptes (Standorte, Mitarbeiter, Verträge), etwaige Vorbehalte, z. B. Gremienzustimmung, Finanzierung, Mark-up der Vertragsentwürfe. Die Bereitstellung eines Entwurfes des Kauf- und Übertragungsvertrages erfolgt i. d. R. durch den Verkäufer. Je ausführlicher die Due Diligence ist, desto geringer sind die Unsicherheit des Käufers und damit die Notwendigkeit umfangreicher Zusicherungen und Gewährleistungen im Kaufvertrag. Die Vertragspartei kann später nicht ohne Weiteres reklamieren, sie sei auf bestehende Gegebenheiten und Risiken nicht ausreichend hingewiesen worden. Die Abbildung 7.5 stellt die wesentlichen Vor- und Nachteile einer Due Diligence dar.

Abb. 7.5: Due Diligence – Pro und Contra aus Verkäufer- und Käufersicht

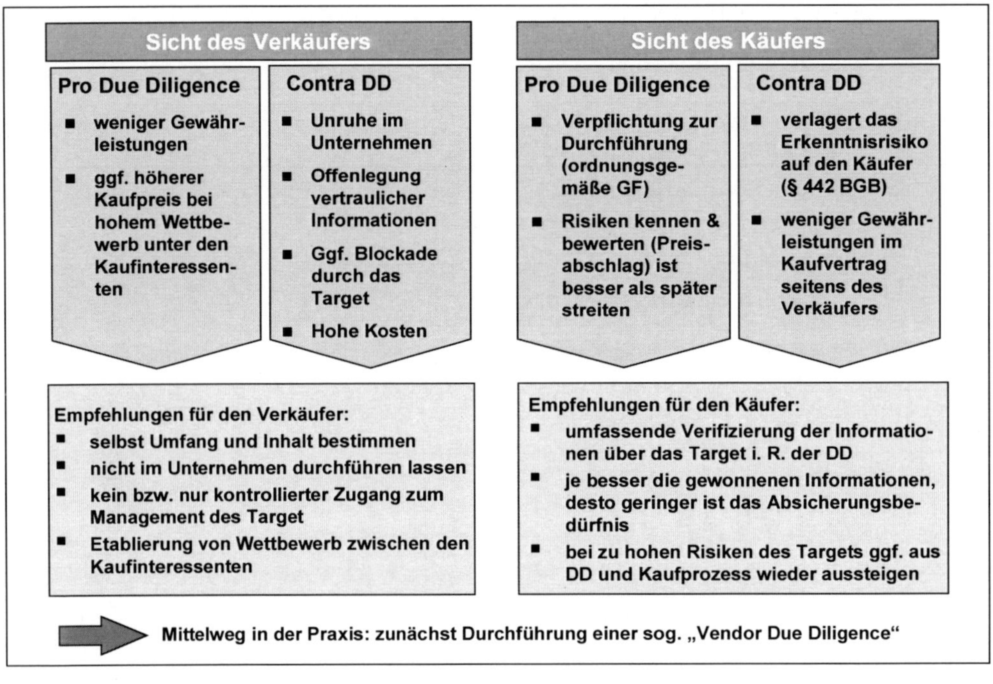

Quelle: Eigene Darstellung

Die Due Diligence stellt im M&A-Prozess den aufwendigsten Schritt dar. Der Due Diligence kommt eine zentrale Rolle bei der Vorbereitung der Kaufvertrags- und Kaufpreisverhandlungen zu. Insbesondere für den Verkäufer kann sie aufgrund des notwendigen Vorlaufs mit der Einbindung des Targets, der Zusammenstellung einer Vielzahl von Informationen und Dokumenten, durchaus mehrere Monate in Anspruch nehmen. Der in ihr präsentierte Datenraum (ggf. auch in elektronischer Form) ist eine umfangreiche Sammlung aller relevanten Informationen zu einem Unternehmen oder (Teil-) Konzern. Diese dienen zur Identifikation von sog. „Deal Breakern“, Informationen zur Ausgestaltung von Haftungen/Gewährleistungen im Vertrag, Information zur Kaufpreisbestimmung nach dem bereits erfolgten indikativen Angebot. Bei einem geringen Bieterwettbewerb erfolgen häufig Kaufpreisanpassungen nach unten, da neue Risiken identifiziert worden sind; bei „strategischen Käufer“ und großem Bieterwettbewerb können Kaufpreisanpassungen nach oben erfolgen, insbesondere wenn sich das übernehmende Unternehmen von der Integration des „Targets“ eine wesentliche Verbesserung seiner Wettbewerbsposition durch Gewinn von Marktanteilen und den raschen Zugang zu neuen Märkten und Produkten verspricht (sog. „strategische Prämisse“).

Abb. 7.6: Ablauf der Due Diligence

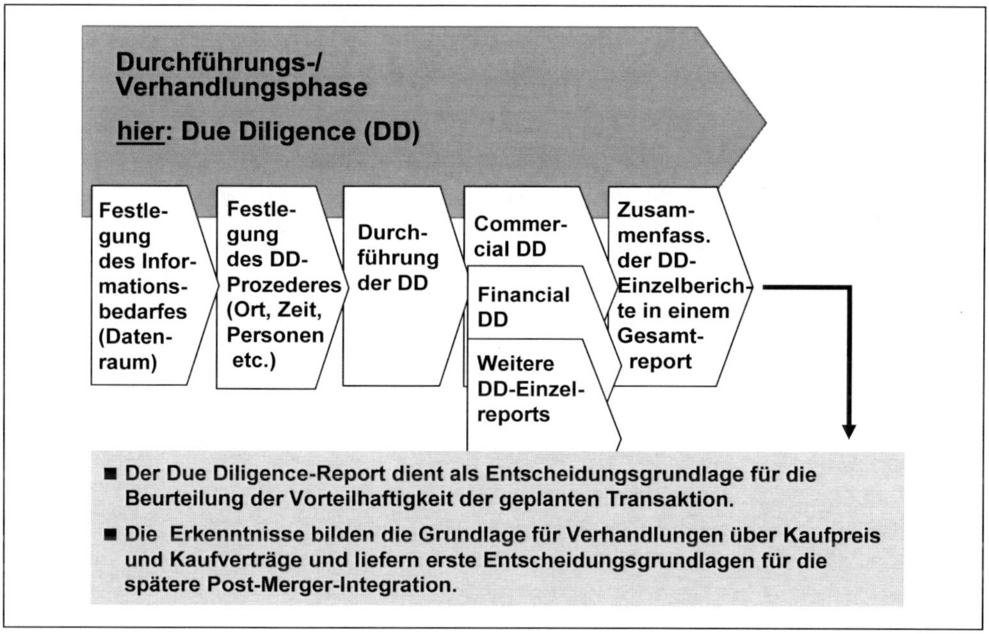

Quelle: Eigene Darstellung

Die Due Diligence umfasst eine Vielzahl von Teilgebieten (vgl. Abb. 7.6 und Abb. 7.7), so dass in der Datenraumphase auch eine Vielzahl von Experten für ihre jeweiliges Spezialgebiet involviert ist: Controller, Steuerfachleute, Immobilienexperten, diverse Rechtsabteilungen (insbesondere Gesellschaftsrecht, Dienstleistungsrecht, Medienrecht, Arbeitsrecht), Umweltexperten, Finanzmathematiker), Produktions- und Fertigungsingenieure, IT-Fachleute uvm.

Häufig im Rahmen der Due Diligence auftretende Probleme betreffen u. a.

- die zu hohe Bewertung des Anlagevermögens, die Forderungsbewertung,
- Investitionsstau aus der Vergangenheit,
- Lieferanten-/Kundenabhängigkeiten aufgrund des Auslaufens von Rahmenverträgen,
- unzureichende Qualität der ersten und zweiten Führungsebene,
- Umweltschutzverpflichtungen und Immobilienaltlasten,
- die Verzerrung der Jahresabschlüsse der Vergangenheit durch einmalige Ergebnisse,
- die (zu geringe) Bewertung von Pensionsverpflichtungen,
- anhängige Rechtsstreitigkeiten (insbesondere Arbeits- und Kartellrecht), Steuernachzahlungen,

Abb. 7.7: Teilgebiete der Due Diligence

Teilgebiet	**Kurzbeschreibung**
Basic Due Diligence	Grundsätzliche Unternehmensdaten, Geschichte des Unternehmens Sonstige allgemeine Informationen (u. a. „Ruf", Bonität) außerhalb des Datenraums
Commercial Due Diligence	Markt und Wettbewerbssituation Geschäftsmodell, Kundenstruktur Produktprogramm, Preisbildung Strategie des Zielunternehmens
Financial Due Diligence	Organisation des Rechnungswesens Internes Kontrollsystem Jahresabschlüsse, Mittelfristplanung
Tax Due Diligence	Steuererklärungen Betriebsprüfungsberichte Klärung der Steuerposition für vergangene Geschäftsjahre Steueroptimale Gestaltung der Transaktionsstruktur
Legal Due Diligence	Alle wesentlichen Verträge (Corporate Governance, Immobilien, Kooperationen, Sale and lease back, Darlehen etc.) Laufende Rechtsstreitigkeiten Kartellrecht

Teilgebiet	Kurzbeschreibung
Human Ressource Due Diligence	Tarifverträge, Pensionsverpflichtungen, Management- und Mitarbeiterqualifikation Personalentwicklung Cultural Due Diligence
Technical Due Diligence	Technologie der Leistungserstellung Zustand der Produktionsanlagen/Betriebsausstattung Forschung & Entwicklung i. d. R. ergänzt um Betriebsbesichtigungen
Environmental Due Diligence	Auflagen und Genehmigungen (Grenzwerte) Emissionen (Luft, Wasser) Umgang mit Gefahrstoffen Gutachten zu Altlasten (z. B. Bodenkontamination)
IT Due Diligence	Informationssysteme Datensicherheit Kompatibilität der IT-Systeme

Quelle: Eigene Darstellung auf Basis von Buss/Witte (1999, S. 364), Glaum/ Hutzschenreuter (2010, S. 123 ff.

- Unsicherheit in Bezug auf die Prognosefähigkeit der Planzahlen der Mittelfristplanung,
- mangelnde Ordnungsmäßigkeit des Rechnungswesens und des internen Kontrollsystems,
- Inkompatibilität der IT-Systeme von Unternehmen und Käufer bis hin zum „Window Dressing“ des Kaufobjektes uvm.

Die Due Diligence selbst kann diese auftretenden Probleme nicht lösen. Die Erkenntnisse finden jedoch Berücksichtigung im Due-Diligence-Bericht, gehen bspw. im Rahmen von Kaufpreisabschlägen in das bestätigte Kaufpreisangebot ein und sind Gegenstand der Kaufpreisgestaltung im Rahmen der Vertragsverhandlungen.

Neben diesen primär substanz- bzw. vergangenheitsorientierten Faktoren werden im Rahmen der Due Diligence bereits erste Synergiepotenziale identifiziert. Bei Synergien, welche durch das Zusammenführen unterschiedlicher Geschäfte entstehen können, handelt es sich zum einen um solche Effekte, die aus der gemeinsamen Nutzung materieller Ressourcen resultieren, und zum anderen um immaterielle Synergien (vgl. Hungenberg/Wulf 2011, S. 137). Die Gegenüberstellung der beiden Geschäftsmodelle kann als Grundlage für eine Identifizierung von Synergien herangezogen werden (s. Abb. 7.8).

Abb. 7.8: Vergleich der Geschäftsmodelle als Grundlage für eine Synergieanalyse

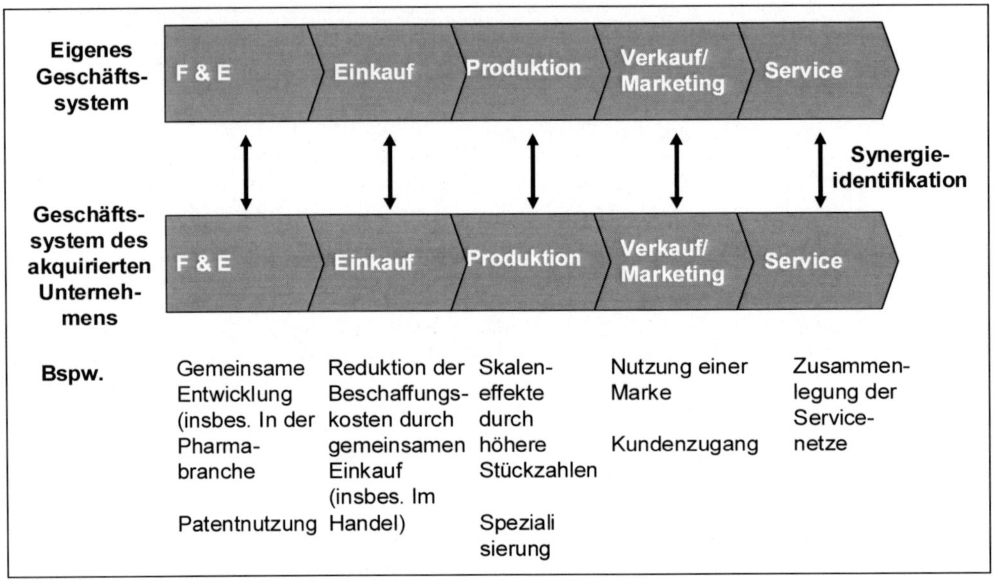

Quelle: Vgl. Puck (2004, S. 24)

Diese Synergienanalyse sollte äußerst sorgfältig vorgenommen werden, da zu berücksichtigten ist, dass der Kaufinteressent noch nicht alle Informationen über das zu akquirierende Unternehmen zur Verfügung hat. Bei einer Wachstumsstrategie durch Akquisitionen sind auch die Kosten der Verflechtung (Dyssynergien) sowie Inflexibilitäts-, Komplexitäts-, Koordinations-, Kompromiss- und Inkompatibilitätskosten nicht zu unterschätzen. Ebenfalls dürfen die erwarteten Verknüpfungen nicht illusorisch oder für die Erlangung eines Wettbewerbvorteils unbedeutend sein („Synergiefalle").

Neben der Quantifizierung der Synergien sind ebenfalls die Transaktionskosten (Kosten für Due Diligence, M&A-Berater und Investmentbanken, Finanzierung, Grunderwerbssteuer bei Immobilien, Personalfreisetzungskosten für Abfindungen, Kosten für Migration von IT-Systemen etc.) zu quantifizieren.

Parallel zum Datenraum laufen häufig Betriebsbesichtigungen zur (stichprobenhaften) Inaugenscheinnahme des Anlagevermögens sowie eine Managementpräsentation, in der sich das gegenwärtige Management des „Targets" den künftigen potenziellen Eigentümern in separaten Veranstaltungen persönlich präsentiert. Der Fokus der Managementpräsentation liegt auf der aktuellen und geplanten Unternehmensentwicklung mit dem Unternehmenskonzept insgesamt und der Entwicklung der einzelnen Geschäftsfelder.

Nach der Due Diligence erfolgt die Abgabe eines bestätigenden Angebotes. Erst hieran schließen sich die eigentlichen Vertragsverhandlungen an. Diese werden nach der kontrollierten Auktion im Wettbewerb mehrerer ausgesuchter Bieter über parallele bilaterale Verhandlungen mit gleichzeitigen individuellen Verhandlungen mit mehreren interessierten Käufern bis hin zu Exklusivverhandlungen mit nur einem Partner geführt. Die Verhandlungsdelegation setzt sich aus Projektleiter M&A, unternehmensinternen Rechtsanwälten (Gesellschaftsrecht, Kartell, Einkauf, Medienrecht, Dienstleistungsrecht etc.) ggf. zuzüglich externer Anwälte und Externen zu den einzelnen Fachgebieten (Bilanzen, Finanzierung, Umwelt, Immobilien etc.). In KMUs werden die Verhandlungen häufig vom (geschäftsführenden) Gesellschafter geführt.

Die Verhandlungsphase erfordert ein berechenbares Auftreten gegenüber Verhandlungspartnern. M&A-Entscheidungen sollten daher im Vorfeld sorgfältig vorbereitet und abgestimmt werden, um sie nicht gegenüber externen Verhandlungspartnern widerrufen zu müssen. Dies trifft insbesondere für Großunternehmen zu, bei der die Interessen der verschiedenen Unternehmensbereiche und Zentralbereiche in Bezug auf die M&A-Transaktion von der Unternehmensleitung bzw. der M&A-Abteilung im Vorfeld abgestimmt werden müssen.

Zu Beginn der Verhandlungen sollte erst die Struktur der M&A-Transaktion festgelegt, anschließend über den Kaufpreis gesprochen und dann erst zum Vertrag mit der Regelung einer Vielzahl von Detailfragen übergegangen werden. Somit sollte erst die wirtschaftliche Einigung (ggf. mittels eines sog. „Term Sheets"), dann die juristische Feinabstimmung erfolgen. Grundsätzlich sollte hierbei eine positionsbezogene Verhandlungsführung vermieden und sich auf Interessen konzentriert werden, um Gewinner-/Verlierer-Positionen zu vermeiden. Der Fokus sollte auch zum Ende der Verhandlungen auf die Gemeinsamkeiten gerichtet sein.

Das Investitionskalkül eines Kaufinteressenten für ein Unternehmen lässt sich schematisch wie folgt darstellen.

Abb. 7.9: Investitionskalkül von Akquisitionen

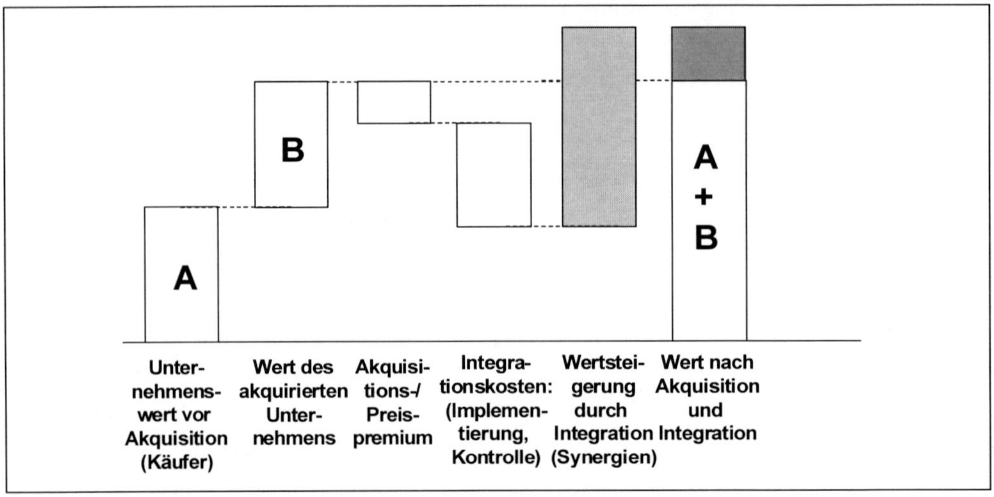

Quelle: Hungenberg (2006, S. 515), modifiziert

Im Rahmen der Verhandlungsphase erfolgt eine Verifizierung und Finalisierung des Business Plans unter Einbeziehung aller erarbeiteten Synergiepotenziale und zusätzlich identifizierten Kosten sowie eine Finalisierung der Unternehmensbewertung auf Basis des Business Plans und der internen Kaufpreisvorstellung. Parallel zur Kaufpreisermittlung ist die Finanzierung der Transaktion zu klären. Die eigentlichen Vertragsverhandlungen zwischen Veräußerer und Kaufinteressenten finden nach der (oder parallel zur) Due Diligence statt. Der Abschluss der Transaktion teilt sich in das „Signing" des Vertragswerks zum vereinbarten Übergangsstichtag, ggf. vorbehaltlich aufschiebender Bedingungen (z. B. Aufsichtsgremien, Bundeskartellamt, EU-Kommission) und dem Übergang des Unternehmens („Closing").

7.2.2.3 Integrationsphase (Post-Merger-Integration)

Die **Post-Merger-Phase** entscheidet über Erfolg oder Misserfolg einer Unternehmenstransaktion, da die Ursachen für ein Scheitern von Übernahmen vielfach in einer mangelhaften Integration liegen (vgl. Jansen 2008, S. 310). Sie beinhaltet im Rahmen des Übergangs von der Projekt- zur Regelorganisation die strategische, strukturelle, personelle und kulturelle Integration des gekauften Unternehmens und die Realisierung der im Rahmen der Due Diligence prognostizierten Synergien. M&A-Prozesse führen oft zu Verunsicherung und Unruhe bei Mitarbeitern und Geschäftspartnern von Unternehmen. Sie sollten daher mit höchster Priorität von den zuständigen Organisationseinheiten bearbeitet werden und daher schnell bis zur Post-Merger-

Phase umgesetzt werden, damit es nicht Desorientierung und Demotivation bei ggf. in die Öffentlichkeit gestreuten Unternehmensinterna kommt (s. Kap. 8).

Abb. 7.10: Dimensionen der Post-Merger-Integration

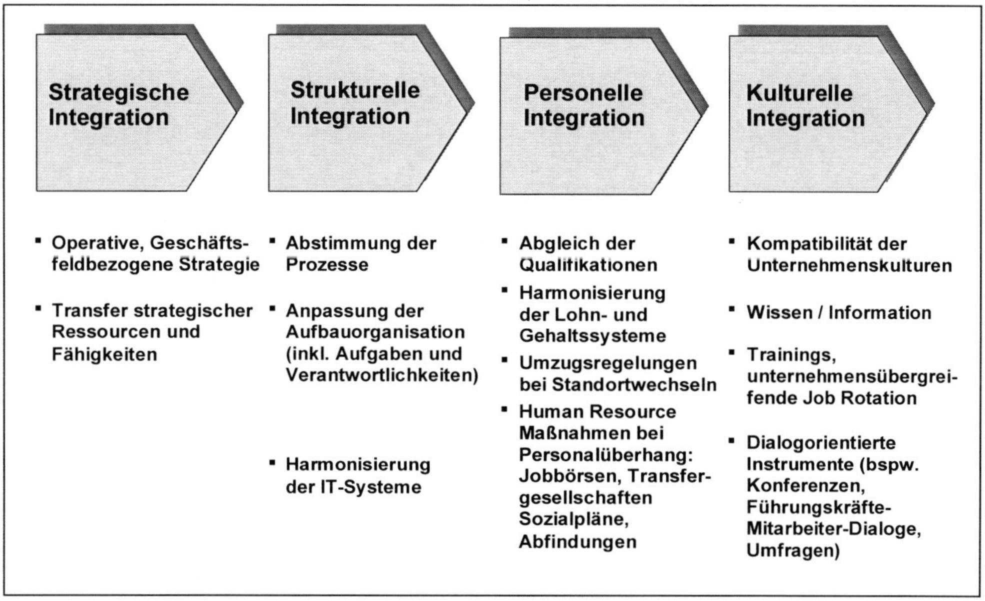

Quelle: Eigene Darstellung auf Basis von Weiand/Kopfer (2008, S. 71 f.)

Die Integration wird von den Führungskräften und Mitarbeitern beider Unternehmen, aber auch von wichtigen Stakeholdern wie Schlüsselkunden und -lieferanten kritisch begleitet, da mit ihr häufig auch fundamentale Rahmenbedingungen der Zusammenarbeit berührt werden, so dass auch bislang einwandfrei funktionierende Strukturen und Prozesse einer Anpassung bedürfen (vgl. Jansen 2008, S. 330). Probleme treten häufig während der Integration des Kaufobjektes auf, wenn es darum geht, die Synergiepotenziale auch zu „heben". Stolpersteine bei der Realisierung von Synergien sind häufig eine unzureichende organisatorische Verankerung von Maßnahmen in der Post-Merger-Phase und konfliktäre Unternehmenskulturen. Die Unternehmenskultur hat auch hier einen nicht zu unterschätzenden Einfluss auf den Erfolg der Transaktion (s. Kap. 2). Die Konfrontation von zwei unterschiedlichen Unternehmenskulturen kann eine Gefahr darstellen („Cultural clash"). Die Schlussfolgerung kann jedoch nicht die Einebnung aller kulturellen Unterschiede sein. Vielmehr ist ein Maß an Sensibilität für die Unterschiede zu wecken.

Das Synergieargument, welches häufig als Hauptgrund für die Diversifikation herangezogen wird, muss in der Praxis etwas eingeschränkt werden. Zunächst prognostizierte Synergieeffekte haben sich vielfach nicht erfüllt (vgl. Lombriser/Abplanalp 2004, S. 303).

7.2.3 Fazit zum M&A-Management

M&A-Prozesse benötigen aufgrund der Komplexität der Transaktionsstrukturen, der erforderlichen Branchenkenntnisse und der Vielzahl der involvierten Bereiche ein professionelles Projektmanagement. Wesentliche Erfolgsfaktoren sind strategische Logik, ein adäquater (Ver-)Kaufpreis und eine erfolgreiche Integration. Der tatsächliche Erfolg eines M&A-Projekts im Sinne der Umsetzung der prognostizierten Cashflows und Synergien entscheidet sich in der Integrationsphase. Nach unterschiedlichen Schätzungen sind dennoch 50–66 % aller Akquisitionen als nicht erfolgreich in Bezug auf ihre Ziele anzusehen (vgl. m. w. N. Hinne 2007, S. 1).

Kritische Faktoren im Rahmen des M&A-Prozessmanagements sind u. a.:

- keine singuläre Ansprache von Unternehmen nach Opportunitäten,
- die Kontrolle über den Zeitrahmen und den Prozessablauf,
- eine offene Kommunikation der Erwartungen und Zielsetzungen der Transaktion mit den Geschäftspartnern, um die Glaubwürdigkeit aufrecht zu erhalten; dies gilt insbesondere für kontrollierte Auktionen in Bezug auf die aus dem Bieterprozess ausscheidenden Kaufinteressenten,
- ein professionelles Management des M&A-Prozesses durch eine interne M&A-Abteilung, wobei bei Kleinunternehmen dies häufig durch den kaufmännischen Geschäftsführer ggf. unter Hinzuziehung externer MA-Berater erfolgt, oder eine Investmentbank,
- eine breite Suche nach potenziellen Interessenten,
- Erfahrung in der Abbildung und Kommunikation von Unternehmenswerten in Form des Informationsmemorandums und der Aufbereitung der Unternehmensinterna im Datenraum,
- Verhandlungserfahrung auch in interkulturellen Überschneidungssituationen sowie
- Vertraulichkeit in allen Phasen des Prozesses.

Im Laufe eines M&A-Prozesses verschiebt sich der Fokus von den harten Faktoren wie Strategie und Prozesse bis zur Post-Merger-Integration in Richtung der weichen Faktoren (insbesondere Unternehmenskultur).

Die wichtigsten Erfolgsfaktoren eines M&A-Projektes als Ganzes sind die strategische Logik der geplanten Transaktion, ein adäquater Kaufpreis nach Plausibilisierung der prognostizierten Planzahlen (Cashflows) im Rahmen der Due Diligence mit einer Bewertung nach gängigen Methoden der Unternehmensbewertung (bspw. Ertragswertverfahren, Discounted-Cashflow-Methode, Multiplikatoren) und vorsichtigen Bewertung der Synergiepotenziale sowie eine erfolgreiche Integration.

Abb. 7.11: Zunehmende Bedeutung der Soft Factors im M&A-Prozess

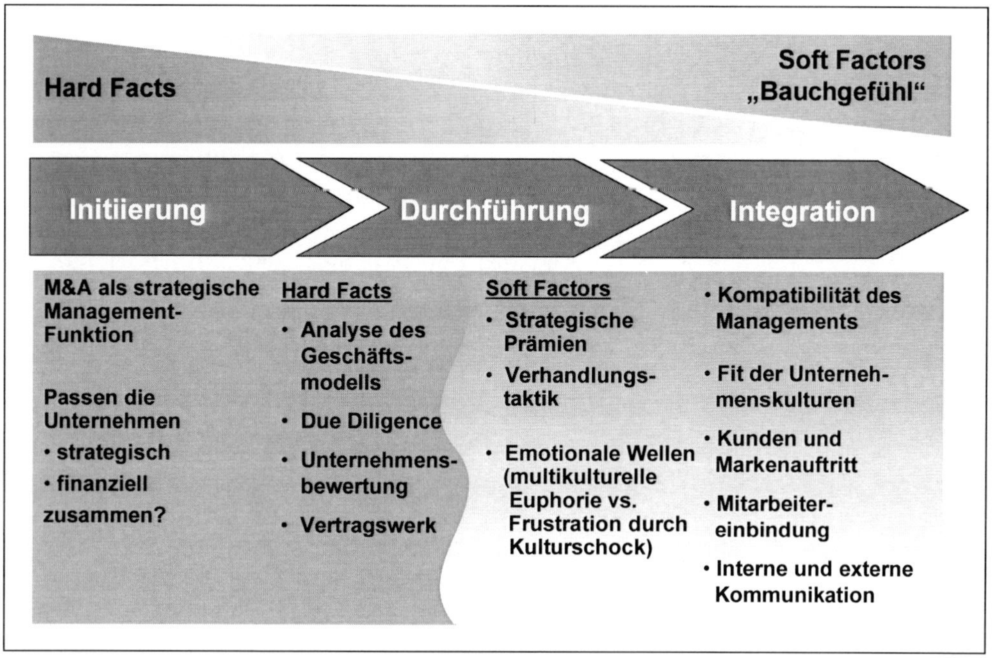

Quelle: Eigene Darstellung auf Basis von Wolle (2003), S. 16

Der tatsächliche Erfolg eines M&A-Projektes im Sinne der Umsetzung der prognostizierten Cashflows und Synergien entscheidet sich in der Integrationsphase, insbesondere bei der Interaktion mit Beteiligten aus unterschiedlichen Unternehmens- und Landeskulturen (Führungskräfte, Mitarbeiter, Kunden, Lieferanten).

7.3 Wertorientierte Unternehmensführung

7.3.1 Treiber wertorientierter Unternehmensführung

Wertorientierte Unternehmensführung („Value Based Management") bezeichnet einen Ansatz, eine aus Sicht der Eigentümer angemessene Rendite für das eingesetzte Kapital zur erwirtschaften. Diese Steigerung des Unternehmenswertes dient als Basis zur langfristigen Existenzsicherung des Unternehmens. Anstatt auf Ziele wie Umsatz oder Gewinn, konzentriert sich die Unternehmensführung auf die Steigerung des Unternehmenswertes. Der Unternehmenswert wird nur dann gesteigert, wenn der „Return“ aus einem „Investment“ die von Investoren als angemessen angesehene Kapitalverzinsung übersteigt (Vgl. Dillerup/Stoi 2008, S, 137 ff.). Treiber wertorientierter Unternehmensführung sind die Liberalisierung und Internationalisierung der Kapitalmärkte, verbunden mit einem Wettbewerb nicht nur um Kunden, sondern auch um Kapital. Der steigende Kapitalbedarf von Unternehmen, z. B. aufgrund von Globalisierung und Automatisierung, der Umstand, dass sog. „unterbewertete“ Unternehmen ein attraktives Ziel für Fusionen und feindliche Übernahmen sind, und die Entwicklung, dass professionelle und globale Kapitalanleger (insbesondere Private-Equity-Gesellschaften aber auch Pensionsfonds von Unternehmen) höhere Anforderungen an die Unternehmen haben, haben die wertorientierte Ausrichtung vieler Unternehmen in den letzten Jahren verstärkt. Ebenfalls werden die Anreizsysteme für Manager auf den Kapitalgeberinteressen ausgerichtet.

Die Wertorientierung ist dabei von der reinen jahresabschlussorientiereten Gewinnorientierung abzugrenzen (s. Abb. 7.12).

7.3.2 Konzept des Economic Value Added

Das Prinzip wertorientierter Unternehmensführung sei nachfolgend am Konzept des Economic Value Added (EVA), im Deutschen auch Geschäftswertbeitrag genannt, dargestellt.

Um Wert zu generieren, soll das Kapital, das im Unternehmen eingesetzt wird, eine höhere Rendite erwirtschaften als jenes bei einer vergleichbaren Investition.

Die Grundidee von EVA ist, dass Wert nur dann erhöht/geschaffen werden kann, wenn der Werterhöhungsbeitrag der Investition höher ist als die sog. Kapitalkosten. Gebildet wird der EVA als Produkt aus dem eingesetzten Kapital und der Differenz aus den Rückflüssen aus dem eingesetzten Kapital und den gewichteten Kapitalkosten („Weighted Average Cost of Capital“, WACC).

Abb. 7.12: Vergleich von gewinn- und wertorientierter Sichtweise

	Gewinnorientierte Sicht	Wertorientierte Sicht
Wert-komponente	Historische Anschaffungs- und Herstellungskosten oder Korrekturwerte	Zeitwerte, d.h. auch über historischen Kosten
Rechnungs-größen	Erträge/Aufwendungen (extern) bzw. Leistungen/Kosten (intern)	Einzahlungen/Auszahlungen bzw. Erträge/Aufwendungen
Umfang des Vermögens	Aktivierungsfähige Vermögensgegenstände und Schulden	Alle Vermögensgegenstände und Schulden (z.B. off-Balance Leasingverpflichtungen)
Erfolgs-definition	Erfolg = Gewinn = Änderung des ausgewiesenen Nettovermögens	Erfolg = positiver Kapitalwert = Steigerung des Unternehmenswertes
Zeitbezug	Gegenwart bzw. Vergangenheit	Zukunft

Quelle: Vgl. Dillerup/Stoi (2008, S. 142), Günther (1997, S. 25), leicht modifiziert

Viele kapitalmarktorientierte Unternehmen werden bereits nach diesem Mehrwertkonzept gesteuert. Der EVA wird inzwischen von vielen börsennotierten Unternehmen als zentrale Ausrichtung wertorientierter Unternehmensführung betrachtet (bspw. Metro, Allianz, Telekom, Siemens uvm.).

Der EVA ist ein in Maß in absoluten Werten (also Euro, Dollar etc.) eines Überschusswertes und daher kein Return %-Satz. Als Residualgröße – ob nun positiv oder negativ – zeigt der EVA, ob das Geschäftsergebnis den Return übersteigt, den diejenigen erwarten, die dem Unternehmen Kapital zur Verfügung gestellt haben, unabhängig davon, ob es sich um Anteilseigner (Eigenkapital) oder Kreditinstitute (Fremdkapital) handelt.

Als Größe für das Geschäftsergebnis werden die NOPAT („Net Operating Profit After Taxes"), was dem Geschäftsergebnis nach Steuern und vor Finanzierungskosten entspricht, für das Kapitel die NOA („Net Operating Assets") und als Kapitalkosten die WACC („Weighted Average Cost of Capital") zugrunde gelegt.

Abb. 7.13: Kapitalkosten als Ausgangspunkt wertorientierter Unternehmensführung

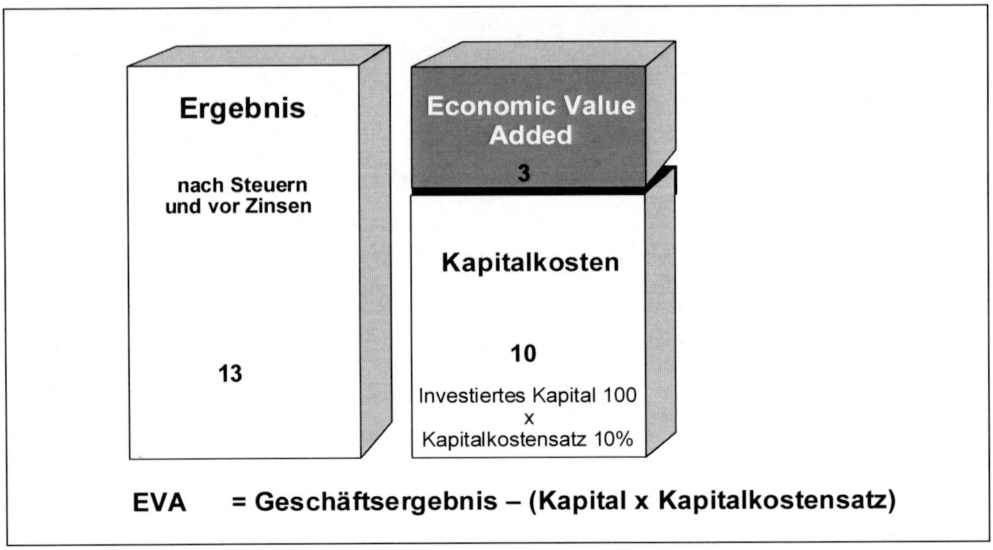

Quelle: Vgl. Ewert/Wagenhofer (2005, S. 18), leicht modifiziert

Die Ergebnis- und Kapitalgrößen werden um außerordentliche und buchhalterische Verzerrungen korrigiert. Durch Bilanzierungswahlrechte sind die Jahresabschlussdaten unternehmensübergreifend und damit für die Kapitalgeber nicht vergleichbar. Daher werden zahlreiche Vorschläge zur Umformung („Conversions", „Adjustments") der Zahlen gemacht. Hierunter fallen bspw.:

- Bewertungsvereinfachungsmethoden,
- Pauschalwertberichtungen auf Forderungen,
- die Berücksichtigung „versteckter" Finanzierungen wie Leasingverpflichtungen sowohl im Kapital- als auch Zinsanteil,
- die Berücksichtigung des Kapitalcharakters von Forschung und Entwicklung mit dem Ansatz eines Barwertes kapitalisierter F&E-Aufwendungen,
- die Anpassung der Steuerschuld nach der Anpassung der Ergebnisgrößen etc.

Die Zahl der möglichen Anpassungen beläuft sich auf bis zu 170, wobei diese oft zu aufwendig und für unternehmensexterne Analysten häufig aufgrund der hierfür erforderlichen Unternehmensinterna nicht realisierbar sind.

Die Bestimmung der Kapitalkosten ist eine Grundvoraussetzung jedes wertorientierten Steuerungsverfahrens. Der Kapitalkostensatz gibt die Mindestrenditeforde-

rung der Eigen- und Fremdkapitalgeber entsprechend der Kapitalstruktur (Verhältnis von Fremd- und Eigenkapital) wieder. Alle Investoren, die einem Unternehmen Kapital zur Verfügung stellen (Fremd- und Eigenkapitalgeber), haben gemäß wertorientierter Unternehmensführung ein „Anrecht" auf eine marktgerechte Verzinsung. Damit geht die wertorientierte Unternehmensführung über die rein jahresabschlusstechnischen Fremdkapitalzinsen hinaus, indem sie insbesondere die Eigenkapitalgeber mitberücksichtigt. Eigenkapital steht im Sinne wertorientierter Unternehmensführung dem Unternehmen daher nicht „kostenlos" zur Verfügung. Die von den Kapitalgebern geforderte Rendite stellt für das Unternehmen Kapitalkosten dar. Die mangelnde Fähigkeit eines Unternehmens, den Kapitalgebern eine marktgerechte Verzinsung zu bieten, kann sich negativ auf die Finanzierungskonditionen auswirken, bis hin bspw. zum Abzug von Kapital durch Verkauf der Unternehmensanteile an der Börse und dem M&A-Markt.
Die Eigenkapitalkosten werden nach der modernen Kapitalmarkttheorie mit Hilfe des CAPM (Capital Asset Pricing Model) berechnet. Eigenkapitalgeber erheben höhere Forderungen als Fremdkapitalgeber, da Rückflüsse nicht vertraglich abgesichert sind, und somit ein höheres Risiko besteht. Die Höhe der Forderungen der Eigenkapitalgeber wird durch das branchenspezifische Risiko des Unternehmens beeinflusst. Der Marktwert des Eigenkapitals entspricht bei börsennotierten Unternehmen der Börsenkapitalisierung. Die Entlohnung von Fremdkapitalgebern (z. B. Banken) erfolgt in Form von vertraglich festgelegten Zinsen. Der Marktwert des Fremdkapitals wird i. d. R. vereinfacht aus den Buchwerten abgeleitet, da diese direkt aus der Bilanz abzulesen sind. Da Fremdkapitalkosten für Unternehmen von der Steuer abgezogen werden können (d. h., Abzug des „Tax Shields") führt dies i. d. R zu niedrigeren Zinssätzen als für Eigenkapital. Diese Kapitalkosten sind die Mindestrendite, welche die Investoren (Eigen- und Fremdkapitalgeber) für das investierte Eigen- und Fremdkapital erwarten. Bei einem Return on Investment Capital (ROIC) als Quotient von NOPAT und NOA (bspw. 8 %), der unter den Kapitalkosten (WACC) liegt (bspw. 9,5 %) ist oft trotz positiven Jahresabschlusszahlen gemäß der Denkweise wertorientierte Unternehmensführung „Wert vernichtet" worden.

Abgesehen von der Berechnung des EVA ist es wichtig, nicht nur einen Maßstab für wertorientierte Unternehmensführung zu haben. Viel entscheidender ist die Beantwortung der Frage, wo und wie im Unternehmen (bei einem unbefriedigenden bzw. negativem EVA) eine Wertsteigerung erzielt werden kann. Die Analyse der Ursachen, Bildung von Schlussfolgerungen und ggf. Ableitung von Maßnahmen kann anhand der Werttreiber erfolgen. Diese sind direkt aus dem nach den EVA-Bestandteilen abgeleiteten Wertreiberbaum mit der Verknüpfung über eine Werttreiberhierarchie ablesbar.

Abb. 7.14: EVA-Werttreiberbaum

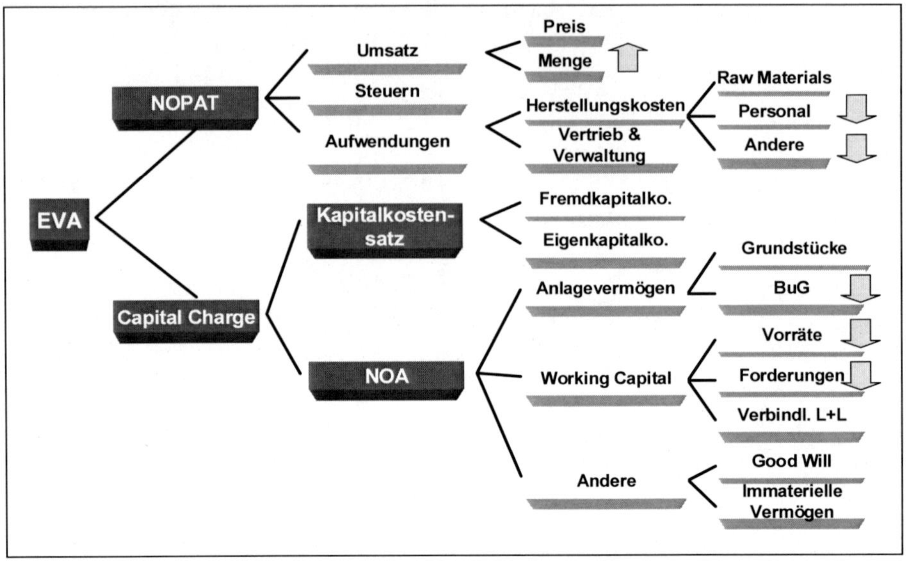

Quelle: Vgl. Gatzki, C./Gatzki, Y. (2006, S. 422), Leissing (2002, S. 35), modifiziert

Mit Einführung wertorientierter Unternehmensführung ist aber nicht zwangsläufig eine Steigerung des Unternehmenswertes verbunden. Hier verhält es sich ähnlich wie im Fußball: Eine neue Anzeigetafel im Olympiastadion in Berlin allein macht das Spiel der Mannschaft von Hertha BSC nicht erfolgreicher. Strategie und taktisches Spiel müssen verändert werden, ggf. der Trainer oder einzelne Spieler ausgetauscht werden, damit das neue Messsystem auch bessere Ergebnisse anzeigt. Ansatzpunkte hierfür sind bspw.

- die Erhöhung der Umsätze (Umsatzrentabilität), ohne das investierte Kapital zu erhöhen,
- die Reduktion der Kosten (bspw. im Bereich Einkauf, Personal etc.),
- die Reduktion nicht betriebsnotwendiger Immobilien,
- die Reduktion der Vorräte und Forderungen durch ein Mahnwesen (Working Capital),
- die Verlängerung des Zahlungsziels bei den eigenen Lieferanten.

Das Reporting im Rahmen wertorientierter Unternehmensführung hat dabei die Aufgabe, die Kennzahlen bis auf die Ebene der verantwortbaren Werttreiber herunterzubrechen (z. B. Mengen, Auslastungen, Liefertreue, Qualität, Durchlaufzeit, Prozessqualität etc.). Auf dieser operativen Ebene lässt sich die Performance messen

(Vergangenheit) und Zielvorgaben (Zukunft) vereinbaren. Das heißt, insbesondere durch die Zuordnung auf operative Verantwortungsbereiche (Segmente) lässt sich der Gedanke wertorientierter Unternehmensführung im Unternehmen verankern.

7.3.3 Handlungsoptionen wertorientierter Unternehmensführung

Welche grundsätzlichen Handlungsoptionen können aus unserem EVA-Treiberbaum abgeleitet werden? Im Rahmen wertorientierter Unternehmensführung gibt es u. a. folgende Möglichkeiten, den EVA und damit den Unternehmenswert zu steigern:

- Steigerung des Ergebnisses (NOPAT), z. B. Umsatzsteigerung durch Preiserhöhungen oder Mengensteigerungen ohne zusätzliches Kapital zu binden, Kostensenkungen),
- Reduktion des eingesetzten Kapitals (Forderungsmanagement oder Verkauf nicht betriebsnotwendigen Anlagevermögens etc.),
- Optimierung des Portfolios mit Wachstumsinvestitionen in Bereiche, in denen die Kapitalrendite über den Kapitalkosten liegt. D. h., zusätzliches Kapital wird nur in solche Vorhaben investiert, die einen höheren Return on Invested Capital (NOPAT/NOA) erwirtschaften als der WACC-Satz,
- Geschäftseinheiten, die nicht die Kapitalkosten erwirtschaften, werden veräußert, um Kapital für profitablere Investments zur Verfügung zu stellen,
- Senkung der Kapitalkosten (bspw. Optimierung der Kapitalstruktur, kapitalmarktorientierte Ausschüttungspolitik).

Wertorientierte Unternehmensführung ist ein integrierter (d. h. den gesamten Managementprozess durchlaufender), datengestützter Ansatz. Sie betrifft neben der Performancemessung – bspw. von EVA, aber auch anderen Wertmessgrößen wie Cash Value Added (CVA), Earnings less Riskfree Interest Charge (ERIC) etc. – auch die Festlegung strategischer Investitions- bzw. Desinvestitions-Portfolioentscheidungen, die operative Jahresplanung, die operative Umsetzung der Investitionen, die Vergütung und Incentivierung des Managements sowie die Kommunikation an die Kapitalgeber im Rahmen von Investor Relations (vgl. Baum et al. 2007, S. 99, Velthuis 2004, S. 9, Kesten 2005).

Wesentliche Anwendungsmöglichkeiten wertorientierter Unternehmensführung sind (vgl. Dillerup/Stoi 2008, S. 139; Rappaport 1999, S. 91 ff.):

- **Messung der Leistung der Unternehmensführung**
  Welche Geschäftsfelder/-einheiten schaffen Unternehmenswert? Welche Planvorgaben sind zu setzen, damit die Geschäftseinheit einen positiven Geschäftswertbeitrag zum Unternehmenswert leistet?

- **Bewertung von Unternehmensstrategien**
  Welche (Bereichs-, Funktions- u. a.)-Strategien schaffen den höchsten Unternehmenswert? Wie wirkt sich eine strategische Option auf den Unternehmenswert aus?
- **Bewertung von M&A-Transaktionen**
  Wie hoch der Wert eines Unternehmens, dessen Kauf geplant ist? Welche Geschäftseinheiten des Unternehmens haben nur ein geringes Potenzial und sind – ggf. nach einer vorherigen Restrukturierung – Kandidaten für einen Verkauf?
- **Bewertung von Investitionen**
  Welche Investitionen schaffen oder „vernichten" Unternehmenswert?

7.3.4 Diskussion wertorientierter Unternehmensführung

Für den Erfolg wertorientierter Unternehmensführung ist es notwendig, dass Unternehmen verstehen lernen, wie man die verschiedenen Performancemessgrößen nutzbar machen kann. Nachfolgend seien daher kurz die Stärken, aber auch den inhärenten Schwächen des EVA-Konzeptes gegenübergestellt (s. Abb. 7.15):

Abb. 7.15: Stärken und Schwächen der Instrumente wertorientierter Unternehmensführung

Stärken	Schwächen
Stellt Verbindung zwischen Ergebnis nach Steuern und Mindestverzinsung dar, die Eigen- und Fremdkapitalgeber erwarten	Vermengung von Kapitalmarkt- und Jahresabschlussgrößen
Berücksichtigt das branchenspezifische Risiko	Nur für Geschäftseinheiten möglich, für die auch Jahresabschlusszahlen vorliegen
Berechnung anhand veröffentlichter Finanzberichte möglich	Unterschiedliche Anwendung der Adjustments erschwert Vergleichbarkeit zwischen Unternehmen selbst einer Branche
Flexibilität: Zahl der Anpassungen (Adjustments) frei wählbar (EVA)	Kapitalkosten (WACC) als Performance-Maßstab ggf. zu hoch angesetzt
Kapitalmarktorientierte Performance-Messung	Rein quantitativ-monetäre Ausrichtung
Geeignet für wertorientierte Managementvergütung	Vernachlässigung anderer Stakeholder (bspw. Mitarbeiter, Kunden, Umwelt)
Instrument i. R. von Investor Relations	

Quelle: Günther (1997, S. 243), Langguth/Marks (2003, S. 624), Dillerup/Stoi (2008, S. 169)

Wie bereits im Kapitel 2 zu den Anspruchsgruppen beschrieben hat die Unternehmensführung die z. T. divergierenden Interessen der unterschiedlichen Anspruchsgruppen mit zu berücksichtigen. Die Konsequenzen der wertorientierten Unternehmensführung werden insbesondere auch dann in der Öffentlichkeit und den Medien kontrovers diskutiert, wenn Unternehmen – trotz sehr positiver Jahresabschlussergebnisse – mit dem Argument, dass zwar Gewinne erzielt werden, aber „die Kapitalkosten noch nicht erwirtschaftet werden", tiefgreifende Restrukturierungsmaßnahmen (bspw. Personalfreisetzungen, Werksschließungen, Verlagerung von Betrieben in sog. Niedriglohnländer u. a.) beschließen und bspw. beschuldigt werden, ihrer gesellschaftlichen Verantwortung nicht mehr gerecht zu werden. Während die markt- und wertorientierte Unternehmensführung den Fokus auf marktfähige Produkte (Preis-Leistungs-Verhältnis), die Gewinnerzielung und Steigerung des Unternehmenswerts liegt, fokussieren andere Perspektiven der Unternehmensführung (Ökologie- oder Werteorientierung) andere Aspekte wie bspw. sichere Beschäftigungsmöglichkeiten, Mitarbeiterzufriedenheit, nachhaltiges Wirtschaften oder die gesellschaftliche Verantwortung.

7.4 Kontrollfragen zu Kapitel 7

1. Beschreiben Sie die vier Wachstumsstrategien der sog. Ansoff-Matrix anhand eines selbst gewählten Unternehmensbeispiels.
2. Welche Wachstumsstrategie verfolgen die mittelständischen Weltmarktführer (sog. Hidden Champions)?
3. Was sind sog. Value Added Services (Mehrwertdienstleistungen)?
4. Welche der grundsätzlichen Diversifikationsformen entsprechend ihrer Position in der Wertschöpfungskette lassen sich unterscheiden?
5. Was versteht man unter Mergers & Acquisitions (M&A)?
6. Nennen Sie wesentliche Beweggründe für Mergers & Acquisitions.
7. Nennen und erläutern Sie die drei Phasen eines M&A-Projektes.
8. Was versteht man unter einer Due Diligence?
9. Welche Teilgebiete umfasst eine Due Diligence?
10. Erläutern Sie das Investitionskalkül bei Akquisitionen ausgehend vom Unternehmenswert des akquirierenden Unternehmens.
11. Welche Dimensionen umfasst die Post-Merger-Integration?
12. Nennen Sie drei wesentliche Erfolgsfaktoren einer M&A-Transaktion.
13. Stellen Sie wesentliche Unterschiede zwischen Gewinnorientierung und Wertorientierung gegenüber.
14. Beschreiben Sie das Grundprinzip des Economic Value Added (EVA).

15. Erläutern Sie die Vorgehensweise zur Ermittlung der Kapitalkosten.
16. Stellen Sie die Stärken und Schwächen des EVA-Konzeptes im Rahmen wertorientierter Unternehmensführung gegenüber.

8 Management des Wandels

Lernziele	**Dieses Kapitel vermittelt,**

- welche internen und externen Ursachen den unternehmerischen Wandel auslösen,
- welche verschiedenen Herangehensweisen zum Management des Wandels existieren,
- welche Schwierigkeiten im Spannungsfeld zwischen Wandlungsbedarf, Wandlungsbereitschaft und Wandlungsfähigkeit auftreten können,
- welche verschiedenen Phasen im Management des Wandels durchlaufen werden,
- welche verschiedenen Formen zur Einbindung der vom Wandel Betroffenen existieren,
- inwiefern es sich bei dem Management des Wandels um eine Management-Mode handeln könnte.

8.1 Externe und interne Treiber des Wandels

Die Unternehmensumwelt mit dem Verhalten von Wettbewerbern, Kunden, Lieferanten und anderen Stakeholdern ist eine wesentliche Determinante der Unternehmensführung. Die Analyse der Umwelt ist daher eine der notwendigen Tätigkeiten im Rahmen der strategischen und operativen Unternehmensführung. Ein Instrument hierfür ist bspw. die sog. PEST-Analyse (vgl. Kapitel 3). Die Managementfunktion Organisation auf der strategischen Ebene der Unternehmensführung sorgt einerseits für Stabilität, Verlässlichkeit durch die Aufbau- und Ablauforganisation; ein Unternehmen muss andererseits über Flexibilität verfügen, um sich an veränderte Umweltbedingungen anpassen zu können. Die Unternehmensführung steht vor dem Balanceakt, die Fähigkeit der gezielten, vorausschauenden, effizienten und effektiven Anpassung von Unternehmen an sich ändernde Umweltbedingungen (**Change-Management**) bei gleichzeitiger Wahrung der erforderlichen Stabilität und Kontinuität (Wissens- und Kulturmanagement) zu bewerkstelligen.

Die Gestaltung des Wandels als explizites Handlungsfeld der Unternehmensführung ist in den vergangenen Jahren insbesondere durch die nachhaltige Änderung der Rahmenbedingungen der Unternehmensumwelt immer stärker betont worden. Insbesondere nachfolgende Strömungen („**Mega-Trends**“) beschreiben langfristige

R. Bergmann, M. Bungert, *Strategische Unternehmensführung*,
DOI 10.1007/978-3-642-31840-5_8, © Springer-Verlag Berlin Heidelberg, 2012

gesellschaftliche Wandlungsprozesse und bedingen eine verstärkte Berücksichtigung des Managements des Wandels auf allen drei Ebenen der Unternehmensführung (vgl. Naisbitt/Aburdene 1992, Bosshart/ Frick 2003):

- die über die Internationalisierung hinausgehende **Globalisierung** der Produkt-, Kapital- und Arbeitsmärkte (nach dem Fall des eisernen Vorhangs sowie politischen und wirtschaftlichen Öffnung der sozialistischen Volkswirtschaften nach 1989) mit verstärkter internationaler Arbeitsteilung bei der Erstellung von Produkten und Dienstleistungen („Outsourcing", „Offshoring") und einer Beschleunigung des Strukturwandels in den westlichen Industrieländern,
- die **Tertiarisierung** der Wirtschaft mit einem signifikanten Anteil des Dienstleistungssektors (inkl. Gesundheits- und Health Care Sektors) an der Wertschöpfung, Wissen als zentralem „Produktionsfaktor" und der ubiquitären Verfügbarkeit von Information,
- **Informatisierung** von Produkten und Dienstleistungen mit der Durchdringung der Alltagswelt mit Informations- und Kommunikationstechnik, zunehmende Intelligenz in Produkten (bspw. RFID-Chips), Mass Customization (bspw. Dell-Computer) und der „Internetisierung" von Wirtschaft und Gesellschaft mit dem Entstehen neuer Branchen (eBusiness) mit neuen Geschäftsmodell (bspw. Amazon, eBay, Google, YouTube, Facebook, Xing),
- die **Flexibilisierung** durch befristete Arbeitsverhältnisse, Teilzeit, Zeitarbeit, virtuellen Arbeitsformen, Abnahme von „Normalarbeitsverhältnissen" (Festanstellung) und Zunahme der Selbständigkeit („Free Lancing") verbunden mit der Notwendigkeit zum kontinuierlichen Lernen und asynchrone Arbeitsbiographien („Patchwork"-Erwerbsbiografien),
- der **Wertewandel** der Gesellschaft mit der Individualisierung des Lebensstils und der Kundenbedürfnisse bei z. T. paralleler Vereinheitlichung der Lebensstile über Grenzen hinweg (sog. „Cross Cultural Groups"),
- die steigende **Mobilisierung** durch steigende Verkehrsaufkommen, Entstehen globaler Logistik- und Transportnetzwerke verbunden mit globalen Einsatzorten und dezentraler Dienstleistungserbringung („Home Office") mit der Folge des Zusammenwachsens von Arbeit und Freizeit,
- die **Beschleunigung** durch steigende Innovationen und eine Verkürzung der Halbwertzeit von Wissen mit dem Ergebnis von bspw. immer kürzeren Produktlebenszyklen (bei Mobiltelefonen z. T. nur 1 Jahr),

- die **Biologisierung** (Biologie als Innovationstreiber Life Sciences) mit der weltweiten Etablierung von Biotech- und LifeScience-Industrie und als Treiber des Gesundheitsmarktes,
- die **Ökologisierung** (inkl. Berücksichtigung der Umweltorientierung in den kommunizierten Unternehmensleitlinien und der Handlungsethik der Unternehmen) bei gleichzeitig steigendem Energieverbrauch und weltweiter Ressourcenverknappung (insbesondere bei fossilen Energieträgern),
- der **demographische Wandel** mit Reduktion und Alterung von Bevölkerung und Unternehmensbelegschaften sowie des Wandels vom Arbeitgeber- zum Arbeitnehmerarbeitsmarkt mit weit reichenden betrieblichen Konsequenzen, bspw. für Arbeitsorganisation, Personalbeschaffung (Employer Branding mit einer hohen Attraktivität des Unternehmens als potenzieller Arbeitgeber), Personalentwicklung (Erhaltung der Beschäftigungsfähigkeit/Employability bis zum Renteneintrittsalter durch lebenslanges Lernen, bspw. durch Modularisierung der Qualifizierung über alle Erwerbsphasen hinweg) und betriebliches Gesundheitsmanagement,
- die immer stärkere **Ökonomisierung** durch das immer stärkere Denken in ökonomischen Prinzipien aufgrund von Zeit-, Kosten- und Wettbewerbsdruck und das Übertragen wirtschaftlicher Praktiken auf andere Lebensbereiche, bspw. die zunehmende Professionalisierung des Managements von Nonprofit-Organisationen.

Neben diesen Megatrends existieren auch **Gegentrends**: durch eine Regionalisierung gewinnen regionale Produkte, Dienstleistungen, Traditionen, Sprachen und Dialekte nicht zuletzt als Reaktion auf die Globalisierung („Babelisierung"), ebenso Bestrebungen zu einer De-Kommerzialisierung.

Neben den o. g. **externen Treibern von Veränderungen** bedingt die Entwicklung des Unternehmens über den Unternehmenslebenszyklus ebenfalls weit reichende Anpassungserfordernisse. Nach dem Unternehmenszyklus nach Lievegoed (vgl. im Folgenden Lievegoed 1994, Gomez/Zimmermann 1993, S. 144 f., Schertler 1995, S. 157 ff.) werden drei Phasen durchlaufen. Die **Pionierphase** ist durch eine einfache, stark marktorientierte Unternehmensstruktur gekennzeichnet. Typische Merkmale eines Pionierunternehmens sind: autoritär-patriarchalische Führung, direkte Kommunikation der Unternehmensleitung mit allen Mitarbeitern, eine personenbezogene Stellenbesetzung und -bildung, ein häufig, ein weniger auf formalen Regeln als improvisierender Arbeitsstil, die Organisationsmitglieder bilden „eine große Familie", durch viele persönliche Kontakte besteht eine große Kundennähe und die Erfolgskontrolle basiert auf Intuition und Erfahrung, nicht auf Basis detaillierter

Controllinginstrumente; ebenfalls fehlt noch das Denken in internationalen Maßstäben oft weitgehend.

Die **Differenzierungsphase** „konzentriert sich vor allem auf die Kontrolle nach innen und betreibt eine 'Verwissenschaftlichung' der Betriebsführung. Zur Beherrschung der inneren Struktur werden Pläne, Formalia und Handlungsanweisungen entwickelt" (Gomez/Zimmermann 1993, S. 145). Diese Phase ist von Mechanisierung, Standardisierung, Spezialisierung und Koordination der arbeitsteiligen Organisationseinheiten gekennzeichnet.

Die Unternehmensführung konzentriert sich in der **Integrationsphase** auf die Beziehungspflege zu den Stakeholdern nach außen und innen, die Prozessteuerung, die Mittelverwaltung und die Informationsverarbeitung. Die Integrationsphase versucht eine Synthese aus Pionier- und Differenzierungsphase vorzunehmen durch eine umfangreiche Unternehmenskonzeption, das Bestreben, die Lernfähigkeit unternehmensweit zu implementieren, Zielvereinbarung statt Zielvorgabe, flexibles Führungsverhalten und das Erkennen und Fördern der Unternehmenskultur.

Die Übergänge zwischen den drei Phasen sind jeweils durch krisenhafte Symptome gekennzeichnet:

Abb. 8.1: Phasen im Unternehmenslebenszyklus nach Lievegoed

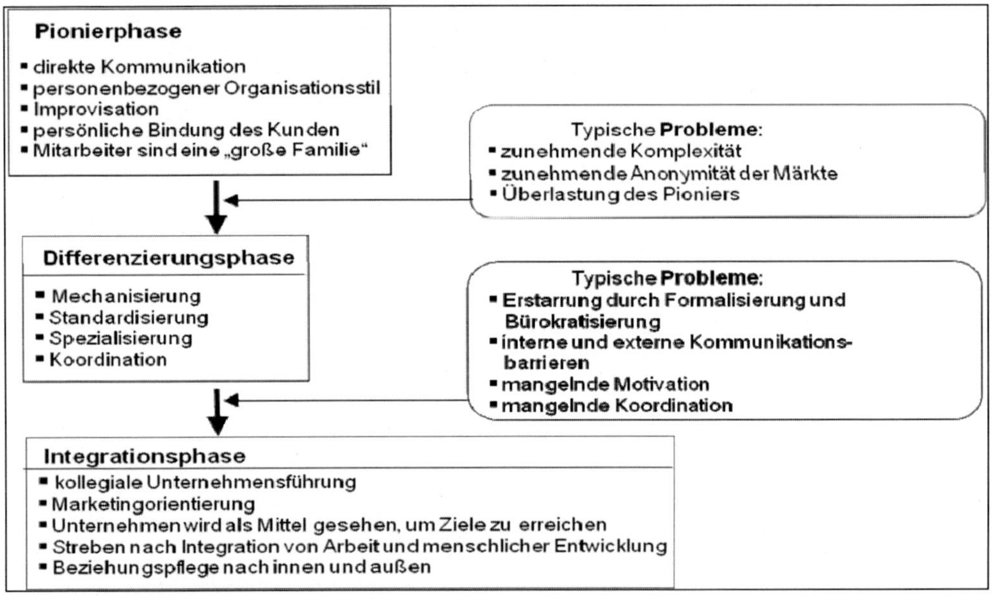

Quelle: Gomez/Zimmermann (1993, S. 144)

Neben dem 3-Phasen Modell von Lievegoed gibt es differenziertere Lebenszyklusmodelle (bspw. nach Bleicher, Greiner oder das Learning-and-Performance-Modell von Hurst).

8.2 Formen des Wandels

Aufgabe der Unternehmensführung ist es, die erforderlichen Veränderungen (Professionalisierung, Einführung von Strukturen, aber auch Förderung und Entwicklung einer Unternehmenskultur) zu gestalten. Vor dem Hintergrund der skizzierten Treiber kann der Wandel zur Daueraufgabe der Unternehmensführung werden („Drive change or it will drive you", Jack Welch). Dieses Management des Wandels umfasst – in Anlehnung an den klassischen Problemlösungsprozess – die Initiierung, Generierung, Implementierung, Überwachung und Anpassung von Veränderungen in Unternehmen. Dabei kann es um schrittweise (**Wandel 1. Ordnung**) oder um revolutionäre Veränderungen (**Wandel 2. Ordnung**) an ein Ziel und um Stufen dazwischen gehen.

Abb. 8.2: Merkmale des Wandels 1. und 2. Ordnung nach levy und Merg

Wandel 1. Ordnung	Wandel 2. Ordnung
beschränkt auf einzelne Dimensionen	mehrdimensional
beschränkt auf einzelne Ebenen	umfasst alle Ebenen
quantitativer Wandel	qualitativer Wandel
Kontinuität, gleiche Richtung	Diskontinuität, neue Richtung
inkrementale Veränderungen	revolutionäre Sprünge
logisch und rational	scheinbar irrational, basiert auf einer anderen, abweichenden Logik
verändert nicht die vorhanden Weltsicht, das Paradigma	führt zu einer neuen Weltsicht, einem neuen Paradigma

Quelle: Lang/ Alt (2003, S. 285), modifiziert

Für das Verständnis der Gestaltung des Wandels über die o. g. Dichotomie hinaus sind die **Reichweite** und die **Tiefe** der geplanten Veränderungen im Unternehmen wesentlich. Schichtenmodelle differenzieren die materiellen, sichtbaren Elemente des Wandels von den immateriellen, mentalen Elementen. (s. a. das Schichtenmodell der Unternehmenskultur in Kap. 2.5):

Das Management des Wandels unterscheidet sich danach, welche Schichten von den außen liegenden, unmittelbar beobachtbaren Elementen der Oberflächenstruktur bis zu den tiefer liegenden Elementen – den geteilten Normen, Werten und Grundüberzeugungen – von Veränderungen berührt sind (vgl. im Folgenden Krüger 1994, S. 358 ff.):

Abb. 8.3: Eisbergmodell des unternehmerischen Wandels

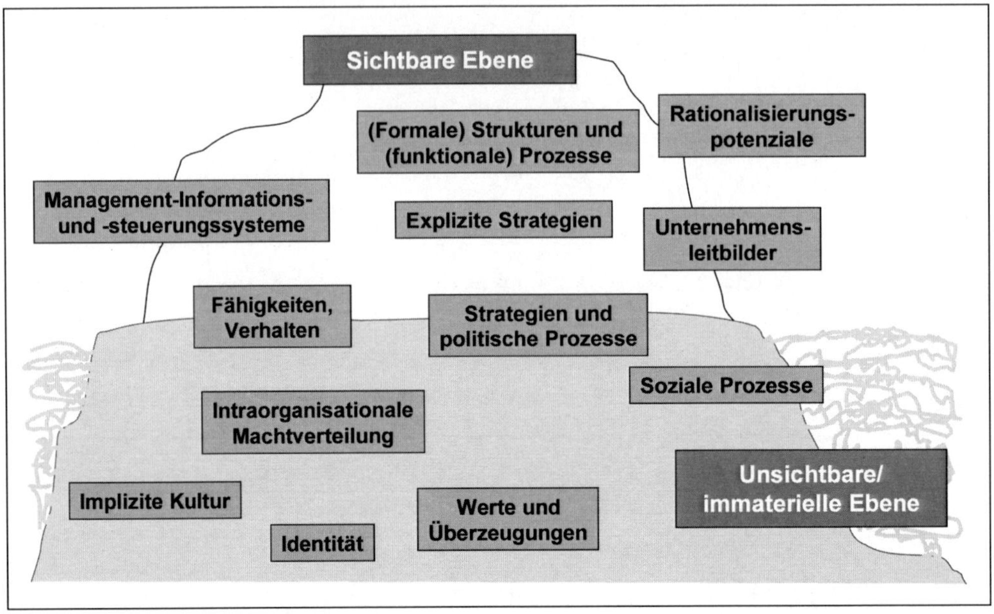

Quelle: Eigene Darstellung auf Basis von Bamberger/Wrona (2004, S. 425), Krüger (1994, S. 359)

- Bei einer Veränderung expliziter Strategien, formaler Strukturen und Systeme geht es um eine **Reorganisation/Restrukturierung** (sach-rationale Dimension). Diese Veränderungen zielen bei Unternehmen insbesondere auf eine Sicherung der Wettbewerbsfähigkeit, die Steigerung der Rentabilität, eine stärkere Markt- und Kundenorientierung sowie die Verbesserung der Prozessqualität.
- Bei einer neuen strategischen Ausrichtung liegt eine **Reorientierung** (politisch-verhaltensorientierte Dimension) vor, z. B. die Aufgabe alter und die Entwicklung neuer Geschäftsfelder; tiefgehende Veränderungen nehmen ihren Ausgang.
- Die noch weiter gehende Veränderung von Fähigkeiten und Änderungen im Führungs- und Kooperationsverhalten bedingen eine **Revitalisierung,** bspw. verstärkte Entscheidungspartizipation, Ingangsetzen von Eigenverantwortung und Unternehmertum (bspw. erforderlich für die Einführung von Profit-/Cost-Center-Strukturen).
- Die am weitestgehende Veränderung von Werten und Überzeugungen sowie daraus resultierende Einstellungen – d. h. der Unternehmenskultur – impliziert eine grundlegende **Remodellierung** (wertemäßig-kulturelle Dimension) des Unternehmens (vgl. Vahs 2012, S. 350).

Der Schwierigkeitsgrad der erfolgreichen Gestaltung des Wandels nimmt dabei von den äußeren formalen Strategien, Strukturen und Prozessen nach innen bei einer Veränderung von Werten und Überzeugungen hin zu.

8.3 Handlungsfelder und Konzepte zum Management des Wandels

Wesentliche Handlungsfelder des Managements des Wandels sind bspw. die auf der Oberflächenstruktur angesiedelte Gestaltung der Managementinformations- und -steuerungssysteme (insbesondere IKT), die Strategieformulierung als Reorientierung, die tiefer gehende Veränderung der Unternehmenskultur (bspw. Werte und Einstellungen), die Wechselwirkungen sowie die Änderung der Organisation (Struktur und Prozesse) als Restrukturierungsmaßnahme.

Es existiert eine Vielzahl von – nicht immer überschneidungsfreien – Konzepten zur Bewältigung des organisatorischen Wandels von der Organisationsgestaltung, Organisationsentwicklung, dem Business Reengineering, der Organisationstransformation bis zur Lernenden Organisation, die inzwischen unter dem Label „Change Management“ subsumiert werden. Nachfolgend sind drei wichtige Konzepte für die strategische Unternehmensführung skizziert (vgl. im Folgenden m. w. N. Staehle 1999, S. 592 f., Klimmer 2012, S. 212–219, Vahs 2012, S. 373 ff., Bergmann/Garrecht 2008, S. 195–198).

8.3.1 Organisationsgestaltung

Hauptziel der **Organisationsgestaltung** ist die systematische Planung, Einführung und Kontrolle von expliziten organisatorischen Regeln. Sie wird deshalb auch als struktureller Ansatz oder prozesstechnologischer Ansatz bezeichnet (vgl. m. w. N. Hill/Fehlbaum/Ulrich, P. 1998, S. 468 ff.). Der Ansatz basiert auf vier Grundgedanken: Vom Groben zum Detail, die schrittweise Systemgestaltung, das Denken in Alternativen (zur Lösung eines Problems existieren i. d. R. mehrere Möglichkeiten) sowie konsequente Zielorientierung. Die Vorgehensweise der Organisationsgestaltung orientiert sich im Wesentlichen am klassischen Problemlösungsprozess über Anstoß/Auftragsklärung, Planung (inkl. Situationsanalyse, Zielformulierung, Lösungssuche, Bewertung), Entscheidung, Realisation und Implementierung sowie Kontrolle/Weiterentwicklung. Der Fokus der Organisationsgestaltung liegt primär auf einer Änderung der Oberflächenphänomene eines Unternehmens. Die rational-analytische Problemlösungsvorgehensweise kann aber eine Sicherheit suggerieren, die in der Praxis aufgrund der häufig auftretenden Phänomene von aktivem und insbesondere passivem Widerstand selten in dieser Form gegeben ist.

Abb. 8.4: Phasenmodell der Organisationsgestaltung

Phasen	Auftragsklärung	Analyse	Planung	Umsetzung	Zielkontrolle und Weiterentwicklung
Inhalte	Projektziele und -grenzen festlegen Projektinhalte und -umfang sowie Rahmenbedingungen klären Projektvorschlag präsentieren	Ist-Situation erheben und bewerten Anforderungen erheben	Ziele detaillieren Lösungsalternativen suchen Alternativen bewerten Lösungsansatz auswählen	Umsetzungsmaßnahmen planen verabschiedeten Lösungsansatz gemäß Plan umsetzen	Projektergebnisse evaluieren Projekterkenntnisse festhalten implementierte Lösung permanent weiterentwickeln
Ergebnisse	erteilter Projektauftrag	Detailkenntnisse des Gestaltungsbedarfs	verabschiedetes Lösungskonzept	implementierte Lösung	den aktuellen Anforderungen entsprechende Organisation

Quelle: Klimmer (2012, S. 214)

Die grundsätzliche Vorgehensweise der Organisationsgestaltung findet sich in vielen Ansätzen zum Management des Wandels wieder, wobei der ursprüngliche Ansatz oft um weitere Elemente ergänzt wird.

8.3.2 Organisationsentwicklung

Die **Organisationsentwicklung** richtet sich im Unterschied zur technologisch orientierten Organisationsgestaltung in erster Linie auf die Einstellungen und die Verhaltensweisen der Organisationsmitglieder sowie ihre sozialen Beziehungen. Grundgedanke ist, vom Wandel „Betroffene zu Beteiligten" zu machen, und Lernprozesse im Unternehmen gezielt in Gang zu setzen. Die Organisationsentwicklung formuliert ihre Grundannahmen und Ziele ausgehend von einem Menschenbild, das sehr stark auf die individuelle Entfaltung ausgerichtet ist (vgl. die sog. Theorie Y von McGregor) und entspringt einer idealistischen Grundhaltung, dass bspw. kein inhärenter Konflikt zwischen den „Selbstverwirklichungswünschen" der Mitarbeiter und den Effizienzanforderungen des Unternehmens existiert. Grundannahme ist, dass sich Einstellungen, Werte und Verhaltensweisen ändern müssen, damit sich eine Organisation (als Institution) ändern kann. „Arbeitshypothese der OE ist die (nicht bewiesene, aber auch nicht widerlegte) Annahme, dass Leistungsoptimierung und Humanisierung der Arbeit einander nicht ausschließen, sondern sich wechselseitig bedingen und in engem Zusammenhang mit bestimmten (gegenwärtigen oder zukünftigen) Veränderungen der gesamtgesellschaftlichen Umwelt stehen." (Becker/Langosch 1995, S. 14). Ziele der Organisationsentwicklung sind daher **ökonomische Effektivität** (Verbesserung der Leistungsfähigkeit und des Problemlösungspotenzials der Organisation) sowie **Humanität** (Verbesserung der erlebten Arbeitssituation der beteiligten Mitarbeiter durch mehr Entfaltungs- und Entwicklungsmöglichkeiten sowie Handlungs- und Entscheidungsspielraum).

Der Wandel erfolgt durch die individuelle Veränderung des menschlichen Verhaltens sowie von Werten und Normen und nicht mittels vorgefertigter Musterlösungen von Experten. Die Intervention soll durch partizipative Prozesse und erfahrungsgeleitetes Lernen unterstützt und nicht mittels Anordnung „top down" durchgeführt werden. Es wird ein langfristiger und möglichst antizipativer Wandel angestrebt und kein kurzfristiges organisatorisches reaktives Management. So genannte Change Agents fungieren als „Veränderungshelfer". Diese internen oder auch externen Berater haben u. a. die Aufgabe als Vermittler zwischen Top- und unterem Management zu fungieren, da insbesondere dem mittleren Management bei der erfolgreichen Umsetzung von Veränderungen eine Schlüsselrolle zukommt. Der Schwerpunkt liegt auf dem Wandel von Gruppen und weniger von Individuen.

Die Organisationsentwicklung ist dabei offen gegenüber den verschiedenen Methoden zur Gestaltung von auf die jeweilige konkrete Unternehmenssituation ausgerichteten Veränderungsprozessen. Den Weg vom alten zum neuen Gleichgewicht beschrieb Kurt Lewin in drei Phasen, die noch heute als Grundmuster sozialer Veränderungsprozesse betrachtet werden.

Das „Auftauen" („**Unfreezing**") mit dem Überprüfen und Infragestellen von Einstellungen, Werten und Verhaltensweisen der betroffenen Systemmitglieder, um Motivation für eine Änderung wecken. Dem „**Moving**", um neue Verhaltensweisen und Arbeitsabläufe zu entwickeln, zu erproben, zu übernehmen und ggf. strukturell absichern sowie dem „**Refreezing**" zur Stabilisierung der neuen, legitimierten Verhaltensweisen und organisatorischen Regeln, damit das Unternehmen nicht wieder in den Ausgangszustand zurückfällt.

Im Unternehmenskontext kann ein Organisationsentwicklungsprozess auch wesentlich detaillierter dargestellt werden, bspw. durch die Phasen Diagnose, Datensammlung, Feedback an das zu verändernde System (Client System, in dem die „Betroffenen" als „Kunden" behandelt werden), Untersuchung der Daten, Handlungsplanung und Durchführung der Maßnahmen.

Abb. 8.5: Grundprinzip der Organisationsentwicklung

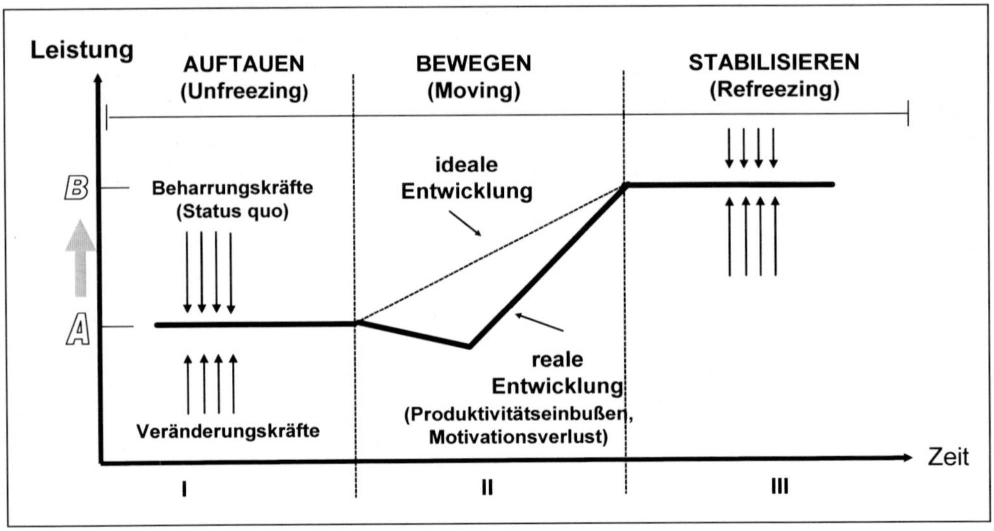

Quelle: Staehle (1999, S. 592), Schreyögg/Noss (1995, S. 171), modifiziert

Eine konkrete Erfolgskontrolle der Organisationsentwicklung ist häufig nur schwer möglich. Während des Organisationsentwicklungsprozesses kann es außerdem aufgrund der organisationsinternen Perspektive zu Einbußen an Marktpräsenz und dem mangelnden Eingehen auf die Ansprüche anderer Stakeholder kommen.

8.3.3 Organisationstransformation

Konzepte der **Organisationstransformation** versuchen die technologisch-rationale Ebene der Organisationsgestaltung und der verhaltensorientierten Vorgehensweise der Organisationsentwicklung zu integrieren. Sie basieren auf der Erfahrung, dass für eine tiefgreifende Veränderung des Unternehmens, insbesondere für einen Wandel 2. Ordnung, der über die oberflächliche Veränderung von Strategie, Systemen und Strukturen hinausgehen soll, gleichzeitig auch Einstellungen, Verhaltensweisen und die Unternehmenskultur gestaltet werden müssen.

Die harten Faktoren der Sachebene sind eng mit den weichen Faktoren der psychologisch-verhaltensorientierten Ebene abzustimmen. Realitätslücken entstehen, wenn einerseits die sachliche Ebene zu schnell ist (d. h., die psychologische Ebene mit individuellem und organisationalem Lernen kommt nicht mit) oder andererseits kann die sachliche Ebene auch zu langsam sein (bspw. trifft geändertes Verhalten der Mitarbeiter auf starre Strukturen und Abläufe im Unternehmen). Die Ursachen für Realitätslücken können sehr vielfältig sein, bspw. das Verharren in alten Verhaltensmustern („Wir haben das schon immer so gemacht.“, „Damit sind wir groß und erfolgreich geworden.“), fehlende Anreizsysteme für die beteiligten Führungskräfte und Mitarbeiter (in Form von materiellen und immateriellen Belohnungen, aber ggf. auch Sanktionierungen). Folgen können Desorientierung der Mitarbeiter, Glaubwürdigkeitsverlust der Unternehmensleitung und Demotivation vieler Beteiligter sein. Der integrative Ansatz versucht, die sachlogische Ebene und die psychologisch-verhaltensorientierte Ebene in der Form zu vereinbaren, so dass es im Ergebnis zu einer Veränderung des Unternehmens und zu einer Veränderung in den Köpfen von Unternehmensführung und Mitarbeitern kommen soll, und somit Realitätslücken erst gar nicht entstehen.

8.4 Phasenkonzepte des Managements des Wandels

Trotz der Unterschiedlichkeit der Ansätze zum Management des Wandels ist ihnen gemeinsam, dass Veränderungsprozesse verschiedene Phasen durchlaufen, so dass in der Literatur zahlreiche Phasenmodelle existieren, die nicht theoretisch fundiert, sondern aus der praktischen Beratungspraxis der Autoren stammen. Die Konzepte unterscheiden sich bspw. betreffend der Anzahl und Bezeichnung der Phasen, der Reihenfolge (bspw. was den Zeitpunkt der Mobilisierung der Mitarbeiter angeht), der eingenommenen Perspektive als auch hinsichtlich der Funktionen und Aufgabenbündel (bspw. für das Top Management). Sie orientieren sich überwiegend am Phasenmodell von Lewin.

Aufgrund seiner Anschaulichkeit und Praxisnähe wird näher auf das Phasenmodell von Krüger eingegangen. Das erfolgreiche Management des Wandels von tief greifenden und dennoch nachhaltigen Veränderungen zählt zu den wichtigsten Aufgaben der Beteiligten in der Unternehmensführung. Das Management des Wandels findet sich im Spannungsfeld zwischen **Wandlungsbedarf, Wandlungsbereitschaft** und **Wandlungsfähigkeit**. Zentrale Aufgaben des Managements von Veränderungsprozessen sind dabei (vgl. Bleicher 1991, S. 768 ff., Krüger 1994, S. 228, Klimmer 2012, S. 220):

- das rechtzeitige Wahrnehmen des **Veränderungsbedarfs** (interne oder externe Erfordernis der sachlich notwendigen Veränderung des Unternehmens, seiner Teilbereiche und Mitarbeiter),
- das Sicherstellen der erforderlichen **Veränderungsfähigkeit** (organisatorische und personelle Kompetenzen zur erfolgreichen Durchführung von Veränderungen) und
- das Mobilisieren einer breiten **Veränderungsbereitschaft** (die Einstellungen und das Verhalten der Betroffenen und Beteiligten des Wandels gegenüber dessen Ziele und Maßnahmen).

In diesem Spannungsfeld sollten sich Bedarf, Bereitschaft und Fähigkeiten weitestgehend decken, damit es nicht zu den in Abbildung 8.7 skizzierten Missverhältnissen und Schwierigkeiten kommt. Nach Krüger läuft Wandel 2. Ordnung in den in Abbildung 8.8 dargestellten fünf Phasen mit unterschiedlichen Aufgabenschwerpunkten ab.

Abb. 8.6: Ausgewählte Phasenkonzepte des Wandels

Autor(en)	Phasen
Lewin (1947)	(1) Unfreezing, (2) Moving, (3) Refreezing
Gomez/Müller-Stewens (1994)	(1) Formierung der Veränderungsinitiative, (2) Implementierung der Pläne, (3) Mobilisierung der Gruppen, (4) Organisatorische Integration
Krüger (2002)	(1) Initiierung, (2) Konzipierung, (3) Mobilisierung, (4) Umsetzung, (5) Verstetigung
Müller-Stewens/ Lechner (2005)	(1) Sensibilisierung, (2) Auftakt, (3) Roll-Out, (4) Verstetigung, (5) Konsolidierung
Kotter (1996)	(1) Ein Gefühl der Dringlichkeit erzeugen, (2) die Führungskoalition aufbauen, (3) Vision und Strategien entwickeln, (4) Vision des Wandels kommunizieren, (5) Empowerment der Mitarbeiter auf breiter Basis zur Beseitigung von Hindernissen, (6) kurzfristige Erfolge ins Auge fassen und sichern, (7) Erfolge festigen und weitere Veränderungen ableiten, (8) neue Ansätze in der Kultur verankern.
Doppler/ Lauterburg (2008)	(1) Die ersten Überlegungen, (2) gezielte Sondierungen, (3) Schaffen der Projektgrundlagen, (4) Kommunikationskonzept, (5) Datenerhebung, (6) Datenfeedback, (7) Diagnose und Kraftfeldanalyse, (8) Konzeptentwicklung und Maßnahmenplanung, (9) Vorentscheidung, (10) Experimente und Praxistests, (11) Entscheidung, (12) Praxiseinführung und Umsetzungsbegleitung

Quelle: Scherm/Pietsch (2007, S. 262), gekürzt und modifiziert

Abb. 8.7: Missverhältnisse im Spannungsfeld des Wandels

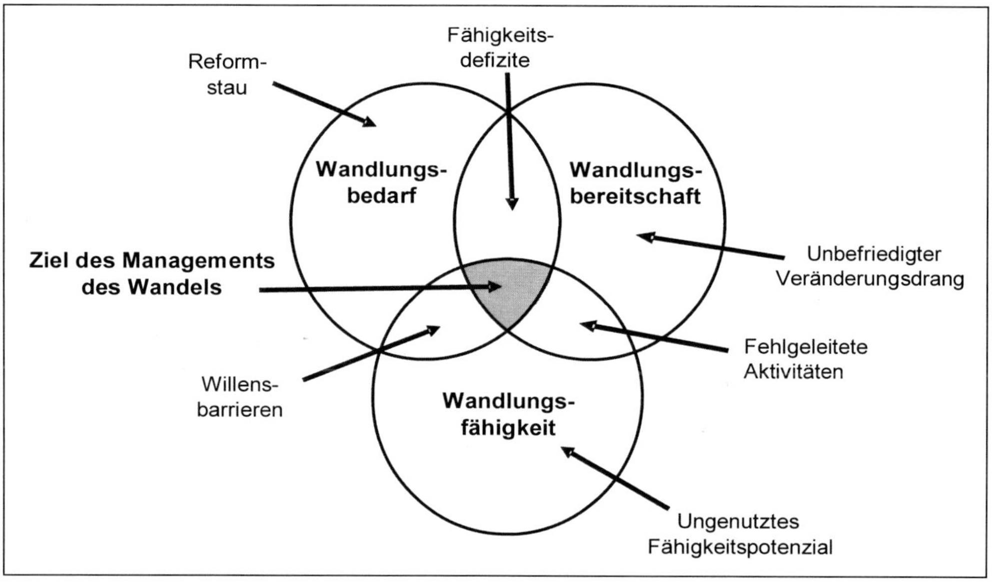

Quelle: Vgl. Krüger (2006 , S. 137)

Abb. 8.8: Phasenmodell zum Management des Wandels nach Krüger

Quelle: Vgl. Krüger (2006, S.67), Klimmer (2012, S. 222), leicht modifiziert

In der Phase der **Initiierung** ist zunächst der Wandlungsbedarf zu identifizieren. Dieser ergibt sich aus den notwendigen Veränderungen des Unternehmens und seiner Mitarbeiter. Veränderungen in Unternehmen finden häufig erst dann statt, wenn die Notwendigkeit und Dringlichkeit dafür von den Beteiligten gesehen wird. Der Prozess wird dabei i. d. R. in der ober(st)en Unternehmensführungsebene ausgelöst, ggf. mit Unterstützung interner oder externer Berater. Bereits in dieser Phase sind diejenigen Stakeholder (vgl. Kap. 2.2) im Kraftfeld aus Unterstützern, Widerständlern und Unentschiedenen zu identifizieren und diejenigen zu mobilisieren, die den Wandel fördern können, bspw. auch Mitglieder der Aufsichts- oder Mitbestimmungsorgane sowie im mittleren Management.

Die **Konzipierung** der Rahmenbedingungen und eines ersten Rahmenprogramms endet mit einer Grobplanung.

Danach kann nicht unmittelbar mit der Umsetzung begonnen werden, da neben der sachlogischen Ebene es erforderlich ist, Wandlungsbereitschaft und -fähigkeit im Unternehmen dafür zu erzeugen bzw. zu erhöhen, damit der Wandlungsbedarf auch in Verhalten und Einstellungen akzeptiert wird. Um Ablehnung und Widerstand zu reduzieren kann es sinnvoll sein, bereits in der Konzipierungsphase eine frühe und offene Information der Beteiligten durchzuführen. Die Breite und Tiefe der Kommunikation ist im Einzelfall zu entscheiden, da ggf. hierdurch erst Widerstände mobilisiert werden, die das Veränderungsprojekt in einer Frühphase bereits gefährden könnten.

Die **Mobilisierung** auf den drei Ebenen Unternehmen, Organisationseinheiten und Mitarbeiter betrifft Aktivitäten im politisch-verhaltensorientierten und wertmäßig kulturellen Bereich. Neben dem Bilden von Koalitionen fällt hierunter auch die Frage, welche Mitarbeiter(-gruppen) zur Entwicklung des Konzeptes in der zweiten Phase mit eingebunden werden. Konzipierung und Mobilisierung laufen daher z. T. parallel ab. In dieser Phase ist es notwendig, differenziert zu kommunizieren sowie Wandlungsbereitschaft und -fähigkeit zu schaffen. Dies reicht von individueller Personalentwicklung durch die Vermittlung von Projektmanagementkenntnissen, Personaleinsatzplanung, der Übertragung von Aufgaben, Kompetenzen und Verantwortung auf die (Teil-)Projektteams bis zu Anreizsystemen und der Sicherung der erzielten Ergebnisse.

In der Phase der **Umsetzung** steht auf den ersten Blick die Implementierung von neuen Prozessen oder Strategien im Rahmen des Veränderungsprojektmanagement im Vordergrund, bspw. die Priorisierung der Aufgabenbündel, Generierung erster Erfolge bis zum Risikomanagement. Die ersten sichtbaren Erfolge („Quick Wins") sollten zur Kommunikation genutzt werden, dass sich die Anstrengungen der Veränderung lohnen, um einerseits Akzeptanz bei den Mitarbeitern zu erreichen und andererseits um dadurch Widerständler im Unternehmen zu überzeugen bzw. zumindest zu schwächen. Die kommunizierte Vision der Veränderung sollte dabei ihren Niederschlag auch im Handeln der obersten Unternehmensleitung finden, da dieser eine Vorbildfunktion zukommt. Es darf nicht zu einer Diskrepanz zwischen kommuniziertem Veränderungsbedarf und tatsächlichem Handeln kommen, da dies zu einem Glaubwürdigkeitsverlust und dem Verlust von Akzeptanz führt (Beispiel: Ein Unternehmen beschließt aufgrund einer allgemeinen Wirtschaftskrise ein Gemeinkostensenkungsprogramm, wonach u. a. die Mitarbeiter bei Dienstreisen mit der Bahn statt 1. Klasse nur noch 2. Klasse fahren dürfen, gleichzeitig nutzen Vorstände oder Bereichsleiter bei Flugreisen weiter die Business Class). Mitarbeiter erwarten gerade in schwierigen Zeiten von Führungskräften des Unternehmens, dass sie die Veränderungen selbst leben und sich nicht davon ausnehmen. Neben der Dokumentation und Evaluierung und ggf. einem Gegensteuern bei ersten Problemen steht auch wieder die Personalentwicklung der von der Veränderung betroffenen Mitarbeiter, bspw. durch Fachtrainings.

Zur **Verstetigung** der Veränderungsergebnisse sind diese im Unternehmen zu verankern. Dies geschieht bspw. durch Übertragung der Verantwortung vom zeitlich befristeten Projektmanagement in die Linienorganisation und die Anpassung der Aufgaben und Ziele der Mitarbeiter. Das „Neue" soll Teil der Regelorganisation des Unternehmens werden und im Tagesgeschäft routinisiert werden, damit es nicht zu einem Rückfall in alte Prozesse, Strukturen und Verhaltensweisen kommt. Diese Aufgabe liegt dann häufig nicht mehr im Verantwortungsbereich des Projektteams, sondern der Linienverantwortlichen, so dass dem mittleren Management auch in dieser Phase eine große Bedeutung für den Veränderungserfolg zukommt. Die Verstetigung geht dabei über das „Refreezing" von Lewin hinaus, da es darum geht, die Wandlungsbereitschaft aufrecht zu erhalten und die Wandlungsfähigkeit weiter zu nutzen, um in Zukunft proaktiv erforderliche Veränderungen aufgrund der zu Beginn des Kapitels beschriebenen Megatrends oder von Anpassungsbedarf aufgrund der Entwicklung im Unternehmenslebenszyklus aufzunehmen.

Die Phasen laufen wie bereits skizziert nicht streng sequenziell, sondern auch parallel ab und überlappen sich daher teilweise.

Praxis

Vier Regeln für die erfolgreiche Gestaltung von Veränderungen nach Jack Welch

Jack Welch, geboren 1935, hat nach seinem Chemieingenieurstudium seit 1960 in verschiedenen Positionen bei General Electric (GE) gearbeitet. Von 1981 bis 2001 war er CEO von GE, einem stark diversifizierten Konzern, der in einer Vielzahl von Geschäftsfeldern tätig ist: u. a. Leuchtkörper, Haushaltswaren, Healthcare (bspw. Kernspintomografen), Finanzdienstleistungen (GE Money Bank) und Medien (NBC Universal). Seine Vision in jeder Branche, in der GE tätig ist, den ersten oder zweiten Rang zu erobern, setzte er u. a. mit seiner Strategie des Verkaufens oder Schließens von verlustbringenden Unternehmensteilen und des Zukaufens zukunftsträchtiger Technologien um. Er machte GE zu einem profitablen und wachsenden Unternehmen. Der GE-Umsatz stieg von $ 27 Mrd. (1981) auf $ 130 Mrd. (2001), der Jahresgewinn versiebenfachte sich auf $ 12,7 Mrd., gleichzeitig verringerte sich die Mitarbeiterzahl weltweit von 400.000 auf 300.000. Kern seines Managementansatzes war die Regel „Fix, Close or Sell". Danach wird ein Unternehmensteil, der die Wachstums- und Renditeziele nicht erreicht oder operative Defizite aufweist, geschlossen oder verkauft, sofern die Probleme nicht innerhalb von zwei Jahren gelöst werden. Seine „20-70-10"-Regel der Mitarbeiterführung besagt, dass in einem Unternehmen die besten 20 % der Mitarbeiter belohnt, die 70 % in der Mitte bestmöglich gefordert und gefördert, die schwächsten 10 % dagegen entlassen werden. Welch gilt als einer der erfolgreichsten Manager und Managementdenker der USA, aber auch als einer der umstrittensten. Seine radikalen Methoden haben ihm den Spitznamen „Neutron Jack" eingebracht. Welch wurde 1999 vom Wirtschaftsmagazin „Fortune" zum „Manager des Jahrhunderts" gekürt. Ähnlich wie viele andere Praktiker beziehen sich Führungskräfte, wenn man sie nach ihren Erfolgsrezepten fragt, nicht auf die Anwendung irgendwelcher theoretischer Ansätze oder Phasenmodelle, meist stellen sie einen Katalog von sog. Regeln auf. Nachfolgend Jack Welchs vier Regeln für die Gestaltung von Veränderungen:

„Während meiner Zeit bei GE waren wir praktisch ständig im Umbruch. Heute gilt das für die meisten Unternehmen. Das muss so sein, wenn man weiter mitspielen oder möglichst sogar gewinnen will. Andererseits ist klar, dass Wandel an sich noch kein Garant für Erfolg ist. Im Grunde gibt es vier Regeln, die Sie beachten müssen:

1. **Jede Veränderungsoffensive muss auf einen klaren Zweck, ein erkennbares Ziel ausgerichtet sein. Veränderung nur um der Veränderung willen ist unsinnig und strapaziös.**

   Eine Veränderung muss immer ein relativ geordneter Prozess ein. Dazu müssen die Beteiligten mit Kopf und Herz verstehen, warum der Wandel notwendig ist und wohin der Weg führt. Das fällt natürlich leichter, wenn die Auslöser offensichtlich sind. Manchmal sind jedoch Veränderungen erforderlich, ohne dass die Gründe auf der Hand liegen. Die beste Munition in solchen Fällen sind Daten über Daten und die beharrliche Kommunikation der Notwendigkeit der Veränderung. Nicht immer besitzt man schon zu Beginn einer Initiative alle Informationen zu ihrer Rechtfertigung. Trotzdem müssen Sie einfach mit dem anfangen, was Sie haben. Je größer das Unternehmen, desto schwieriger ist es, anstehende Veränderungen zu verkaufen. Wenn ein Unternehmen schon mehrere Umstrukturierungen hinter sich hat, behandeln die Leute sie wie Blähungen: Wenn man lange genug wartet, gehen sie selbst wieder weg. Hüten Sie sich daher vor leeren Slogans. Untermauern Sie jede Notwendigkeit für eine Veränderung mit soliden, überzeugenden wirtschaftlichen Argumenten.

2. **Engagieren und fördern Sie nur Leute, die fest an die Sache glauben oder sie zumindest durchziehen.**

   Sie haben genügend Macht, um Dinge anzukurbeln, und ein paar Leute, die mitziehen – dann können Sie etwas bewegen. In der Geschäftswelt behauptet jeder, Veränderungen zu mögen. Das ist lächerlich. Meiner Einschätzung nach sind nicht einmal 10 % aller Manager echte Change Agents. Change Agents besitzen Mumm und sehen dem Ungewissen zuversichtlich entgegen. Sie können ohne Netz und doppelten Boden arbeiten. Denn die richtigen Befürworter glauben fest an den Wandel und wissen, wie man ihn realisiert. Die übrigen sind Durchzieher, die zwar noch nicht überzeugt sind, aber sich den gestellten Aufgaben stellen und diese mittragen. Bei Veränderungen braucht es an der Spitze Befürworter und überall sonst Durchzieher. Umgeben Sie sich daher mit den richtigen Leuten.

3. **Identifizieren und eliminieren Sie Widerständler, selbst wenn ihre Leistungen zufrieden stellend sind.**

   Das ist der schwierigste Teil jeder Veränderung. Es gibt in jedem Unternehmen Mitarbeiter, die den Wandel um keinen Preis akzeptieren wollen, ganz egal, wie gut Ihre Argumente sind. Entweder sie sind von Natur aus dazu nicht in der Lage, oder sie sind emotional, intellektuell oder strukturell so tief im Bestehenden verwurzelt, dass sie keine Verbesserungsmöglichkeit erkennen können. Diese Leute müssen meistens weg. Das klingt bestimmt kaltschnäuzig, aber Sie tun niemandem einen Gefallen, wenn Sie verzweifelt versuchen, Widerständler einzubinden. Sie heizen unweigerlich unterschwelligen Widerstand an und untergraben die Moral der Leute, die den Wandel befürworten. Diese Mitarbeiter sollen sich lieber ein Unternehmen suchen, bei dem sie sich besser aufgehoben fühlen. Manche Manager halten an Widerständlern fest, weil sie spezielle Fähigkeiten haben oder einfach schon ewig da sind. Tun Sie das bloß nicht! Widerständler werden mit der Zeit immer verbohrter. Sie ersticken den Veränderungsprozess. Werden Sie sie frühzeitig los?

4. **Nutzen Sie jede sich bietende günstige Gelegenheit für Ihr Unternehmen.**

   Die meisten Unternehmen nutzen offensichtliche Gelegenheiten. Wer wirklich etwas verändern will, darf auch nicht vor beängstigenden, unwägbaren Ereignissen zurückschrecken. Prüfen und nutzen Sie die Chancen, die sie bieten. Das erfordert Mut und manchmal eine gewisse Abgebrühtheit, aber es lohnt sich enorm. Denken sie an die Finanzkrise in Asien 1997. Krisen bieten vielen Unternehmen die Chancen, zu günstigen Preisen Vermögenswerte zu ergattern und sich in einem Markt zu etablieren, der ihnen bis dahin verschlossen gewesen war. Auch bei Konkursen tun sich alle möglichen Chancen auf. Für die betroffenen Belegschaften sind sie eine Katastrophe. Aus den Trümmern können jedoch neue Jobs und Karrieren stehen. Manche Unternehmen sind in der Lage, aus traurigen Anlässen das Beste zu machen – ‚Schrottautos' auszuschlachten."

Fragen zum Fallbeispiel:

1. Wie beurteilen Sie die vier Regeln von Jack Welch, bspw. hinsichtlich Praktikabilität, eingenommener Perspektive, Berücksichtigung von Mitarbeiterbelangen?
2. Welche Gemeinsamkeiten und wesentlichen Unterschiede bestehen zu den Phasenmodellen von Kotter und Krüger?

Quelle: Graumann (2004, S. 284), Welch, J./Welch (2007, S. 149–160, stark gekürzt).

8.5 Berücksichtigung von Widerstand in Veränderungsprozessen

Nahezu jede Veränderung löst Widerstand aus. Angst und Unsicherheit sind i. d. R. Begleiterscheinungen von Veränderungen. Widerstand ist eine Kraft, die auf den Erhalt bzw. die Wiederherstellung des Status quo gerichtet ist und versucht, die geplante Veränderung zu behindern oder zu stoppen. Akzeptanz als Gegenteil von Widerstand ist erst erreicht, wenn eine positive Veränderungsfähigkeit und insbesondere innere -bereitschaft besteht. Widerstand hat dabei unterschiedliche Formen. Er kann offen oder verdeckt auftreten und kann den Wandel verlangsamen oder ganz gefährden. Es lassen sich personelle, organisatorische und unternehmensexterne Widerstände unterscheiden.

Der von Mitarbeitern oder Führungskräften artikulierte Widerstand in Unternehmen ist selten aktiv und verbal, bspw. in Form von Arbeitsniederlegungen oder (Massen-)Demonstrationen; häufig ist er passiv und nonverbal und äußerst sich bspw. in dem Versuch, die Veränderungen durch „Dienst nach Vorschrift" auszubremsen, Unaufmerksamkeit und geringerer Qualität in der Leistungserbringung (bspw. höherer Ausschuss in der Produktion oder geringe Qualität im Servicebereich bei Dienstleistungen), innerer Kündigung (erhöhter Krankenstand) oder Kündigung des Arbeitsverhältnisses (vgl. Doppler/Lauterburg 2008, S. 338).

Die Ursachen mangelnder Veränderungsbereitschaft und -fähigkeit können in Personen oder organisatorisch begründet sein (s. Abbildung 8.9).

Der Veränderungswiderstand beginnt häufig direkt unterhalb des Top-Managements. Nach Untersuchungen zeigen sich bei Veränderungsfähigkeit („Können") und Veränderungsbereitschaft („Wollen") schon zwischen der ersten und der zweiten Führungsebene ein drastischer Abfall:
Während dem Topmanagement eine überwiegend sehr hohe oder hohe Veränderungskompetenz bescheinigt wird, wird diese beim Senior Management zum weit größeren Teil als nur mittel oder gar gering eingestuft. Als Hauptgrund für mangelndes „Wollen" werden die mangelnde Einsicht für notwendige Veränderungen (47 % der Befragten), die Angst vor schwierigen Entscheidungen (45 %) und die Furcht vor schwindendem Einfluss (44 %) genannt. Die Ergebnisse können jedoch auch Ausdruck einer gewissen Veränderungsmüdigkeit, hervorgerufen durch die Vielzahl manchmal auch parallel stattfindender Veränderungsprozesse sein. (vgl. Capgemini Consulting 2010, S. 49).

Unternehmen sind, abhängig von der Branche und der gewählten Form der Zusammenarbeit mit Kunden und Lieferanten, mehr oder weniger stark in die Unternehmensumwelt eingebunden. Je größer die Abhängigkeit des Unternehmens von der Umwelt ist, umso eher und ausgeprägter kann **unternehmensexterner Widerstand** gegen den Wandel auftreten.

Abb. 8.9: Ursachen mangelnder Veränderungsbereitschaft und -fähigkeit

	Mangelnde Veränderungsbereitschaft	**Mangelnde Veränderungsfähigkeit**
Personen-bezogene Ursachen	• Fehlende Information • Angst und Unsicherheit • Verlust von Privilegien • Fehlende Einsicht in Notwendigkeit der Veränderung • Unzureichende Partizipation („Not invented here Syndrom") • Überzeugung, „es besser zu wissen"	• Fehlendes Know-how von Schlüsselpersonen für die Gestaltung des Wandels • Alte Einstellungen, Werte und Verhalten können trotz „guter Vorsätze" nicht oder nur langsam aufgegeben werden • Diskrepanz zwischen Denken und Handeln („Der Geist ist willig …")
Organi-satorische Ursachen	• Veränderungen stellen keinen positiven Wert der existenten Unternehmenskultur dar • Personalentwicklung u. -entlohnung bieten keine Anreize für Veränderungen • Führungsverhalten steht im Widerspruch zur Veränderung • Unzureichende Machtbasis gegenüber Stakeholdern	• Fehlen erforderlicher Managementressourcen aufgrund zu starker Einbindung in operative Aufgaben • Fehlen klarer Verantwortlichkeiten für Initiierung und Umsetzung von Veränderung

Quelle: Klimmer (2012, S. 209), leicht modifiziert

Insbesondere die **Kunden** (oder ggf. deren Verbände und Verbraucherschutzorganisationen) sind bei grundlegenden Veränderungen der Unternehmensstrategie, bspw. Änderungen des Geschäftsmodells durch Reduktion der Wertschöpfungstiefe verbunden mit der Auslagerung von Vertriebsfunktionen an externe Dienstleistungspartner mit einzubeziehen. Die Reduzierung von Serviceangeboten (Schließung von Filialen, Wechsel von persönlicher Betreuung zu Automaten bspw. im Vertrieb der Deutsche Bahn AG oder Deutsche Post AG) kann zu einem Sinken der Kundenzufriedenheit führen ggf. mit der Folge starker Umsatzeinbußen. Bei **Kapitalgebern** (Eigen- und Fremdkapitalgeber) kann ebenfalls Widerstand auftreten, wenn eine offene risikofreudige Strategie gewählt wird (bspw. Ausscheiden von Thomas Middelhoff als Vorstandsvorsitzender der Bertelsmann AG, als dieser einen Börsengang plante, dies jedoch am Widerstand der Eigentümerfamilie Mohn scheiterte). Der **Staat** versucht, auch wenn er heute nur noch vergleichsweise wenige Beteiligungen an Unternehmen hält, insbesondere dann Einfluss auszuüben, wenn Stellen abgebaut werden und Verlagerung von Wertschöpfungsaktivitäten in andere Staaten geplant wird. Ebenfalls erfordert die wohl überlegte Einbeziehung von Presse und **Medien**, insbesondere bei großen Unternehmen, entsprechende Sensibilität. Das Vertrauen der Unternehmensführung ist häufig dann verspielt, wenn die betroffenen Mitarbeiter von den geplanten Veränderungen aus den Medien erfahren. Das Management des Wandels geht dabei – neben den schon im Rahmen der Organisationsentwicklung identifizierten Mitarbeitern – über die rechtlichen Grenzen des Unternehmens hinaus und hat alle relevanten Stakeholder der Veränderung zu berücksichtigen (inkl. **Lieferanten** und Kooperationspartner).

Für den Erfolg von Veränderungen ist wichtig, dass Widerstand rechtzeitig erkannt und adäquat beantwortet wird. Nicht das Auftreten von Widerstand, sondern das Ausbleiben sollte Anlass zur Beunruhigung geben. Denn wenn bei einer Veränderung keine Widerstände auftreten, kann dies bedeuten, dass von vornherein niemand an die Umsetzung glaubt. Die unterschwellige Energie des Widerstands sollte stets ernst genommen und sinnvoll kanalisiert werden. Dies kann dadurch geschehen, den **Druck wegzunehmen** statt ihn zu erhöhen (dem Widerstand Raum geben), in den Dialog mit den Stakeholdern zu treten, und die Ursachen zu erforschen und ggf. ein **gemeinsames Vorgehen** festzulegen: Angefangen bei Information, Einbezug, Unterstützung, Gespräche bis zu gleichberechtigten Verhandlungen, auch mit Betriebsrat und Gewerkschaften. (vgl. Doppler/Lauterburg 2008, S. 344 f.).

8.6 Zentrale Fragen der Steuerung des Wandels

Bei der konkreten Gestaltung von Veränderungen in Unternehmen hat sich die Unternehmensführung insbesondere folgende Fragen zu stellen (vgl. Klimmer 2012, S. 225 ff.):

- **Wann mit den Veränderungen beginnen?**
  Proaktives Veränderungsmanagement ohne Leidungsdruck in „guten Zeiten" vs. reaktives Veränderungsmanagement mit hohem Leidensdruck in Krisenzeiten (vgl. Sonntag 2002, S. 7).
- **Wo sind die Schwerpunkte der Veränderung zu setzen?**
  Bspw. auf der Ebene der Prozesse (Restrukturierung), der strategischen Neuausrichtung (Reorientierung) oder der Einstellungen und Werte (Revitalisierung).
- **Womit soll die gewünschte Veränderung erreicht werden?**
  Studien haben bis zu 180 sog. Change-Instrumente identifiziert (siehe hierzu detailliert bspw. die „Change Management Studie 2008", vgl. Capgemini Consulting 2008, S. 26 ff.).
- **Mit welcher Geschwindigkeit sollen die Veränderungen durchgeführt werden?**

Durch ein hohes Tempo können Skeptiker durch „Quick Wins" von der Vorteilhaftigkeit der Veränderung überzeugt werden. Andererseits können viele Mitarbeiter das Tempo nicht mithalten, bspw. weil die Zeit für die notwendige Veränderung von Einstellungen und Verhalten dafür fehlt.

- **Wie lange soll der Veränderungsprozess dauern?**
  Restrukturierungen können nur wenige Monate dauern, für tiefer gehende Änderung von Einstellungen und Verhalten (Revitalisierung) oder der Unternehmenskultur (Remodellierung) sind i. d. R. mehrere Jahre notwendig.
- **Wie die Veränderung in die Breite tragen?**
  Pilothafte Einführung, schrittweise Einführung (Step-by-step) oder schlagartige, unternehmensweite Einführung (Big-Bang).
- **Wie sollen die Betroffenen eingebunden werden?**

Hintergrund **Die Bombenwurf-Strategie („Big Bang")**

Die schlagartige Einführung einer Veränderung („Big Bang") wird auch als Bombenwurf-Strategie genannt. Das Grobkonzept mit der Konzentration auf Strukturfragen wird unter Geheimhaltung durch einen engen Zirkel im Topmanagement unter Hinzuziehen Weniger (Expertenlösungen) entwickelt. Die alleinige Entscheidungsmacht liegt bei der obersten Unternehmensleitung. Das neue Konzept wird durch Schaffen vollendeter Tatsachen am Tag „X" schlagartig und ohne Beteiligung der Betroffenen überraschend in Kraft gesetzt („Don't debate – implement"). Das neue Konzept platzt wie eine in die bestehende Situation geworfene Bombe. Erst im Anschluss daran werden Detailprobleme und deren Lösungen getestet und umgesetzt. Voraussetzungen für einen „erfolgreichen Bombenwurf" sind das Gelingen des Überraschungseffektes und die Fähigkeit der Unternehmensführung, die auftretenden Detailprobleme ggf. trotz des Widerstandes der Betroffenen zu lösen.

Bei einem **erfolgreichen Bombenwurf** kommt es zur Anpassung des Grobkonzepts auf der operativen Ebene und Verfestigung der neuen Strukturen. Beim Auftreten von Detailproblemen während der Umsetzung des Grobkonzeptes wird dieses durch das aktive Engagement der Fachspezialisten weiterentwickelt, ggf. unter aktiver Einschaltung des Topmanagements („Chefsache"). Durch ständige Impulse zur Konsolidierung im Veränderungsprozess kommt es schließlich zu einem erfolgreichen Umgang mit dem Veränderungskonzept. Passive Mitarbeiter werden ggf. zur Mitarbeit gezwungen, möglicherweise auftretende Akzeptanzprobleme der betroffenen Mitarbeiter werden durch den Einsatz hierarchischer Weisungsbefugnisse und ggf. harter Machtmittel ausgeräumt.

Zu berücksichtigen sind die mit dieser Vorgehensweise verbundene Komplexität, insbesondere in großen Unternehmen, und die Gefahr, die sich in der Umsetzung ergebenden Schwierigkeiten (bspw. halbherzige Beteiligung des mittleren Managements beim Versuch der Durchsetzung nach unten) und Reibungsverluste aufgrund der Vielzahl der Detailprobleme letztlich nicht in den Griff zu bekommen. Bei einem **erfolglosen Bombenwurf** führen Widerstände (bspw. Solidarisierungseffekte bei Stellenstreichungen in der verbleibenden Belegschaft verbunden mit einer Verschlechterung der Produktivität) zum Zerfall bislang funktionierender Strukturen. Die Forderung nach Wiederherstellung alter Strukturen und Abläufe, führen zu erneuten Veränderungen, im schlechtesten Fall zur nahezu vollständigen Wiederherstellung der alten Verhältnisse.

Quellen: Bleicher (1991, S. 772), Marr/Kötting (1992, S. 835), Vorwerk (1994, S. 43)

Aufgrund der Bedeutung des Faktors Mensch für die Unternehmensführung im Allgemeinen und der wichtigen Berücksichtigung von Widerstand bei geplanten Veränderungen sei auf den letzten Punkt näher eingegangen:

Die Einbeziehung der Betroffenen als Beteiligte wurde bereits von der Organisationsentwicklung als Erfolgsfaktor angesehen. Diese Partizipation bedeutet eine Beteiligung, die über die gesetzlich vorgeschriebene oder im Rahmen der Unternehmensverfassung kodifizierte Mitbestimmung hinausgeht. Sie eröffnet grundsätzlich die Chance, das Wissen, die Fähigkeiten und Fertigkeiten und das auf den mittleren und unteren Ebenen des Unternehmens liegende Problemlösungspotenzial der Mitarbeiter zu mobilisieren und für die Entwicklung erfolgversprechender Lösungen für den identifizierten Veränderungsbedarf proaktiv zu nutzen. Widerstände können dadurch reduziert werden und Veränderungsbereitschaft erzeugt werden. Heutzutage konzentriert sich die Frage der Partizipation weniger auf das „ob", sondern auf den Kreis der Beteiligten (obere bis mittlere Führungskräfte, direkt betroffene Mitarbeiter, Schlüsselkunden, Betriebsrat etc.) sowie Art und Tiefe der Beteiligung („wie").

Die Formen der Partizipation in Veränderungsprozessen lassen sich im Wesentlichen auf das weit verbreitete Führungsstilkontinuum von Tannenbaum/Schmid zurückführen (vgl. Staehle 1999, S. 337).

Neben den Kosten-Nutzen-Abwägungen einer Einbindung (Kosten- und Zeitaufwand für eine Vielzahl von Diskussionen und Entscheidungsrunden) sollte berücksichtigt werden, ob die Beteiligung der Betroffenen vor dem Hintergrund ihrer Fähigkeiten und ggf. (Stakeholder-)Interessen tatsächlich immer qualitativ „bessere Lösungen" generiert.

Auch wenn eine partizipative Vorgehensweise eine höhere Akzeptanz verspricht, gibt es bestimmte Veränderungen, die eine geringe oder gar keine Partizipation sinnvoll erscheinen lassen können (z. B. bei in einer drohenden Insolvenz oder bei einer längst von den Entscheidungsgremien des Mutterunternehmens beschlossenen Schließung von Produktionsstandorten einer Tochtergesellschaft).

Um gerade in solchen Krisenfällen kontraproduktive Effekte zu vermeiden, sollte jede Form der Beteiligung ehrlich und ohne Manipulationsversuche erfolgen, da das Gefühl einer „Pseudo-Partizipation“ bei längst „von oben“ getroffenen (Vor-)Entscheidungen Wut und Enttäuschung hervorrufen kann und das Vertrauen der Mitarbeiter oder anderer Stakeholder in die Unternehmensführung nachhaltig beschädigen kann.

Abb. 8.10: Formen der Partizipation in Veränderungsprozessen

Keine Beteiligung	Information	Beratung	Mitwirkung bei Problemstellung	Mitwirkung bei Entscheidung
• Betroffene werden ohne vorherige Information am Tag „X“ vor vollendete Tatsachen gestellt. • z.B. in Form v. Presseberichten, Betriebsversammlungen, Projektpräsentationen	• Betroffene werden frühzeitig und umfangreich über geplante Veränderungen informiert. • z.B. in Form v. Betriebsversammlungen, Mitarbeiterzeitschrift, Intranet, Präsentationen, Roadshows, Round Table-Gespräche	• Betroffene können Meinung zu geplanten Veränderungen äußern u. Verbesserungsvor schläge unterbreiten. Sie haben jedoch nur beratende Funktion. • z.B. in Form v. Großgruppenverantaltungen, erweitertes Projektteam, Workshops, RT-Gespräche	• Betroffene wirken bei Auswahl der zu bearbeitenden Probleme und Definition des Projektauftrags mit. • z.B. in Form v. Beteiligung im Projektkernteam oder erweitertem Projektteam, Beteiligung im Lenkunsgsausschuss	• Betroffene wirken bei Entscheidungen darüber mit, ob Bedarf für Veränderungen besteht und wie diese durchgeführt werden. • Differenzierung ob nur Vorschläge unterbreitet werden oder delegativ Entscheidungen (mit-) getroffen werden

Zunehmender Grad der Beteiligung bei Veränderungsprozessen

Quelle: Klimmer (2012, S. 233), leicht modifiziert

Praxis

„Der Motor der Veränderung“

Zu Selbstläufern kommt es auf dem Feld Veränderungen in Unternehmen i. d. R. selten. Damit es zu Wandel und Bewegung kommt, werden drei Dinge benötigt. Das Top Management fungiert als „Motor“: es erzeugt jene Energie und Kräfte, ohne die kein Veränderungskonzept zum Laufen kommt und am Laufen gehalten werden kann und reguliert die Geschwindigkeit des Prozesses. Das mittlere Management als „Getriebe“, das die Veränderung auf das untere Management und die Mitarbeiter in der richtigen Dosierung überträgt. Hierbei ist darauf zu achten, dass Drehzahl und Geschwindigkeit den jeweiligen Erfordernissen angepasst werden.

Die Mitarbeiter – als „Achsen“ und „Räder“ – bringen im täglichen Betrieb die Veränderung „auf die Straße“ und stabilisieren die Umsetzung. Ein intelligentes Fahrzeug verfügt heute über Anti-Blockier-Systeme (ABS) und elektronische Stabilisatoren (ESP). Kritische Situationen können mit ihnen frühzeitig erkannt und vermieden werden. Dies ist nur möglich, wenn durch Sensoren Informationen über den Fahrprozess aufgenommen und an Motor und Getriebe weitergeleitet werden. Dort kann dann regulativ eingegriffen werden. Für den stabilen Verlauf organisatorischer Veränderungen ist ähnliches erforderlich.

Quelle: Vgl. Springer (2004, S. 105 f.), Mohr (1997, S. 113)

8.7 Fazit zum Management des Wandels

Das Management des Wandels zeichnet sich durch das Vorhandensein widersprüchlicher, parallel existierender Phänomene in der Wirtschaft aus. Es gibt daher keinen „One best way“ der Gestaltung des Wandels im Rahmen der Unternehmensführung.

Das Management des Wandels ist ein unternehmensindividuelles Vorhaben und bedeutet auch das Management (i. S. von Führung) von Menschen. Das eingehende Verständnis der Einstellungen, Werte und Verhaltensweisen der Mitarbeiter sollte daher Ausgangspunkt eines erfolgreichen Managements des Wandels sein, sofern es zu einem Wandel 2. Ordnung kommen soll. Dieser Wandel findet fast nie „auf der grünen Wiese“ statt, so dass im Vorfeld die Rahmenbedingungen zu analysieren sind, deren Ausprägung ausschlaggebend dafür ist, wann, wo, womit, wie schnell und mit wem der Wandel gestaltet werden muss, um zum Erfolg zu führen.

Untersuchungen abgebrochener Veränderungsprozesse zeigen, dass der überwiegende Teil (80 %) bis zum Frühstadium der Implementierung, ein vorzeitiges Ende findet, 30 % der Veränderungsprozesse werden bereits im Planungsstadium, d. h. während der Konzeptionsphase vorzeitig beendet. Auch wenn das Thema Change Management erst in den 2000er Jahren „in Mode“ gekommen ist, stellte Gabele bereits 1992 fest: „Es zeigt sich, dass in mehr als zwei Drittel der Fälle die Prozesse eine stille Beendung erfahren: Der Abbruch der Reorganisationsprozesse erfolgt durch Versanden.“ (Gabele 1992, Sp. 2199 f.). Neuere Untersuchungen bestätigen die Aussagen: als echten Erfolg (Ziele zu wenigstens 90 % erreicht) lassen sich nur 10 % werten, jedes zweite Projekt dagegen wird mit 0 bis 50 % der erreichten Ziele als Flop gewertet. (vgl. Capgemini Consulting 2010, S. 79).

Vor dem Hintergrund der zu Beginn des Kapitels skizzierten Mega-Trends wandelt sich die Unternehmensführung zunehmend von einem regelbestimmten System mit verbindlichen, allgemeinen und autoritativen Vorgaben von oben zu einem System autonomer Teileinheiten mit hohen Freiheitsgraden abgestimmten Aufgaben, definierten Verantwortlichkeiten, klarer Verpflichtung zu Konsens und Leistung für das Unternehmen als Ganzes. Dennoch sind parallel Entwicklungen einer zunehmenden Technisierung und Mechanisierung bestimmter Bereiche zu sehen (bspw. Taylorisierung von Tätigkeiten im Fast Food-, Call Center- und Pflegedienstleistungsbereich) zu erkennen. Die Unternehmensführung ist damit durch die Gleichzeitigkeit der Anwendung unterschiedlicher Strategien und Prozesse in der Praxis gekennzeichnet.

Die erfolgreiche Bewältigung des Wandels ist damit eine sich immer wieder stellende Herausforderung der Unternehmensführung. Der Schlüssel für den Erfolg des Managements des Wandels liegt nicht allein in der Initiierung und Konzipierung, sondern insbesondere in der Umsetzung unter Berücksichtigung der unternehmensindividuellen Rahmenbedingungen.

Hintergrund

Change Management – Management-Mode oder Erfolgsmodell?

„Change-Management" ist im Grunde genommen nichts Neues. Es erfolgt vielmehr der Versuch, eine ganzheitliche Perspektive der Gestaltung des Wandels unter Berücksichtigung ökonomischer und sozialer Belange einzunehmen. Eine Vielzahl von bisherigen Ansätzen zur Ausgestaltung von Unternehmen, ob nun Elemente der Organisationsgestaltung, des Projektmanagements, des Prozessmanagements sowie von Ansätzen der Organisationspsychologie werden quasi eklektisch kombiniert eingesetzt. Ebenso erfolgt keine Beschränkung auf einzelne akute Problembereiche (Restrukturierung i. S. eines reaktiven Change Management bei hohem Problemdruck), sondern eine Erweiterung auf die strategische Langfristplanung mit der Identifizierung und Bearbeitung möglicher künftiger Problemfelder (proaktives Change Management ohne Handlungsdruck).

Das Change Management erlebt dabei eine zunehmende Ausdifferenzierung mit folgenden Besonderheiten: Einnehmen einer ganzheitlichen Perspektive des Veränderungsmanagements, keine Beschränkung auf einzelne akute Problembereiche, gleichzeitige Einbeziehung von Strategie, Struktur, Prozessen, Unternehmenskultur und Technologie sowie der Berücksichtigung der Wechselwirkungen zwischen den Handlungsfeldern. Die bis zu 180 in der Praxis genannten Instrumente verwischen zunehmend das Profil und lassen eine Abgrenzung zur „normalen" Strategieentwicklung und -umsetzung oder zum Projektmanagement immer schwieriger werden, wenn Instrumente wie Projektmanagement, Kommunikation, Personal- und Führungskräfteentwicklung, Interview, „Events", Visionsentwicklung und Team Building am häufigsten genannt werden (vgl. Capgemini Consulting 2008, S. 26 ff.).

Change Management soll dabei zum – auch von der Unternehmensberaterpraxis propagiertem – Erfolgsmodell für die Umgestaltung von Unternehmen in einer aufgrund der Änderung der Rahmenbedingungen immer turbulenteren Umwelt werden. Bei Führungskräften sehen für die Zukunft sogar 95 % der Befragten eine „bedeutsame Rolle von Change Management" – und nicht wenige glauben daran, dass Change Management bis zum Jahr 2020 „integraler Bestandteil der Führungsarbeit" oder zur „Selbstverständlichkeit im Arbeitsalltag" wird (vgl. Capgemini Consulting 2010, S. 12). Hierin liegt eine Chance, gleichzeitig aber eine Gefahr. Die im Zuge der Verbreitung und dem Erfordernis der Anpassung an die betriebliche

Realität sich ergebende Ausdifferenzierung bietet mit der Zeit immer weniger Orientierung. Dadurch wird es aber gleichzeitig immer schwieriger unternehmensüberindividuelle oder gar branchenübergreifende „Erfolgsfaktoren“ eines Change Managements (vgl. bspw. Vahs 2012, S. 437, Klimmer 2012, S. 239 f.) so zu operationalisieren, dass sie im konkreten Unternehmensfall noch handlungsleitend wirken können. Je mehr Führungskräfte und Unternehmen der Change Management-„Mode“ folgen, umso geringer wird auch die Möglichkeit, sich vom Wettbewerb abzuheben (vgl. bereits Kieser 1996). Das Change Management büßt damit gleichzeitig sein Differenzierungspotenzial ein, da inzwischen „fast jedes“ Unternehmen oder Non-Profit-Organisation mindestens ein Changemanagement-Projekt durchführt. Das einst innovative Konzept wird damit zum Standard – zum Werkzeug im „Handwerkskasten“ des Managers. Dies ist eine Entwicklung im Lebenszyklus von Managementkonzepten bzw. -techniken, ähnlich wie dies bereits geschehen ist mit der Einführung der Massenproduktion und der damit verbundenen Economies of Scale (bspw. durch die Einführung des Fließbandes unter Henry Ford in der Automobilindustrie), dem Marketing mit der „Entdeckung des Kunden“ nach dem Wandel vom Verkäufer- zum Käufermarkt, den Techniken des Lean Managements und des Qualitätsmanagements (insbesondere in der Automobilindustrie in den 1990er Jahren) oder mit der Prozessorientierung im Supply Chain Management und der Mass Customization mit der kundenindividuellen Massenproduktion in der Automobil- oder Computerbranche.

8.8 Kontrollfragen zu Kapitel 8

1. Welche nachhaltigen Mega-Trends lassen sich in der Unternehmensumwelt differenzieren? Welche Auswirkungen hat dies auf die Unternehmensführung?
2. Worin unterscheidet sich der Wandel 2. Ordnung vom Wandel 1. Ordnung?
3. Welche Aspekte sind ausgehend vom Eisberg-/Schichtenmodell bei der Gestaltung des unternehmerischen Wandels zu beachten?
4. Welche Perspektive nimmt die Organisationsgestaltung ein?
5. Welche Grundannahme über die Natur des Menschen verfolgt die Organisationsentwicklung?
6. Skizzieren Sie das Grundprinzip der Organisationsentwicklung
7. Worin besteht der innovative Charakter der Organisationstransformation?
8. Beschreiben Sie das Spannungsfeld des Wandels zwischen Veränderungsbedarf, -fähigkeit und -bereitschaft.
9. Beschreiben Sie die wesentlichen Aufgaben und Aufgabenträger im Phasenmodell des Wandels von Krüger.
10. Worin bestehen die Unterschiede zwischen den phasenorientierten Konzepten des Wandels und den „Regeln“ für die erfolgsreiche Gestaltung von Verände-

rungsprozessen, wie sie häufig von Führungskräften aus der Unternehmenspraxis aufgestellt werden?

11. Welche Bedeutung nehmen personeller und organisatorischer Widerstand bei Veränderungsprozessen ein?
12. Welche wesentlichen Ursachen hat mangelnde organisatorische Veränderungsbereitschaft?
13. Welche wesentlichen Ursachen hat mangelnde personenbezogene Veränderungsfähigkeit?
14. Warum ist unternehmensexternem Widerstand ebenfalls beim Management des Wandels Rechnung zu tragen?
15. Welche zentralen Fragen sind bei der Steuerung des Wandels zu klären?
16. Was zeichnet eine erfolgreiche „Bombenwurf"-Strategie (Big Bang) aus?
17. Differenzieren Sie unterschiedliche Formen der Partizipation in Veränderungsprozessen.
18. Diskutieren Sie die Fragestellung, inwiefern es sich bei „Change Management" um ein Erfolgsmodell der Unternehmensführung oder nur um eine Management-„Mode" handelt.

9 Strategisches Informationsmanagement

Lernziele **Dieses Kapitel vermittelt,**

- die Aufgaben und Strukturen des Informationsmanagements, insbesondere der Informationswirtschaft und der Informationssysteme,
- welche Ansätze der Informationsbeschaffung/Intelligence existieren,
- eine Übersicht über Techniken zur Erstellung von Prognosen und der Früherkennung,
- welche Funktionen und Strukturen strategische Management-Informationssysteme haben können.

9.1 Bedeutung und Aufgaben des Informationsmanagements

Informationen und deren Kommunikation sind zentrale Bestandteile wirtschaftlichen Handelns und stellen die Grundlage für die Führung eines Unternehmens dar. Sie ermöglichen, verknüpfen und koordinieren die zentralen Führungsfunktionen (Planung, Organisation, Kontrolle) und verbinden das Führungssystem mit dem Ausführungssystem des Unternehmens.

Im Entscheidungs- bzw. Führungskontext werden Informationen aufgenommen, interpretiert und verarbeitet sowie in Form von Zielen, Plänen und Anweisungen weitergegeben (vgl. Dillerup/Stoi 2008, S. 601).

Entscheidungen sind ein zentraler Aspekt des Managements von Unternehmen; sie sollten auf der **strukturierten Verarbeitung von Informationen** (quasi als Rohmaterial für Entscheidungen) gründen. Durch sukzessive Entscheidungen entsteht dann eine informationsgetriebene Evolution des Unternehmens. Informationsbasierte Entscheidungen sind aber nur so gut, wie die Informationen, die zur ihrer Findung verwendet wurden. In diesem Kontext ermöglichen Informationen die Formulierung von (quantifizierbaren) Zielen als Orientierungsrahmen für Entscheidungen und der Kontrolle der Wirksamkeit der ergriffenen Maßnahmen. Systematisches Erkennen und konsequentes Ausnutzen von Informationsvorsprüngen kann einen Wettbewerbsvorteil erzeugen (vgl. Dillerup/Stoi 2008, S. 601). Informationen werden deshalb als immaterielle, Informationssysteme als materielle Erfolgsfaktoren betrachtet.

R. Bergmann, M. Bungert, *Strategische Unternehmensführung*,
DOI 10.1007/978-3-642-31840-5_9, © Springer-Verlag Berlin Heidelberg, 2012

Strategisches Informationsmanagement ist das Planen, Gestalten, Überwachen und Steuern der Gewinnung und Verarbeitung von Informationen und deren Kommunikation im Unternehmen zur Erreichung der strategischen Unternehmensziele. Das Sachziel (Aufgabe) ist die Schaffung einer aufgabenorientierten Informationsgewinnung, -verarbeitung und -kommunikation, sowie die Gewährleistung der Informations- und Kommunikationsfähigkeit des Unternehmens durch Entwicklung, Aufrechterhaltung und Betrieb der **Informationsinfrastruktur**. Die Informationsinfrastruktur ist so aufzubauen und zu gestalten, dass eine **optimale Unterstützung der Entscheidungsträger** ermöglicht wird (vgl. Heinrich 2009, S. 27 f.).

Informationen sind zwar immaterielle Güter, stehen aber (typischerweise) nicht kostenlos zur Verfügung. Dadurch besitzen Informationen **spezifische Eigenschaften** (vgl. Dillerup/Stoi 2008, S. 603), insbesondere:

- Informationen werden durch ihre Nutzung nicht verbraucht.
- Vervielfältigung und Weitergabe verursacht nur geringe Kosten.
- Der Schutz und die Sicherheit von Informationen sind problematisch.
- Informationen können im Besitz mehrerer Personen gleichzeitig sein.
- Ihr Wert ist schwer bestimmbar und von Zeit und Kontext abhängig.
- Erweiterung, Reduktion, Selektion und Verdichtung verändern die Qualität der Informationen.

Aus den Eigenschaften und der Bedeutung der Information und Kommunikation für die Unternehmensführung folgt, dass die betrieblichen Informationsflüsse und Kommunikationsprozesse innerhalb und zwischen den Führungsfunktionen und -ebenen aktiv und optimiert zu gestalten sind. Das Informationsmanagement hat dadurch im System der Unternehmensführung eine **unterstützende Querschnittsfunktion**. Aufgaben des Informationsmanagements sind (vgl. Dillerup/Stoi 2008, S. 601 f.):

- Informationen für die Unternehmensführung in der richtigen Menge, in der richtigen Qualität, zum richtigen Zeitpunkt und am richtigen Ort zur Disposition zu stellen. Dadurch ist das Informationsmanagement zuständig für den **Informationsfluss im gesamten Führungssystem**.
- Eine effektive und effiziente Gestaltung und Verwendung von Informationen und der dazu notwendigen Informations- und Kommunikationsstruktur (und -kultur) im Unternehmen sicherzustellen.

Die Aufgabenschwerpunkte des Informationsmanagements sind in zwei zentrale Bereiche eingeteilt: (vgl. Krcmar 2005, S. 48 ff.), die in den folgenden Ausführungen dargestellt werden:

- die **Informationswirtschaft** (ab Kap. 9.2),
- die **Informationssysteme** (ab Kap. 9.5).

9.2 Informationswirtschaft

9.2.1 Strukturen und Aufgaben der Informationswirtschaft

Die Informationswirtschaft beinhaltet die fachlichen Aufgaben der Informationsversorgung der Unternehmensleitung. Zur Erfüllung ihrer Aufgaben bedient sie sich der Informationssysteme und der Informationstechnik (vgl. Dillerup/Stoi 2008, S. 605). Die Informationswirtschaft soll dafür sorgen, dass relevante Informationen zur Vorbereitung (z. B. Problem- und Handlungsbedarfserkennung) und Unterstützung (z. B. Erkennen und Bewertung von Alternativen) von Entscheidungen zur Verfügung stehen. Dies soll mit angemessener Informationsqualität (Vollständigkeit, Aktualität, Validität, Objektivität u. a.) und Verdichtung rechtzeitig und wirtschaftlich erfolgen (vgl. Dillerup/Stoi 2008, S. 607). Ziel der Informationswirtschaft ist es, den **Informationsstand** des Entscheidungsträgers zu optimieren. Hierbei ist der Informationsstand der Teil des nachgefragten Informationsangebots, der objektiv zur Entscheidungsfindung notwendig ist (der *Informationsgrad* ist dabei der Quotient aus vorhandener Information und objektiv benötigter Information). Die Optimierung des Informationsstands soll durch ein **Informationsangebot** erreicht werden, das am Informationsbedarf ausgerichtet ist. Der **Informationsbedarf** wird grundsätzlich durch die zu treffende Entscheidung bestimmt (vgl. Picot 2003 et al., S. 81), es besteht jedoch auch grundsätzlicher bzw. kontinuierlicher Bedarf an Informationen aus der Unternehmensumwelt zum Erkennen des Entscheidungs- bzw. Handlungsbedarfs (bspw. Entwicklungen in Märkten, die nicht direkt entscheidungsspezifisch erhoben werden).

Die **Problematik des Informationsbedarfs** besteht häufig darin, dass

- zwischen dem objektiven Informationsbedarf und dem subjektiven Informationsbedürfnis des Entscheidungsträgers große Unterschiede bestehen,
- entscheidungsrelevante Informationen nicht als solche erkannt werden,
- irrelevante Informationen in die Entscheidung mit eingehen,
- aus der Flut von Informationen und Daten die jeweils entscheidungsrelevanten Informationen herausgefiltert werden müssen,
- die Abschätzung des Werts (Qualität und Wirtschaftlichkeit) von evtl. nicht vorhandenen Informationen anfällt,

- in der Realität eine generelle Unvollständigkeit von Informationen vorliegt.

Aufgrund des Stellenwerts der Information, aber auch deren Problematik (schwer einschätzbare Qualität und – bei intensiver Marktforschung – nicht unerheblichen Kosten) muss das Informationsmanagement auf die inhaltlichen und technischen Anforderungen der Unternehmensführung abgestimmt sein. Die Informationswirtschaft soll entsprechend folgende **Aufgaben** wahrnehmen (vgl. Dillerup/Stoi 2008, S. 608 f.):

- **Informationsbedarfsermittlung**: Welche Informationen sind für Entscheidungen (objektiv) erforderlich?
- **Informationsbeschaffung**: Wie und woher lassen sich diese Informationen beschaffen? Zentrale Unterteilung in interne und externe Quellen.
- **Informationsübermittlung**: Wie sollen diese Informationen an die Entscheidungsträger übermittelt werden?
- **Informationsverwendung**: routinemäßige Erhebung strategischer Informationen (z. B. *Scanning* und *Monitoring*, s. Kap. 9.3) oder entscheidungsspezifischer Informationsbedarf im Einzelfall (operative Informationen).

9.2.2 Bestimmung des strategischen Informationsbedarfs

Bei der Informationsbedarfsermittlung werden die für eine Entscheidung **objektiv erforderlichen Informationen** bestimmt. Maßgeblich hierfür ist die Strukturiertheit der Aufgabe, die angibt, inwieweit das angestrebte Ergebnis sowie die dafür erforderlichen Lösungsschritte im Voraus bekannt sind. Alle zur optimalen Aufgabenerfüllung notwendigen Informationen müssen identifiziert und detailliert werden, dabei sind der Informationsinhalt der Darstellungsform, des Zeitpunkts des Bedarfs und des Beschaffungs- und Auswertungskontexts genau zu bestimmen (vgl. Dillerup/Stoi 2008, S. 609 ff.).

Bei häufig anfallenden und in ähnlicher Form strukturierten operativen Aufgaben (wie die Bestellung von Materialien) kann der Informationsbedarf grundsätzlich geplant und die Informationsbeschaffung automatisiert werden. Dahingegen steht beim **strategischen Informationsbedarf** typischerweise die Suche nach dem **Entscheidungs- und Handlungsbedarf** im Vordergrund. Der Informationsbedarf für strategische Entscheidungen bezieht sich auf bestimmte Informationsfelder, die Schwächen und Stärken des Unternehmens aufdecken und frühzeitig Hinweise auf

Gelegenheiten und Gefahren geben. Der strategische Informationsbedarf bestimmt sich entsprechend anhand der

(a) Strukturen der Umwelt

Der Informationsbedarf wird aus **Unternehmens-Umwelt-Modellen** abgeleitet. Ein typisches Modell (s. auch Abb. 9.1) besteht aus der Strukturierung:

- der **Makro-Umwelt**, durch z. B. das **PEST-Modell** (**P**olitical, **E**conomic, **S**ocio-cultural, **T**echnological; erweitert durch **E**cological),
- der **Marktumwelt** (Modell der Wettbewerbskräfte),
- des **Unternehmens** (vgl. Homburg 2000, S. 101 f.).

Dann wird der relevante allgemeine und branchenbezogenen Informationsbedarf zum jeweiligen Strukturpunkt definiert und – im Idealfall – durch die unterschiedlichen Verfahren der Informationsbeschaffung (Marktforschung, Competitive Intelligence, Makroumwelt-Analyse, siehe Kap. 9.3) abgedeckt.

Abb. 9.1: Unternehmens-Umwelt-Modell

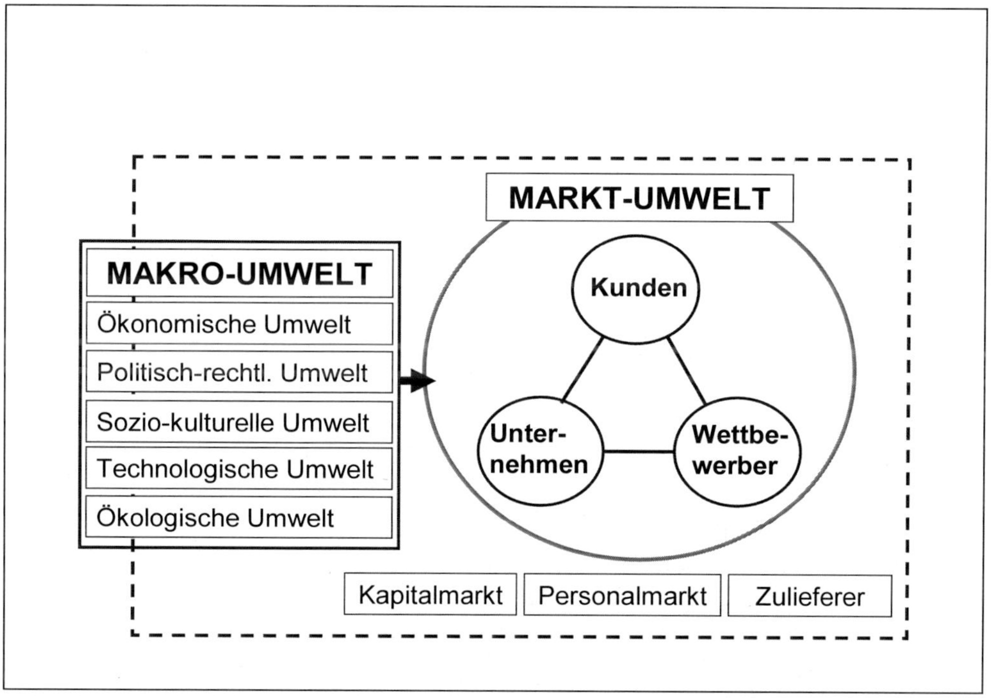

Quelle: Eigene Darstellung nach Hungenberg 2006, S. 90

(b) Strukturen der strategischen Planung

Der Bedarf an strategischen Informationen wird durch die vom Unternehmen verwendeten **informationsverarbeitenden Strukturen**, z. B. der strategischen Planungsinstrumente wie *Portfolio-Analysen* vorgegeben (s. Kap. 6). Dieser Informationsbedarf sollte regelmäßig – abhängig von der Umweltdynamik – erhoben und durch die Planungsmethoden ausgewertet werden.

(c) Kritischen Erfolgsfaktoren

Die Identifikation von Erfolgsfaktoren der Branche (s. Kap. 4 und 5) erfolgt

- auf der Basis allgemeiner empirischer Erkenntnisse (z. B. PIMS),
- durch Befragung von Experten/Führungskräften,
- analytisch mittels statistischer Verfahren (Conjoint Analyse, Regression, Strukturgleichungsmodelle).

Anschließend werden Messgrößen für diese **Erfolgsfaktoren** als zu ermittelnde Informationen definiert (z. B. im Rahmen einer Balanced Scorecard).

Durch diese Strukturierung wird der Kern des strategischen Informationsbedarfs festgelegt und die Suche und Auswahl von strategisch relevanten Informationen gesteuert. Ein zeitlicher oder quantitativer Vorsprung bei strategischen Informationen kann aber erheblich zur Schaffung von Wettbewerbsvorteilen beitragen (vgl. Dillerup/Stoi 2008, S. 610). Strategische Informationen dieser Art sind jedoch typischerweise unsicher, häufig qualitativer Natur und oft wenig präzise. Besondere Probleme ergeben sich bei Prognosen bezüglich der Entwicklung einer komplexen Umwelt sowie der Auswirkungen der eigenen Entscheidungen bzw. Strategien (*Strategie-Assessment*) auf die Märkte und die Makro-Umwelt.

9.3 Informationsbeschaffung

Nach der Definition der benötigten Informationen wird festgelegt, wie diese beschafft werden sollen. Im Rahmen der Informationsbeschaffung wird bestimmt, welche Informationen zu welchem Zeitpunkt aus welchen Quellen und für welchen Entscheidungsträger auf welche Art und Weise beschafft werden sollen (vgl. im Folgenden Dillerup/Stoi 2008, S. 611).

Die Informationsbeschaffung verursacht Kosten, die umso höher sind, je genauer, aktueller und exklusiver die Informationen sein sollen. Aus Gründen der Wirtschaftlichkeit sollten Informationen nur beschafft werden, wenn ihr Nutzen die Kosten übersteigt. Hierbei gibt es folgende Probleme:

- Das **Informationsparadox** (Zirkelproblem): Für eine exakte, quantitative Bestimmung des Nutzens einer Information muss diese bekannt sein. Ist die Information aber bekannt, muss sie nicht mehr beschafft werden.
- Die **Prognoseunsicherheit**: Informationserzeugung auf Grundlage von Prognosen setzt voraus, dass zukunftsbezogene Informationen aus der Vergangenheit abgeleitet werden können. Fundamentale Probleme sind
  - die Prognosetauglichkeit der Daten (vergleichbare Erhebung),
  - der deskriptive Charakter der Zeitreihenanalyse (*stochastische Trends*).
- Das **Zurechnungsproblem**: Führungsentscheidungen und daraus resultierende Erfolge beruhen auf einer Vielzahl von Informationen. Die Bestimmung des Erfolgsanteils einzelner Informationen ist schwer möglich.
- Der **Zielkonflikt zwischen Detailliertheit und Aktualität**: Informationen mit höherer Detaillierung und Genauigkeit besitzen typischerweise einen höheren Nutzen. Dafür entsteht bei der Beschaffung aber zumeist ein höherer Zeitaufwand, wodurch die Aktualität sinkt.

In der Praxis werden die o. g. Probleme dadurch gelöst, dass der erwartete Informationsnutzen nach Wahrscheinlichkeit/Sicherheit der Information und Quantifizierbarkeit unterteilt wird. Diese Aspekte werden bei der Beschaffungsentscheidung abgewogen.

9.3.1 Ansätze und Methoden der Informationsbeschaffung

Bei der Informationsbeschaffung werden folgende Kategorien unterschieden:

- einmalige/fallweise (*ad hoc*) vs. regelmäßige Informationsbeschaffung,
- interne vs. externe Informationsbeschaffung (-quellen),
- Eigenbeschaffung vs. Fremdbeschaffung,
- Primärforschung vs. Sekundärforschung.

Im Rahmen der strategischen Unternehmensführung hat die **externe Informationsbeschaffung** große Bedeutung (viele strategisch relevante Informationen sind allerdings intern zu beschaffen/vorhanden); Teilbereiche sind die *Marktforschung, Competitive Intelligence* und die *Analyse der Makroumwelt.*

9.3.2 Marktforschung

Die *Marktforschung* beschafft strategisch und operativ relevante Informationen zu Märkten und den relevanten Kunden. *Sekundärforschung* ist das Ermitteln solcher Informationen, die in der Vergangenheit für andere Zwecke erhoben wurden, z. B. Bracheninformationen der statistischen Ämter, *Back-Data-* oder *Multiclientstudien* von Marktforschern oder Studien von Großverlagen (z. B. *Verbraucheranalyse*). Sie ermöglicht (speziell online) einen schnellen und kostengünstigen Überblick über Strukturen und quantitative Entwicklungen von Märkten/Branchen (s. Engel 2008, S. 58 ff.). Zudem unterstützt die Sekundärforschung die Bestimmung des Informationsbedarfs und die Interpretation von weiteren (Primär-) Informationen. Sekundärinformationen sind aber typischerweise nicht aktuell, beantworten eine konkrete Fragestellung nicht ausreichend und ermöglichen keinen Informationsvorsprung vor Wettbewerbern.

Relevante Informationen werden daher bevorzugt durch *Primärforschung* gewonnen (zumeist durch externe Marktforscher). Bei der quantitativen Primärforschung erfolgt die *Datenerhebung* (Messung von interessierenden Merkmalen von Untersuchungseinheiten) mittels **Befragung** (*Interviews* mit standardisierten Fragebögen; als regelmäßige *Längsschnittsstudie* über das reale Kaufverhalten in Form von *Panels*), **Beobachtung** (z. B. *Kundenethnografie* oder mittels apparativer Verfahren) oder durch **Experimente** (z. B. zur Abschätzung der Erfolgschancen von Innovationen durch *Store-Tests*, *Mini-Markttests* oder *Testmarktsimulationen*). Die gewonnenen Daten werden in einer Datenmatrix aggregiert und durch **statistische Verfahren der Datenanalyse** (*Regression*, *Clusteranalyse* u. a.) ausgewertet. Die **Repräsentativität** einer Stichprobe (als Voraussetzung für den *Induktionsschluss* auf die *Grundgesamtheit*) wird durch die Methodik der Gewinnung (akzeptiert: *Zufalls-* oder *Quotaauswahl*) und dem Grad der Ausschöpfung der Stichprobe (*Response rate*) erreicht.

Bei der *qualitativen Marktforschung* stehen nicht Merkmalsmessung und Repräsentativität im Vordergrund, sondern das Erkennen und Verstehen psychologischer und sozialer Grundlagen und Zusammenhänge (z. B. beispielhafte Wahrnehmungen, Images und Motive). Hierzu werden wenig standardisierte *explorative Interviews, Tiefeninterviews* sowie *Gruppendiskussionsverfahren* eingesetzt.

Informationen aus der Marktforschung mit strategischer Relevanz sind:

- **Bedürfnis- und Präferenzstrukturen** der Kunden (als Basis von Segmentierung, Positionierung und Wettbewerbsstrategie, s. Kap. 3 und 5),
- die Messung der **Kundenzufriedenheit und -loyalität** (für die BSC),
- Identifikation der Wettbewerber und deren **Positionierung** (angestrebte/tatsächliche Position in der Wahrnehmung der Kunden/Image, siehe Kap. 3.3.1. Messung z. B. mittels *Multidimensionaler Skalierung*),
- Ermittlung von **Marktsegmenten**/Teilmärkten (siehe Kap. 3, 5 und 6),

- (Teil-)**Marktvolumen** und **Marktwachstum** (siehe Kap. 3 und 6),
- **Marktanteile** und deren Dynamik (siehe Kap. 3, 5 und 6).

9.3.3 Competitive Intelligence

Speziell in Branchen mit hoher Wettbewerbsintensität (bzw. Hypercompetition) ist es von großer strategischer Bedeutung, ständig, systematisch und möglichst vollständig Informationen über alle relevanten aktuellen und potenziellen Wettbewerber zu erheben und auszuwerten. Die damit verbundenen Tätigkeiten werden als *Competitive Intelligence* bezeichnet (CI; vgl. Michaeli 2006, S. 3). Die Informationsinhalte einer (kontinuierlichen) CI orientieren sich an den in Kap. 5.2.1 dargestellten Strukturen der Wettbewerberanalyse. Die Datenerhebung im Rahmen der CI erfordert die Nutzung und Vernetzung einer Reihe von **Informationsquellen**, die in Abb. 9.2 systematisiert werden:

Abb. 9.2: Die Quellen der Competitive Intelligence

	Unternehmensintern	**Unternehmensextern**
Primär-quellen	• HUMINT* – INTERN ○ Außendienst/Vertrieb ○ Marketingabteilung • Technische Analyse von Konkurrenzprodukten (*Reverse Engineering*) • Marktforschungsaktivität mit Wettbewerberbezug (z. B. Panels, Conjoint)	• HUMINT – EXTERN ○ Gemeinsame Kunden/ Handel ○ Branchenanalysten & Investoren ○ Mitarbeiter des Wettbewerbers • Trade Show Intelligence • Branchenverbände/ Kammern • Beobachtung von Konkurrenzaktionen/ -reaktionen (*Observation*)
Sekundär-quellen	• Daten der Kunden • Verkaufsstatistiken • Branchenstudien • Messenotizen * HUMINT: Human Intelligence	• Veröffentlichungen ○ Internet: Online-Datenbanken ○ Branchen-/Fachzeitschriften • Patentanmeldungen • Gerichts-/Kartellverfahren • Was der Wettbewerber selbst über sich sagt, z. B. in ○ Geschäftsberichten, Jahresabschlüssen (Anhang) ○ Produktbroschüren ○ Internet-Homepages, Blogs ○ Reden u. ä. der Manager

Quelle: Eigene Darstellung auf Basis von Sudharshan (1995, S. 192); Michaeli (2006, S. 177 ff.)

Bei der Beschaffung von Informationen über Wettbewerber sollte möglichst **vorsichtig** (Gegenspionage, rechtliche Vorschriften wie z. B. § 17 UWG) und **kritisch** (Gefahr unzutreffender Aussagen durch Wettbewerber, sog. *Competitive Bluffs*; vgl. Heil/Bungert 2001, S. 94) umgegangen werden. Bei sensiblem ad-hoc Informationsbedarf (oder mangelnden Kapazitäten) werden häufig professionelle externe CI-Anbieter eingesetzt, die dem CI-Kodex unterliegen.

Ausgangspunkt der **CI-Analyse** ist die Beurteilung der aktuellen Situation der Wettbewerber und des Erfolgs ihrer derzeitigen Strategie (vgl. Hungenberg 2006, S. 113). Zu Gewinnung konkreter Informationen werden verstreute Rohdaten von Wettbewerbern aggregiert und aus Datenfragmenten, die *Key Intelligence Indicators* (KII) darstellen, Signale z. B. über Absichten der Wettbewerber abgeleitet. *Intelligence* ist dann die Verbindung von Informationen und Signalen im Entscheidungskontext. In diesem Zusammenhang werden auch **CI-spezifische Analysetools** wie bspw. Strategische Planung aus Wettbewerbersicht, *War Gaming* und *Competitor-Profiling* eingesetzt (vgl. Michaeli 2006, S. 237 ff.). Auch die Analyse der **Struktur der Wertkette der Wettbewerber** liefert Hinweise darüber, welche Wettbewerber das Geschäft nach ähnlichen Grundsätzen gestalten und somit mit dem eigenen Unternehmen in unmittelbarem Wettbewerb stehen (Zugehörigkeit zu derselben *strategischen Gruppe*). Ebenso wird ggf. erkennbar, in welchen Wertkettenbereichen Stärken oder Schwächen existieren, und durch welche Schwerpunkte bezüglich der Wertaktivitäten der Wettbewerber einen Wettbewerbsvorteil erzielt. Ergänzend können Betrachtungsfelder mit ressourcen- und fähigkeitsbezogenen Checklisten systematisiert werden (vgl. Welge/Al-Laham 2008, S. 351 f.).

Die detaillierte Analyse der Wettbewerber zielt auch darauf ab, deren wahrscheinliches Verhalten zu bestimmen, z. B. durch die Entwicklung von **Reaktionsprofilen** oder **Verhaltenstypologien** (s. Kap. 5.2.2). In diesem Kontext erfolgt auch eine Abschätzung der wahrscheinlichen Entwicklung/Intensität des Wettbewerbs und der damit verbundenen Gefahren und Gelegenheiten. Eine ständige, umfassende CI sollte das Unternehmen in die Lage versetzen,

- frühzeitig Maßnahmen einzuleiten, um potenziellen Aktivitäten des Wettbewerbers begegnen/zuvorkommen zu können („Preemptive"),
- **Blind Spots** und strategische Fehler des Wettbewerbers auszunutzen,
- Möglichkeiten zur **Differenzierung vom Wettbewerber** bzw. alternative Positionierungen zu identifizieren,
- **Koordinations-** und **Kooperationsansätze** zu erkennen (s. Kap. 5.6),
- Einen **Vergleich mit dem Wettbewerber** (Stärken-Schwächen-Ana-lyse, siehe Kap. 5.3) oder ein **Benchmarking** auf der Basis genauer Daten durchzuführen.

9.3.4 Analyse der Makroumwelt

Der dritte Bestandteil der Analyse der Unternehmensumwelt ist, wie in Abb. 9.1 erkennbar, die Makroumwelt. Die Makroumwelt kann als Rahmenbedingungen unternehmerischen Handels direkten Einfluss (z. B. durch Gesetzesänderungen), durch die Beeinflussung der Erfolgsfaktoren und Wettbewerbsverhältnisse (bzw. -intensität) aber auch indirekten Einfluss auf den Erfolg von strategischen Geschäftseinheiten und Produkten ausüben (siehe unten *Lead-Indikatoren*). Für Unternehmen ergeben sich folgende Analysefragen:

- Welche Umweltfaktoren beeinflussen das Unternehmen direkt/indirekt in welchem Ausmaß?
- Wie entwickeln sich diese?
- Wie sollten diese Faktoren und ihre Entwicklung behandelt werden?

9.3.4.1 Strukturierung der Makroumwelt

Die Makroumwelt wird im **PEST-Modell** in fünf Bereiche untergliedert. Als Grundlage für weiterführende Analysen werden die typischerweise strategisch relevanten einzelnen Faktoren der Umweltbereiche dargestellt und deren mögliche Auswirkung auf allgemeine Erfolgsfaktoren (wie z. B.□ Marktstrukturen) betrachtet (vgl. Müller-Stewens/Lechner 2005, S. 205):

(a) Politisch-rechtliche Umwelt

Die politisch-rechtliche Umwelt beinhaltet Rahmenbedingungen, die vom Staat festgelegt werden (variieren häufig von Land zu Land) und für alle Unternehmen bindend sind. Diese Einflussfaktoren umfassen insbesondere

- Aufbau und Stabilität des politischen Systems,
- Wirtschaftspolitik, Industrie- und Subventionspolitik,
- Arbeitsmarkt- und Beschäftigungspolitik,
- Arbeitsrecht, Rolle der Gewerkschaften,
- Handelsrecht, Vertragsrecht, Produzentenhaftung,
- Patentrecht.

Die Ausprägungen der Faktoren der politisch-rechtlichen und der nachfolgend beschriebenen ökonomischen Umwelt können Einfluss auf die (gesamtwirtschaftliche und marktspezifische) Nachfrage, die Wettbewerbsintensität und damit den Kostendruck in einer Branche sowie das Investitionsklima ausüben (vgl. Müller-Stewens/Lechner 2005, S. 205).

(b) Ökonomische Umwelt

Die ökonomische Umwelt beinhaltet nationale und internationale volkswirtschaftliche Rahmenbedingungen, insbesondere:

- Volkseinkommen, BSP (national),
- Konjunkturentwicklung (national/global) und Beschäftigung (national),
- Einkommensentwicklung und Lebenshaltungskosten (national),
- Zinssätze (national/global), Inflationsrate (national), Wechselkurse,
- Konsumneigung und Sparraten (national),
- Geschäftsklima (national/global),
- Infrastruktur und Rohstoffversorgung (national).

(c) Soziokulturelle Umwelt

Das Unternehmen steht mit Kunden, Mitarbeitern, Zulieferern als Mitglieder der Gesellschaft in Beziehung und ist dadurch gesellschaftlichen Einflüssen ausgesetzt. Dadurch ergeben sich Einflussfaktoren auf der Basis gesellschaftlicher Wertorientierungen bzw. Werte wie (vgl. Hofstede 2001, S. 79 ff.)

- Individualismus/Kollektivismus (Streben nach Individualität),
- Machtdistanz (Hierarchiedenken, Aufstiegschancen, Korruption),
- Maskulinität/Femininität (Trennung der Geschlechterrollen),
- Unsicherheitsvermeidung (Sparneigung, Marken-/Händlertreue),
- Einstellung zur Arbeit (Arbeitsmentalität),
- Umwelt- und Gesundheitsbewusstsein.

Hinzu kommen Einflussfaktoren auf Basis der Gesellschaftsstruktur wie

- Bevölkerungsentwicklung und Altersstruktur,
- Stand und Verteilung von
  - Bildung,
  - materiellem Wohlstand (Einkomme und Vermögen).

Diese Faktoren können Einfluss auf die Bedürfnisse der Kunden, die Einstellung zu Produktkategorien, -eigenschaften und Marken ausüben, zudem beeinflussen sie die Notwendigkeit und Ausgestaltung der Marktsegmentierung (auch im Kontext einer Internationalisierung). Der Einfluss der soziokulturellen Umwelt wird auch über Bürgerinitiativen, Greenpeace oder BUND (Bund für Umwelt- und Naturschutz Deutschland) ausgeübt (siehe auch Kap. 2).

(d) Technologische Umwelt

Folgende Faktoren bilden die technologischen Rahmenbedingungen:

- Lebenszyklus der Technologie: Innovations-/Veralterungsraten von
  - Produkttechnologie,
  - Produktionstechnologie,
  - Informationstechnologie,
- konkurrierende Technologien, Substitutionstechnologien,
- technologische Infrastruktur (Stromnetz, Internetzugang),
- Technologietransfer und Technologieschutz.

Diese Faktoren haben Einfluss auf das Innovations-, Produktions- und Prozessmanagement, die Geschäfts- bzw. Marktdefinition sowie die Markteintrittsbarrieren und damit die Spielregeln des Wettbewerbs.

(e) Ökologische Umwelt

Die ökologische Umwelt bezieht sich auf natürliche Umweltressourcen als menschliche Lebensgrundlage. In diesen Bereich fallen insbesondere:

- Verfügbarkeit von Rohstoffen und Energie,
- Ursachen und Konsequenzen des Klimawandels,
- Umweltbelastung (-bilanz) der Produkte und Produktionstechnologien.

Begriff **Ökologie und nachhaltiges Management**

Der Einfluss der ökologischen Umwelt auf das Management wird durch das Streben nach Nachhaltigkeit deutlich. Darunter fällt in erster Linie eine Reduktion der Umweltbelastung durch das Unternehmen durch Verwendung von ökologisch unbedenklichen Rohstoffen und Materialien bei der Produktion, einer auch ökologisch orientierten Produktionstechnologie (incl. Abgasreinigung) sowie der Rücknahme und dem Recycling von Produkten zur Wiedergewinnung von Rohstoffen (bzw. ökologieorientierte Entsorgung: *cradle to cradle*). Die Kosten der Nachhaltigkeit sollen durch Wettbewerbsvorteile (Umweltfreundlichkeit der Produkte), ein besseres Image in der Gesellschaft und bei Kunden sowie durch sich im Zuge der Ökologieorientierung ergebende neue Geschäftsfelder sowie einer proaktiven Anpassung an zukünftige legale und gesellschaftliche Standards ausgeglichen werden.

Die Komplexität der Makroumwelt wird durch die **Interaktion der Umweltbereiche** erhöht. So beeinflusst bspw. der kritische Zustand der natürlichen Umwelt sowohl die politisch-rechtliche Umwelt (z. B. durch Vorschriften für Automobile: Katalysatoren und Partikelfilter) als auch die soziokulturelle Umwelt – über die Änderung umweltbezogener Werte – z. B. in Bezug auf die Kaufkriterien bei Autos (Verbrauchswerte, Ökobilanz der Produktion, Recycling der Materialien bzw. Rücknahme durch den Hersteller).

9.3.4.2 Ansätze zur Analyse der Makroumwelt

Bei allen fünf Umweltbereichen stellt sich die Frage, ob Veränderungen einzelner Faktoren **Gefahren** oder **Gelegenheiten** für die Wettbewerbsposition oder (direkt) für den Erfolg (einzelner) strategischer Geschäftseinheiten darstellen können. Um Gefahren und Gelegenheiten zu identifizieren erfolgt die Analyse der Makroumwelt in folgenden Ablaufschritten:

(a) Environmental Scanning

Durch das Environmental Scanning sollten diejenigen (spezifischen) Umweltfaktoren identifiziert werden, die Einfluss auf den Erfolg der Geschäftseinheit haben können. Die Stärke des Einflusses eines Faktors wird über das sog. **Assessment** (Folgeabschätzung einer Veränderung) quantifiziert. Bei regelmäßigen und quantitativ erfassbaren Ereignissen kann die Stärke der Einflüsse/Zusammenhänge auch statistisch abgeschätzt werden (durch statistische Verfahren, die kausale Strukturen untersuchen, wie z. B. die *Regressionsanalyse*).

(b) Environmental Monitoring

Die identifizierten Umweltfaktoren werden systematisch beobachtet und deren Zustände (ggf. quantitativ) dokumentiert.

(c) Environmental Forecasting

Beim Environmental Forecasting wird versucht, die Entwicklung eines identifizierten und beobachteten Umweltfaktors hinsichtlich Richtung, Ausmaß und Geschwindigkeit durch Prognosen abzuschätzen und dadurch dessen zukünftiges **Potenzial als Gefahr bzw. Gelegenheit** genauer zu bestimmen. Für eine solche Prognose können auch die Entwicklungen anderer Umweltfaktoren, sog. **Lead Indikatoren**, die auf den betrachteten Faktor Einfluss haben, herangezogen werden (ggf. als Kausalkette über mehrere zusammenhängende Stufen – siehe Kasten „pflanzliche Arzneimittel“ unten). Diese Betrachtung legt auch die Grundlage für die **strategische Früherkennung** bzw. **-aufklärung** (siehe hierzu auch die Kap. 9.4.2.2 und 9.4.5).

Beispiel **Abgestufte Wirkungsketten von Lead-Indikatoren: Pflanzliche Arzneimittel und Gesundheitsreform**

Seit Mitte der 1990er Jahre konnten Anbieter von freiverkäuflichen, z. B. pflanzlichen Arzneimitteln, die keinen klinischen Wirkungsnachweis vorweisen konnten, ein Ansteigen der Arbeitslosenquote (Lead Indikator, *LI 1*) beobachten. Dadurch waren immer weniger Arbeitnehmer in sozialversicherungspflichtigen Arbeitsverhältnissen, was zu Defiziten der gesetzlichen Krankenversicherer (*LI 2*) führte. Zur Vermeidung einer weiteren Steigerung der Sozialversicherungsbeiträge (*LI 3*) beschloss der Gesetzgeber eine Reihe von Gesundheitsreformgesetzen, darunter das Budget für Ärzte (*LI 4*), das die Ausgaben für Medikamente in einer Arztpraxis „deckelte". Daraufhin verschrieben Ärzte immer weniger Medikamente ohne Wirkungsnachweis (*LI 5* bzw. Umwelt-Erfolgsfaktor), um ausreichend Budget für nachweislich wirksame Medikamente gegen schwerere Krankheiten zur Verfügung zu haben.

9.3.4.3 Management von Umweltkonflikten

Entwicklungen in der Makroumwelt sind gemäß der ökonomischen Theorie von Unternehmen schwer zu beeinflussen. Eine Anpassung an die Umwelt ist daher ein wichtiger Aspekt der Strategieentwicklung. Neuere Management-Ansätze verlangen hingegen einen **aktiveren Umgang** mit der Makroumwelt, da die soziokulturelle und politisch-rechtliche Umwelt einen zunehmenden Einfluss auf Unternehmen ausüben und die Kosten für Umweltkonflikte den Aufwand für ein Umweltmanagement übersteigen können. Grundlage des Managements potenzieller Umweltkonflikte sind die in Kap. 2 diskutierten Aspekte der Unternehmensethik. Das **Umweltmanagement** (vgl. Macharzina/Wolf 2010, S. 29 ff.) lässt sich in folgende **operative Ansätze** unterteilen:

- *Anspruchsgruppen-Management* soll verhindern, dass externe Gruppen den Handlungsraum des Unternehmens einengen. Maßnahmen sind Lobbying, gerichtliche Klagen oder Koalition mit diesen Gruppen.
- *Issues Management* beinhaltet die Analyse und Beeinflussung von Journalisten, Politikern oder Intellektuellen, die eine Weiterentwicklung von *Issues* (sich abzeichnende Anliegen) zu realen Ansprüchen betreiben könnten. Public-Affairs-Abteilungen von Unternehmen betreiben solche strategische Öffentlichkeitsarbeit mittels u. a. Kontakten zu Kommunen, Regierungsstellen und den Medien.
- *Konfliktmanagement* zur Bewältigung von schwer beeinflussbaren Umweltentwicklungen durch entsprechende Konfliktstrategien.

9.4 Prognosen und Früherkennungssysteme

9.4.1 Gegenstand und Arten von Prognosen

Nach Schopenhauer ist nichts so beständig wie der Wandel. Die **Voraussage des Wandels**, also der Zukunft, ist aber problematisch. Ein Unternehmen kann aber trotzdem nicht darauf verzichten, in der Gegenwart Entscheidungen zu fällen, deren Folgen sich erst in der Zukunft zeigen werden (vgl. Müller-Stewens/Lechner 2005, S. 206). Das Erkennen von zukünftigen Chancen und Risiken und das Ideal der **proaktiven Anpassung der Strategie** an zukünftige Zustände erfordert die Prognose der Entwicklung relevanter Bereiche. Zukünftige Entwicklungen mit allgemeiner strategischer Relevanz sind:

- die Entwicklung der Märkte (hins. Wachstum, Potenzial)(siehe Kap.3),
- die Entwicklung der *Erfolgsfaktoren* und des Wettbewerbs (s. Kap. 5),
- die Entwicklung der Umweltfaktoren, die direkt oder indirekt (als *Lead Indikatoren*) Einfluss auf den Unternehmenserfolg haben (siehe Kap. 9.3.4),
- allgemeine Umweltveränderungen wie Wertewandel oder Globalisierung.

Prognosen sind **Voraussagen, dass bestimmte Sachverhalte in der Zukunft vorliegen oder eintreten** werden. Sie beschreiben mögliche **zukünftige Zustände** des Unternehmens und dessen Umwelt (vgl. Dillerup/Stoi 2008, S. 611). Prognosen können insbesondere dann fehlschlagen, wenn

- Hypothesen über zu berücksichtigenden Größen und deren Einfluss auf den zu prognostizierenden Sachverhalt nicht ausreichend zutreffend sind (durch die Anforderungen an die Qualität der Daten wie Validität und Objektivität oder die notwendigen Eigenschaften des Schätzers),
- die verfügbaren empirischen (Vergangenheits-) Daten nicht miteinander vergleichbar, zu ungenau oder fehlerhaft sind,
- methodische Fehler bei der Erstellung der Prognosen gemacht werden,
- wesentliche Zusammenhänge und Ursachen übersehen werden.

Für die Durchführung von Prognosen existiert eine Vielzahl von Prognoseverfahren, die in den folgenden Kapiteln vorgestellt werden. Diese lassen sich nach Unterschieden in der Datengewinnung und -verarbeitung in drei Hauptgruppen einteilen:

- **quantitative Prognoseverfahren,**
- **qualitative und expertengestützte Prognoseverfahren,**
- **Simulationsverfahren.**

9.4.2 Quantitative Prognoseverfahren

Quantitative Prognoseverfahren sind **rationale, bedingte Vorhersagen**, die sich logisch aus quantitativen, prognosetauglichen Vergangenheitsdaten ableiten lassen. Dazu müssen möglichst gut vergleichbare Daten erhoben werden (mittels *Längsschnittstudien*), zudem muss die Stichprobe die gleiche Grundgesamtheit mit möglichst der gleichen Struktur repräsentieren (wie z. B. bei *Panels*). Zur Erstellung kurzfristiger Prognosen werden vor allem die Methoden der **gleitenden Durchschnitte** und der **exponentiellen Glättung** herangezogen, für langfristige Prognosen insbesondere **Trend- und Indikatormodelle** (vgl. Meffert 2005, S. 173; Homburg 2000, S. 105). Das zentrale Problem bei der Anwendung formaler Prognoseverfahren besteht im Erkennen einer der Zeitreihe zugrunde liegenden Struktur. Diese Struktur kann in folgende Bestandteile unterteilt werden:

- **Trend**: Entwicklungen von betrachteten Größen in der Zeit (bspw. Marktanteil, Kundenzahl, Technologiediffusion),
- **Zyklus**: Wellenartige Veränderungen der betrachteten Größe (z. B. aufgrund von Konjunkturzyklen),
- **Saisonalität**: Wiederkehrende Nachfrageveränderung innerhalb des Jahres durch bspw. Jahreszeiten, Schulferien und Handelsbräuche,
- **Zufallsereignisse**: Auswirkungen zufälliger, nicht-zyklischer Ereignisse wie Wetterkatastrophen, Streiks u. ä. (*Random Shocks*).

Ist eine Zerlegung der Zeitreihe in diese Strukturkomponenten möglich, so können jeder Zeitperiode Werte bezüglich jeder der Komponenten zugeordnet werden, so dass schließlich die Zeit die einzige beschreibende Variable ist.

9.4.2.1 Verfahren für kurzfristige Prognosen

Diese Methoden berechnen einen Schätzwert für die **unmittelbar folgende Zeitperiode** auf der Basis der Werte der vorherigen Perioden. Mit steigender Anzahl der integrierten Vorperioden steigt die Präzision der Schätzung (vgl. im Folgenden Schröder 2005, S. 7 ff.; Meffert 2005, S. 173 ff.):

(a) Das Verfahren der gleitenden Durchschnitte

Die Methode der gleitenden Durchschnitte berechnet aus den letzten n Beobachtungswerten einen **Mittelwert**, der als Schätzung $\hat{y}_{t+1}$ für den Prognosewert herangezogen wird. Geht man davon aus, dass aktuellere/jüngere Werte eine größere Bedeutung für die Prognose des zukünftigen Wertes besitzen, kann durch die Einführung von **Gewichten** eine höhere Anpassungsgüte bzw. ein trendartiger (nichtlinearer)

Verlauf erreicht werden. Das Verfahren, das eine Gewichtung der Beobachtungswerte (w_i) vornimmt, wird als **gewogener gleitender Durchschnitt** bezeichnet:

$$\hat{y}_{t+1} = w_t \cdot y_t + w_{t-1} \cdot y_{t-1} + \ldots + w_{t-n+1} \cdot y_{t-n+1} \qquad (9.1)$$

Das Hauptproblem beim gewogenen Durchschnitt stellt die **Bestimmung der Gewichtungskoeffizienten** (w_i) dar. Diese werden entweder subjektiv oder nach dem Kriterium der Reproduktionsfähigkeit historischer Werte mittels Fehlerminimierung bestimmt.

(b) Das Verfahren der exponentiellen Glättung

Das Verfahren der exponentiellen Glättung gilt als eine Weiterentwicklung des gewogenen Durchschnitts und gehört in der Praxis zum Standardprogramm für computergestützte Prognoseberechnungen (vgl. Meffert 2005, S. 174). Auch bei der exponentiellen Glättung wird den aktuelleren Werten eine höhere Bedeutung für den zu prognostizierenden Wert unterstellt. Diese werden entsprechend stärker gewichtet als weiter zurückliegende Werte. Die Grundformel der exponentiellen Glättung ist (vgl. Homburg 2000, S. 106):

$$\hat{y}_{t+1} = \alpha y_t + (1-\alpha)\hat{y}_t \qquad (9.2)$$

Der Prognosewert ($\hat{y}_{t+1}$) setzt sich zu α Prozent des Wertes der letzten Periode (y_t) und (1-α) Prozent des berechneten Mittelwertes der Zeitreihe davor ($\hat{y}_t$) zusammen. Die Größe von α bestimmt, wie flexibel der Schätzwert auf neue Situationen, aber auch auf Zufallsschwankungen reagiert.

9.4.2.2 Verfahren für langfristige Prognosen

Diese Verfahren ermitteln aus historischem Datenmaterial Gesetzmäßigkeiten (in Form mathematischer Modelle) über die Entwicklung der Prognosegröße. **Trendverfahren, ARIMA-/Box-Jenkins-Modelle** sowie **Indikatormodelle und kausale Prognoseverfahren** ermöglichen längerfristige Prognosen.

(a) Trendverfahren

Der Grundgedanke von Trendverfahren ist die Verknüpfung der Beobachtungswerte mit der Zeit. Die Entwicklung der zu prognostizierenden Variable unterliegt zwar zumeist einer Vielzahl von (bekannten und unbekannten) Ursachen, jedoch wird bewusst auf die Analyse der Einwirkung des einzelnen Einflussfaktors (unabhängige Variablen; *Ursachenkomplex*) verzichtet. Man nimmt stattdessen an, dass der Einfluss der erklärenden (Einfluss-) Variablen auf die Prognosevariable auch in der Zukunft so erfolgt wie in der Vergangenheit. Die Wirkung des Ursachenkomplexes soll als **Trend** erkannt und als Prognose in die Zukunft fortgeschrieben werden, die sog.

Extrapolation. Zur Ermittlung einer Trendfunktion werden analytische Verfahren (analog zur Einfachregression) verwendet, üblicherweise sind dies die *Methode der kleinsten Quadrate* (OLS) oder der *Maximum Likelihood* (ML), welche die Parameter (Y-Achsenschnittpunkt *a* und Regressionsparameter *b*) der Trendfunktion berechnen. Bei beiden Verfahren wird der Funktionstyp (des Trends) vorher auf graphischem Weg bestimmt (und in der Eingabemaske der Datenanalysesoftware angegeben). Unterschieden werden **lineare, exponentielle** und **logistische Funktionstypen** für den Trend (vgl. Schröder 2005, S. 13 ff.; Mertens/Falk, 2005, S. 169 ff.; Meffert 2005, S. 175 ff.).

(b) Box-Jenkins-/ARIMA-Modelle

ARIMA-Modelle gehen davon aus, dass den Zeitreihen **stochastische Prozesse** zugrunde liegen – das bedeutet, dass jeder Zeitreihenwert einer Wahrscheinlichkeitsverteilung folgt. Die der Zeitreihe zugrunde liegenden stochastischen **autoregressiven** und **Moving-Average-Prozesse** können aber nur näherungsweise bestimmt werden (vgl. im Folgenden Deistler/Neusser 2005, S. 244 ff.; Hansen 2005, S. 215 ff.; Hüttner 1983, S. 130 ff.):

- **Autoregressive Prozesse (AR-Prozesse)**
  Die aktuelle Ausprägung y_t der Zeitreihe ist – analog der gleitenden Durchschnitte – eine Funktion der Ausprägung der Zeitreihe in den vergangenen p Perioden sowie einer Zufallsgröße ε_t. Man unterscheidet AR-Prozesse unterschiedlicher Ordnung: Bei einem AR-Prozess erster Ordnung (AR(1)) wird die aktuelle Ausprägung der Zeitreihe nur vom Wert der Vorperiode beeinflusst, dann sind alle autoregressiven Parameter ϕ_p für p>1 gleich 0. Der Parameter ϕ_p entspricht dann der Steigung der Regressionsgeraden.
- **Moving-Average-Prozesse (MA-Prozesse)**
  Die aktuelle Ausprägung der Zeitreihe ergibt sich als mit einem Parameter θ gewichteter Durchschnitt der voneinander unabhängigen Zufallseinflüsse (Schocks) von q Vorperioden. Bei MA(1)-Prozessen wird die Ausprägung der Zeitreihe nur durch die Zufallsgröße der Vorperiode beeinflusst.

AR(p) und MA(q) Prozesse können durch sog. **ARMA-Prozesse** zusammengefasst werden. Es gilt die Annahme der **Stationarität**, d. h. dass die zu prognostizierende Größe über die Zeit hinweg im Wesentlichen konstant ist (kein Trend, saisonale Effekte etc.) – diese Annahme erweist sich in der Praxis jedoch als kritisch, da viele Zeitreihen einen Trend oder Zyklen aufweisen. In diesem Fall kann durch die Bildung von **Differenzen der Zeitreihenwerte** (einfach oder mehrfach) eine Zeitreihe mit Trend bzw. Zyklen in eine stationäre Zeitreihe umgewandelt werden. Dieser Aspekt führt zu **ARIMA (*p,d,q*) Modellen**: Der Buchstabe I deutet an, dass es sich bei

ARIMA-Modellen um integrierte, also Differenzen einbeziehende Prozesse handelt. Die Größe d gibt an, wie oft integriert werden muss, um zu einer stationären Zeitreihe zu gelangen. Die Schätzung der Modelle erfolgt durch iterative Algorithmen wie dem *Maximum Likelihood-Verfahren*, die hauptsächlich auf der **Autokorrelationsanalyse** der verwendeten Daten beruhen.

Formale Prognosetechniken wie Trendverfahren oder ARIMA nehmen an, dass die in der Vergangenheit vorgefundenen Strukturen ohne Einschränkung auf eine zukünftige Entwicklung übertragbar sind. Existieren aber veränderliche Einflussfaktoren, welche die Werte der zu prognostizierenden Zeitreihe stark beeinflussen, dann sind formale Verfahren nicht mehr optimal. In diesen Fällen sind **kausale Prognoseverfahren** anzuwenden.

(c) Indikatormodelle und kausale Prognoseverfahren

Bei Indikatorprognosen wird die Entwicklung aus einem **statistisch gesicherten Zusammenhang** zwischen der Prognosegröße und einer oder mehreren beeinflussenden Variablen, den **Indikatoren**, abgeleitet. Ziel dieses Ansatzes ist es, die aktuelle Situation zu erklären, die zukünftige Entwicklung aufzuzeigen und den Zeitpunkt von Trendwenden zu bestimmen. Diese wirkungsbedingten Prognosen beruhen auf **Reaktionsfunktionen**, die den Verlauf der ökonomischen oder psychografischen Prognosevariablen y (Marktwachstum, Präferenzen) in Abhängigkeit von den unabhängigen Variablen x_i (Konjunktur, Werbeaufwendungen, Preis etc.) darstellen. Zur statistischen Analyse solcher Abhängigkeiten werden multiple lineare Regressionsmodelle sowie lineare Strukturgleichungsmodelle herangezogen (vgl. Homburg 2000, S. 109), welche die Parameter eines Regressionsmodells (b_i) oder Korrelationen aus den historischen Daten von y und x_i schätzen. Diese Parameter b_i bleiben dann bei der Bestimmung/Schätzung des Prognosewerts $\hat{y}_{t+1}$ als fixe Verhältnisse bestehen:

$$\hat{y}_{t+1} = a + b_1 \cdot \hat{x}_{1,t+1} + b_2 \cdot \hat{x}_{2,t+1} + b_3 \cdot \hat{x}_{3,t+1} + \ldots + u_{t+1} \tag{9.3}$$

Die Anwendung von Indikatorprognosen setzt eine auch in Zukunft hohe bzw. signifikante Korrelation zwischen der Entwicklung der Indikatorvariable und der Prognosevariable sowie eine leichte und sichere Vorausschätzung der Indikatoren $x_{i,t+1}$ voraus. Folgende Arten von Indikatoren werden bei Indikatorprognosen verwendet (vgl. Meffert 2005, S. 176 ff.):

- **Makroökonomische Indikatoren**

  Hierunter fallen hochaggregierte makroökonomische Kennzahlen wie das Bruttosozialprodukt, das Geschäftsklima, die industrielle Nettoproduktion oder das verfügbare Haushaltseinkommen (sog. *Lead-Lag-Beziehungen*), die sich bei Prognosen vielfach bewährt haben. Zur Prognose der Entwicklung dieser Indikatoren können Daten und Prognosen der statistischen Ämter, der Branchenverbände oder die regelmäßigen Studien spezialisierter Marktforschungsunternehmen (Ifo-Indices, GfK Maxx) herangezogen werden.

- **Sozioökonomische und soziodemografische Indikatoren**
  Bevölkerungsentwicklung, der Altersaufbau, die Haushaltsstruktur oder die Konsumentenstimmung (Konsumklimaindices) sind sozioökonomische Indikatoren. Sie eignen sich insbesondere zur Prognose der langfristigen Entwicklung des Marktpotenzials sowie des Markt- und Absatzvolumens.
- **Indikatoren auf Basis institutioneller oder technischer Relationen**
  Diese Indikatoren haben zumeist einen direkten Bezug zur Prognosegröße. So kann etwa der Absatz eines Komplementärgutes ein Indikator für die Absatzentwicklung des betrachteten Produktes sein. Voraussetzung hierfür ist dass die Entwicklung der Indikatorvariablen der Entwicklung der Prognosevariablen vorauseilt oder die Indikatorvariable zuverlässiger prognostiziert werden kann.

Die Leistungsfähigkeit quantitativer Prognoseverfahren ist insbesondere durch die fehlende Möglichkeit zur Berücksichtigung **starker Diskontinuitäten** (z. B. neue aufgetretene Einflussfaktoren oder zufällige Shocks) sowie durch die zwangsweise **Beschränkung auf quantitative Prognoseobjekte** eingeschränkt. Deswegen kommen in der Unternehmenspraxis häufig(er) **qualitative Prognoseverfahren** zur Anwendung, ggf. begleitet von (häufig einfachsten) formalen Prognoseverfahren (vgl. Homburg 2000, S. 110).

9.4.3 Qualitative und expertengestützte Prognoseverfahren

Qualitative Prognoseverfahren werden zur Abschätzung langfristiger Entwicklungen bzw. **Zukunftsszenarien** herangezogen. Sie beruhen in erster Linie auf individueller subjektiver Einschätzung von Experten auf der Basis von Sachkenntnis, Erfahrung, Wissen oder Intuition. Bei Experten wird zunächst in inner- und außerbetriebliche Experten unterschieden. Außerbetriebliche Experten sind Personen aus dem Handel, der Zulieferindustrie, den Branchenverbänden, oder Branchenanalysten. Diese werden eher bei technischen Neuentwicklungen z. B. hinsichtlich der langfristigen Erfolgschancen befragt. Innerbetriebliche Experten finden sich insbesondere in der eigenen Vertriebsorganisation oder sind speziell angestellte Sachverständige. Wegen der schwierigen Auswahl- und Repräsentanzprobleme ist die Expertenbefragung eher dem „vorstatistischen" Bereich zuzuordnen – als strenger formalisiertes Verfahren wurde deshalb die **Delphi-Methode** und die **Szenario-Technik** entwickelt. Solche Prognosen verfügen häufig über eine Eigendynamik (sog. *self-fulfilling prophecy*), d. h. sie können sich selbst erfüllen oder widerlegen. Beispiel hierfür ist die Vorhersage eines steigenden Aktienkurses durch einen Börsenexperten in Nachrichtensendungen, woraufhin viele Anleger das Papier kaufen und der Kurs steigt (vgl. Brockhoff 2006, S. 762 f.).

(a) Delphi-Methode

Es gibt viele Varianten der Delphi-Methode, „klassisch“ ist folgende Vorgehensweise: Experten werden aufgefordert, ihre Einschätzungen zu einer bestimmten Prognosethematik abgeben – zumeist der Eintritt von bestimmten Ereignissen (z. B. ab wann werden 50 % aller Fahrzeuge elektrisch betrieben). Diese Meinungen werden gesammelt und zu einer **Gruppenmeinung verdichtet**. Dann werden die Gruppenteilnehmer aufgefordert, ihre individuellen Prognosen im Vergleich zum Gruppenergebnis zu kommentieren. Die Gruppenmeinung und die Kommentare werden dann an alle Teilnehmer weitergeleitet (vgl. Hüttner 1982, S. 29 ff.). Charakteristisch für die Methode sind also wiederholte Runden von Expertenbefragungen mit dem Ziel, in einem **iterativen Prozess** die anfänglichen Schätzungen zu verfeinern.

(b) Szenario-Techniken

Als Szenarien bezeichnet man **alternative Zukunftsbilder**, die aus in sich widerspruchsfreien, logisch zusammenpassenden Annahmen bestehen, sowie die Beschreibung der Entwicklungen zu diesen Zukunftsbildern (vgl. Homburg 2000, S. 110). Die **Szenario-Technik** hat das Ziel, die Zukunftsentwicklungen mehrerer Prognosevariablen auf einmal vorauszusagen und Aussagen über deren Eintrittswahrscheinlichkeiten abzuleiten. Homburg (2000, S. 113) verweist auf Studien, wonach 50 % der Großunternehmen Szenario-Analysen verwenden. Besondere Beachtung erhalten diese Techniken in Branchen, die starken Umweltdiskontinuitäten ausgesetzt sind. Als Untergrenzen des Planungshorizonts für Szenarien werden 5 Jahren, als Obergrenze 20–30 Jahren betrachtet. Je länger der gewählte Prognosezeitraum, desto mehr Szenarien lassen sich bedingt durch die abnehmenden Eintrittswahrscheinlichkeiten bilden (vgl. Müller-Stewens/Lechner 2005, S. 211). Die Erstellung der Szenarien erfolgt in mehreren Schritten:

- Die Umwelt wird in relevante Einflussbereiche unterteilt (s. Abb. 9.1).
- Aus jedem der gewählten Bereiche werden als einflussreich betrachtete Faktoren für die Entwicklung der Prognosegröße bestimmt (s. Kap. 9.3).
- Für diese Einflussfaktoren werden mögliche Entwicklungen (*Trends*) und Störereignisse (z. B. *Random Shocks*) formuliert.
- Durch die Kombination dieser Entwicklungstendenzen sowie der Ermittlung ihrer Eintrittswahrscheinlichkeiten (als Anwendungsgebiet für quantitative Modelle der Prognose) werden die Szenarien erstellt, bei stetiger Entwicklung z. B. als Szenario-Trichter (siehe Abb. 9.3).

Abb. 9.3: Szenario-Trichter

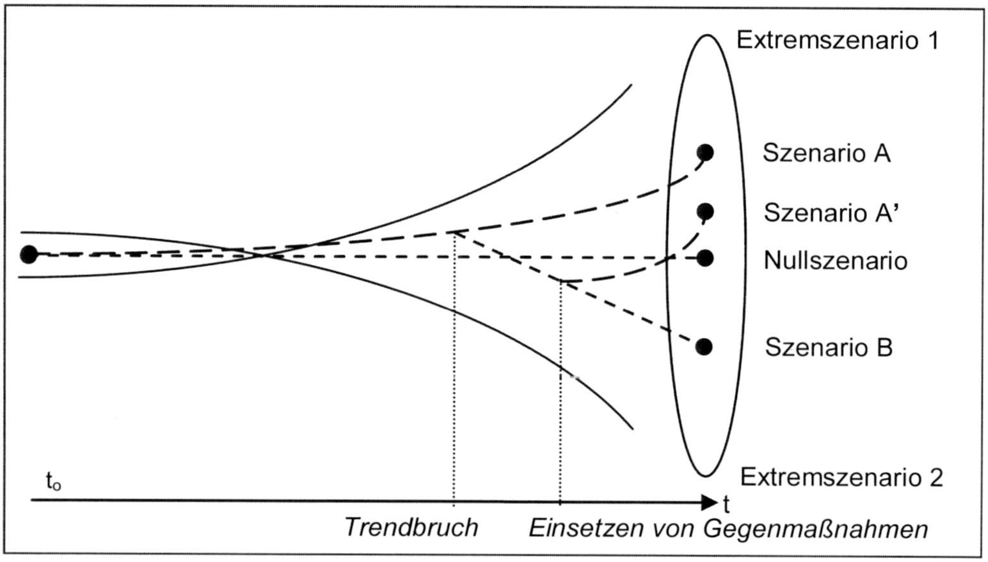

Quelle: Vgl. Homburg 2000, S. 111

Je weiter man sich von der Gegenwart entfernt, desto weiter öffnet sich der Szenario-Trichter in Abb. 9.3, dessen Grenzen die Extreme der möglichen Entwicklungen repräsentieren (sog. *best cases* und *worst cases*). Durch Extrapolation eines im Moment erkennbaren Trends gelangt man zu Szenario A (als wahrscheinlichstem Szenario). Absehbare Störereignisse (typischerweise Diskontinuitäten relevanter Umweltfaktoren, siehe Indikatorprognosen) können die Richtung dieses Trends aber entscheidend verändern (Szenario B). Daraufhin werden Maßnahmen geprüft, die den geänderten Trend im Sinne des Unternehmens beeinflussen könnten, was zu Szenario A' führen würde.

Werden die Entwicklungen durch diskrete (z. B. binäre) Zustände modelliert, die mit einer gewissen Eintrittswahrscheinlichkeit eintreten ($w = p_i$) oder nicht ($w = 1\text{-}p_i$), ergibt sich die sog. **Cross-Impact Analyse**. Szenarien sind in diesem Fall Kombinationen eintretender und nicht eintretender Ereignisse.

Die Szenario Technik kann sowohl bei der **Gestaltung von Strategien** als auch bei deren Auswahl nützlich sein. Bei der Strategieentwicklung ergibt sich die Möglichkeit, die Strategie an einem wahrscheinlichen Umwelt-Leitszenario zu orientieren. Alternativ könnte eine Strategie für alle identifizierten Szenarien aufgestellt werden, indem gleichartige Chancen und Risiken von allen Szenarien identifiziert werden (vgl. Homburg 2000, S. 113). Denkbar wäre es auch, Strategien mit hinreichender Flexibilität und Ausbaufähigkeit zu entwickeln, um den jeweiligen Chancen und Risiken mehrere Alternativszenarien, ggf. gestaffelt nach Wahrscheinlichkeit, zu entsprechen.

Alternative Szenarien können auch dazu verwendet werden, im Rahmen der Entscheidungstheorie eine **Bewertung von Strategien** zu ermöglichen. Szenarien entsprechen dann den alternativen Umweltzuständen der Entscheidungstheorie. Man schätzt ab (z. B. mittels einer zehnstufigen Ratingskala), wie erfolgreich die jeweilige Strategie bei dem Eintreten eines bestimmten Szenarios wäre. Falls Eintrittswahrscheinlichkeiten für die einzelnen Szenarien geschätzt werden können, handelt es sich bei der Strategieauswahl um eine Entscheidungsproblem unter Risiko (vgl. Homburg 2000, S. 113). Anzuwendende Entscheidungsverfahren wären dann das *Bayes-*, das *Bernoulli-* oder das *μ-σ- Verfahren.* Falls Eintrittswahrscheinlichkeiten nicht geschätzt werden können, handelt es sich um eine Entscheidung unter Unsicherheit. Anzuwendende Entscheidungsverfahren wären dann die *Laplace-Regel*, die *Hurwicz-Regel* oder die *Savage-Niehaus-Regel* (zu den einzelnen Entscheidungsverfahren siehe z. B. Berens/Delftmann 2002, S. 66 ff.).

9.4.4 Simulationsverfahren

Simulationsverfahren spielen Auswirkungen von Umweltentwicklungen oder Handlungsalternativen an einem **Modell eines realen Systems** durch, um Erkenntnisse über das reale System zu erhalten und eine Einschätzung der Zukunft abgeben zu können. Dies wird bei realen Systemen durchgeführt, bei denen eine theoretische/formale Behandlung zu komplex und/oder eine reale Untersuchung zu teuer oder zu gefährlich wäre (ein Beispiel wäre ein Flugsimulator). Das **Simulationsmodell** ist die Abstraktion des realen Systems hinsichtlich Verhalten, Struktur oder Funktion – typischerweise bezüglich einiger weniger zentraler Aspekte (z. B. ein Crash-Test Dummy mit nur bestimmten, dem Menschen ähnlichen mechanischen Eigenschaften). Der Grad der Vereinfachung beeinträchtigt entsprechend die Genauigkeit der Simulationsergebnisse. Der Ablauf des Simulators mit konkreten Werten ist das **Simulationsexperiment**, dessen Ergebnisse ggf. die Parameter eines statistischen Beschreibungs- oder Erklärungsmodells spezifizieren (z. B. *ARIMA*). Aus den Simulationsergebnissen und der Parametrisierung des Modells können dann Rückschlüsse auf das Problem und die **Lösung im realen System** gegeben und die Wirkung neuer Eingabedaten auf das System prognostiziert werden (z. B. die Wettervorhersage).

Monte-Carlo-Methoden zählen zu den wichtigsten Simulationsverfahren, die sich auf viele natur- und wirtschaftswissenschaftliche Problemstellungen erfolgreiche anwenden lassen. Üblicherweise werden Computer für Simulationen eingesetzt (z. B. Generierung von Zufallszahlen, Computersimulation), da diese ein flexibles Umfeld für alle Arten von Simulationen bieten.

9.4.5 Strategische Früherkennung und Frühaufklärung

Viele der in Kap. 9.3.4 besprochenen Einflussfaktoren/Indikatoren wirken nicht abrupt (z. B. auf identifizierte Trends), ihr Einfluss macht sich in einem eher schleichenden Prozess bemerkbar. Dies gibt den Unternehmen die Möglichkeit, sich frühzeitig auf Entwicklungen und Diskontinuitäten einzustellen. Ein Problem ist aber die Unsicherheit über die Entwicklung der identifizierten Einflusskräfte in der Unternehmensumwelt (vgl. Müller-Stewens/Lechner 2005, S. 206 ff.). Aufgrund der Erkenntnis, dass Trends stochastischen Charakter besitzen, d. h. der Trend in der Zukunft seine Richtung stark verändern kann, stellt sich die Frage, wann ein solches Störereignis eintritt und wie es sich auf den Trend auswirkt (siehe Szenario-Trichter, Abb. 9.2). Nach Ansoff (1965) kündigen sich diese strategische Diskontinuitäten durch sog. **schwache Signale** an. Diese schwachen Signale sind anfänglich häufig unstrukturiert, qualitativ und lassen noch keine konkrete Abschätzung über ihren Einfluss zu. Sie manifestieren sich in z. T. purer Intuition (i. S. v. unbewusster Aufnahme von Anzeichen des Wandels), in Aussagen von Experten (Branchenanalysten) oder Entscheidungsträgern in der Umwelt (z. B. Managern oder Politiker), oder im Entstehen von Interessengruppen. Diese schwachen Signale verdichten sich nach und nach mit der Häufigkeit ihres Auftretens (z. B. als Pressemeldung) und werden nach und nach konkreter sicht- und quantifizierbar. Das Aufspüren von Trends und Diskontinuitäten wird als **Früherkennung**, die strategische Reaktion darauf als **Frühaufklärung** bezeichnet. In der unternehmerischen Praxis erfolgt die Erkennung von Chancen und Risiken aufgrund schwach ausgeprägter und unsystematischer Früherkennung häufig zu spät – das Konzept der schwachen Signale soll daher auch als Ansatz zur Sensibilisierung des Managements gegenüber **Soft Facts** verstanden werden (vgl. Dillerup/Stoi, 2008 S. 613).

9.5 Strategische Informationssysteme

Informations-Führungssysteme übernehmen im Rahmen der strategischen Unternehmensführung Analyse-, Planungs- und Kontrollfunktionen, sie dienen dabei hauptsächlich der Unterstützung von (schlecht strukturierten) Entscheidungssituationen. **Planungssysteme** ermöglichen in diesem Rahmen quantitativ unterlegte Simulationen, Szenariobetrachtungen oder Optimierungsrechnungen. **Managementinformationssysteme** (MIS) versorgen das Management (bzw. die Führungssysteme) mit entscheidungsrelevanten Informationen. Führungssysteme beinhalten und verknüpfen Daten sowohl der

- externen Informationsbeschaffung (Marktforschung, Competitive Intelligence, Früherkennung, Customer Relationship Management),
- innerbetrieblichen Administrations- und Dispositionssysteme,

- integrierte Informationssysteme, die alle wesentlichen Funktionen von Administration, Disposition und Führung unterstützen, werden **ERP-Systeme** (Enterprise-Resource-Planning-System) genannt. Das in der Praxis am weitesten verbreitete ERP-System ist SAP R/3 (vgl. Dillerup/Stoi 2008, S. 631).

Begriff **Informationen und Daten**

Informationen sind *analoge oder digitale Wissenseinheiten*, die *neutral betrachtet* werden und *unabhängig von Nutzen oder Nutzung* sind. Sie sind zweckbezogenes Wissen, das dazu dient, Entscheidungen vorzubereiten. *Daten* sind Informationen, die durch ein *wissenschaftliches System* messbar gemacht worden sind *(Operationalisierung*, z. B. durch Frageformulierung und geschlossenen Antwortskalen in Fragebögen*)*. Daten liegen zumeist in quantitativer Form vor, es gibt aber auch qualitative Daten (z. B. individuelle verbale Antworten auf offene Fragen), die durch Kategorisierung in quantitative Daten überführt werden können. Zentrale Eigenschaft von Daten ist die *Datenqualität (Skalenniveau*; Nicht-metrisch: Nominal-, Ordinalniveau; Metrisch: Intervall-, Rationiveau), welche die mathematischen Eigenschaften und damit verbunden die Informationsqualität der Daten bestimmt. Das Skalenniveau bestimmt darüber hinaus die Möglichkeiten der Anwendung statistischer Analyseverfahren (z. B. Regressionsanalyse ausschließlich bei *metrischem Skalenniveau* der betrachteten Variablen).

Quelle: Vgl. Backhaus et al. 2008, S. 6 ff.; Krcmar 20005, S. 15 ff.

9.5.1 Strategische Funktionen der Informationssysteme

Im Kontext der Unternehmensführung lassen sich vier strategischen Funktionen von Informationssystemen unterscheiden (vgl. Krcmar 2005, S. 316 ff.):

(a) Strategieausführung (Strategy Execution)

Die Unternehmensstrategie bestimmt die Gestaltung der Organisation und Geschäftsprozesse. Diese wiederum legen die Anforderungen an die Informationssysteme fest, um die Strategie umzusetzen. Eine Kostenführerschaft erfordert einen effizienten Produktionsablauf, was durch computerbasierte Systeme zur Produktionsplanung und -steuerung (PPS) erreicht werden soll.

(b) Strategieübersetzung (Strategy Transformation)

Die Unternehmensstrategie definiert die Anforderungen an das Informationssystem, entsprechend werden geeignete Informationssysteme ausgewählt. Dies kann eine Anpassung der Geschäftsprozesse nach sich ziehen, so kann eine Kostenführerschaft durch die Einführung eines Workflow-Management-Systems unterstützt werden, das Verwaltungsabläufe organisiert und steuert.

Beispiel

Verknüpfung der Informationssysteme in der Wertschöpfungskette bei Wal-Mart

Das US-Einzelhandelsunternehmen Wal-Mart koordiniert seine Strategie durch computerisierte Bestell-Informationssysteme. Kauft ein Kunde ein Paar Schuhe in einer bestimmten Größe, wird dies durch den Kassenscanner registriert und direkt an den Lieferanten weitergeleitet. Dadurch weiß Wal-Mart, was die Kunden kaufen und die Zulieferer wissen, was sie für Wal-Mart produzieren sollen. Diese etikettieren die Ware für Wal-Mart und bringen sie direkt in die Verkaufsregale. Dadurch werden Lager auf 10 % der üblichen Fläche beschränkt und Zwischenhändler ausgeschaltet. Durch *Supply Chain Management* und *Efficient Consumer Response*, die auf dem über Informationsaustausch koordinierten Zusammenwirken von Zulieferern, Produzenten und Handel basieren, können Materialbedarf, Materialfluss, Warenverteilung, Kapazitätsauslastung und Fertigungsterminierung bei allen Wertschöpfungsteilen optimal auf die Nachfrage der Endnutzer ausgerichtet werden.

Quelle: Vgl. Kotler et al. 2007, S. 942 ff.

(c) Wettbewerbspotenzial (Competitive Potencial)

Die Unternehmensstrategie wird hier aus der Informationsmanagement-Strategie abgeleitet. Die Wettbewerbsstrategie baut bspw. bei der Produktgestaltung auf dem Potenzial der Informationstechnologie auf. Beispiele hierfür sind EBAY oder Amazon und deren *Customer Relationship Management* Systeme.

(d) Optimierung und Reorganisation (Service)

Informationssysteme ermöglichen eine Verbesserung und Reorganisation der Geschäftsprozesse, so wird z. B. das formalisierte Berichtswesen reduziert.

9.5.2 Management-Informationssysteme

Ein Management-Informationssystem (MIS) ist ein System zur Unterstützung von Entscheidungen für das Management auf der Basis von Informationen. Ein MIS sollte eine große Anzahl von vorhandenen Abfragen, aber auch flexible Analysen unterstützen. Neben der Informationsbereitstellung sollten MIS durch **Entscheidungsunterstützungssysteme** (EUS) erweitert werden. In einem EUS sind verschiedene computergestützte Tools zusammengefasst, die auf Prognose- und Planungstätigkeiten ausgelegt sind und zur Problemlösung und Entscheidungsfindung genutzt werden. Ein MIS/EUS besteht aus folgenden **Grundbausteinen** (vgl. Macharzina/Wolf 2010, S. 882 f., Hungenberg 2006, S. 349 ff.):

(a) Datenbank/Data Warehouse

Die MIS verfügten in der Vergangenheit oft über eine eigene Datenbasis. Dort werden alle potenziell relevanten Daten nach einheitlichen Organisationsprinzipien gesammelt und gespeichert, die Nutzer erhalten nach definierten Regeln Zugriff auf die Daten. Nach aktuellem Stand der Technik setzen MIS direkt auf den Data Warehouses auf (siehe Kap. 9.5.3).

(b) Methoden- und Modellbank

Methoden- und Modellbanken dienen der Verarbeitung und Auswertung der vorhandenen Daten. Komfortable MIS/EUS enthalten fertige betriebswirtschaftliche Modelle für zukunftsbezogene Entscheidungen und wichtige Teilaktivitäten im Entscheidungsprozess wie **Wirtschaftlichkeitsrechnung, Sensitivitätsanalysen, Frühwarn-** und **Kontrollsysteme**. Diese Modelle und ggf. Modifikationen bilden die Grundlage für eine Auswertung bzw. Analyse der Daten aus dem Data Warehouse (z. B. auf der Basis der *OLAP-Technologie*, siehe Kap. 9.5.3). Die Methodenbank beinhaltet alle Analysetechniken, die zur Bearbeitung und Auswertung der Modellstrukturen benötigt werden. Sie umfasst und ermöglicht

- einfach Konsolidierungs- und Aggregationsverfahren,
- anspruchsvolle mathematische Berechnungen,
- statistische- und Prognoseverfahren,
- komplexe Simulations- und Optimierungstechniken.

(c) Berichts-/Reportbank

Ein aggregiertes Ergebnis der Informationsauswertung sind **automatisierte Berichte**, die in einer Berichtsbank verwaltet werden. Diese werden

- automatisch bei Über-/Unterschreiten von Grenzwerten ausgelöst (quasi als **Frühwarnung** durch sog. *Exception Reporting* oder *Kennzahlen-Cockpits*),
- zu bestimmten Terminen automatisch generiert (sog. *Briefing Book*),
- für bestimmte anwenderdefinierte Anlässe erstell (*Ad-hoc-Berichte*).

In Deutschland liegt mittlerweile eine flächendeckende Verbreitung von Managementinformationssystemen vor. Hochentwickelte MIS ermöglichen eine Filterung, Verknüpfung und Verdichtung der Daten, erlauben kommunikationsunterstützende Funktionen wie *Bulletin Boards*, erstellen automatisiert Berichte, beinhalten Dokumentationsmöglichkeiten und offerieren ansprechende Darstellungs- und Präsentationstechniken.

9.5.3 Datenmanagement

Das Datenmanagement sorgt im Rahmen von Management-Informationssystemen für eine **optimale Nutzbarkeit bzw. Nutzung der verfügbaren Daten**; ebenso für deren Richtigkeit, Aktualität, Konsistenz und Aufgabenbezug (vgl. Krcmar, 2005, S. 111). Zudem legt es fest, welche Daten für welche Aufgaben zur Verfügung gestellt werden sollen. Daten sollten im Rahmen integrierter Informationssysteme zentral in Datenbanken verwaltet werden, damit deren Konsistenz, d. h. Widerspruchsfreiheit gewährleistet ist und die Abfrage der gleichen Daten nicht zu unterschiedlichen Ergebnissen führt. Die relevanten Begriffe im Kontext mit dem Datenmanagement sind *Datenmodellierung, Data Warehouse* und *Data Mining*.

(a) Datenmodellierung

Voraussetzung für die Nutzung einer Datenbank durch mehrere Anwendungen ist ein anwendungsunabhängiges Datenmodell. Die formale Beschreibung der Struktur von Unternehmensdaten wird als *Datenmodellierung* bezeichnet. Dabei werden alle relevanten Datenobjekte (Kundenname, Umsatz, Wohnort) erfasst und die zwischen diesen Daten stehenden Beziehungen ermittelt (*relationale Datenbanken*). Die Datenmodellierung fördert die Transparenz und Kommunikation und schafft ein ganzheitliches Verständnis für die im Unternehmen verfügbaren Daten (vgl. Dillerup/Stoi 2008, S. 632 f.).

(b) Data Warehouse

Ein Data Warehouse ist eine speziell für die Anforderungen der Entscheidungsunterstützung eingerichtete Datenbank, in der ausgewählte Daten aus unterschiedlichen internen und externen Quellen sowie Verdichtungsstufen zusammengefasst werden, um einen schnelleren Zugriff zu ermöglichen. Der Datenbestand wird dann zu festen Zeitpunkten aktualisiert. Die Auswertung der in Data Warehouses gespeicherten Daten erfolgt mittels statistischer Methoden, z. B. Prognosetechniken (s. Kap. 9.4) und Data-Mining-Verfahren (s. unten). Durch mehrdimensionale (Kundengruppen, Vertriebsregionen, Produkte) Analyse der Datenbestände unter Nutzung sog. *OLAP-Systeme* (Online Analytical Processing, z. B. für die Fragestellung: Wie viele meiner Kunden zwischen 20 und 30 leben in Stuttgart) können Entwicklungen und Zusammenhänge bestimmt werden (vgl. Hansen/Neumann 2005, S. 158 ff.).

(c) Data Mining

Data Mining ist die Anwendung zumeist mathematisch-statistischer Methoden auf einen sehr großen Datenbestand mit dem Ziel der Erkennung von statistischen **Auffälligkeiten, Mustern** oder **Regelmäßigkeiten**. Diese Suche kann gerichtet (konkrete Aufgabendefinition) oder ungerichtet erfolgen, und wird durch Navigationstechniken wie *OLAP-Systemen* erleichtert. So lassen sich z. B. Änderungen im

Verhalten einzelner Kunden oder von Kundengruppen aufspüren, die für strategische Entscheidungen von Bedeutung sind. Die im Data Mining eingesetzten Verfahren der explorativen Datenanalyse sind u. a. (zu den einzelnen Verfahren siehe Backhaus et al. 2008):

- **Clusteranalyse**: Gruppierung von Objekten aufgrund von Ähnlichkeiten bei mehreren Variablen (simultan),
- **Faktorenanalyse**: Bündelung mehrere Variablen zu wenigen Faktoren,
- **Assoziationsanalysen** wie z. B. die Warenkorbanalyse,
- **Diskriminanzanalyse**: Verfahren zur Klassifikation einzelner Objekte.

Data Mining Prozesse durchlaufen zwei Phasen: In der **Phase der Mustererkennung** wird die *prädiktive* (Prognosefähigkeit: Parametersuche z. B. für ARIMA) und *deskriptive* (verfahrensspezifische Gütekriterien wie das Kaiser-Kriterium bei der Clusteranalyse) Genauigkeit der Muster untersucht. In der **Evaluationsphase** werden Relevanz, Verständlichkeit, Nützlichkeit und Neuheit der gefundenen Strukturen analysiert.

9.6 Schlussbetrachtung

Das strategische Informationsmanagement hat die Aufgabe, zwei fundamentale und miteinander verbundene Probleme der strategischen Unternehmensführung zumindest ansatzweise zu lösen: Das Problem der **Komplexität der Umwelt** und die **Prognose** strategie- und erfolgsrelevanter Entwicklungen. Dazu müssen zunächst strategisch relevante Informationen und Daten gesammelt (*Sekundärmarktforschung, Competitive Intelligence, Umweltanalyse*) bzw. erzeugt (*Primärmarktforschung, Simulation*) werden. Informationsführungssysteme der Informations- und Kommunikationstechnologie haben dann die Aufgabe, diese Informationen zu aggregieren und mit unterschiedlichen Methoden so aufzubereiten (z. B. Prognosen, Strukturen und Zusammenhänge), dass Entscheidungsbedarf (hervorgerufen durch Veränderungen in den komplexen Strukturen der Umwelt) frühzeitig erkannt und strategische Entscheidungen durch ein hinreichendes Informationsangebot unterstützt werden.

9.7 Kontrollfragen zu Kapitel 9

Welche der folgenden Aussagen sind vollständig richtig (r) und welche Aussagen sind falsch (f)?

1. Informationen verknüpfen die zentralen Führungsfunktionen sowie das Führungssystem mit dem Ausführungssystem in Form von u. a. Zielen und Plänen.
2. Informationsvorsprünge können einen Wettbewerbsnachteil erzeugen.
3. Der Informationsstand ist der Teil der Informationsnachfrage, der subjektiv für eine Entscheidung benötigt wird.
4. Bereitstellung und effektive Verwendung von Informationen sind Aufgaben des Informationsmanagements.
5. Die Problematik des Informationsbedarfs ist, dass entscheidungsrelevante Informationen oft nicht als solche erkannt und diese generell unvollständig sind.
6. Der strategische Informationsbedarf kann durch die Struktur von Unternehmens-Umwelt-Modellen, Planungstechniken und Erfolgsfaktoren bestimmt werden.
7. Prognosesicherheit und das Zurechnungsparadox sind grundsätzliche Probleme der Informationsbeschaffung.
8. Informationen werden ad-hoc (fallweise) oder regelmäßig beschafft.
9. Sekundärinformationen können Marktstrukturen und -entwicklungen erkennbar machen und werden als fertige Studien z. B. im Internet angeboten.
10. Die Primärforschung gewinnt Informationen wie bspw. Marktvolumen und Markanteile durch Befragung, Beobachtung und Experimente.
11. Die Competitive Intelligence gewinnt Informationen auch durch Aushorchen von Mitarbeitern des Wettbewerbers sowie die Zerlegung von Konkurrenzprodukten.
12. Aussagen von Wettbewerbern sind immer ehrlich und werden so umgesetzt.
13. Die Umweltanalyse orientiert sich am sog. PEST-Modell.
14. Durch Environmental Scanning und Forecasting werden relevante Umweltentwicklungen erkannt und deren Entwicklung mit Prognosetechniken abgeschätzt.
15. Unternehmen versuchen, Umweltkonflikte auch durch Anspruchsgruppen-, Konflikt- und Issues-Management zu bewältigen.
16. Quantitative Prognosen benötigen gut vergleichbare Vergangenheitsdaten.
17. Die einer Zeitreihe zugrundeliegende Struktur wird durch Trend, Zyklon, Saison und Wetterkatastrophen bestimmt.
18. Gleitende Durchschnitte und exponentielle Glättung sind Verfahren für kurzfristige, Trendverfahren und ARIMA-Modelle für langfristige Prognosen.
19. Stationarität wird bei ARIMA-Modellen durch Differenzbildung erzeugt.

20. Bei Indikatormodellen werden statistische Zusammenhänge zwischen Prognosegrößen und Indikatoren z. B. per Regression ermittelt.
21. Bei der Delphi-Methode dürfen die Experten nur eine Beurteilung abgeben.
22. Die Szenario-Technik entwickelt Szenarien u. a. aus Trends und Störereignissen.
23. Simulationsmodelle sind Konkretisierungen komplexer realer Systeme.
24. Früherkennung ist das Erkennen von Diskontinuitäten durch schwache Signale.
25. Ein MIS besteht aus Datenbank, Modellbank und Reporterbank.
26. Daten sind durch ein wissenschaftliches System erzeugte Informationen.
27. Ein Data Warehouse ist eine auf Entscheidungsprüfung zielende Datenbank.
28. Data Mining bedeutet Auffindung von Mustern und Regelmäßigkeiten durch Anwendung von statistischen Methoden auf große Datenbestände.

Abbildungsverzeichnis

Literaturverzeichnis

Aaker, D. A. (1995): Strategic Management, 4. Aufl., New York.

Abell, D. F./Hammond J. S. (1979): Strategic Market Planning, Englewood Cliffs.

Albach, H. (2005): Betriebswirtschaftslehre ohne Unternehmensethik, in: Zeitschrift für Betriebswirtschaft, 75. Jg., Heft 9, S. 809–831.

Amponsem, H./Bauer, S./Gerpott, T./Mattern, K. (1996): Kernorganisation nach Kernkompetenzen, in: Zeitschrift für Führung und Organisation, 64. Jg., Heft 4, S. 219–225.

Backhaus K./Schneider, H. (2007): Strategisches Marketing, Stuttgart.

Backhaus, K./Erichson, B,/Plinke, W./Weiber, R. (2008): Multivariate Analysemethoden, 12 Aufl., Heidelberg.

Bamberger, I./Wrona, T. (2004): Strategische Unternehmensführung, München.

Barney, J. B. (1986): Types of Competition and the Theory of Strategy: Toward an Integrative Framework, in: Academy of Management Review, 11. Jg., Heft 4, S. 791–800.

Barney, J. B. (1991): Firm resources and sustained competitive advantage, in: Journal of Management, 17. Jg., Heft 1, S. 99–120.

Barney, J. B. (2002): Gaining and Sustaining Competitive Advantage, 2. Aufl., New York.

Baum, H.-G./Coenenberg, A./Günther, T. (2007): Strategisches Controlling, 3. Aufl., Stuttgart.

Becker, F. G./Fallgatter, M. J. (2005): Strategische Unternehmungsführung: Eine Einführung, 2. Aufl., Berlin.

Becker, H./Langosch, I. (1995): Produktivität und Menschlichkeit, Organisationsentwicklung und ihre Anwendung in der Praxis, 4. Aufl., Stuttgart.

Becker, J. (2001): Marketing-Konzeption: Grundlagen des zielstrategischen und operativen Marketing-Managements, 7. Aufl., München.

Berens, W./Delftmann, W. (2002): Quantitative Planung, 3. Aufl., Stuttgart.

Bergmann, R. (2000): Interkulturelles Lernen als organisationale Fähigkeit international tätiger Unternehmen – ein ressourcenorientierter Ansatz, Dissertation, Technische Universität Dresden.

Bergmann, R. (2008): Mergers & Acquisitions Management als Erfolgsfaktor in der Unternehmensentwicklung – von der Strategiephase über die Due Diligence bis zum Abschluss der Transaktion, unveröffentlichtes Vortragsmanuskript, Berlin.

Bergmann, R./Garrecht, M. (2008): Organisation und Projektmanagement, Heidelberg.

Berninghaus, S. K./Völker, R./Erhart, K.-M. (1996): Ho to Win the Game of Business, in: Die Betriebswirtschaft, 56. Jg., S. 509–551.

Besanko, D./Dranove, D./Shanley, M./Schaefer, S. (2007): The Economics of Strategy, 4. Aufl., New York.

Beschorner, T. (2003): Wirtschaft und Ethik: Kein notwendiger Gegensatz, in: Einblicke, Heft 38, Oldenburg, S. 20–22.

Bierly, P./Chakrabarti, A. (1996): Generic Knowledge Strategies in the U. S. Pharmaceutical Industry, in: Strategic Management Journal, 17. Jg., S. 123–135.

Bleicher, K. (1991): Organisation. Strategien – Strukturen – Kulturen, 2. Aufl., Wiesbaden.

Bleicher, K. (1994): Normatives Management. Politik, Verfassung und Philosophie des Unternehmens, Frankfurt am Main und New York.

Bleicher, K. (2004): Das Konzept integriertes Management, 7. Aufl., Frankfurt und New York.

Bosshart, D./Frick, K. (2003): Megatrends Basic: Trends und Gegentrends für Wirtschaft, Gesellschaft und Konsum, Zürich.

Brockhoff, K. (2006): Prognosen, in: Bea, F. X./Friedl, B./Schweitzer, M. (Hrsg.): Allgemeine Betriebswirtschaftslehre, Band 2 (Führung), 9. Aufl., Stuttgart.

Bucklin, R./Russell, G./Srinivasan, V. (1998): A Relationship Between Market Share and Brand Switching Behaviour, in: Journal of Marketing Research, 35. Jg., S. 99–113.

Bühner, R. (1990): Das Management-Wert-Konzept, Strategien zur Schaffung von mehr Wert im Unternehmen, Stuttgart.

Bühner, R. (2004): Betriebswirtschaftliche Organisationslehre, 10. Aufl., München und Wien.

Bullinger, H.-J./Kugel, R./Ohlhausen, P./Stanke, A. (1995): Integrierte Produktentwicklung, zehn erfolgreiche Praxisbeispiele, Wiesbaden.

Bungert, M. (2003): Termination of Price Wars, Dissertation, Universität Mainz. Wiesbaden.

Buss, F.-J./Witte, J. (1999): Due Diligence beim Börsengang, in: Berens, W./Brauner, H. (Hrsg.): Due Diligence bei Unternehmensakquisitionen, 2. Aufl., Stuttgart, S. 347–391.

Camp, R. C. (2004): Benchmarking, München.

Capgemini Consulting (Hrsg., 2008): Change Management Studie 2008, Business Transformation – Veränderungen erfolgreich gestalten, München, URL: www.de.capgemini.com/consulting, Abfrage vom 10.03.2010.

Capgemini Consulting (Hrsg., 2010): Change Management Studie 2010, Business Transformation – Veränderungen erfolgreich gestalten, München, URL: www.de.capgemini.com/consulting, Abfrage vom 10.03.2010.

Conner, K. R. (1991): A historical comparison of resource-based theory and five schools of thought within industrial organization economics, Do we have a new theory of the firm?, in: Journal of Management, 17. Jg., Heft 1, S. 121–154.

D'Aveni, R. (1995): Hyper-Wettbewerb – Strategien für die neue Dynamik der Märkte, Frankfurt am Main.

D'Aveni, R. (2008): Die richtige Wettbewerbsposition finden, in: Harvard Business Manager, 85. Jg., S. 78–91.

Deistler, M./Neusser, K. (2005): Prognose uni- und multivariater Zeitreihen, in: Mertens, P./Rässler, S. (Hrsg.): Prognoserechnung, 6. Aufl., Heidelberg, S. 239–260.

Deneckere, R./Kovenock, D./Lee, R. (1992): A Model of Price Leadership based on Consumer Loyalty, in: The Journal of Industrial Economics, 40. Jg., S. 147–156.

Deutsch, K. J./Diedrichs, E. P./Raster, M./Westphal, J. (1997): Gewinnen mit Kernkompetenzen. Die Spielregeln des Marktes neu definieren, München.

Dillerup, R./Stoi, R. (2008): Unternehmensführung, 2. Aufl., München.

Dixit, A. K./Nalebuff, B. J. (1997): Spieltheorie für Einsteiger, Stuttgart.

Doppler, K./Lauterburg, Ch. (2008): Change Management. Den Unternehmenswandel gestalten, 12. Auflage, Frankfurt und New York.

Dorka, M./Läkamp, S./Potratz, A. (2004): Kernkompetenzmanagement, in: Dorka, M./Potratz, A./Zerres, M. (Hrsg.): Entrepreneurial Management, Tranferanalysen prominenter Konzepte, Hamburger Universität für Wirtschaft und Politik, Hamburg, S. 1–20.

Dyllick, T. (1989): Management der Umweltbeziehungen, Wiesbaden.

Ehrmann, T. (2006): Strategische Planung, Heidelberg.

Engel, D. (2008): Im Paradies der Marktforschung, in: Absatzwirtschaft, Sonderheft Media und Research, 51. Jg., S. 56–58.

Europäische Kommission (2010): Antitrust, Overview, URL: http://ec.europa.eu/ competition/antitrust/overview_en.html, Abfrage vom 15.06.2010.

Ewert, R./Wagenhofer, A. (2005): Interne Unternehmensrechnung, 6. Aufl., Frankfurt am Main.

Fisher R. J. (1990): The Social Psychology of Intergroup and International Conflict Resolution, New York.

Fleck, A. (1995): Hybride Wettbewerbsstrategien – Zur Synthese von Kosten- und Differenzierungsvorteilen, Wiesbaden.

Freeman, R. (1984): Strategic Management, A Stakeholder Approach, Boston u. a.

Freter, H. (2008): Markt- und Kundensegmentierung, Stuttgart.

Friedman, M. (1970): The social responsibility of business is to increase its profits, in: New York Times Magazine, Volume 33, Heft 30 vom 13.09.1970, New York, S. 32–33 und 122–126.

Fudenberg, D./Tirole, J. (1992): Game Theory, 2. Aufl., Cambridge.

Gabele, E. (1992): Reorganisation, in: Frese, E. (Hrsg.): Handwörterbuch der Organisation, 3. Aufl., Stuttgart, Sp. 2196–2211.

Gardner, R. (1995): Games for Business and Economics, New York.

Gatignon, H./Reibstein, D. J. (1997): Creative Strategies in Responding to Competitive Actions, in: Day, G. S.;/Reibstein, D J./Gunther, R. E. (Hrsg.): Wharton on Dynamic Competitive Strategy, New York, S. 237–255.

Gatzki, C./Gatzki, Y. (2006): Economic Value Added. Steigerung des Unternehmenswertes mittels Werttreiberbaum und Maßnahmenkatalog, in: Controller Magazin, Heft 5, S. 418–426.

Gilbert, D. U. (2006): Anfragen an die Unternehmensethik. Universität Nürnberg-Erlangen. URL: http://www.economics.phil.uni-erlangen.de/lehre/lehrmaterialien/bwl/ss2006/lec_cou/ vortrag9.pdf, Abfrage vom 22.02.2010.

Glaum, M./ Hutzschenreuter (2010): Mergers & Acquisitions. Management des externen Unternehmenswachstums, Stuttgart.

Gomez, P./Zimmermann, T. (1993): Unternehmensorganisation. Profile, Dynamik, Methodik, 2. Aufl., Frankfurt am Main und New York.

Grant, R. M. (1998): Contemporary Strategy Analysis, 3. Aufl., Melden und Oxford.

Graumann, M. (2004): Die Managementkonzepte von Ferdinand Piech und Jack Welch – ein Rekonstruktionsansatz, in: Zeitschrift für betriebswirtschaftliche Forschung, 56. Jg., Heft Mai, S. 282–298.

Green, E./Porter, R. H. (1984): Noncooperative Collusion under Imperfect Price Information, in: Econometrica, 37. Jg., S. 424–438.

Grünig, R./Kühn, R. (2002): Methoden der strategischen Planung, 2. Aufl., Bern.

Günther, T. (1997): Unternehmenswertorientiertes Controlling, 1. Aufl., München.

Gutenberg, E. (1958): Einführung in die Betriebswirtschaftslehre, 1. Aufl., Wiesbaden.

Hahn, D. (1998): Konzepte strategischer Führung. Entwicklungstendenzen in Theorie und Praxis unter besonderer Berücksichtigung der Globalisierung, in: Zeitschrift für Betriebswirtschaft, 68. Jg., Heft 6, S. 563–579.

Hamel, G. (1996): Strategy as Revolution, in: Harvard Business Review, 74. Jg., S. 69–82.

Hamel, G./Prahalad, C. K. (1997): Wettlauf um die Zukunft, 2. Aufl., Wien.

Hansen, H./Neumann, G. (2005): Wirtschaftsinformatik. 8. Aufl., Stuttgart.

Hansen, K. (2005): Lineare Filter und integrierte autoregressive Prozesse, in: Mertens, P./Rässler, S. (Hrsg.): Prognoserechnung, 6. Aufl., Heidelberg, S. 215–238.

Heil, O./Bungert, M. (2005): Competitive Market Signaling, in: Marketing – Journal of Research and Management, 1. Jg., S. 91–99.

Heil, O./Helsen, K. (2001): Toward an Understanding of Price Wars, in: International Journal of Research in Marketing, 18. Jg., S. 83–89.

Heinrich, L./Stelzer, D. (2009): Informationsmanagement, 9. Aufl., München.

Herbek, P. (2000): Strategische Unternehmensführung: Kernkompetenzen, Identität und Visionen, Umsetzung, Fallbeispiele, Wien und Frankfurt am Main.

Hill, W. /Fehlbaum, R. /Ulrich, P. (1998): Organisationslehre, Bern u. a.

Hinne, C. (2007): Mergers & Acquisitions Management, Bedeutung und Erfolgsbeitrag unternehmensinterner M&A-Dienstleister, Wiesbaden.

Hinterhuber, H. H./Friedrich, S. A. 1997. Markt- und ressourcenorientierte Sichtweise zur Steigerung des Unternehmenswertes, in: Hahn, D./Taylor, B. (Hrsg.): Strategische Unternehmensplanung – strategische Unternehmensführung: Stand und Entwicklungstendenzen, 7. Aufl., Heidelberg, S. 988–1016.

Hofer, C. W./Schendel, D. (1978): Strategy formulation, Analytical concepts, St. Paul u. a.

Hofstede, G. (2001): Culture's Consequences, 2. Aufl., Thousand Oaks.

Holtbrügge, D./Haussmann, H./Rygl, D./Schillo, K. (2006): Erfolgsfaktoren mittelständischer Weltmarktführer, Arbeitspapier Nr. 3/2006. Lehrstuhl für Betriebswirtschaftslehre, insbesondere Internationales Management, Universität Nürnberg.

Homann, K./Blome-Drees, F. (1992): Wirtschafts- und Unternehmensethik, Göttingen.

Homburg, C. (2000): Quantitative Betriebswirtschaftslehre, 3. Aufl., Wiesbaden.

Honcamp, A./Schulze, S. (2003): Strategien für Value Added Services am Beispiel der Deutschen Bahn AG, Technische Fachhochschule Berlin.

Hungenberg, H. (2006): Strategisches Management in Unternehmen, Ziele – Prozesse – Verfahren, 4. Aufl., Wiesbaden.

Hungenberg, H./Wulf, T. (2011): Grundlagen der Unternehmensführung, 4. Aufl., Heidelberg.

Hüttner, M. (1982): Markt- und Absatzprognosen, Stuttgart.

Jansen, S. (2008): Mergers & Acquisitions, Unternehmensakquisitionen und -kooperationen, 5. Aufl., Wiesbaden.

Jaquemin, A./Slade, M. (1989): Cartels, Collusion and Horizontal Merger, in: Schmalensee, R./Willig, R. (Hrg.): Handbook of Industrial Organization. Vol. 1., Amsterdam u. a., S. 415–473.

Jarillo, J.-C. (2005): Strategische Logik, 2. Aufl., Wiesbaden.

Kaplan, R. S./Norton, D. P. (1997): Balanced Scorecard; Strategien erfolgreich umsetzen, 14. Aufl., Stuttgart.

Kaplan, R. S./Norton, D. P. (2001): Die strategiefokussierte Organisation; Führen mit der Balanced Scorecard, 10. Aufl., Stuttgart.

Kasper, H.-H. (1994): Gerberdynastie setzt sich durch, in: Wochenzeitung „Die Wirtschaft" (Hrsg.): Privatisierte – Was aus ihnen wird, Reportagen aus den neuen Ländern, München, S. 455–458.

Keller, E. von (1982): Management in fremden Kulturen, Ziele, Ergebnisse und Probleme der kulturvergleichenden Managementforschung, Bern und Stuttgart.

Kesten, R. (2005): ERIC versus EVA: Zwei wertorientierte Controllingkennzahlen im kritischen Vergleich, Arbeitspapier der Nordakademie Nr. 02-2005, Elmshorn.

Kieser, A. (1996): Moden & Mythen des Organisierens, in: Die Betriebswirtschaft, 56. Jg., Heft 1, S. 21–39.

Kieser, A./Hegele, C./Fleig, J. (1997): Herausforderungen annehmen – Unternehmen gestalten, Organisation und Management zwischen Beharrung und Umbruch, Eschborn.

Kieser, A/Woywode, M. (1999): Evolutionstheoretische Ansätze, in: Kieser, A. (Hrsg.): Organisationstheorien, 3. Aufl., Stuttgart.

Kirsch, W. (1997): Strategisches Management – die geplante Evolution von Unternehmen, Herrsching.

Klemperer, P. (1995): Competition when Consumers have Switching Cost, in: Review of Economic Studies, 62 Jg., S. 515–539.

Klimmer, M. (2012): Unternehmensorganisation, 3. Aufl., Herne.

Knafl, H. H. (1995): Die Konzentration auf Kernkompetenzen im Unternehmen als Faktor für erfolgreichen Wettbewerb, Dissertation, Technische Universität Graz.

Kotler, P. (2001): Principles of Marketing, 3. Aufl. (europ.), Harlow.

Kotler, P./Keller, K. L./Bliemel, F. (2007): Marketing-Management, 12. Aufl., München.

Krcmar, H. (2005): Informationsmanagement, 4. Aufl., Heidelberg.

Krüger, W. (1994): Organisation der Unternehmung, 3. Aufl., Stuttgart.

Krüger, W. (2001): Kernkompetenzmanagement, in: Bühner, R. (Hrsg.): Management-Lexikon, München und Wien, S. 416–417.

Krüger, W. (2006): Excellence in Change – Wege zur strategischen Erneuerung, 3. Aufl., Wiesbaden.

Krüger, W./Homp, C. (1997): Kernkompetenz-Management, Steigerung von Flexibilität und Schlagkraft im Wettbewerb, Wiesbaden.

Kruse, J. (1995): Kollusion, in: Wirtschaftswissenschaftliches Studium, 24. Jg., S. 564–572.

Kuhn, L. (2007): Das Ende des Kostenkürzens, in: Harvard Business Manager, 86. Jg., S. 10–12.

Kunisch, S./Wahler, C. (2010): Deutscher M&A-Markt im „Tal der Tränen" – Rückblick auf das Geschehen im Jahr 2009, in: M&A-Review, 20. Jg., Heft 2, S. 53–62.

Lang, R./Alt, R.(2003): Organisationale Transformation, in: Weik, E./Lang, R.(Hrsg.): Moderne Organisationstheorien 2. Strukturorientierte Ansätze, Wiesbaden, S. 279-306.

Langguth, H./Marks, I. (2003): Der Economic Value Added – ein Praxisbeispiel, in: Finanz Betrieb, 5. Jg., Heft 10, S. 615–624.

Leissing, T. (2002): Controller's Roadmap. Teil 2: Wertorientiertes, internes und externes Konzernreporting nach IAS und US-GAAP, in: Der Controlling-Berater, 23. Jg., Heft 3, S. 17–39.

Leitl, M. (2006): Die Regeln des Spiels verstehen, in: Harvard Business Manager, 85. Jg., S. 22–25.

Levitt, T. (2008): Kundenorientierung, in: Harvard Business Manager, 87. Jg., S. 78–102.

Lienemann, C./Reis, T. (1996): Der ressourcenorientierte Ansatz, Struktur und Implikationen für das Dienstleistungsmarketing, in: Wirtschaftswissenschaftliches Studium, 25. Jg., Heft 5, S. 257–260.

Lievegoed, B. (1974): Organisationen im Wandel, Bern und Stuttgart.

Lombriser, R. /Abplanalp, P. (2004): Strategisches Management: Visionen entwickeln; Strategien umsetzen – Erfolgspotentiale aufbauen, 3. Aufl., Zürich.

Macharzina, K./Wolf, J. (2010): Unternehmensführung, 7. Aufl., Wiesbaden.

Mahoney, J. T./Pandian, J. R. (1992): The resource-based view within the conversation of strategic management, in: Strategic Management Journal, 13. Jg., S. 363–380.

Marx, L. G./Shaffer, G. (1999): Predatory Accomodation: Below-Cost Pricing Without Exclusion in Intermediate Goods Markets, in: Rand Journal of Economics, 30. Jg., S. 22–43.

Meffert, H. (2005): Marketing, 9. Aufl., Wiesbaden.

Mertens, P./Falk, J. (2005): Mittel- und langfristige Absatzprognose auf der Basis von Sättigungsmodellen, in: Mertens, P./Rässler, S. (Hrsg.): Prognoserechnung, 6. Aufl., Heidelberg, S. 169–203.

Michael, S. C./Silk, A. J. (1993): American Airlines' Value Pricing. Harvard Business School, Case Study 9-594-001.

Michaeli, R. (2006): Competitive Intelligence, Heidelberg.

Miles, R. E./Snow, C. C. (1983): Organizational Strategy, Structure and Process, New York.

Mintzberg, H. (1990): The Decision School: Reconsidering the Basic Premises of Strategic Management, in: Strategic Management Journal, 11. Jg., S. 171–195.

Mohr, N. (1997): Kommunikation und organisatorischer Wandel – Ein Einsatz für ein effizientes Kommunikationsmanagement im Veränderungsprozeß, Wiesbaden.

Morschett, D. (2003): Formen von Kooperationen, Allianzen und Netzwerken, in: Zentes, J./Swoboda, B./Morschett, D. (Hrsg.): Kooperationen, Allianzen und Netzwerke, 2. Aufl., Wiesbaden, S. 387–413.

Müller, B. (2007): Porters Konzept generischer Wettbewerbsstrategien, Präzisierung und empirische Überprüfung. Dissertationsschrift, Universität Bern. Wiesbaden.

Müller-Stewens, G./Lechner, C. (2005): Strategisches Management – Wie strategische Initiativen zum Wandel führen, 3. Aufl., Stuttgart.

Müller-Stewens, G./Lechner, C. (2005): Strategisches Management, 3. Aufl., Stuttgart.

Naisbitt, J. /Aburdene, P. (1992): Megatrends 2000: Zehn Perspektiven für den Weg ins nächste Jahrtausend, 2. Aufl., Düsseldorf.

Niederhüber, N. (2005): Indikatorprognosen, in: Mertens, P./Rässler, S. (Hrsg.): Prognoserechnung, 6. Aufl., Heidelberg, S. 205–214.

Nolte, H. (1999): Organisation, Ressourcenorientierte Unternehmensgestaltung, München und Wien.

Nolte, H./Bergmann, R. (1998): Ein Grundmodell des ressourcenorientierten Ansatzes der Unternehmensführung, in: Nolte, H. (Hrsg.): Aspekte ressourcenorientierter Unternehmensführung, München und Mering, S. 1–27.

Nonaka, I./Takeuchi, H. (1997): Die Organisation des Wissens – Wie japanische Unternehmen eine brachliegende Ressource nutzbar machen, Frankfurt am Main.

Oelsnitz, D. von der/Nirsberger, I. (2007): Marktaustritt – Gründe und Barrieren, in: Das Wirtschaftsstudium, 36. Jg., S. 1288–1296.

Oelsnitz, D. von der/Hahmann, M. (2003): Wissensmanagement, Strategie und Lernen in wissensbasierten Unternehmen, Stuttgart.

Osgood, C. E. (1979): GRIT, in: Peace Research Reviews, 8. Jg., S. 1–50.

Osterloh, M./Grand, S. (1994): Modelling oder Mapping – Von Rede- und Schweigeinstrumenten in der betriebswirtschaftlichen Theoriebildung, in: Die Unternehmung, 48. Jg., Heft 4, S. 277–294.

Pearce, I. A./Robinson, R. B. (2003): Formulation and Implementation of Competitive Strategy, 8. Aufl., Homewood.

Pepels, W. (2001): Produktmanagement: Produktinnovation, Markenpolitik, Programmplanung, Prozeßorganisation, 3. Aufl., München und Wien.

Peters, T./Waterman, R. (1995): In Search of Excellence: Lessons from America's Best-run Companies, London.

Piller, F. T. (2001): Mass Customization. Ein wettbewerbsstrategisches Konzept im Informationszeitalter, 2. Aufl., Wiesbaden.

Porter, M. E. (1992): Wettbewerbsstrategie, 7. Aufl., Frankfurt am Main.

Porter, M. E. (1999): Competitive Strategy, 10 Aufl., Wiley.

Porter, M. E. (2000): Wettbewerbsvorteile, Spitzenleistungen erreichen und behaupten, 6. Aufl., Frankfurt am Main.

Porter, M. E. (2008): Was ist Strategie?, in: Harvard Business Manager, 87. Jg., S. 104–123.

Prahalad, C. K./Hamel, G. (1990): The core competence of the corporation., in: Harvard Business Review, 68. Jg., Heft 5/6, S. 79–91.

Puck, J. (2004): Unternehmensführung, als Manuskript vervielfältigt, Universität Nürnberg.

Raffée, H./Eisele, J. (1993): Erfolgsfaktoren des Joint-Venture Managements, Arbeitspapier des Instituts für Marketing, Universität Mannheim.

Raju, J./Roy, A. (1998): Einblick gewinnen in Wettbewerbsbeziehungen, in: Day, G. S./Reibstein, D. (Hrsg.): Wharton on Dynamic Competitive Strategy, Düsseldorf, S. 251–264.

Rappaport, A. (1999): Shareholder Value – Ein Handbuch für Manager und Investoren, 2. Aufl., Stuttgart.

Rasche, C. (1994): Wettbewerbsvorteile durch Kernkompetenzen, ein ressourcenorientierter Ansatz, Leverkusen.

Raub, S. (1998): Vom Zauber des „ultimative Wettbewerbsvorteils“ – Ein kritischer Blick auf den Kernkompetenzen-Ansatz, in: Zeitschrift für Organisation, 66. Jg., Heft 5, S. 290–293.

Redelfs, M. (2005): Glaubwürdigkeit – das wichtigste Kapital einer NGO, in: Greenpeace e. V. (Hrsg.): Brent Spar und die Folgen – Zehn Jahre danach, Hamburg, S. 34–39.

Reed, R./DeFillippi, R. J. (1990): Causal ambiguity, barriers to imitation, and sustainable competitive advantage, in: Academy of Management Review, 15. Jg., Heft 1, S. 88–102.

Robinson, W. T. (1988): Marketing Mix Reactions to Entry, in: Marketing Science, 7. Jg., S. 368–385.

Roddick, A. (2006): „Wirtschaft heute – das ist Finanzfaschismus“, Interview mit der Süddeutschen Zeitung vom 21.10.2006, URL: http://www.sueddeutsche.de/ kultur/interview-wirtschaft-heute-das-ist-finanzfaschismus-1.424903, Abfrage vom 30.06.2008.

Roddick, A. (2007): „Anti-Falten-Cremes sind Lügen“, Interview mit „Der Tagesspiegel“ vom 16.04.2007, URL: http://www.tagesspiegel.de/zeitung/anti-falten-cremes-sind-luegen/834920.html, Abfrage vom 30.06.2008.

Rotemberg, J. J./Salome, G. (1986): A Super game Model of Pike Wars during Booms, in: American Economic Review, 76. Jg., S. 390–407.

Rühli, E. (1994): Die Resource-based-View of Strategy – Ein Impuls für einen Wandel im unternehmungspolitischen Denken und Handeln?, in: Gomez, P./Hahn, D./Müller-Stewens, G./Wunderer, R. (Hrsg.): Unternehmerischer Wandel – Konzepte zur organisatorischen Erneuerung, Wiesbaden, S. 31–57.

Rumpf, M. (2004): Umfeldmanagement der Royal Dutch/Shell Gruppe am Beispiel der Brent Spar-Affäre, in: Zentes, J./Swoboda, B. (Hrsg.): Fallstudien zum Internationalen Management. Grundlagen – Praxiserfahrungen – Perspektiven, 2. Aufl., Wiesbaden, S. 521–536.

Ryf, B. (1993): Die atomisierte Organisation: ein Konzept zur Ausschöpfung von Humanpotential, Wiesbaden.

Schelling, T. C. (1997): The Strategy of Conflict, 16. Aufl., Cambridge.

Scherer, F. M.; Ross, D. (1990): Industrial Market Structure and Economic Performance, 3. Aufl., Boston.

Scherm, E./Pietsch (2007): Organisation – Theorie, Gestaltung, Wandel, München und Wien.

Schertler, W. (1995): Unternehmensorganisation. Lehrbuch der Organisation und strategischen Unternehmensführung, 7. Aufl., München und Wien.

Schmalen, H. (1982): Preispolitik, 1. Aufl., Frankfurt.

Schmalen, H./Pechtl, H., (2006): Grundlagen und Probleme der Betriebswirtschaft, 13. Aufl., Stuttgart.

Schmid, S./Daniel, A. (2007): The Body Shop International: Schwierige Zeiten in den USA – erst recht für Franchisenehmer, in: Schmid, S. (Hrsg.), Strategien der Internationalisierung, 2. Aufl., München und Wien, S. 113–126.

Schmid, S./Kutschker, M. (2002): Zentrale Begriffe des Strategischen Managements, in: Das Wirtschaftsstudium, 31. Jg., Heft 10, S. 1238–1248.

Schmidt, I. (1993): Wettbewerbspolitik und Kartellrecht, 4. Aufl., Stuttgart.

Schmidt, M./Beschorner, T. (2006): Ein Fallstudien-System zur Reflexion und Umsetzung einer Effektiven Unternehmensethik, in: Beschorner, T./Schmidt, M. (Hrsg.): Unternehmerische Verantwortung in Zeiten kulturellen Wandels, München und Mering, S. 177–190.

Schneider, D. (1990): Unternehmensethik und Gewinnprinzip in der Betriebswirtschaftslehre, in: Zeitschrift für betriebswirtschaftliche Forschung, 42. Jg., Heft 10, S. 869–891.

Schneider, W. (2007): Marketing, Heidelberg.

Schreyögg, G./Koch, J. (2010): Grundlagen des Managements, 2. Aufl., Wiesbaden.

Schreyögg, G./Noss, C. (1995): Organisatorischer Wandel – von der Organisationsentwicklung zur lernenden Organisation, in: Die Betriebswirtschaft, 55. Jg., Heft 2, S. 169–185.

Schröder, M. (2005): Einführung in die kurzfristige Zeitreihenprognose und Vergleich der einzelnen Verfahren, in: Mertens, P./Rässler, S. (Hrsg.): Prognoserechnung, 6. Aufl., Heidelberg, S. 169–203.

Schuhmacher, H. (2008): Die spektakulärsten Kartell-Fälle, in: Die Wirtschaftswoche vom 09.01.2008, URL: http://www.wiwo.de/unternehmen-maerkte/die-spektakulaersten-kartellfaelle-261113, Abfrage vom 15.06.2010.

Simon, H. (1992): Preismanagement, 2. Aufl., Wiesbaden.

Simon, H. (2007): Hidden Champions des 21. Jahrhunderts – Die Erfolgsstrategien unbekannter Weltmarktführer, Frankfurt am Main und New York.

Simon, H./Fassnacht, M. (2009): Preismanagement, 3. Aufl., Wiesbaden.

Simon, H./Ford, J./Butscher (2002): Hidden Champions – from family business to global market leader, in: Families in Business, Heft 2, S. 16–19.

Slade, M. (1990): Strategic Pricing Models and Interpretation of Price-War Data, in: European Economic Review, 34. Jg., S. 524–537.

Slade, M. (1989): Price Wairs in Price-Setting Super games, in: Economical, 56. Jg., S. 295–310.

Smith, A. (1776/2005): Reichtum der Nationen, Nachdruck 2005, Paderborn.

Sonntag, K. (2002): Ressourcen optimieren – Erfolgsfaktoren im Veränderungsprozess, Vortrag im Rahmen des Symposiums, Erfolgreich verändern' in Heidelberg.

Springer, R. (2004): Wettbewerbsfähigkeit durch Innovationen – Erfolgreiches Management organisatorischer Veränderungen, Berlin u. a.

Stadler, C. (2007): Die vier Prinzipien für dauerhaften Erfolg, in: Harvard Business Manager, 86. Jg., S. 11–28.

Staehle, W. H. (1999): Management – Eine verhaltenswissenschaftliche Perspektive, 8. Aufl., München.

Steinmann, H./Löhr, A. (1994): Grundlagen der Unternehmensethik, 2. Aufl., Stuttgart.

Steinmann, H./Schreyögg, G. (1993): Management. Grundlagen der Unternehmensführung, 3. Aufl., Wiesbaden.

Sudharshan, D. (1995): Marketing Strategy, Englewood Cliffs.

Suter, A. (1995): Kernfähigkeiten aktiv managen – strategisch und operativ, in: io Management Zeitschrift, 64. Jg., Heft 4, S. 92–95.

The Body Shop International (2010): Unsere Geschichte, URL: http://www.thebodyshop.de/about-us/aboutus_history.aspx, Abfrage vom 15.06.2010.

Thielemann, U. (2008): Eckpunkte integrativer Unternehmensethik – Erläutert am Brennpunkt Bankenethik, Sankt Gallen, URL: http://wirtschaftsethik.univie.ac.at/index.php?id=24322, Abfrage vom 16.10.2009.

Trommsdorff V./Heine, K. (2008): Das Marketing von Luxusprodukten, in: Das Wirtschaftsstudium, 37. Jg., S. 1669–1674.

Ulrich, P. (2001): Integrative Wirtschaftsethik, 3. Aufl., Bern u. a.

Urban, G. L./Star, S. H. (1991): Advanced Marketing Strategy, Englewood Cliffs.

Vahs, D. (2012): Organisation, Einführung in die Organisationstheorie und -praxis, 8. Aufl., Stuttgart.

Vanini, U. (2009): Balanced Scorecard, in: Das Wirtschaftsstudium, 38. Jg., S. 815–822.

Velthuis, L. J. (2004): Value Based Management auf Basis von ERIC, Arbeitspapier Nr. 127, Fachbereich Wirtschaftswissenschaften, Johann Wolfgang Goethe Universität Frankfurt am Main.

Venohr, B. (2006): Wachsen wie Würth – Das Geheimnis des Welterfolgs, Frankfurt und New York.

Venohr, B. (2009): Wachstums-Champions im Mittelstand, Interview in VDI-Nachrichten Nr. 11 vom 13.03.2009, S. 5.

Weiand, A./Kopfer, B. (2008): Kulturelle Integration bei einer Akquisition – Die BP übernimmt Veba Oel und Aral, in: M&A-Review, 18. Jg., Heft 2, S. 71–77.

Welch, J./Welch S. (2007): Winning – Das ist Management, Frankfurt am Main.

Welge, M. K./Al-Laham, A. (2008): Strategisches Management, 5. Aufl., Wiesbaden.

Wernerfelt, B. (1984): A resource-based view of the firm, in: Strategic Management Journal, 5. Jg., S. 171–180.

Wiegand, M. (1996): Prozesse organisationalen Lernens, Wiesbaden.

Wieland, J./Conradi, W. (2002): Corporate Citizenship, Marburg.

Winkler, H./Salmanig, M. (2009): Generische und hybride Wettbewerbsstrategien im Überblick, in: Wirtschaftswissenschaftliches Studium, 38. Jg., S. 546–552.

Wirtz, B. (2003). Mergers & Acquisitions Management. Strategie und Organisation von Unternehmenszusammenschlüssen, Wiesbaden.

Wolf, J. (2011): Organisation, Management, Unternehmensführung – Theorien, Praxisbeispiele und Kritik, 4. Aufl., Wiesbaden.

Wolle, J. (2003): Mergers & Acquisitions: Anspruch und Wirklichkeit. Hochschule Zwickau.

Stichwortverzeichnis

A

B

C

D

E

F

G

H

I

J

K

L

M

N

O

P

Q

R

S

T

U

V

W

Z

MIX
Papier aus verantwortungsvollen Quellen
Paper from responsible sources
FSC® C105338

Printed by Books on Demand, Germany